ABHANDLUNGEN

AUS DEM

STAATSWISSENSCHAFTLICHEN SEMINAR

ZU

STRASSBURG I. E.

HERAUSGEGEBEN

VON

G. F. KNAPP UND L. BRENTANO.

HEFT IV.

Dr. HEINRICH HERKNER:

DIE OBERELSÄSSISCHE BAUMWOLLINDUSTRIE UND IHRE ARBEITER.

STRASSBURG.

VERLAG VON KARL J. TRÜBNER.

1887.

DIE

OBERELSÄSSISCHE

BAUMWOLLINDUSTRIE

UND IHRE

ARBEITER.

AUF GRUND DER THATSACHEN DARGESTELLT

VON

DR. HEINRICH HERKNER.

STRASSBURG.
VERLAG VON KARL J. TRÜBNER.
1887.

„In this mighty mystery all thoughts and things have assumed an aspect and title contrary to their real quality and style".

Disraeli, Sybil.

G. Otto's Hof-Buchdruckerei in Darmstadt.

VORBEMERKUNG DES HERAUSGEBERS.

Die vorliegende Schrift wird hiermit so, wie sie bereits im November 1886 der Druckerei eingehändigt wurde, der Öffentlichkeit übergeben. Seitdem sind Ereignisse eingetreten, welche den Ausführungen des Verfassers in seinem dritten Buche eine Aktualität gegeben haben, dass man meinen könnte, sie seien erst auf Grund derselben geschrieben. Es sei daher das Datum des Abschlusses der Arbeit hiermit ausdrücklich bezeugt.

Eine andere Bemerkung wird durch Folgendes notwendig:

Die „Strassburger Post" vom 13. Februar 1887 hat aus den Aushängebogen dieser Schrift den auf S. 264 abgedruckten, für das Deutschtum der Mülhäuser Arbeiter eintretenden Aufruf der Herren Köchlin, Scheurer, Kestner u. s. w. aus dem Frühjahr 1870 sowie die Mitteilungen auf S. 359 ff. über die eigentümliche von der Firma des Herrn Lalance eingeführte Gewinnbeteiligung veröffentlicht. Darauf hat eine aus Mülhausen datierte Korrespondenz eines anderen Blattes nichts anderes bemerkt, als dass es sonderbar sei, Schriften wie die vorliegende mit Staatsgeldern zu unterstützen.

Diese Erwiderung geht von einer irrigen Voraussetzung aus: der Verfasser hat wie die Mühen so auch die nicht unerheblichen Kosten seiner Untersuchung allein getragen; der Druck des Buches ist ausschliesslich auf Kosten der Verlagsbuchhandlung erfolgt.

Strassburg i. E., den 21. Februar 1887.

L. Brentano.

VORWORT.

Nachdem ich in Wien mit philosophischen Studien begonnen hatte, widmete ich mich auf mehreren deutschen Universitäten den Staatswissenschaften. Um meine akademischen Studien abzuschliessen, kam ich im Oktober 1885 nach Strassburg und wurde Mitglied des staatswissenschaftlichen Seminares.

Der Sohn eines Fabrikanten, in industriellen Kreisen aufgewachsen, hegte ich schon lange den Wunsch, die Entwicklung eines grossen Industriezweiges zur Darstellung zu bringen. Besonders war es die Textilindustrie, mit der ich seit meiner Kindheit vertraut war. Da lenkte Herr Prof. L. Brentano mein Augenmerk auf die Baumwollindustrie des Ober-Elsasses.

Allein zuerst schreckte ich vor der Fülle der darüber bereits veröffentlichten Schriften beinahe zurück. Eine Flut von Büchern und Broschüren war zu überwinden. Indess, je mehr ich in das Studium derselben und noch mehr in das der Dinge selbst eindrang, desto mehr sah ich, wie wenig bisher thatsächlich geleistet, wie viel noch zu thun war. Gar bald zeigte sich, dass das Thatsächliche in den meisten Veröffentlichungen, die in französischer und deutscher Sprache über die Mülhäuser Industrie erschienen sind, von wenigen Stammschriftstellern herrührt, aus denen es ein Erster und aus diesem ein Zweiter u. s. w. abgeschrieben hat. Dabei vertreten die meisten unter diesen Schriftstellern nur die eine Seite der in Frage kommenden Interessen; viele Schriften rühren geradezu von in Sold stehenden Agenten derselben her. Dass ich aber mit dieser Behauptung der völligen Unzulänglichkeit aller bisherigen Darstellungen nicht vereinzelt stehe, zeigen die Äusserungen in der Sitzung der „Société industrielle de Mulhouse“ vom Mai 1886 (Bulletin de la Soc. ind. p. 340 f.), in welcher das dringend Notwendige einer quellenmässigen Bearbeitung der ober-elsässischen Industriegeschichte lebhaft betont wurde.

Bei solcher Sachlage galt es also, sich an die Quellen zu wenden.

Zunächst excerpierte ich die reiche Bücher- und Zeitschriftensammlung, welche die kaiserliche Universitäts- und Landesbibliothek mit nicht zu übertreffender Bereitwilligkeit jedem Studierenden zur Verfügung stellt. Und gar manches halb oder ganz vergessene Buch bot da eine Menge der wichtigsten Anhaltspunkte zur ersten Orientierung.

Indess um Klarheit und Genauigkeit in die Darstellung zu bringen, konnte dieses Material nur, wo glaubwürdige Autoren aus eigener Anschauung redeten, ernsthaft in Betracht gezogen werden.

Vor Allem kam es darauf an, durch Studium der Quellen selbst, so weit sie noch vorhanden und soweit sie zugänglich waren, der Entstehung der ober-elsässischen Industrie näher zu treten. Nach mannigfachen, nicht unerheblichen Schwierigkeiten gelang es mir, insbesondere in Folge der gütigen Vermittlung des Herrn Stadtarchivars X. Mossmann in Colmar und des Rechtsanwaltes Herrn Dr. Paul Stoeber in Mülhausen in das alte Stadtarchiv von Mülhausen zu dringen. Der Stadtarchivar, Herr Handelskammersekretär Prof. Joseph Coudre verstattete mir die

Einsicht in die Protokolle des Mülhäuser Rates. Sollte das Stadtarchiv noch weitere auf die Entstehung der Mülhäuser Industrie bezügliche Dokumente enthalten, so bitte ich mir deren Nichtbenützung nicht zum Vorwurfe zu machen. Mehr als die Ratsprotokolle konnte ich nicht erhalten. Auf ihnen beruht vorwiegend die Darstellung des ersten Buches, soweit sie sich auf die industrielle Entwicklung der Stadt Mülhausen bezieht.

Für das übrige Ober-Elsass und die spätere Zeit, in der auch Mülhausen zu Frankreich gehörte, bot das Bezirksarchiv zu Colmar die reichste Ausbeute. Allen Personen, die mir den Zugang zu demselben ermöglichten, insbesondere dem liebenswürdigen Direktor desselben, Herrn Dr. Heino Pfannenschmied, sei hiemit aufs Wärmste gedankt. Auf den dort befindlichen offiziellen Dokumenten, sowie den „Bulletins de la Société industrielle de Mulhouse“ beruht seinem wesentlichen Inhalte nach das zweite Buch dieser Arbeit. Ausserdem kommen auch einige Zeitschriften und Broschüren in Betracht, die sich in der Bibliothek der „Société industrielle“ sowie in der Mülhäuser Stadtbibliothek und der mit ihr vereinigten Alsatica-Bibliothek Gérard vorfanden.

Das Material zum dritten Buche, das die deutsche Zeit behandelt, musste dagegen aus Büchern, Broschüren, offiziellen Publikationen, öffentlichen Verhandlungen im Reichstage, in Enquêten und Versammlungen, aus Zeitungen und dergl. zusammengetragen werden. Allein auch dies war unzureichend. Es galt dasselbe durch persönliche Mitteilungen Derjenigen, welche die Dinge miterlebt hatten, durch Aufnahmen an Ort und Stelle und aus eigener Anschauung zu ergänzen.

Hiebei muss ich unter den Personen, denen ich zu Dank verpflichtet bin, Herrn Abbé H. Cetty in Mülhausen nennen. Die Hilfe, die mir seitens eines hervorragenden Fabrikanten zu Teil wurde, war nur von der oberflächlichsten Art. Doch war der Mangel einer Unterstützung von der genannten Seite um so eher zu verschmerzen, als die Bulletins de la Société industrielle ja das, was die Fabrikanten mitzuteilen haben, vollständig enthalten. Ein viel grösseres Gewicht musste darauf gelegt werden, die Arbeiter selbst über ihre Verhältnisse zu hören. Es war dies um so mehr geboten, als gerade die Arbeiter von Mülhausen über ihre eigene Lage noch nirgends zum Worte gekommen sind. Alle die über ober-elsässer Zustände durch die ganze civilisierte Welt verbreiteten Darstellungen beruhen direkt oder indirekt lediglich auf den Angaben der Arbeitgeber und der von diesen Besoldeten.

Mit den Arbeitern des Ober-Elsass in Verkehr zu treten war aber recht schwer. Noch schwieriger war es, solche unter ihnen kennen zu lernen, die geeignet waren, zuverlässige Aufschlüsse zu geben und ihre Geneigtheit dazu zu gewinnen. Durch eine Reihe von gütigen Vermittlungen, welche ich vornehmlich der Freundlichkeit mehrerer Herren in Basel, der Herren Cand. A. Knellwolf, Franz Loy und Bruno Gutsmann zu verdanken habe, ist mir Beides gelungen. Durch die Opferwilligkeit und Hingebung einiger wackerer und einsichtsvoller Mülhäuser Arbeiter, deren ich stets dankbar gedenken werde, wurde es sogar möglich eine kleine Enquête über die Mülhäuser Arbeiterverhältnisse zu veranstalten.

Es war dies keineswegs leicht: denn zu den Schwierigkeiten, die in der Natur der Sache liegen, gesellte sich noch die, dass die Enquête stattfinden musste, ohne die Aufmerksamkeit der Polizei zu erregen. Gewiss wäre es einfacher gewesen, die Polizei selbst von meinem Vorhaben in Kenntnis zu setzen und um Unterstützung desselben zu bitten. Da meine Zwecke die loyalsten der Welt waren, und das Gelingen meiner Arbeit ja schliesslich der Verwaltung in erster Reihe zu Gute kommen musste, wäre diese Unterstützung gewiss zu erlangen gewesen.

Allein bei solcher Unterstützung bestand eine Gefahr, die es absolut ausschloss, sie anzurufen. Hätten die Arbeiter nur den leisesten Verdacht geschöpft, dass ich mich der Duldung oder gar der Unterstützung der Polizei erfreue, so wäre bei dem in Arbeiterkreisen herrschenden Misstrauen, ein für allemal jedwede Information ausgeschlossen gewesen. Es lag daher mehr im Interesse meiner Arbeit mich einer anderen Gefahr auszusetzen, nämlich der, eventuell von der Polizei als verdächtiger Agent gemassregelt zu werden. In der That, es hätte wenig dazu gefehlt. Nach mannigfacher Verabredung mit den Arbeitern hatte ich einen Fragebogen entworfen, um ihnen Anhaltspunkte für das, worüber sie mir berichten sollten, zu geben. Da wurden bei einigen Arbeitern, die im Verdacht der Verbreitung des „Sozialdemokrat“ standen, Hausdurchsuchungen vorgenommen, und bei dieser Gelegenheit fielen zwei Exemplare meiner Fragebogen in die Hände der Polizei. Sofort erkundigte sich diese nach dem Verbreiter. Mein Gewährsmann wurde genannt, vor den Polizeiinspektor beschieden und mit 40 Mk. und 3 Tagen Arrest als Strafe für „unbefugtes Verbreiten von Drucksachen“ bedroht; eine Drohung, die selbstverständlich nicht zur Ausführung gebracht werden konnte.

Indess als Schreckschuss hatte die polizeiliche Drohung dennoch gewirkt. Mancher Arbeiter lehnte nun aus Furcht jede Beantwortung ab. Immerhin flossen mir auf Grund meines Vorgehens so viele Mitteilungen zu, dass die zum Teil auf ihnen beruhende Darstellung im dritten Buche als für die gegenwärtigen Mülhäuser Zustände nahezu erschöpfend bezeichnet werden darf. Sollte es nötig sein, so kann für jede einzelne dort gemachte Angabe mit Namen gedient werden.

Ich bin mir wol bewusst, dass das Bild, welches auf Grund all' dieses archivalischen und teilweise von den Arbeitern selbst herrührenden Materiales hier entrollt wird, von der über Mülhausen verbreiteten Meinung stark abweicht.

Man hat die dortigen Verhältnisse bisher in offiziellen und nicht offiziellen Lobpreisungen stets als ganz ideale geschildert. Wenn sie nach meiner Schilderung nicht so erscheinen, weiss ich wol, dass ich mir damit viele und mächtige Feinde errege. Indess bei dem Bewusstsein, das mich beseelt, stets mit allen Kräften nach nichts anderem als nach einem der Wahrheit entsprechenden Bilde gestrebt zu haben, kann mich das nicht beirren, mögen auch dadurch viele liebgewonnene Illusionen zerstört, und, was mehr wert ist, äusserst achtbare Gefühle verletzt werden.

Denn wie mein hochverehrter Lehrer, Herr Professor Brentano in seinen Einleitungsvorlesungen zur „Allgemeinen Nationalökonomie" ausgeführt hat: „Es giebt eine Reihe von Gefühlen, die als Hemmnis der wissenschaftlichen Erkenntnis sich geltend machen. So vortrefflich viele dieser Gefühle für das praktische Leben sind, so hochachtbar und so wünschenswert hier ihr Vorherrschen erscheint, so verwerflich sind sie, wo sie in die wissenschaftliche Forschung sich eindrängen. Die wissenschaftliche Forschung kennt nur ein Ziel: die Erkenntnis der Wahrheit. Diesem einen Ziele muss sie mit unerbittlicher Strenge Alles und Jedes unterordnen: das eigene Ich des Forschers mit all' seinem egoistischen Fühlen und Streben, seinen Meinungen, seinen Lieblingsideen und seinen Interessen. Kein Heiligtum darf ihr heiliger sein als die Wahrheit. In Alles muss sie eindringen. Vor keiner Prüfung und Zergliederung darf sie zurückschrecken, mag das zu Prüfende ihr durch Ehrfurcht, Liebe, Patriotismus, Loyalitätsgefühl, Religion oder Parteistellung noch so sehr ans Herz gewachsen sein. Und ohne Menschenfurcht hat sie auszusprechen, was die Prüfung ergeben, ohne Rücksicht auf Vorteil oder Nachteil, ohne Gier nach Lob, ohne Furcht vor Tadel".

Mögen meine hochverehrten Lehrer, die Herren Prof. L. Brentano und G. F. Knapp in der Mühe, die ich mir gab, diesen von ihnen selbst stets befolgten Grundsätzen treu zu sein, den besten Dank erblicken, welchen ich ihnen für die rege Teilnahme und Förderung, die mir von ihnen gewährt worden, zu spenden im Stande bin.

Strassburg i. E., am 11. November 1886.

Heinrich Herkner.

Für die öfters zu zitierenden Quellen gelten folgende Abkürzungen:

Annuaire = Annuaire du département du Haut-Rhin, Colmar.

Archiv f. ö. G. = Archiv für öffentliche Gesundheitspflege in Elsass-Lothringen, Strassburg.

B. = Bulletin de la Société industrielle de Mulhouse, (seit 1828). Die beigesetzte römische Ziffer bezeichnet den Jahresband.

B. A. = Bezirksarchiv des Ober-Elsass. Die Bezeichnung wird zu Akten oder Drucksachen hinzugefügt, welche im Bezirksarchive aufbewahrt werden. Die einzelnen Akten sind entweder nach Nummern oder Titeln geordnet. Für die vorliegende Arbeit kommen folgende Titel in Betracht:

- Cr. ind. = Crises industrielles.
- D. d. tr. = Durée du travail.
- Gr. = Grèves d'ouvriers.
- Ind. V. = Industrie Varia.
- Sit. ind. = Situation industrielle.
- Soc. d. sec. = Sociétés de secours mutuels en cas de maladie.
- Tr. d. enf. = Travail des enfants dans les manufactures.

B. T. = Verhandlungen des Bezirkstages und der Kreistage des Ober-Elsass. Colmar, seit 1873.

C. d. A. = Courier d'Alsace. Colmar, 1847, 1848.

Mieg = Mathias Mieg, der Stadt Mülhausen Geschichte bis zum Jahre 1816. Mülhausen 1816.

Mieg Rel. = Relation historique des progrès de l'industrie commerciale de Mulhouse et ses environs par Math. Mieg. Mulhouse 1823.

Lexis = Lexis, die französischen Ausfuhrprämien. Bonn 1870.

R. P. = Ratsprotokolle im Stadtarchive von Mülhausen. Das beigefügte Datum bezieht sich auf die Ratssitzung.

S. W. = Der souveraine Wahlmann. Mülhausen 1870.

Stat. gen. = Statistique générale du Departement du Haut-Rhin publiée par la société industrielle de Mulhouse et mise en ordre par Achille Penot. Mülhausen 1831.

St. M. = Statistische Mitteilungen über Elsass-Lothringen. Strassburg.

V. R. = Die Volksrepublik. Mülhausen 1849, 1850.

Villermé = Villermé, L'état physique et moral des ouvriers etc. Paris 1840.

Volz = Volz, Gewerbliche Arbeiten im Ober-Elsass im Spätsommer 1850. Zeitschrift f. d. gesamten Staatswissenschaften. VII. Bd. 1851.

INHALT.

Zweites Buch.

Die ober-elsässer Baumwollindustie als Glied der französischen Volkswirtschaft.

Drittes Buch.

Seite

Die ober-elsässer Baumwollindustrie als Glied der deutschen Volkswirtschaft.

I.

DIE ÖKONOMISCHE SEITE DER ENTWICKLUNG.

1. Zoll- und Absatzverhältnisse.

II.

DIE SOZIALE SEITE DER ENTWICKLUNG.

2. Die Lage der Arbeiter im Ober-Elsass.

3. Die sozialpolitischen Faktoren.

ERSTES BUCH.

DIE MÜLHÄUSER UND OBERELSÄSSER BAUMWOLLINDUSTRIE VON IHRER ENTSTEHUNG BIS ZUR AUFNAHME IN DAS FRANZÖSISCHE ZOLLGEBIET.

QUELLEN.

Unter den zahlreichen, die Geschichte der Stadt Mülhausen behandelnden Schriften giebt es keine, welche dem wirtschaftlichen Momente in befriedigender Weise Rechnung trüge. Die Autoren, zumeist des historischen Sinnes durchaus baare Dilettanten, haben sich darauf beschränkt die Erzählungen Mathias Mieg's mit mehr oder minder grossem Verständnisse zu wiederholen. Die Mitteilungen dieses etwas weitschweifigen, planlosen, aber liebenswürdigen und feinfühligen Schriftstellers über die Entwicklung des Zeugdruckes in Mülhausen kehren mit eiserner Beharrlichkeit in den Arbeiten aller Nachfolger wieder. Mathias Mieg's „Der Stadt Mülhausen Geschichten bis zum Jahre 1816“ Mülhausen 1816, sind somit die einzige gedruckte Quelle von Bedeutung. Seine Brochüre „Relation historique des progrès de l'industrie commerciale de Mulhouse et ses environs“, Mulhausen 1823, bietet, abgesehen von einer zweifelhaften Statistik und den Gründungsjahren der hervorragenden Firmen nur die im Hauptwerke versprengten Bemerkungen ökonomischen Inhaltes im Zusammenhange. Geordneter, aber minder inhaltsreich, ist das Buch von M. Graf „Geschichte der Stadt Mülhausen“ 3 Bde., Mülhausen 1819—1822. Auf den genannten Werken, die übrigens von Vollständigkeit und tieferer Auffassung weit entfernt sind, beruht die Abhandlung von Ch. de Lasablière „Histoire de la ville de Mulhouse“, Mulhouse 1856. Ihm folgen Eugène Véron „Les Institutions ouvrières de Mulhouse et des environs“, Paris 1866, in der historischen Einleitung; ferner: Carl Hack „Statistische Mitteilungen über die Stadt Mülhausen", Mülhausen 1873; Metzger „La République de Mulhouse jusqu' à 1798," Bâle 1883; X. Mossmann in Ernest Meidingers „Statistique de Mulhouse", Mulhouse 1886.

Den Kreis der durch Mieg bekannt gemachten Thatsachen erweitern einige in den Bulletins de la Société industrielle de Mulhouse zerstreute Notizen, unter denen jene von Hartmann-Liebach (B. XLVII p. 218—222) hervorgehoben zu werden verdienen, da sie ein ziemlich anschauliches Bild von der gewerblichen Verfassung und Technik der Mülhäuser Wollenweber liefern. Die von Ehrsam durch Engel-Dollfuss (B. XXXII p. 529—53, abgedruckt auch bei L. Reybaud: Le Coton, Paris 1863, p. 460—62) aus dem Bürgermeisterbuche mitgeteilten Notizen geben ein durchaus falsches Bild, dessen Unhaltbarkeit sich sofort erweist, wenn man nicht nur willkürlich einige Bemerkungen aus den im Bürgermeisterbuche gebotenen Auszügen der Ratsprotokolle herausreisst, sondern das ganze verfügbare Urmaterial in Betracht zieht.

Die citirten Arbeiten beziehen sich insgesammt nur auf die Entwicklung Mülhausens; jene der Baumwollindustrie im Ober-Elsass hat bis jetzt eine Darstellung überhaupt nicht erfahren. Eine dürftige Inhaltsangabe, nicht eine Bearbeitung des im Bezirksarchive des Ober-Elsass sich darauf beziehenden Materiales enthält: Charles Bourcart „Étude sur les archives départementales ayant trait à l'industrie de l'Alsace" (B. LIV p. 297—308).

Bot das bisher Veröffentlichte somit wenig, was dem Verfasser von Nutzen sein konnte, so war die Ausbente in dem Stadtarchive von Mülhausen und dem Bezirksarchive des Ober-Elsasses um so reicher. Auf ihr beruht dem wesentlichen Inhalte nach die folgende Darstellung.

I.

DIE WIRTSCHAFTLICHEN UND RECHTLICHEN GRUNDLAGEN FÜR DIE ENTSTEHUNG DER BAUMWOLLINDUSTRIE IN MÜLHAUSEN UND DEM OBERELSASS.

I. KAPITEL.

DIE ANFÄNGE DER BAUMWOLLINDUSTRIE IN MÜLHAUSEN.

Zwischen den an der schweizer Grenze sich erhebenden Gebirgsstöcken des elsässer Jura und den Abhängen der südlichen Vogesen streicht ein Hügelland, welches durch das Thal der Ill in einen westlichen und östlichen Teil geschieden wird. Nordwestlich von den äussersten nördlichen Ausläufern der letztgenannten Höhenzüge liegt Mülhausen. Da auch die das linke Illufer begleitenden westlichen Hügelketten an dieser Stelle zurückgetreten, breitet sich die Stadt an dem Ausgange des oberen Illthales aus, und darin bestand in früheren Zeiten ihr einziger Vorzug der Lage. Im übrigen schieden sie der Haardtwald und die Terrainwellen des östlichen Hügellandes von der am Rheine sich hinziehenden Strasse, der Nonnenbruch von dem die Mündungen der Vogesenthäler verbindendem Wege nach Burgund.[1] Ohne unmittelbare Berührung mit den

[1] Beitrag zur Geschichte Mülhausens im Elsass und der Entwickelung seiner Industrie. Mülhausen 1886. p. 4 u. 5.

zwei wichtigsten Verkehrsadern des Elsasses blieb Mülhausen lange Jahrhunderte hindurch ein kleiner, unbedeutender und stiller Ort. Seine langsam fortschreitende und überaus einfache, in ihrer kristallhellen Einfachheit aber gerade nicht uninteressante ökonomische Entwicklung findet dadurch eine hinlängliche Erklärung.

Die Gründung Mülhausens, zu welcher wahrscheinlich die Anlage eines bischöflichen Fronhofes den Anstoss gab, soll bis ins 8. Jahrhundert zurückgehen. Rudolph von Habsburg unterstützte das Gemeinwesen in dem Streben nach Unabhängigkeit vom Strassburger Bischofe und erhob dasselbe später als Kaiser in den Rang einer freien Reichsstadt.

Im Jahre 1449 vertrieb die Bürgerschaft die adeligen Geschlechter, teilte sich in 6 Zünfte und schloss bald nachher zur Sicherung ihrer Freiheit, welche der verjagte Adel wie der Herzog von Burgund bedrohten, ein Bündniss mit Bern und Solothurn. Dasselbe erweiterte sich 1515 auf die übrigen Schweizer Cantone. Den Beziehungen zu diesen, welche mit Frankreich in einem Freundschaftsbündnisse standen, hatte es Mülhausen zu danken, dass es, als das Elsass unter französische Botmässigkeit geraten war, seine Unabhängigkeit behauptete, und als selbständiger Freistaat, eine Enclave im französischen Territorium, bis in die Zeit der grossen Revolution fortbestand.[1]

Abgesehen von dem politischen Gegensatze fühlte sich die kleine Republik auch in religiöser Hinsicht ihrer unmittelbaren Umgebung entfremdet, da letztere, zur Zeit der Reformation noch unter österreichischer Herrschaft stehend, katholisch verblieben war, während die unabhängigen Mülhäuser 1526 den neuen Glauben angenommen hatten. Aus den genannten Momenten ergab sich für die Stadt eine scharf ausgeprägte Sonderstellung, deren ökonomischen Reflex man unschwer in der überaus lange aufrecht erhaltenen städtischen Eigenwirtschaft erkennen wird.

---

[1] Mieg. p. 24, 32, 41, 44. 45, 82.

Bis weit in das 16. Jahrhundert hinein trieb die überwiegende Majorität der Bürgerschaft noch Feld-, Garten- und Weinbau, sowie Viehzucht. Die gewerbliche Thätigkeit hatte sich nur so weit entfaltet, als es zur Deckung des städtischen Bedarfes an gewerblichen Produkten erforderlich war.[1] Da letztere überdies vielfach in häuslichen Nebenbeschäftigungen auch von der Landwirtschaft treibenden Bevölkerung hergestellt wurden, blieb die Sphäre des zünftigen Handwerkers auf jene gewerbliche Produktionen beschränkt, welche eine schwierigere, ausgebildetere Technik voraussetzten. „Reblüt" und „Ackerlüt" stellten zusammen mehr an Mannschaft, als die vier übrigen Zünfte der „Schneider", „Wirt", „Schuhmacher" und „Schmidt".[2]

Der lange Bestand des eben skizzirten wirtschaftlichen Zustandes muss um so mehr in Erstaunen setzen, als Mülhausen, am Ausgange des oberen Illthales gelegen, sich den Bewohnern desselben zum Verkaufe der agrarischen Produkte und Einkaufe der Erzeugnisse des städtischen Gewerbfleisses in hohem Grade empfahl. Allein die Mülhäuser scheinen mit Absicht ihrer politischen Unabhängigkeit eine grössere ökonomische Blüte geopfert zu haben. Sie wollten nicht durch Reichtümer die Eifersucht und Habsucht ihrer mächtigen Nachbarn, mit welchen sie schon ohnedies in fast beständiger Fehde lebten, noch mehr reizen. Sie zogen die grössere ökonomische Selbstständigkeit der Landwirtschaft einer feineren Ausbildung des Gewerbfleisses vor, welcher ihre Existenz, sowol was den Bezug des Rohmateriales als auch insbesondere was den Absatz der fertigen Waaren angeht, in Abhängigkeit von fremden, zum Teil feindlich gesinnten Elementen gebracht hätte.

Erst als nach der Besetzung des Elsasses durch die Franzosen eine vergleichsweise ruhigere Zeit angebrochen war, entwickelte sich zwischen Mülhausen und den um die Stadt liegenden Ortschaften ein lebhafterer wirtschaftlicher Verkehr. Zuerst machte, durch Basels Vorbild angeregt, die

[1] B. XLVII. p. 218 Mieg. p. 235.
[2] Mieg. p. 45.

Gerberei einige Fortschritte; doch litt sie durch Mangel an passendem Rohstoffe. Einflussreicher war der Aufschwung, den die Wollweberei gegen Ende des 17. Jahrhunderts nahm. Die Wolle wurde vorzugsweise von den Bauern der Umgebung bezogen, welche sie nebst den anderen landwirtschaftlichen Produkten auf den Mülhauser Markt brachten. Die feineren Sorten kamen durch Vermittelung Baseler Händler aus Süd-Deutschland. Auf den Messen im Ober-Elsass, der benachbarten Schweiz, sowie im Breisgau hielten die Meister in der Regel selbst ihre Produkte feil; einige verkauften sie allerdings auch jüdischen Kolporteuren.[1]

Die grosse Aufmerksamkeit, welche die französische Regierung der Verwaltung der neu erworbenen Provinzen, insbesondere der Aufbesserung der Verkehrsmittel zuwandte, blieb auch für Mülhausen nicht ohne vorteilhafte Folgen. Seine Wolltücher erfreuten sich in den ersten Decennien des 18. Jahrhunderts eines immer ausgedehnteren Marktes. Zur Pflege der bereits eine gewisse kaufmännische Technik erfordernden Beziehungen zwischen Konsumenten und Produzenten trat ein besonderer Stand auf, der der Tuchhandelsleute. Nur auf den näheren Messen verkauften die Meister noch selbst.[2]

Für die Güte des in der Ferne zum Verkaufe gelangenden Tuches trat der Erzeuger desselben beim Konsumenten nicht mehr persönlich in die Schranken. Der Kaufmann aber besass nicht die nötige Sachkenntniss, um über die Beschaffenheit der von ihm in den Handel gebrachten Tücher ein genaues Urteil abgeben zu können. So lief Stümperarbeit mit unter und schädigte den Ruf der Stadt. Es wurde daher 1737 von der Zunft eine „Schau" der fertigen Tücher angeordnet, bei welcher die für gut erkannten Produkte mit dem Wappen Mülhausens versehen und durch diese offizielle Beglaubigung für den grösseren Verkehr qualifizirt wurden.[3] Eine andere Wirkung der zu-

---

[1] B. XLVII. p. 219—222. Mieg. p. 303.

[2] Mieg, Rel. p. III. IV.

[3] R. P. 19. 6. 1737 nebst Articuln der Schauordnung.

nehmenden Produktion bestand darin, dass an Qualität und Quantität des Rohstoffes Ansprüche gestellt wurden, welche die unmittelbare ländliche Umgebung nicht zu erfüllen vermochte. Für den geschäftigen Tuchhandelsmann erwuchs eine neue Aufgabe. Er übernahm die Lieferung der gewünschten feineren Sorten Wolle aus Deutsch-Lothringen und Böhmen. Seine Bedeutung erhielt damit eine beträchtliche Verstärkung, während der Handwerksmeister, in dem Bezuge des Rohmateriales, wie in dem Vertriebe seiner Erzeugnisse auf den Kaufmann angewiesen, die Sphäre seiner ökonomischen Macht in bedenkenerregender Weise zusammenschrumpfen sah.

Nicht genug an dem. Die durch die zünftige Organisation sorgfältig statuirte Gleichheit und Unabhängigkeit erfuhr einen argen Stoss aus dem eigenen Lager, indem einige zu grösserem Wohlstande gelangte, tüchtige und intelligente Meister ihr Kapital in der damals fast einzig möglichen Weise: durch eine die Zunftschranken sprengende Vergrösserung ihres Betriebes zu verwerten suchten.[1]

Hätten sich diese wirtschaftlich erstarkten Elemente des Alleinbesitzes der politischen Macht erfreut, so würden, wie an vielen anderen Orten, auch in Mülhausen einige Webermeister zu Manufacturisten emporgestiegen, andere schwächere zu Stücklohnarbeitern der kaufmännischen Verleger herabgesunken sein. Gegen diesen Prozess protestirte aber die demokratische Tradition des Freistaates, welche in den zünftigen Kleinmeistern ihren mächtigen Schutz und Hort fand. Der Rat bestimmte nicht nur die Stücke Tuch, die ein Meister verfertigen durfte, sondern wehrte auch, vielleicht weniger aus innerer Neigung, als aus Furcht vor bürgerlichen Unruhen, jeden Uebergriff der Kaufleute in das Gebiet des Handwerkes energisch ab.[2]

Kapitalbesitz, Spekulation und Unternehmungslust sahen sich durch diese Schritte auf einen ihnen wenig behagenden, engen Wirkungskreis beschränkt. Wie willkommen musste

[1] Mieg. p. 303. B. XLVII. p. 221.

[2] l. c. und Bürgermeisterbuch (im Mülhäuser Stadtarchive) unter der Rubrik „Wollenweber". 1737.

ihnen angesichts solcher Verhältnisse ein Gewerbbetrieb erscheinen, der, wegen seiner absoluten Neuheit der zünftigen Fesselung noch nicht unterworfen, vor derselben möglicher Weise beschirmt werden konnte, zumal seine Technik von jener der bestehenden Handwerke völlig verschieden war! Dieses Ideal realisirte die Baumwollzeugdruckerei, welche von Ober-Deutschland ausgehend sich eben bis in die nachbarliche Schweiz verbreitet hatte.

Um es verständlicher zu machen, wie die Zeugdruckerei nach Mülhausen gekommen ist, mögen die dafür in Betracht kommenden Momente aus der Geschichte der Baumwollindustrie überhaupt in flüchtigen Umrissen der weiteren Darstellung vorausgeschickt werden.[1] Die Heimat der Baumwolle und der ursprüngliche Sitz dieser Industrie ist Asien, vornehmlich Indien und China gewesen. Von da kamen die Stoffe sowohl wie die Kenntniss ihrer Erzeugung und das Rohmaterial durch Vermittelung der Araber nach Südeuropa. In Spanien gelangte unter der maurischen Herrschaft die Verarbeitung der Baumwolle bereits im X. Jahrhundert zu einer hohen Blüte. Italien hingegen, obwohl Träger des indischen Handels, unter dessen Artikeln die Baumwollzeuge eine hervorragende Rolle spielten, sah bemerkenswerte Baumwollwebereien, für welche das Garn noch aus dem Orient bezogen wurde, erst mit Beginn des XIV. Jahrhunderts in Mailand und Venedig entstehen. — Über die Alpen pflanzte sich die neue Industrie nach dem Ober-Rhein fort, woselbst schon Ende des XIV. Jahrhunderts (zu Constanz) von dem Verweben baumwollenen Schusses mit leinener Kette die Rede ist.[2] Auch werden die baumwollenen Zeuge der Stadt Augsburg um jene Zeit bereits gerühmt. Im Laufe des XV. Jahrhunderts treten die schweizer

---

[1] Ueber die Geschichte in der Baumwollindustrie vergleiche man: Baines, History of the Cotton-Manufacture. p. 258—60. v. Scherzer, Das wirtschaftliche Leben der Völker. p. 208. Ueber die Entwicklung in der Schweiz: Emminghaus, Die Schweizerische Volkswirtschaft 1860 p. 147—151. Ferner: Otto, Buch berühmter Kaufleute. II. pag. 413, 414; 472—77.

[2] B. XXXVI. p. 306—309.

Kantone Zürich und Aargau sowie Flandern in diesem Zweige gewerblicher Thätigkeit hervor. Frankreich und England kommen erst im XVIII. Jahrhundert in Betracht. Trotz der relativ nicht unerheblichen Ausdehnung der Baumwollindustrie, konnte Europa die bestehende Nachfrage nach solchen Geweben, insbesondere jener nach feineren Qualitäten durch die eigene Produktion auch nicht entfernt befriedigen und blieb zur vollen Deckung seines Bedarfes immer auf den indischen Handel angewiesen. Als derselbe im XVIII. Jahrhunderte ganz in die Hände der Holländer übergegangen, waren es ausser den weissen Mousselinen noch mit phantastischen Blumenornamenten bemalte Gewebe, die bei den Europäern eine ganz ausserordentliche Beliebtheit gewannen und in grossen Massen eingeführt wurden.

Unter diesen Umständen ist es nicht zu verwundern, dass man in Europa darnach trachtete, eine so allgemein geschätzte Waare wo möglich auch selbst herzustellen. Es wurde jedoch eine andere, als die in Indien gebräuchliche Technik befolgt. In einer den Europäern geläufigeren Weise versuchte man durch Druck die Zeuge mit den gewünschten farbigen Mustern zu versehen. Die besten Vorbedingungen dafür boten die Länder in denen die Traditionen des Formschnittes noch nicht völlig erloschen waren: Holland und Oberdeutschland. Die neue Industrie sah sich um so mehr auf die genannten Gegenden angewiesen, als England und Frankreich, die von den bemalten und bedruckten Baumwollzeugen eine Schädigung der heimischen Woll- und Seidenmanufacturen befürchteten, strenge Verbote des Gebrauches und der Herstellung solcher Stoffe erliessen. — Am Beginne des 18. Jahrhunderts hatte Augsburg, dessen frühe Entwicklung der Baumwollweberei wir schon hervorgehoben, auch in der Druckerei grosse Fortschritte aufzuweisen. Die Technik war der bei Holzschnitten, besonders den sogenannten Clair-obscur's oder Tondrucken angewandten, sehr ähnlich. Auf einer Holztafel wurde die zu vervielfältigende Zeichnung durch Schnitt erhaben hergestellt, die erhabenen Partien sodann mit einem Farbstoff versehen und auf das Gewebe abgedruckt. So viele Farben das Muster aufwies, so viele Tafeln waren erforderlich. Auch kam es vor, dass man bloss die Umrisse der Zeichnung druckte und erst mit dem Pinsel dieselben farbig ausfüllte. Die Schwierigkeit der Operationen lag im Ganzen weniger auf der mechanischen als der chemischen Seite, nämlich die Farbstoffe mit den Baumwollfasern in eine möglichst innige Verbindung zu bringen und sie dadurch dauerhaft und haltbar zu machen. Die Vorteile, die in dieser Hinsicht die eine oder andere Manufactur errungen hatte, wurden selbstverständlich geheim gehalten, so dass die Industrie nur langsam sich verbreitete. Zunächst strebten die Gegenden, in denen die Baumwollweberei bereits eine gewisse Blüte erreicht hatte, auch die Druckerei einzuführen: vor allem die Schweiz, welche es in der Herstellung jener feinen Stoffe, wie sie die Druckerei vorzugsweise verlangte, ziemlich vorwärts gebracht hatte. In Glarus, Neuenburg, Genf erhoben sich Manufacturen zur Erzeugung von „Indiennes", wie die in Rede stehenden Produkte genannt wurden. Glänzende Erfolge krönten diese Unternehmungen. Spricht doch auch ein französischer Schriftsteller jener Zeit (1746) von der eigensinnigen Vorliebe des Publikums für bedruckte Baumwollzeuge als einem unheilbaren Übel.[1] Besonders für Möbelbezüge, spanische Wände, Bettdecken, Vorhänge, Frauenkleider, Taschentücher u. s. w. fanden die Indiennes allgemein Verwendung. Sind ja noch heute unsere Vorstellungen über Rococo-Trachten und -Einrichtungen von jenen geblümter Zeuge ganz unzertrennlich. — Solche scheinen aus der Schweiz oder durch den Handel der Schweiz denn auch nach Mülhausen gedrungen zu sein und eine gute Aufnahme gefunden zu haben. Ein junger Mülhäuser, Johann Jakob Schmaltzer, der längere Zeit in einem mit Indiennes Handel treibenden Hause in Basel angestellt gewesen, verfiel auf die Idee, die Indiennefabrikation in seiner Heimat einzuführen. Um die für die Produktion erforderlichen technischen Kenntnisse zu erwerben, begab er sich nach Altona, wo eine bedeutende Indiennefabrik

[1] Vergl. Lexis, Die französischen Ausfuhrprämien, Bonn 1870. p. 39.

bestand. Von dort brachte er sich auch einige kundige Arbeiter mit nach Mülhausen, und etablirte sich da mit einem gewissen Moser.

Das Unternehmen schlug wegen Kapitalmangel fehl.[1]

Es gelang aber nach einiger Zeit, einen wolhabenden Rentner Samuel Köchlin und einen Kunstmaler, Johann Heinrich Dollfuss für die Sache zu interessiren.

Eine neue Gesellschaft kam zu Stande.

In derselben waren Kapital, künstlerisch veredelte Technik und kaufmännischer Geist in glücklicher Weise vereinigt, so dass man daran denken konnte, den Plan in grösserem Massstabe auszuführen. Man liess Arbeiter aus Deutschland und der Schweiz kommen.

Für diese halten die Herren Köchlin, Schmaltzer und Comp. — so lautete die Gesellschaftsfirma — am 1. Juni 1746 um Aufenthaltsbewilligung an. Der Rat nahm dem Unternehmen gegenüber eine durchaus günstige Stellung ein. Den Fabrikanten wurde nicht nur für das erste Jahr Freiheit von dem auf den Mülhauser Produkten lastenden Ausgangszolle zugestanden, sondern später die Abgabenfreiheit „zur Begünstigung der dem Publico vorteilhaften Indiennefabrik“ noch auf das folgende Jahr ausgedehnt und für 6 weitere Jahre ein Zollabonnement gestattet, das etwa der Hälfte des ordnungsmässig zu entrichtenden Zolles entsprach.

Zudem erhielt die Fabrik vom Magistrate ein Darlehen von 15000 Livres zu 4%.[2]

Worin findet diese Handlungsweise gegen die Zeugdruckerei ihre Erklärung? Wie wir noch sehen werden, stand sie in einem manufacturmässigen Grossbetriebe und dem Aufkommen eines kapitalistischen Betriebes in der Wollenweberei war der Rat doch so energisch entgegengetreten.

Es wurde oben schon angedeutet, dass der Rat bei seinen feindseligen Schritten mehr dem Drucke der Massen,

---

[1] B. XLVII. p. 223.

[2] R. P. 1. 6. 1746; 5. 7. 1747; 2. 10. 1749; 30. 10. 1749; 28. 10. 17. 450; 12. 1752; 22. 12. 1755. Mieg. p. 300 fgl. Mieg, Rel. p. VII.

als der eigenen Neigung folgte. Unter den Ratsherren waren ja jene durch die Zunftschranken in der freien Entfaltung gehemmten Elemente stark vertreten, da sie, vermöge ihres durch die Handelsbeziehungen erweiterten Horizontes, zur Leitung der nicht immer so einfachen öffentlichen Angelegenheiten in erster Reihe sich befähigt erwiesen.

Allein nur eine augenfällige Ausserachtsetzung der bestehenden Rechte hätte in der zünftigen Wollenweberei den Grossbetrieb ermöglicht, und an der unbedingten Aufrechterhaltung des gegebenen Zustandes besassen unter 600 stimmfähigen Bürgern 70—80 das lebhafteste Interesse, dessen Schutz der Rat daher wol oder übel übernehmen musste.[1]

Ganz anders war die Sachlage bei der Zeugdruckerei. Die Industrie, völlig neu, stimmte in ihrer Technik mit keinem der bereits vorhandenen Handwerke irgendwie überein. Kein Zunftreglement liess sich auf sie anwenden. Kein Interesse hatte von ihrer Einführung zunächst etwas zu befürchten. Es musste den Mülhäusern vielmehr wünschenswert erscheinen, in dem Bezuge eines so eifrig begehrten Artikels, wie es die Indiennes waren, nicht mehr auf die Fremde angewiesen zu sein. Gegen keinen Buchstaben der gewerblichen Verfassung verstossend hielt die Indiennefabrikation als „freie Kunst" ungehindert ihren Einzug in Mülhausen.[2]

Werfen wir einen Blick auf die Art und Weise ihres Betriebes.

Die Baumwolltücher wurden in rohem Zustande aus der benachbarten Schweiz, gewöhnlich aus Aargau oder Zürich, von den Fabrikanten bezogen.[3] Auf einer von der Stadt um mässigen Zins gepachteten Matte[4] wurden die Zeuge, nachdem sie gewaschen worden, gebleicht, und so für

---

[1] Mieg. p. 303.
[2] R. P. 5. 7. 1753.
[3] R. P. 26. 2. 1749 u. Stat. gen. p. 341.
[4] R. P. 11. 3. 1750.

den Druck tauglich gemacht. Das vom Zeichner gelieferte Muster schnitt der Modelstecher in eine Holztafel in der Art, dass die abzudruckenden Stellen erhaben erschienen.[1] Die Tafel befestigte man zum Gebrauche für den Drucker an einen mit einem Handgriffe versehenen Holzblock. Dann drückte sie dieser Arbeiter auf ein Polster, dessen Fläche mit einer dünnen Schichte der vom Coloristen zubereiteten und mit Firniss angeriebenen Farbe bedeckt worden war. Dadurch nahmen die erhabenen Stellen des Models die Farbe an, welche durch Drucken auf das über einen langen Tisch hingebreitete Gewebe übertragen wurde. Waren die Farben getrocknet, so sahen Mädchen nach, ob die Zeichnung auch überall tadellos zur Erscheinung gelangt war. Etwa mangelhafte Stellen, sowie die höchsten Lichter erfuhren durch sie noch eine Behandlung mit dem Pinsel.[2] Hierauf wurden die Stoffe wieder gewaschen, getrocknet, gestärkt, gemanget und geplättet, in ein handliches Format zusammengelegt und schliesslich auf Risico des Fabrikanten in den Handel gebracht.

Wir haben es also mit einer Kette von verschiedenen, sich aber auf das nämliche Object beziehenden Verrichtungen zu thun. Den verschiedenen Teilfunktionen entsprechen verschiedene Arbeitergruppen, von denen je eine der anderen das Teilprodukt als Rohmaterial liefert. Da aber die einzelnen Manipulationen ungleicher Zeitlängen bedürfen, und gleiche Zeitlängen ungleiche Quanta von Teilprodukten liefern würden, so müssen die Arbeitergruppen, sollen sie beständig die gleiche Teilarbeit ausführen, in einem bestimmten, durch die Erfahrung zu ermittelnden Zahlenverhältnisse stehen.[3] Der ungleiche Aufwand an Geist, Handfertigkeit und roher Kraft, den die Teilarbeiten verlangen, bewirkt eine entsprechende Abstufung der verwendeten Arbeitskräfte, die in deren Entlohnung, Alter und Geschlecht zum Ausdruck gelangt. Zur Sicherung des regelmässigen

[1] Stat. gen. p. 334.
[2] Stat. gen. p. 344.
[3] Vgl. Marx, Das Kapital. I. 1883. p. 346.

Anschlusses der verschiedenen Produktionsphasen an einander, sowie überhaupt des harmonischen Zusammenwirkens der einzelnen Arbeiterkategorien zeigt sich eine höhere, alle produktiven Elemente umfassende Einheit erforderlich. Dieselbe repräsentirt der die Leitung des ganzen Produktionsprozesses innehabende Kapitalist. Da das Eigentum am Rohprodukte sich nicht unter allen Umständen hinreichend stark erweisen würde, um die Concentration der Arbeitskräfte, die für die Erzielung des grössten Gewinnes mit den geringsten Kosten nötig ist, herbeizuführen, so sucht er zur Kräftigung des Zusammenhaltes auch alle übrigen Produktionsmittel in sein Eigentum zu bringen. Und in diesem räumlichen und zeitlichen Nebeneinanderwirken der Teilarbeiter, umschlossen von dem Eigentume des Leiters der Produktion an sämmtlichen Produktionsmitteln, haben wir das für den Begriff des manufacturmässigen Grossbetriebes wesentliche Merkmal zu erkennen.

Aus der eben vorgenommenen Analyse der Manufactur und ihrer concreten Erscheinung in der Zeugdruckerei ergeben sich die fundamentalen Unterschiede derselben von dem zunftmässigen Handwerke.

Während der Manufactur die Tendenz nach einer immer weiter zugespitzten Teilung der Arbeit, einer immer grelleren Abstufung der Arbeiter innewohnt, verteidigt die zünftige Organisation die Gleichheit ihrer Angehörigen wenigstens in technischer Beziehung.

Gebietet aber die ökonomisch-technische Entwicklung in einem Handwerke eine grössere Gliederung der Arbeit, so vollzieht sich diese nicht innerhalb desselben, sondern es lösen die wichtigeren Teilfunktionen sich als selbständige Handwerke los.[1] Selten gestattet die Zunftordnung eine so mächtige Ausdehnung des Betriebes, dass der Meister mit der Beschaffung des Rohmateriales, der Beaufsichtigung seiner Verarbeitung und dem Verkaufe der Erzeugnisse hinlänglich beschäftigt wäre. Meist legt er selbst direkt Hand an's Werk. Eine dominierende Rolle des Kapitales ist hier

[1] B. XLVII. p. 220 - 221.

ausgeschlossen, ausser wo die monopolisierende Zunftautonomie sie erst später künstlich eingeführt hat. Dagegen erwirbt es in der Manufaktur einen unbegrenzten Spielraum, oder einen Spielraum, begrenzt wenigstens nur durch den Markt und die wirtschaftliche Kraft der Unternehmer. Wo die zünftigen Handwerke vorherrschen, ist die politische Organisation zwar auch eine Oligarchie aber auf demokratischer, wo die Manufakturen vorherrschen, eine solche auf plutokratischer Grundlage.

Trotz des erkannten tiefgehenden Antagonismus, der dem Geiste beider gewerblicher Verfassungen innewohnt, bewegte sich doch die Zeugdruckerei ziemlich ohne Anstoss neben den Handwerken.

Die Ursache lag in gewissen äusserlichen Eigentümkeiten, die ihren, vom Zunftstandpunkte aus betrachtet, revolutionären Charakter verschleierten. Sie entstand weder aus der Vereinigung bestehender Handwerke, wie die meisten anderen Manufacturen, noch aus der Zerspaltung eines derselben in eine excessiv arbeitsteilige Produktion. Zeichnen, Modelstechen, Drucken, Farbenbereitung waren vielmehr für die Stadt als gewerbliche Verrichtungen völlig neu. Die anderen auf die Appretur bezüglichen besassen höchstens mit dem Reinigen und Vorbereiten der Wäsche eine gewisse Verwandtschaft, also einer Thätigkeit, die unter das Scepter der Hausfrauen, nicht aber das der Zünfte fiel. Abgesehen davon muss auch noch betont werden, dass die Zeugdruckerei in ihren bescheidenen Anfängen für die bloss auf das Sinnenfällige gerichtete Betrachtungsweise der grossen Masse keineswegs von der handwerksmässigen Betriebsweise so verschieden zu erscheinen brauchte, als man nach einer wissenschaftlichen Analyse des Wesens beider Betriebsformen erwarten möchte.

Hätten die Zünfte der Manufactur eine tödtliche Wunde beibringen wollen, so wäre die einzige Möglichkeit dazu in der Einschränkung der kapitalistischen Betriebsweise, resp. der Zahl der Arbeiter und Drucktische, dem Ausschlusse ungelernter, weiblicher und kindlicher Arbeitskräfte und der Verselbständigung der Teilfunktionen in neue Handwerke gegeben gewesen. Die Natur der Dinge brachte es mit sich, dass nur die „Dessinirkunst" und Modelstecherei etwa als neue zünftig organisirte Gewerbe auftreten konnten. In den vom Rate ratifizierten Articuln der Modelstecher vom Jahre 1759 wurde die Ausübung und Lehre der genannten Thätigkeiten streng an einen ordentlichen Accord in der Fabrik geknüpft, und diese Eventualität damit beseitigt.[1] An ein Verbot der Arbeit von Kindern und weiblichen Personen war aber um so weniger zu denken, als die Handwerke gerade das lebhafteste Interesse daran empfanden, dass von den Manufacturen Arbeitskräfte, nach welchen von ihrer Seite keine Nachfrage ausgieng, verwendet wurden.[2]

Als man sich, nachdem noch eine zweite Zeugdruckerei errichtet worden war, mit der Frage beschäftigen musste, wie die Fabrikanten in dem Rahmen der bestehenden gewerblichen Ordnung unterzubringen seien, ob sie eine „freie Kunst", natürlich im gewerberechtlichen Sinne, ob sie eine Nebenbeschäftigung oder einen Handel trieben, beschloss man sie wegen ihrer grossen Ähnlichkeit mit den Tuchhandelsleuten auch der Zunft, der diese angehörten, der Schneiderzunft zuzuteilen.[3] Sehen wir daraus auch, dass man die kapitalistische Wahlverwandtschaft der Fabrikanten und Tuchkaufleute fühlte, so wäre es doch grundfalsch die blosse Einordnung jener in eine Zunft als besondere Feindseligkeit aufzufassen.

Vor allem war der Anschluss der Fabrikanten an eine Zunft vom politischen Standpunkte geboten, da das ganze politische Leben der Bürgerschaft, ihre Teilnahme an der Regierung des Freistaates, sich ja in den von der zünftigen Organisation gegebenen Formen vollzog.[4]

Ausserdem wurde der Zeugdruck damit einfach als ein besonderer, selbstständiger Gewerbbetrieb anerkannt. Aller-

[1] R. P. 19. 10. 1759.

[2] Man vergleiche die so häufig ausgesprochenen Befürchtungen über Lohnsteigerungen durch die neue Industrie. R. P. 9. 10. 1754; 31. 1. 1770.

[3] R. P. 5. 7. 1750.

[4] Mieg, p. 42—45.

dings ergab sich nun die praktisch wichtige Konsequenz, dass, da jeder nach zünftigen Anschauungen nur ein einziges anerkanntes Gewerbe treiben durfte, Kaufleute oder Handwerker, die Fabrikanten wurden, ihre frühere Profession aufgeben mussten.[1] Nach Erfüllung dieser Vorschrift stand es aber jedem jederzeit frei, eine Fabrik zu gründen oder in eine bereits bestehende als Gesellschafter einzutreten. Nie wurde für die Indiennefabrikation eine Lehr- oder Wanderzeit verlangt, sie bildete gewissermassen eine gewerbefreiheitliche Enclave in dem von der Zunftverfassung beherrschten Gebiete.

Das kapitalistische Wesen der Manufactur erlitt, wie aus den vorangeschickten Ausführungen unmittelbar folgt, hierdurch nicht die geringste Beeinträchtigung.

Wir haben uns zu zeigen bemüht, wie die Zeugdruckerei als solche, wenn auch vermöge ihrer kapitalistischen Verfassung der in der Stadt stramm aufrecht erhaltenen Zunftordnung entschieden widersprechend, zu legalen Angriffen keine Handhabe bot, da sie wolerworbene Rechtssphären in keiner Weise antastete.

Ein anderes Gesicht erhielten die Verhältnisse, als die dem Kapitale innewohnende Expansivkraft durch Übergriffe in das Gebiet verschiedener Handwerke zur Erscheinung kam.

Man versuchte zur Herstellung der Holztafeln für den Schnitt einen Schreinergesellen zu halten. Sofort erhoben die Schreiner ihre Klage, und der Rat gestattete nur, dass die Modelstecher das Hobeln der Tafeln, falls sie es verstünden, auch selbst besorgten.[2]

Ein nahe an die Kompetenz der Färber streifender Vorgang in der Druckerei rief einen zweiten Angriff hervor. Es war die sogenannte Reservagenfärberei oder echte Druckerei. Sie bestand darin, dass das Zeug nicht mit Farben, sondern einem Stoff, der sogenannten Reservage, bedruckt wurde, welche das Anhaften von Farbe verhinderte. Nach dem Ausfärben des ganzen Gewebes und dem darauf folgenden Auswaschen erschienen die bedruckten

[1] R. P. 15. 9. 1756; 4. 4. 1759; 11. 10. 1759; 3. 9. 1760.
[2] R. P. 12. 1. 1750.

Stellen, an denen die Reservage die Wirkung der Beize, d. i. des Mittels zur Fixierung der Farben an die Baumwollfasern, gehindert hatte, als weisses Muster auf farbigem Grunde. In zweckmässiger Weise hätten die Fabrikanten hierzu Färbergesellen aufnehmen können. Allein auf Einsprache des Färberhandwerkes hin musste es der Rat verweigern.[1] Bezüglich der Rasenplätze und des Wassers des Steinbächlein, das man beim Bleichen und Waschen der Tücher benötigte, ergaben sich mit den auf demselben Terrain hantierenden Walkern einige Konflikte, welche durch den Rat, natürlich entsprechend den bestehenden Gesetzen, aber unter möglichster Wahrung der Billigkeit gegen die Fabrikanten entschieden wurden.[2]

Endlich, als die Fabrikanten den in das Bereich der Tuchhandelsleute fallenden Detailhandel mit Indiennes an sich zu reissen strebten, indem sie gegen Lohn Teile eines Stückes, oder ganze Stücke mit mehreren Mustern bedruckten, wurde ihnen im Interesse der Ladeninhaber dies verwehrt.[3]

Doch nun haben wir auch so ziemlich das ganze Martyrium der neuen Industrie erschöpft.[4]

Der Magistrat hinderte also die Verletzung bestehender Rechte, kam aber, soweit er eben nicht durch solche in seinem Handeln bestimmt wurde, den Fabrikanten äusserst wolwollend entgegen.[5]

Die der ersten Fakrik gewährten Zollbegünstigungen wurden jeder in der Folgezeit gegründeten zu Teil. Und Gründung folgte auf Gründung;[6] denn, wie wir erkannt, bot die Indiennefabrikation den einzigen Weg, auf welchem

---

[1] R. P. 2. 5. 1759; 17. 8. 1763.

[2] R. P. 11. 3. 1750.

[3] R. P. 5. 7. 1753; 15. 9. 1756.

[4] Stat. gen. p. 339. B. XXXII. p. 530. Von da in die meisten späteren Darstellungen übergegangen.

[5] B. A. C Nr. 1123. Brief des Rates v. Mülhausen an den Intendanten der Provinz: „notre principe fondamental est de laisser faire les uns sans ruiner les autres".

[6] R. P. 11. 1. 1753; 17. 12. 1753; 25. 8. 1756; 29. 8. 1757; 29. 6. 1761; 4. 3. 1765; 9. 12. 1765.

das Kapital zu einer freien Bethätigung seiner ökonomischen Macht gelangte. Alle ökonomisch leistungsfähigen Elemente Mülhausens, mochten sie Goldschmiede, Färber, Bäcker, Ärzte oder Apotheker sein, widmeten sich dem neuen Gewerbszweige.[1] Natürlich wurde so den zünftigen Handwerken Luft und Licht entzogen, sie schrumpften mit der Zeit zusammen und verloren trotz Aufrechterhaltung ihrer Privilegien jede Bedeutung.

Der mässige Zoll von $^5/_{12}$ % des Wertes der ausgeführten Indiennes fiel bei den Fabrikanten weit weniger, als bei der Finanzverwaltung der Stadt ins Gewicht.[2] Er bildete mit dem Wachstume der Fabriken einen immer grösseren Prozentsatz der städtischen Einnahmen, wodurch dieselben und mit ihnen die ganze städtische Politik in eine beachtenswerte Abhängigkeit von der neuen Industrie geriet.

In der Zeugdruckerei hatte das Kapital Mülhausens den Punkt entdeckt, von welchem aus die Herrschaft des demokratischen, zünftigen Handwerkes völlig legal, in der denkbar friedlichsten Art aus den Angeln gehoben wurde. Wie sehr gerade in dem die vorhandenen gewerblichen Rechtsphären nur leise berührenden Charakter der Zeugdruckerei das für den raschen, lebenskräftigen Aufschwung derselben in Mülhausen ausschlaggebende Moment zu erblicken ist, geht in überzeugender Weise noch aus der Geschichte der Einführung der Baumwollspinnerei und Weberei, sowie der Bandfabrikation hervor, zu welcher wir uns in dem Schluss des Kapitels wenden.[3]

Wie erwähnt, waren die Indiennefabrikanten in dem Bezuge des Rohmateriales, der zu bedruckenden Baumwollzeuge, auf die Schweiz angewiesen. Einige Tuchhandelsleute richteten daher 1754 an den Rat ein Gesuch um die Bewilligung zur Einführung der Baumwollspinnerei und

---

[1] Mieg, Rel. p. VIII.

[2] Mieg, p. 301. B. XXXII. p. 531. R. P. 29. 6. 1761; 30. 4. 1764.

[3] Mieg, 310—316. Graf, Geschichte d. Stadt Mülhausen 1819—22. II. Bd. 218—222. Beide handeln nur von der versuchten Einführung der Bandfabrikation.

-Weberei.[1] Sie sollte den Bedürfnissen der Indiennefabriken begegnen und dieselben von der Fremde unabhängig machen.

Nun handelte es sich um ein Gewerbe, das mit den in der Stadt ausgeübten Handwerken der Wollenweber, Leinenweber und Zeugmacher eine so innige technische Verwandtschaft besass, dass sie sich in ihren Interessen gefährdet fühlten. Vor allem fürchteten sie von der zu erwartenden intensiveren Nachfrage eine grosse Verteuerung des Spinnlohnes. Die Opposition war so energisch, dass der Rat dem Ansuchen der Tuchhandelsleute nur unter der Bedingung statt gab, die Baumwolle nicht in der unmittelbaren Umgebung, welche für die Handwerke arbeitete, sondern erst im Mömpelgardischen, Massmünsterschen, im St. Amarinthale sowie über dem Rheine verspinnen zu lassen. Absolut wurde ihnen aber die Errichtung eigener Webereien versagt. Sie durften nur die Garne den Webern der Stadt und jenen des dazu gehörigen Dorfes Illzach gegen Lohn zum Verarbeiten geben. Es drang das Kapital hier somit wol zu einem hausindustriellen, nicht aber manufakturmässigen Grossbetriebe vor. Überdies sollte er bloss auf die Probe hin, und solange keine Missbräuche getrieben würden, gestattet sein. Das Gefährliche für die Webermeister lag eben darin, dass sie das den Kaufleuten gehörige Garn gegen Lohn zum Verweben erhielten, was ihre eifersüchtig bewahrte Unternehmerstellung zu der eines Stücklohnarbeiters degradierte.

Vermochte die Baumwollspinnerei und Weberei, wenn auch unter gewissen Einschränkungen, doch Fuss zu fassen, so machte die Gründung einer Bandfabrik völliges Fiasco.

Zwei Mülhäuser Bürger hatten 1756, zunächst vorsichtigerweise nur auf dem eng an Mülhausen grenzenden französischen Territorium zu Dornach, mit kgl. Privilegium[2] eine Bandmanufaktur errichtet. Allmählich stellten sie auch mit Zustimmung des Rates einige jener berüchtigten Band-

---

[1] R. P. 9. 10. 1754; 4. 12. 1754; 9. 12. 1754; 11. 12. 1754.

[2] Das Privilegium findet sich in Liasse Nr. 4668 (Bibliothek Heitz) und B. A. Liasse C. Nr. 1122.

stühle, auf welchen mehrere Bänder zugleich gewebt wurden, in der Stadt auf. Das bedeutete einen flagranten Eingriff in die Rechte des Handwerkes der „Posamenter". Auf ihr Betreiben entstand in der Bürgerschaft eine Aufregung, welche einem Aufstande zum Verwechseln ähnlich sah. Dem Rate blieb kein anderer Ausweg, als die erteilte Genehmigung wieder zurückzuziehen.

Einen ähnlichen Verlauf nahm des Ferneren auch der Versuch eines Gerbermeisters, zum Grossbetriebe überzugehen: er liess trockene Häute aus Amerika kommen, um dieselben nach einer von ihm in Holland erlernten Weise zu bearbeiten, er hielt eine grössere Zabl von Arbeitern, als die Zunftstatuten erlaubten, und obwol er dafür ruhig die vorgeschriebenen Strafen erlegte, sah er sich schliesslich ausser Stande, der Eifersucht der Handwerksmeister, welche durch die beständigen Übertretungen aufgestachelt worden waren, noch weiter zu begegnen und verlegte seine Unternehmung auf französisches Gebiet.[1]

Somit verblieb die Zeugdruckerei in der That die einzige freie kapitalistische Produktionsweise. Die Baumwollspinnerei und -Weberei entwickelte sich unter den ihr auferlegten Beschränkungen weit langsamer als die Indiennefabrikation, deren Nachfrage sie daher keineswegs zu genügen vermochte.

Dieser Aufgabe wollten zwei Baumwollmanufacturen, die sich in der Provinz erhoben, gerecht werden. Da sie die ersten derartigen Unternehmungen des Ober-Elsasses, scheint ein näheres Eingehen auf ihre Entstehung begründet.

[1] B. XLVII. p. 219.

II. KAPITEL.

DIE ANFÄNGE DER BAUMWOLLINDUSRIE IM OBER-ELSASS.

Das allmähliche Erlöschen des Bergbaues und Hüttenbetriebes in mehreren Vogesenthälern, besonders im Leberthale[1], beraubte die ohnehin schon höchst dürftige Gebirgsbevölkerung noch des kärglichen Verdienstes, den sie aus diesen Beschäftigungen gezogen hatte. Doch auch der Bauer auf dem Lande befand sich, von vielen Lasten beschwert,[2] in einer recht traurigen Lage, die ihm einen Nebenverdienst, namentlich während der von landwirtschaftlichen Arbeiten freien Zeit, in hohem Grade wünschenswert erscheinen liess. Wenn unter solchen Verhältnissen die Hausweberei nicht schon grössere Ausdehnung gewonnen hatte, so lag der Grund darin, dass die Erzeugnisse des Elsasses gegenüber den Schweizerischen nicht aufkommen konnten. Letzteren stand sowol der Eingang in die Provinz wie nach Frankreich einem Allianztraktate zu Folge offen.[3] Die Produkte des Elsasses dagegen wurden durch hohe Zölle von dem französischen Markte abgehalten, denn die Provinz war, ebenso

---

[1] Histoire de la vallée de Lièvre par Grandidier. St. Marie aux Mines 1810. p. 23 u. Histoire de l'industrie dans la vallée de Lièvre par D. Risler. St. Marie aux Mines 1851. p. 48.

[2] L'Alsace avant 1789 par Krug-Basse. Paris 1876. p. 44, 243.

[3] État de l'industrie en Alsace vers 1735, par M. de la Grange Revue d'Alsace 1867. p. 306, 307.

wie Lothringen mit den drei Bistümern als „Étranger effectif" von Colbert nicht in das Gebiet der fünf grossen Pachten einbezogen worden. Erst als durch das Emporblühen der Zeugdruckerei in Mülhausen, einer wenn auch nicht politisch, doch wirtschaftlich und geographisch zum Ober-Elsass gehörigen Stadt, von hier eine lebhafte Nachfrage nach baumwollenen oder mit Baumwolle vermischten Geweben ausgieng, und selbst in der Schweiz die Nachfrage der Drucker das Angebot der Weber überholte, gestaltete die Lage sich günstiger.

Ein früherer Bürgermeister von Markirch, namens Steffan geriet deshalb auf den Gedanken, eine Baumwollmanufactur zu errichten; zu ihm gesellte sich nebst einigen anderen der Schultheiss von Sierentz, Joseph Hieronymus Bian, und sie stellten 1756 an den Intendanten des Elsasses ein Gesuch um Unterstützung in ihrem Beginnen.[1] „Sie wissen", heisst es in der Bittschrift, „dass in dem Bassler Gebiete eine grosse Anzahl Manufacturen, die Tücher zu drucken, angelegt seind, und dass die Einwohner von Mülhaussen gleichfalls seit einiger Zeit diese Arbeit mit solchem Fortgange treiben, dass sie hoffen mögen, es damit sehr weit zu bringen; diese Manufacturen erforderten eine so grosse Menge Kattun, dass es denen Einwohnern des Bassler Gebietes und noch viel weniger denen Mülhauser Unterthanen nicht möglich, die dazu nöthigen Zeug zu lüffern, dass sie folglichen, wenn man ihnen einen Theil dieser Tücher aus der Provinz Elsass verschaffen könnte, auch das Geld, welches sie zu denen Einkäuf in fremde Land versenden müssen, in die Provinz gezogen würde. In dieser Absicht hätten sie sich schon einen merklichen Vorrath an Baumwolle angeschafft und denen Weiberen auf dem Land zu spinnen gegeben. Der glückliche Fortgang ihres ersten Versuches hätte sie angefrischt, aus fremden Landen erfahrene Weber, welche diesen Zeug zu verarbeiten wissen, zu beschreiben, auch Webstühl aufrichten und wirklichen

[1] Das Privilegium, datiert vom 29. März 1756, findet sich sowol in der Bibliothek Heitz Nr. 4668 als auch B. A. Liasse C. Nr. 1123.

Kattun von so guter Gattung verfertigen zu lassen, dass sie dessen Vertrieb leicht zu finden versichert sein könnten. Sie hätten aber zu forchten Ursach, dass ihre Nachbarn, durch ihr Exempel und guten Fortgang ihrer Unternehmung aufgemuntert, sich nicht auch auf diese Arbeit legen, die Arbeiter ihnen abspannen und zu ihrem grossen Nachteil dergleichen Webstühl aufrichten, wodurch dieselben ohne Kosten und ohne Gefahr den Nutzen von demjenigen Geldvorschuss ziehen würden, welchen die Supplicanten aus Arbeitsamkeit und Eifer, diese neue Gattung Arbeit in die Provinz einzuführen, gethan."

Sie verlangten deshalb, einmal, dass ausser ihrer Kattunmanufactur keine andere im Lande geduldet werden sollte, und dann für ihre fremden Arbeiter die Freiheit von allen Gemeindelasten, da selbe ja auch die Vorteile der Gemeinden nicht genössen.

Den Petenten wurde in der That von dem Intendanten ein Privilegium erteilt, demzufolge sie allein in Markirch und Sierentz, sowie in der ganzen Provinz von den Grenzen des Burgbannes der Stadt Strassburg an bis an das Gebirge, welches die Schweiz und Franche Comté von dem Elsass scheidet, das Recht besassen, Webstühle aufzurichten und darauf ganzen oder gemischten Kattun, in welcher Breite und Länge es auch wäre, verfertigen zu lassen. Allen anderen war es innerhalb der gedachten Grenzen bei Konfiskation der Werkzeuge und des Materiales nebst einer Geldbusse von 100 Livres für jeden Webstuhl verboten.

Die Regierung bestellte einen besonderen Kontroleur, welcher jedes Stück Zeug mit einem Zeichen, das die Worte: „Manufacture de Sierentz" oder „Manufacture de St. Marie" trug, zu versehen hatte. Ausserdem verzeichnete er in zwei Registern, das eine für die baumwollenen, das andere für die aus Baumwolle und Leinen gemischten Stoffe, die Siamosen, alle fertig gestellte Waare; für jedes Stück sollte eine Abgabe von 6 Deniers entrichtet werden. Die Besitzer der Manufacturen erhielten aber auch Passirscheine für die Baumwolle, welche sie von Frankreich bezogen und hatten so keine Ausfuhrzölle für sie zu entrichten.

Die ersten Faktoren der Manufakturen und jene Werkmeister, welche weder Weib noch Kinder besassen, keine eigenen Häuser hatten, weder Ackerbau noch Handel trieben, sollten keinerlei Frohnden unterworfen sein. Dasselbe galt auch für die Verheirateten, nicht aber für ihre Frauen, die rücksichtlich der Frohnden wie Wittwen angesehen wurden. Jedes Jahr sollten die Leiter der Manufakturen ein Verzeichnis mit ihren und ihrer Werkmeister Namen bei der Behörde einreichen, damit danach ein mässiges Kopfgeld festgesetzt würde.

Als wichtig muss hervorgehoben werden, dass das Privileg sich ausdrücklich nur auf das Verweben der Baumwolle, nicht aber auf das Spinnen bezog. Letzteres blieb vielmehr völlig frei. — Diese Bestimmung ermöglichte es den Mülhäusern, die wie früher erzählt worden, in der Provinz spinnen lassen mussten, ihre Baumwollweberei fortzuführen. Für die Provinz war aber vorläufig die Weberei monopolisiert; eine noch ganz im merkantilistischen Geiste Colbert's gehaltene Massregel.

Gestützt auf das angezogene Privilegium und einige andere ähnliche Schriftstücke[1] haben wir uns von der ökonomischen Verfassung und der für ihre Gestaltung in Betracht zu ziehenden Momente ungefähr folgendes Bild zu entwerfen.

Die Baumwolle bezog man vorzugsweise über Marseille aus der Levante (Cypern, Saloniki, Smyrna), zum Teile aber auch aus der französischen Kolonie Guadeloupe. Zum Verspinnen liess der Unternehmer den Rohstoff durch seine deutschen und schweizerischen Spinnmeister auf die Dörfer, unter Weiber, Greise und Kinder verteilen. Die allgemein verbreitete Kenntnis der Flachs- und Hanfspinnerei bot für eine rasche Einbürgerung des Baumwollspinnens gute Vorbedingungen, und eine besondere technische Unterweisung mag nur zu den die Baumwolle zum Verspinnen vorbereitenden Prozessen, sowie in der Herstellung beson-

---

[1] Vorzugsweise enthalten in B. A. Liasse C. Nr. 1118.

ders feiner Garne notwendig gewesen sein. In dieser Absicht sowol, als um etwa des Spinnens noch unkundigen Personen dasselbe zu lehren, siedelten sich die Spinnmeister für eine Zeit im Dorfe an und hielten eine Spinnschule. Im übrigen entwickelten für die Vorteile solcher Anstalten auch die Gemeinden selbst ein grosses Verständnis. Sie erblickten darin ein äusserst zweckmässiges und bequemes Mittel zur Verringerung der Armenlasten. So entstanden denn Spinnschulen oder Spinnstuben in grosser Zahl, in denen die von gemeindewegen Unterstützten und deren Kinder sich einen Teil ihres Unterhaltes wenigstens durch Spinnen selbst verdienen mussten. — Die Regierung suchte durch Versendung eines „Mémoire sur la filature“ das ihrige beizutragen. Sie pries die Industrie als Seele des Handels und Nerv des Staates empfahl die Errichtung von Spinnschulen auf das wärmste und stellte sogar einen Schutzzoll gegen die Schweiz in Aussicht, sobald die Spinnerei nur einigermassen in der Provinz Wurzel gefasst haben würde.

Die Beschaffung der zum Spinnen erforderlichen Werkzeuge schloss keine Schwierigkeiten in sich; eine Rute zum Schlagen der Baumwolle, ein mit Drahthäkchen dicht besetztes, auf eine Handhabe gespanntes Stück Leder zum Kratzen und endlich das Spinnrad, dessen Einrichtung noch einfacher als die des Flachsspinnrades war. In der Regel mag man wol nur mit der gewöhnlichen Handspindel gearbeitet haben. Die Spinnerei, soweit sie nicht etwa von den Ortsarmen in der Spinnstube dauernd betrieben wurde, bildete eine Nebenbeschäftigung für die von landwirtschaftlichen Verrichtungen freie Zeit; eine Entlohnung nach der Zeit konnte daher bei dem Mangel jeder Kontrole nicht statthaben, sondern bloss eine solche nach dem Stücke, beziehungsweise nach dem Pfunde versponnener Baumwolle. Da aber in einem Pfunde Garn sehr verschiedene Mengen von Arbeit enthalten sind, je nachdem die Fäden feiner und länger, oder gröber und kürzer gesponnen wurden, andererseits ein einheitlicher Massstab zur Bestimmung des Feinheitsgrades, oder, wie wir heute sagen würden, der Nummer des Garnes nicht existierte, so erzeugten die aus dieser Unsicherheit über die Höhe des zu zahlenden Lohnsatzes sich ergebenden Streitigkeiten allerdings einige der rascheren Ausbreitung der Spinnerei vielleicht abträgliche Folgen. Die Regierung verabsäumte nicht, ein allgemein giltiges Mass und einen entsprechenden Tarif in Vorschlag zu bringen, ohne dass aber die Idee verwirklicht worden wäre.

Wenden wir uns zu der Weberei. Die Weber erhielten durch die Faktoren des Unternehmers das zu verwebende Garn übermittelt. Auch sie beschäftigten sich vorerst nur neben der landwirtschaftlichen Arbeit mit derselben. In der Vobereitung der Kette, sowie in dem Aufhaspeln des Garnes für das Weberschiffchen leisteten Weib und Kind Hilfe. Die Werkzeuge hatten noch die primitivste Form; der Schnellschütze war nicht bekannt. Falls eine technische Unterweisung benötigt wurde, so ging dieselbe von den Webermeistern der Unternehmer aus. Länge und Breite des Gewebes, wie Zahl der Fäden boten für die Entlohnung feste Anhaltspunkte.

Wie aus den vorangestellten Bemerkungen ersichtlich, wurden die sogar räumlich getrennten Teilfunktionen nur durch das Eigentum des Leiters der Produktion an dem Objekte derselben verknüpft. In einem unmittelbar persönlichen, beständigen Dienstverhältnisse zu dem Unternehmer standen allein die wenigen Spinn- und Webermeister, wie die Faktoren, denen die Verteilung des Rohstoffes, die Übermittelung der Teilprodukte der Spinner an die Weber, schliesslich die Prüfung der fertigen Waare und deren Versendung nach dem Contor des Verlegers oblag. Sie bildeten den technischen Stab des Kapitalisten.

Wir haben es also (die vulgäre Bezeichnung Kattunmanufaktur darf nicht täuschen) mit einem durchaus hausindustriellen Betriebe zu thun und zwar mit der ländlichen Erscheinungsform desselben. Von dieser unterscheidet sich die städtische, welche wir bei der Mülhäuser Baumwollweberei zu beobachten Gelegenheit hatten, nur dadurch, dass hier die in Rede stehenden Verrichtungen von Handwerksmeistern als Hauptgewerbe, nicht als Nebenbeschäftigung ausgeführt wurden. Mit dem Manufaktur-Arbeiter verglichen, genoss der hausindustrielle durch das Eigentum an den Werkzeugen und das Arbeiten in der eigenen Behausung gegenüber dem an der Spitze der Produktion stehenden kaufmännischen Unternehmer eine unabhängigere Stellung, welche bei dem ländlichen hausindustriellen Arbeiter noch eine Steigerung darin erfuhr, dass die Basis seiner Existenz von der landwirtschaftlichen Thätigkeit gelegt wurde, und das aus der gewerblichen fliessende Einkommen für ihn nur von sekundärer Bedeutung war. Begreiflicherweise erschienen die für den Arbeiter günstigen Momente vom Standpunkte des Unternehmers aus als ebenso viele Nachteile. Gleichwol strebte er nicht nach der dieselben ausschliessenden Manufaktur.

Worin lag der Grund seiner Handlungsweise? Es wäre unrichtig, die für die Gestaltung der hausindustriellen Verfassungsform der Baumwollspinnerei und -Weberei ausschlaggebenden Motive etwa auf technischem Gebiete, ähnlich wie für den manufakturmässigen Betrieb der Zeugdruckerei suchen zu wollen. Eine sachgemässe Beurteilung wird nur erreicht, wenn man die skizzierte Verfassung in Zusammenhang mit ihrer an die gegebenen konkreten Verhältnisse sich eng anschmiegenden Natur und ihrer daraus resultierenden leichten Einführbarkeit bringt.

Zuerst sind auf Seiten des Unternehmers ihre geringen Kapitalansprüche hervorzuheben. Ein Kontor, ein Lagerraum für Rohbaumwolle, ein zweiter für fertige Waare stellten der Hauptsache nach das ganze fixierte Kapital vor. Das umlaufende, welches die Rohbaumwolle und die Löhne repräsentierten, schlug rasch um und konnte, falls das Unternehmen nicht prosperierte, leicht wieder zurückgezogen werden. Die Errichtung einer Manufaktur dagegen würde die Erwerbung eines grösseren Gebäudes und vieler Werkzeuge zur Voraussetzung gehabt haben. In den Städten begegnete ihr der Widerstand der Zünfte, auf dem Lande entstand die Schwierigkeit, die erforderliche Zahl von Arbeitskräften an einen Punkt zu konzentrieren, sie von Frohndenverpflichtungen frei zu erhalten, ihnen eine passende Unterkunft zu gewähren etc. — Wie schwer würde es beispielsweise gefallen sein, den kleinen, an eine abwechselungsreiche Thätigkeit gewohnten Häusler aus einem Gebirgsdorfe herab in die engen Räume der Manufaktur zu ziehen, ihn zu einer für Stunden ununterbrochenen mechanischen Teilfunktion zu bewegen? Wie gern unterzog er sich einer Arbeit, zu der ihm das Rohmaterial in das Haus gebracht wurde, der er bloss seine eben freien Stunden zu widmen hatte, die seine Gewohnheiten, seine soziale Stellung zunächst völlig unberührt liess! Wie natürlich, dass seine Familie ihm bei einer in ihrem Kreise sich vollziehenden Beschäftigung Hilfe leistete! Welch' gewaltige Änderung in seinen Existenzbedingungen und demgemäss in seinen Vorstellungen war notwendig, ehe er sich entschloss, Weib und Kind in eine Manufaktur zu schicken!

So begreifen wir denn, warum sich die besprochene Verfassung selbst in Zeiten erstreckte, in denen technische Rücksichten den Übergang zu einem manufakturmässigen Betriebe längst schon dringend geboten. In der Periode bis zum Ausbruche der Revolution hatten die Unternehmer aber ein um so geringeres Interesse an einem manufakturmässigen Betriebe, als es ihnen gelungen war, der ihnen widrigen ökonomischen Unabhängigkeit der hausindustriellen Arbeiter durch juristische Mittel zu begegnen.

Die Monopolisierung der Weberei durch das den Herren Steffan, Bian u. Cie. erteilte Privilegium tritt jetzt erst in die rechte Beleuchtung. Man gab sich aber mit dem Monopole der Weberei nicht zufrieden. Einige Jahre später stellten sie der Regierung vor, wie sie zwar bei gleichen Preisen die Qualität der schweizerischen Gewebe noch überholten, dass sie in Mülhausen einen guten Absatz fänden, es aber von den jährlich erzeugten 3600 Stück leicht auf 10 000 bringen könnten, wenn sie ein Monopol für Spinnerei, wenigstens in einem gewissen Umkreis erhielten. Sie würden dann nicht die Spinnerinnen, welche sie gelehrt, ihnen abspenstig gemacht sehen, oder übermässige Löhne zahlen müssen. Die Klage richtete sich gegen die von den Mülhäusern ausgehende Konkurrenz.

Der Gedanke wurde in der Folge von der Regierung zum Prinzip erhoben. Jeder Unternehmer erhielt einen gewissen Bezirk angewiesen, in dem er allein das Recht, oder mindestens ein Vorrecht besass, arbeiten zu lassen.[1] Die Konsequenzen ergeben sich von selbst.

[1] B. A. Liasse. C. Nr. 1123.

III. KAPITEL.

ABSATZVERHÄLTNISSE UND DEREN WIRKUNGEN.

1. Mülhausen.

In der vorangegangenen Darstellung wurde die Frage des Absatzes noch nicht des Näheren behandelt, sondern nur leise durch die Bemerkung gestreift, dass Frankreich Gebrauch wie Erzeugung von bedruckten Baumwollgeweben verboten hatte. Man stände mit den Thatsachen jedoch nicht im Einklange, wenn man glauben wollte, es wäre das Verbot streng durchgeführt worden; vielmehr fand ein schwunghafter Schmuggel mit Indiennes aus der Schweiz statt, welche in Paris in einem Stadtviertel, das in dieser Hinsicht als neutraler Boden galt, öffentlich verkauft wurden.[1] Auch der Umstand, dass die schweizer Indiennefabriken zumeist in der Nähe der französischen Grenze angelegt worden, weist auf die Bedeutung dieses Absatzes, an dem Mülhausen zweifelsohne auch seinen Teil gehabt hat. Trotzdem lag der Schwerpunkt der Mülhäuser Handelsbeziehungen für die von uns ins Auge gefasste Zeit noch in Deutschland, woselbst die Frankfurter, ja sogar die Leipziger Messe[2] besucht wurde, und in der Provinz, in welcher sich wegen der den Druckereien feindseligen Stimmung der Regierung eine Indiennemanufactur nicht erhob. Abgesehen selbst von den kommerziellen Beziehungen besass auch die Pro-

---

[1] Vgl. Otto, Buch berühmter Kaufleute, II. p. 472.

[2] Stat. gen. p. 336.

duktion einen durchaus deutschen Charakter. Die qualifizierten Arbeiter Mülhausens kamen aus Deutschland, Einer, dem man ganz besondere chemische Fortschritte in der Anwendung der Beizen verdankte, aus Hamburg, viele Andere aus Augsburg[1] oder der deutschen Schweiz.

Ein Umschwung vollzog sich, als das Arrêt vom 19. Juli 1760 die Einfuhr von bedruckten und unbedruckten Baumwollzeugen in das Gebiet der Generalpacht gestattete. Allerdings hatten erstere einen Eingangszoll von 150 Livres und 4 Sous pro Livre Zuschlag, letztere 75 Livres mit dem gleichen Zuschlage, pro Centner zu entrichten.[2]

Für ordinäre Waare war der Zoll erdrückend hoch und betrug bis gegen 40 % des Wertes; allein bei feineren Artikeln, zu denen einmal leichtere, dünnere Gewebe verwandt wurden, und die mit ihren geschmackvolleren, farbenreicheren Mustern einen dreimal höheren Wert bei gleichem Gewichte repräsentierten, konnte er bis auf 14—15 % sinken. Ziehen wir ferner den Luxus des französischen Publikums zur Zeit des „ancien régime" in Erwägung, so verstehen wir leicht, warum nunmehr Mülhausen vor allem danach trachtete, möglichst elegante Produkte zu liefern. Auf sie erstreckte sich vorzugsweise die Nachfrage des neu erschlossenen Marktes; ihr spezifisch höherer Wert vermochte Zoll und Transport besser zu ertragen.[3]

Da in Frankreich das Verbot der Erzeugung von bedruckten Kattunen auch erst mit der Aufhebung des Einfuhrverbotes beseitigt worden war, erhob sich daselbst die erste Indiennefabrik nicht früher als 1760, nämlich das berühmte Etablissement von Jouy, dessen Begründer, Oberkampf, eine Zeit hindurch in Mülhausen thätig gewesen war.[4] Obwol sich die Indiennefabrikation rasch verbreitete,

---

[1] Stat. gen. p. 348.

[2] Stat. gen. p. 335.

[3] Résumé pour les fabricants d'Alsace adonnés au commerce de toiles blanches et peintes; en réponse au IIIe mémoire publié le 1. avril 1788 par les députés des manufactures d'indiennes du ressort des cinq grosses fermes. pag. 3—5. B. A. Liasse C. Nr. 1122.

[4] Otto, Buch berühmter Kaufleute. II. p. 473—477.

blieb Frankreich fast für ein Dezennium noch derart auf die Einfuhr angewiesen, dass die fremden Indiennedrucker zunächst selbst für mittlere Qualitäten den Zoll bequem abwälzen konnten und den Übergang zu kostbareren Erzeugnissen nur in einem langsamen Tempo ins Werk zu setzen hatten.

Für Mülhausen brach eine goldene, sonnige Zeit heran. Die Glanzperiode, welche die uns bereits bekannten, in der Indiennefabrikation schlummernden, entwicklungsfähigen Keime zur vollen Entfaltung brachte und die Industrie damit für immer auf einen unerschütterlichen Piedestal erhob, dauerte gegen 25 Jahre. Am Ende des ersten Dezenniums, in welchem die Konkurrenz französischer Fabriken beinahe noch nicht in Betracht kam, in welchem man mit mehr als 20% Gewinn arbeitete,[1] besitzt Mülhausen bereits 14 Indiennefabriken, für deren Errichtung namentlich die in der Stadt befindlichen, seit Jahrhunderten aber verlassenen grossen Adelshöfe und Klöster sich geeignet erwiesen.[2] Gegen Beginn der siebziger Jahre scheiden sich dann die Fabriken in solche, die hauptsächlich für die Ausfuhr nach Frankreich arbeiten und sich deshalb feineren Artikeln zuwenden, und in einige wenige, welche bei der Erzeugung einfacher Waaren für die Provinz und Strassburger Messe verbleiben. Um der jeweiligen Mode und dem Geschmacke des französischen Publikums genau zu entsprechen, hatten erstere aus Paris geschickte Zeichner berufen.[3] Die übrigen Arbeiter jedoch gehörten ausschliesslich der deutschen Nationalität an.

Mit der so gewaltig zunehmenden Produktion in der Druckerei hielt die Weberei und Spinnerei, weder an Quantität noch Qualität gleichen Schritt. Die Mülhäuser Fabrikanten bezogen deshalb den grössten Teil ihrer Tücher aus der Schweiz, den päpstlichen Kattunmanufakturen zu Orange, ja selbst aus Indien, dessen Gewebe an Feinheit die euro-

---

[1] Mieg, p. 302.
[2] Graf, Geschichte der Stadt Mülhausen 1819—22. III. Bd. p. 217.
[3] Stat. gen. p. 342.

päischen doch noch weit übertrafen.[1] Die zentraleuropäische Lage Mülhausens kam jetzt so recht zur Geltung. Der nahe Pass von Belfort erleichterte die wichtigen Beziehungen zu Frankreich; unweit des Punktes situirt, an welchem der Rhein sich von Westen nach Norden kehrt, wies dieser Strom nach Norden dem Handel mit den hochkultivierten mittel- und niederrheinischen Ländern, nach Osten mit den vorderösterreichischen und schwäbischen Landesteilen bequeme Bahnen. Über Basel und Luzern nahm der Verkehr nach Italien, wo Piemont für den Absatz bedeutend wurde, seinen Weg. Wir begreifen kaum, woher die kleine Stadt die Kräfte genommen, die einem solchen Anschwellen der kommerziellen Aufgaben zu genügen vermochten. In der That, sie hatte nach dieser Richtung eine bedenkliche, kritische Zeit zu überstehen.

Die Schweizer Kommissionshäuser nämlich, welche die Baumwollstoffe lieferten, unternahmen den Versuch, bei den Mülhäuser Fabrikanten nur die Tücher gegen Lohn drucken zu lassen und selbst den gewinnreichen Handel mit den Indiennes zu führen. Einige schwächere Firmen der Stadt, die zudem von Schweizern kommanditiert wurden, hielten nicht Stand; die Selbständigkeit und Unabhängigkeit der Mülhauser Industrie sah sich ernstlich bedroht. Denn gaben einmal einige nach, so konnten die mächtigen Kommissionshäuser, die den Handel mit Baumwollgeweben ziemlich monopolisiert hatten, durch Vorenthaltung von Stoffen oder enorme Preise die übrigen Fabrikanten sowol beim Einkaufe des Rohmateriales als auch durch ruinöse Konkurrenz beim Verkaufe der fertigen Waaren in eine schwierige Stellung versetzen.[2]

Die Mülhäuser Fabrikanten einigten sich deshalb 1764 in einer Konvention, die vom Rate ratifiziert wurde, dahin, dass das Lohndrucken zwar nicht unbedingt verboten sein, aber mit einem hohen Ausfuhrzolle von Seiten der Stadt belegt werden solle. Derselbe war namentlich für die wertvolleren Artikel, zu welchen das Gewebe ausschliesslich aus der

---

[1] Stat. gen. p. 340.
[2] R. P. 5. 4. 1764; 30. 4. 1764.

Schweiz bezogen wurde, die „fein illuminierten Nastücher“ so beträchtlich, dass er einem Verbote gleichkam. Um die genaue Aufrechthaltung der Vorschriften zu gewährleisten, sollten die Fabrikanten auch keine Indiennes gegen unbedruckte Baumwolltücher, Farben oder andere ähnliche Waaren vertauschen, woraus einigermassen vermutet werden könnte, dass dabei Absichten auf das Lohndrucken vorhanden wären. Da ferner nach der Mülhauser Konstitution niemand in der Stadt Handel treiben durfte, als die Bürger, und durch fremde Kommanditisten der Handlung Einheimischer hätte Schaden zugefügt werden können, so sollte überhaupt keinem Bürger, weder einem Fabrikanten, noch einem andern erlaubt sein „Kommanditen von Auswärtigen anzunehmen, oder sich deshalb in eine Gemeinschaft einzulassen, bei seiner Bürgerpflicht und hochobrigkeitlich darüber zu erkennender Straf“.[1]

Zur Führung der so Mülhausen gesicherten Handelsgeschäfte, besass jedes Haus — die Firmen waren durchwegs Gesellschaftsfirmen — einen kaufmännisch gebildeten[2] Gesellschafter. Die Routine, die von der Tuchkaufmannschaft in Handelssachen erworben worden, kam nun der Indiennefabrikation zu Gute. Im Jahre 1755 wurde das Institut der Makler, 1768 ein Handelsregister eingeführt, ein sogenanntes Ragionenbuch „zum Nutzen der Handlung und Sicherheit des Publici“.[3] Welches Verständnis man für die Heranbildung eines leistungsfähigen Handelsstandes besass, erhellt aus der Gründung einer Art Handelsakademie, die im Jahre 1781 statt fand.[4]

Die Ausdehnung der Produktion verursachte mit der Zeit eine grosse Teuerung des damals noch ausschliesslich verwandten Brennmaterials, des Holzes. Man musste daran denken, sich in der Steinkohle einen wolfeilen Brennstoff

[1] R. P. 30. 4. 1764; 16. 5. 1768; 4. 12. 1780. Das Verbot wurde wenigstens formal bis 1780 aufrecht erhalten.

[2] Mieg, Rel. p. IX.

[3] Mülhäuser Statutenbuch 1740. — Neue Zusätze 1780. ad Art. XXXII. Von Gemeinschaften und Societäten 1. R. P. 28. 11. 1768.

[4] B. XLVII. p. 685.

zu verschaffen. Der Rat nahm die Sache in seine Hand,[1] holte in Zürich und Basel, wo bereits Steinkohlen verwendet wurden, über die dazu notwendigen Öfen Informationen ein, und liess auf obrigkeitliche Kosten Herrn Johannes Dollfuss auf seiner Fabrik 1766 eine Probe machen, die so befriedigend ausfiel, dass man aus Ronchamp 5—6000 Centner Kohlen kaufte, ein Magazin an dem jungen Thor errichtete und solche an die Bürger zu mässigen Preisen verkaufte. Die aus dem Magazin bezogenen Kohlen auf „Mehrschatz" weiter zu verhandeln war untersagt, doch war niemand gezwungen seinen Bedarf aus dem städtischen Magazin zu entnehmen, sondern konnte selben auch durch direkten Bezug decken.[2]

2. Ober-Elsass.[3]

Im zweiten Kapitel lernten wir das Aufkommen der Baumwollspinnerei und -weberei in der Provinz kennen. Wir erinnern uns, dass dieselbe ihren Impuls der von den Mülhäuser Druckern ausgehenden Nachfrage dankte. Nachdem das Arrêt vom 19. Juli 1760 die der Baumwollindustrie geneigte Stimmung der französischen Regierung bekundet hatte, dachte man in der Provinz daran, sich auch auf den Zeugdruck zu verlegen. Schon bei der Besprechung des hausindustriellen Betriebes der Spinnerei und Weberei hoben wir die Schwierigkeiten, welche sich der Errichtung von Manufakturen im Allgemeinen entgegenstellten, hervor, und sind deshalb vorbereitet, zunächst keinen allzu raschen Auf-

[1] R. P. 3. 3. 1766.

[2] R. P. 5. 6. 1766; 3. 7. 1766; 2. 6. 1768.

[3] Nach den im Bezirksarchive des Ober-Elsasses aufbewahrten Schriftstücken und Drucksachen. Unter letzteren sind hervorzuheben: Supplément au mémoire pour les entrepreneurs des manufactures de toiles peintes à Jouy, Nantes, Rouen etc. contre les négociants faisant le commerce de toiles peintes en Alsace. 1788. — Résumé pour les fabricants d'Alsace en réponse au IIIe mémoire, publié le 1 avril 1788 par les députés des manufactures d'indiennes du ressort des cinq grosses fermes; C. Nr. 1122. Daselbst sind auch die angezogenen Arrêts du Conseil d'État zu finden.

schwung der Indiennefabrikation, deren notwendig manufakturmässige Verfassung sich den konkreten Verhältnissen so wenig anschmiegte, erwarten zu wollen.

Die erste Indiennefabrik des Ober-Elsass erhob sich 1760 im St. Amarinthale zu Wesserlingen, einem früheren Jagdschlosse, das der Abt von Murbach an die Unternehmer verkauft hatte.[1] Damit war wenigstens das Gebäude gegeben. Der Vorgang ist typisch für die meisten späteren Gründungen von Zeugdruckereien, die mit Vorliebe in Klöstern und Adelsschlössern eingerichtet wurden.

Da man für den Anfang die Manufakturarbeiter ohnedies aus der Fremde berufen musste, so waren für die Anlage einer Indiennefabrik ausser der eben erwähnten Rücksichtnahme auf ein bereits vorhandenes passendes Gebäude, auf klares Wasser für Wäscherei, Bleicherei und Farbenbereitung, sowie auf billiges Holz liefernde Waldungen, nur noch die mehr oder minder günstigen Vorbedingungen, welche eine Gegend auch für die Einführung der Baumwollspinnerei und -weberei bot, massgebend.

Darin unterscheidet sich nun überhaupt die Zeugdruckerei des Ober-Elsass von jener in Mülhausen, dass ihre Unternehmer in der Regel auch einen hausindustriellen Betrieb der Spinnerei und Weberei organisieren und somit alle Zweige der Baumwollindustrie in ihrer Hand vereinigen. Das den Herren Steffan und Bian erteilte Monopol bildete kein Hemmnis, da es nur für die ersten Jahre aufrecht erhalten worden war.

Die Manufaktur in Wesserling gedieh nicht. Ihre Produkte unterlagen ja demselben Zolle, wie die Mülhausens, in dessen Mauern der Zeugdruck, schon seit 16 Jahren bestehend, sich zur erfolgreichen Überwindung des Zolles hinreichend kräftig entwickelt hatte. Die französische Regierung entschloss sich durch Privilegierung ein Paroli zu bieten: den Erzeugnissen der Wesserlinger Fabrik und einer zweiten in Markirch wurde 1767 zollfreier Eingang nach

---

[1] De l'industrie dans le Haut-Rhin par Sengenwald. Wesserling 1837. p. 1 u. 2.

dem Innern, der ersten für 5000 Stück, der letzteren für 2000 Stück gewährt.

Aber erst als das Arrêt vom 13. August 1772 für bedruckte und unbedruckte Zeuge überhaupt eine Zollherabsetzung von ungefähr einem Drittel [bedruckte Kattune pro Ctr. 90 Livres und 8 Sous pro Livre Zuschlag, unbedruckte Tücher 50 Livres und die nämlichen Zuschläge] brachte, als die zwischen Frankreich und England während des amerikanischen Unabhängigkeitskampfes ausgebrochenen Feindseligkeiten den Handel mit indischen bemalten Mousselinen hinderten, gewann die Druckerei im Ober-Elsasse eine breitere und sicherere Basis. Die Unternehmer waren zum Teil Schweizer, zum Teil Mülhäuser, welchen entweder der in der Stadt vorhandene Raum nicht mehr genügte, oder die mit ihrer Druckerei gern auch Spinnerei und Weberei vereinigen wollten, zu welchem Vorhaben die Gebirgsthäler schon wegen der niedrigeren Löhne sich besser eigneten.

In rascher Aufeinanderfolge wurden die Indiennefabriken zu Logelbach 1775, zu Sennheim, Thann und Münster 1776 gegründet.

Die Geschäfte nahmen einen guten Fortgang, bis im Jahre 1783 der Friede von Versailles den indischen Handel wieder frei gab, und Frankreich seine ostindische Kompagnie zur eifrigen Pflege desselben mit einem neuen Privilegium ausstattete. Da der Gesellschaft der Handel mit indischen bemalten Kattunen bei der starken Konkurrenz, der sie von Seiten der Mülhauser und Elsässer in ähnlichen Artikeln ausgesetzt war, nicht lukrativ genug erschien, benutzte sie ihre einflussreiche Stellung, um gegen die genannten ökonomischen Widersacher einen vernichtenden Schlag zu führen. Willige Unterstützung fand sie in ihren Absichten bei den französischen Indiennefabrikanten, welchen die ihnen von der Elsass-Mülhäuser Gruppe bereitete Konkurrenz um so unbefugter erschien, als deren Angehörige nicht einmal aus der Provinz, sondern entweder wie die Mülhäuser aus der Schweiz, oder gar aus Deutschland stammten. Den vereinten Intriguen gelang es ein Arrêt des Staatsrates vom 10. Juli 1785 zu erringen, demzufolge die Einfuhr von

Baumwollwaaren in das Gebiet der Generalpacht neuerdings absolut verboten wurde.

Man wird die Bestürzung, welche dieser Beschluss im Elsass und in Mülhausen hervorrief, begreifen, wenn man bedenkt, dass der französische Markt fast die Hälfte ihrer Produkte aufnahm.

Von jetzt beginnt ein heisser Kampf um den französischen Absatz, der für die Elsässer mit der Verschiebung der Zollgrenzen an den Rhein, für Mülhausen aber erst mit der Einverleibung in die französische Republik endet.

3. Der Kampf Mülhausens und des Ober-Elsasses um den französischen Markt.

Zunächst glückte es den Elsässern[1] bei der Regierung geneigtes Gehör zu erlangen. Sie stellten derselben eindringlich vor, welch' grosse Ungerechtigkeit begangen worden, indem man sie, die guten Untertanen des Königs als Fremde behandelt habe. Es wäre dagegen wol richtig die Einfuhr von Schweizer Geweben zu verbieten und damit diese Industrie nach Frankreich zu ziehen. Hierzu eigne sich aber keine Provinz besser als das Elsass, wegen der geographischen Nähe sowol, als auch wegen der Gleichheit von Sprache und Sitte, und der da herrschenden Religionsfreiheit. Durch ein Arrêt vom 13. November 1785 wurde in der That die Einfuhr von Indiennes, zu welchen Zeuge fremder, resp. schweizer Herkunft verwendet worden, bis zum 1. Dezember 1786 neuerdings zu dem alten Zolle zwar gestattet, für jene bedruckten Kattune aber, deren Stoffe die ostindische Kompagnie oder Fabrikanten aus dem Innern Frankreichs oder elsässer Weber geliefert hatten, sogar vollständige Zollfreiheit gewährt. An deren Stelle setzte ein Arrêt vom 17. Februar 1786 wieder eine Abgabe von 25 Livres und Zuschlägen pro Centner. Der zur Hebung der elsässer Weberei gewährte Differenzialzoll betrug demnach nur etwa ein Viertel des sonst zu entrichtenden Betrages.

[1] Vgl. die p. 38 zu „2. Ober-Elsass“ gegebenen Verweise.

Nun erwuchs aber für die Regierung die schwierige Aufgabe, sich auch über die Herkunft der verschiedenen Gewebe zu vergewissern. Die ungemein detaillierten Bestimmungen eines in dieser Absicht erlassenen Arrêts vom 26. Januar 1786 gipfeln darin, dass besondere Inspektoren der Manufakturen ernannt wurden, welche sowol die Tücher mit Marken über die Herkunft zu versehen, als auch überhaupt über die ganze Fabrikation Buch zu führen hatten.

Ein anderes Zeugnis für die wolwollende Haltung der Regierung gegenüber den elsässer Baumwollwebereien legten die lettres patentes vom 17. Juni 1786 ab, indem sie für Mousseline und unbedruckte Gewebe jeden Zoll aufhoben und sogar den Ausgangszoll für Rohbaumwolle beseitigten, welcher noch immer beim Übergange derselben aus der Generalpacht in die Provinz gezahlt werden musste. Ausserdem wurden jenen Fabrikanten, welche die Mousselineweberei eingebürgert und Schweizer Arbeiter herüber gezogen haben würden, noch besondere Prämien in Aussicht gestellt. Diese Reihe von günstigen Verfügungen hatten, obschon sie keine definitiven Entscheidungen trafen, doch den besten Erfolg; verstärkte industrielle Thätigkeit griff allenthalben Platz.

Weit weniger leicht war es Mülhausen[1] gefallen, in Paris für seine Bitten eine günstige Aufnahme zu gewinnen. Den städtischen Deputirten setzte man auseinander, dass sie als ganz Fremde nicht auf gleiche Behandlung mit den Untertanen des Königs Anspruch erheben könnten; allein die Sache würde ein anderes Ansehen gewinnen, wenn Mülhausen sich mit gewissen Privilegien unter des Königs Protektion begäbe. Davon wollten natürlich die auf ihre Unabhängigkeit stolzen Republikaner nichts hören. Da sie in Ermangelung, dem französischen Staate etwas bieten zu können, sich seinen Beamten gegenüber um so freigebiger bewiesen, endeten schliesslich die Verhandlungen doch recht vorteilhaft. Nachdem ihnen zunächst die Einfuhr von 40000 Stück Indiennes unter dem alten Zolle gewährt

---

[1] R. P. 17. 8. 1785; 17. 9. 1785. Mieg, p. 336—338.

worden, stellte sie ein Arrêt vom 23. Februar 1786 den Elsässern wieder vollkommen gleich. Dagegen hatten sie sich freilich auch derselben Kontrolle hinsichtlich der Herkunft der verbrauchten Stoffe zu unterwerfen, eine Kontrolle, die aber nur von der städtischen Obrigkeit ausgeübt wurde.[1]

Die Erwägungen, über die Stellung, welche den genannten Fragen gegenüber einzunehmen wäre, scheinen die Regierung zur Aufnahme einer Statistik veranlasst zu haben. Wir greifen aus derselben nachstehende Zahlen heraus, die die Bedeutung der Zeugdruckerei Mülhausens und des Ober-Elsasses einigermassen charakterisieren.

Im Jahre 1786 beträgt die Zahl der Drucktische im Ober-Elsass incl. Mülhausen 1429, davon 794 in Mülhausen. Es werden produciert an Indiennes im Ober-Elsass incl. Mülhausen 255 689 St., davon 146 544 St. in Mülhausen. Die Ausfuhr nach Frankreich beträgt für Ober-Elsass incl. Mülhausen 150 195 St., davon 109 344 aus Mülhausen.

Demnach stellt sich die Fabrikation Mülhausens allein auf 57 % der Gesamtproduktion; dagegen beträgt seine Ausfuhr nach Frankreich sogar 72 %.[2]

Während man sich schon mit der Hoffnung schmeichelte, alsbald die Eingangszölle völlig beseitigt zu sehen, wurden diese Erwartungen durch ein Arrêt vom 21. Dezember 1786 abermals vernichtet. Nicht nur, dass es die Differenzialzölle zu Gunsten der bedruckten elsässischen Gewebe aufhob und sie in die Kategorie der fremden Gewebe herabdrückte, erneuerte es auch zum Schutze der nationalfranzösischen Fabriken den eben abgeschafften Ausgangszoll auf Rohbaumwolle. Intriguen der ostindischen Gesellschaft, wie der Ferme générale, hatten den Schritt herbeigeführt. Letztere glaubte sich in ihren Einnahmen durch die Herabsetzung des Zolltarifes wesentlich beeinträchtigt, erstere hingegen wollte nur für die von ihr gelieferten Gewebe Begünstigungen statuiert wissen. Abgesehen davon mag

---

[1] R. P. 1. 3. 1786; 27. 4. 1786.

[2] Annuaire pour l'an XIII. (1804—5). Colmar. p. 316.

für die Regierung auch die Schwierigkeit, die Herkunft der Gewebe hinreichend sicher festzustellen, in Betracht gekommen sein. Einige Fabrikanten scheinen es für gewinnreicher erachtet zu haben, die auf elsässer Tücher gesetzten Prämien durch Einschmuggeln schweizer Stoffe zu verdienen, als sich mit der Einführung der Weberei in die Provinz grosse Mühe zu geben. Insbesondere wurde Mülhausen, wol mit Recht, misstrauisch betrachtet, da hier die Kontrolle über die Herkunft der Tücher ja dem Magistrate anvertraut worden war. Es stand im Rufe eines Hortes von Kontrebandewaaren.

Unsere Industrie betraf noch ein zweiter Schlag. Durch die von England und Frankreich 1786 abgeschlossene Handelskonvention durften fürderhin britische Baumwollenwaaren gegen einen Zoll von 12 % des Wertes eingehen, während der Gewichtszoll, dem die Elsässer und Mülhäuser Waaren unterlagen, durchschnittlich 20 % des Wertes darstellte.

Die englische Baumwollindustrie hatte sich bekanntlich um jene Zeit bereits in hohem Grade vervollkommnet; die englischen Waaren überschwemmten Frankreich. Zum ersten Male kreuzten Lancashire und Elsass die Klingen. Letzteres bestand trefflich. Der Rückgang der Ausfuhr nach Frankreich betrug von 150 196 Stück im Jahre 1786 nur 139 910 Stück im Jahre 1787, ein Rückgang, der jedenfalls in keinem Verhältnisse zu der erfolgten Verschlechterung der Absatzverhältnisse stand.[1]

Ein Arrêt vom 11. Februar 1788 wollte den elsässer Geweben wieder einige Bevorzugungen gewähren, blieb jedoch durch den Widerstand der Ferme générale unausgeführt.

Nicht nur die Generalpacht, nicht blos die ostindische Kompagnie, nicht allein die Konkurrenz der Engländer war zu fürchten, ein noch lebhafterer Widerstand erwuchs den Elsässern von Seiten der französischen Indiennefabrikanten, welche bereits eine mächtige, besonders in der Normandie

---

[1] Annuaire pour l'an XIII. p. 316. 317.

konzentrierte Interessengruppe bildeten. Sie überhäuften, als sie durch Erlass des Arrêt vom 11. Februar 1788 den für die Elsässer günstigen Stimmungswechsel merkten, die Regierung mit Mémoires und Petitionen, die Elsässer den französischen Markt nicht noch weiter erobern zu lassen und die bestehenden Zölle keinesfalls herabzusetzen. Die Vorteile dieser Fabrikanten seien so enorm, dass selbst ein mehr als 20% Wertzoll die Franzosen nicht hinreichend schirme, zumal jetzt, wo sie schon durch die Engländer so grossen Schaden erlitten. Ganz und gar unzulässig sei es, für bedruckte Baumwollzeüge, deren Gewebe aus dem Elsasse stammten eine Differenzialzollbegünstigung zu gestatten; denn nimmermehr könne die Behörde die Herkunft der Tücher feststellen. Die Webereien, welche von den Elsässern errichtet worden, dienten nur dazu, um den Schmuggel mit Schweizer Stoffen zu maskieren. Ja selbst, wenn sie auch elsässer Tücher verwerteten, so erhielten sie auch diese bei Löhnen, die um die Hälfte niedriger, als in Frankreich, so billig, dass die Franzosen nicht mit ihnen konkurrieren könnten. Den für die Färberei so wichtigen Krapp erlangten sie, da er im Elsass selbst gebaut werde, um ein Drittel billiger. Die grosse Blüte in welcher die provinziale Industrie stehe, beweise deutlich genug, welch' glänzende Geschäfte man trotz des Zolles machte. Eine Beseitigung desselben würde ihre Profite nur noch steigern und unfehlbar die Verzweifelung und den Ruin von Millionen französischer Bürger zur Folge haben.

Die Elsässer blieben selbstredend die Antwort nicht schuldig. Nachdem sie die Übertreibungen ihrer Rivalen gebührend gegeisselt, führen sie aus, wie sie im Vertrauen auf die Versprechungen des Königs, dass die elsässer Produkte bald zollfreien Eingang erhalten würden, die grösste Mühe, die grössten Kosten nicht gescheut hätten, die Baumwollindustrie in der Provinz einzubürgern. Sie verweisen auf die grossen Transportschwierigkeiten, die sie zu überwinden hätten, auf die drückende Besteuerung, der sie unterworfen, sowie auf die lange Zeit der Unsicherheit, der sie durch die wechselvollen Beschlüsse der Regierung ausgesetzt gewesen seien. Wenn die Franzosen zum Teil unter ungünstigeren Produktionsbedingungen arbeiteten, so sei das nur ihre eigene Schuld. Warum errichteten sie ihre Manufakturen in den Städten, warum zögen sie nicht, wie die Elsässer, hinaus auf das Land, in das Gebirge, wo das Brennmaterial billig und die Bevölkerung sonst keine Arbeitsgelegenheit besitze, warum bemühten sie sich nicht auch das schwache Kind, wie den entnervten Greis der Industrie dienstbar zu machen? An all' dem sei nur der Mangel an Unternehmungsgeist bei den französischen Fabrikanten schuld; sie wollten die Konkurrenz ausschliessen, um möglichst bequem grosse Gewinne einzuheimsen. Die grosse Zahl der französischen Konsumenten würde damit der Gewinnsucht einiger weniger Fabrikanten ausgeliefert. — Vornehmlich kränkt die Elsässer der Vorwurf des Schmuggels. Sie sputen sich, denselben den Franzosen zurückzugeben, da ihnen eine volle Entkräftung desselben nicht gelingt.

Die schwankende, widerspruchsvolle Haltung, welche die Regierung den dargelegten Interessenkonflikten gegenüber eingenommen, und in welcher die allgemeine Zerfahrenheit der französischen Verhältnisse vor dem Ausbruche der Revolution getreu sich abspiegelt, fand endlich durch die endgiltigen Entscheidungen, welche mehrere Arrêts vom 3. März 1789 trafen, einen Abschluss.

Fremde Gewebe, welche im Elsasse nur bedruckt worden, bleiben dem alten Zoll von 90 livres und Zuschlägen pro Centner unterworfen. Tücher, die entweder aus dem Innern Frankreichs, oder von der ostindischen Gesellschaft bezogen, oder welche im Elsasse gewebt und sodann da bedruckt worden, zahlen jedoch nur 53 livres und Zuschläge. Für unbedruckte elsässische Gewebe geht der Zoll sogar auf 23 livres und für Mousseline auf 4 livres herab, um der Baumwollspinnerei und -Weberei eine Ermunterung zu Teil werden zu lassen, da sie, wie anerkannt wird, im Elsasse schon einen bedeutsamen Umfang gewonnen, und durch geeignete Schutzmassregeln einer weiteren Entwickelung in hohem Masse fähig sei.

Um aber betrügerische Angaben über die Herkunft der

Gewebe absolut auszuschliessen, sollen diese nun schon auf dem Webstuhle mit den Marken versehen werden.

Weit weniger Wolwollen erfuhr Mülhausen. Seine Einfuhr von unbedruckten Geweben jeder Art wurde absolut verboten. Dadurch versetzte man nicht nur der von Mülhausen aus geleiteten Baumwollspinnerei und -Weberei, welche angeblich 1787: 73 511, 1788: 69 670 Stück nach Frankreich geliefert hatte, einen empfindlichen Schlag, sondern rückte auch, und das war das Wichtigste, seinem Schmuggel mit Schweizer Tüchern hart an den Leib.[1] Für bedruckte Stoffe, gleichviel welches die Herkunft der Gewebe, blieb der alte Zoll von 90 livres nebst Zuschlägen bestehen, während die Elsässer, wie oben erwähnt, diesen Zoll nur für aus der Schweiz bezogene Stoffe zu entrichten hatten.

Allein, heisst es in dem Arrêt, wenn man Mülhausen alle Begünstigungen des Provinzialen gewähren wollte, würde man die Fabriken des inneren Frankreich völlig zerstören („détruiroit absolument").

In Folge der Arrêts stieg die Ausfuhr nach Frankreich aus Mühlhausen und der Provinz im Jahre 1790 wieder auf 76 395 Stück, nachdem sie 1789 bereits auf 73 729 Stück gesunken war.

Mittlerweile brach in Paris die Revolution aus. Die alte Verwaltung des Landes nach Provinzen wurde aufgehoben, das ganze Staatsgebiet in Departements eingeteilt und in einer centralistischen Organisation zusammengefasst, jegliche Binnenzölle beseitigt, und die Zollgrenze mit der politischen vereinigt. Die Industrie des Ober-Elsasses, nunmehr des Département du Haut-Rhin, erhielt somit eine der national-französischen völlig gleiche Stellung, die sie vordem nie zu begehren gewagt hatte. Noch mehr. Um den Verlust des ehedem freien Verkehrs mit der Schweiz und Deutschland nicht allzu hart empfinden zu lassen, gestattete die Regierung den Elsässer Druckern durch Dekret vom Juli 1791 folgende Bevorzugung: Auf rohe Baumwolltücher hatte der Zolltarif vom März 1791 einen Zoll von 75 livres

[1] Annuaire pour l'an XIII. p. 316.

pro Centner gesetzt, Derselbe wurde den elsässer Druckern aber für Gewebe, welche sie über St. Louis bezogen, wieder zurückgegeben, wenn sie dieselben innerhalb Jahresfrist in bedrucktem Zustande wieder ausführten.[1] Dieser Veredelungsverkehr, später mit dem Namen der „admissions temporaires" bezeichnet, blieb seit jener Zeit einer der Lieblingsgedanken der Drucker und wird uns noch eingehender beschäftigen.

Nicht so glatt und rasch lösten sich die Schwierigkeiten für Mülhausen.[2] Hatte man schon 1789 die Bevorzugung der Elsässer schmerzlich empfunden, so geriet die Stadt durch die erfolgte Vorschiebung der Zollgrenzen an den Rhein, welche sie also auch wirtschaftlich einschlossen, in eine äusserst prekäre Stellung, zumal die Regierung Miene machte, selbst um die Stadt herum, als einem fremden Gebiete, Zollbureaux zu errichten. Deputierte reisten nach Paris und begehrten frischweg eine den Elsässern gleiche Behandlung, welche jetzt Gleichstellung mit den französischen Untertanen überhaupt bedeutete. Sie stützten sich auf die althergebrachte Gewohnheit, der zufolge die Mülhäuser hinsichtlich des „Commerzes" stets auf dem Fusse der Elsässer behandelt worden. Überdies gäbe Mülhausen einer grossen Anzahl französischer Untertanen Arbeit und Brod. Diese Verdienste fanden augenscheinlich in Paris nicht die gewünschte Anerkennung, sondern man gab den Mülhäusern zu verstehen, dass nicht sie von Frankreich, sondern Frankreich von ihnen Vorschläge zu erwarten hätte. Die über die Frage von der Regierung eingeholte Meinung des oberrheinischen Departements lautete nicht günstig, da den Elsässern ein Konkurrent, wie Mülhausen, das alle ihre Vorteile geniessen, aber keine ihrer Lasten tragen wollte, begreiflicherweise kaum willkommen sein konnte. Es sollen sogar, wie der Mülhäuser Chronist betrübt bemerkt, in dem Mémoire sehr lieblose Ausdrücke gefallen sein. Gleichviel, der Rührigkeit, Zähigkeit, Gewandtheit und, last not least, dem Golde[3] der Mülhäuser gelang es schliesslich, den Ent-

---

[1] Lexis, Die französischen Ausfuhrprämien, p. 47.

[2] Mieg, p. 338–375.

[3] Graf, Geschichte der Stadt Mülhausen. III. Bd. p. 326.

wurf eines Vertrages zu erringen, der sie in wirtschaftlicher Hinsicht den französischen Untertanen gleichstellte, ihre politische Unabhängigkeit garantierte, und nur zur Ausgleichung der Steuerlasten die lächerlich geringfügige Summe von jährlich 20 000 Livres forderte.

Gegen die Ratifizierung der genannten Vorlage organisierten aber französische und elsässer Fabrikanten eine lebhafte Agitation.

In Flugschriften begehrte man von Mülhausen ausser der Entrichtung der Grenzzölle noch mindestens einen jährlichen Tribut von 100 000 Livres an Frankreich. Die unruhigen Zeiten verhinderten aber ohnedies den Abschluss des Vertrages. Da Mülhausen vorläufig sich thatsächlich im Genusse eines freien Verkehrs mit Frankreich befand, so fühlte es kein sonderliches Interesse, auf den Abschluss zu drängen. Dagegen wusste die oberrheinische Präfektur 1792 sich die Ermächtigung zu einer Blokade Mülhausens mittelst Zollbureaux zu verschaffen. Aus dieser Massregel erkannte Mülhausen nun allerdings, dass man die Sache ernst nähme. Seine Gesandten liessen sich zu einer Abgabe von 150 000 fr. herbei. Da die französische Regierung um jene Zeit bekanntlich von anderen Geschäften ziemlich stark in Anspruch genommen war, so fiel keine endgiltige Entscheidung. Schon damals scheint es so hergegangen zu sein, wie der wackere Stadtschreiber Mülhausens, welcher als Diplomat fungierte, später klagte, dass „unsere Sache, die so sehr wichtig für uns, von dem französischen Gouvernement nur als Nebensache betrachtet wird“.[1]

Unterdessen fuhr die Präfektur unbeirrt in feindseligen Verfügungen fort. Erst wurde den französischen Untertanen das Betreten des Mülhauser Territoriums untersagt, dann die Ausfuhr von Lebensmitteln nach dem Freistaate verboten, so dass dieser sich aus Baden, Schweiz und Württemberg verproviantieren musste; schliesslich erhob man sogar wegen der Durchfuhr durch das französische Gebiet Schwierigkeiten.

---

[1] R. P. 18. 9. 1798.

Die Stimmung der Elsässer gegen die Mülhauser war nämlich noch dadurch besonders gereizt worden, dass diese zur Annahme der Assignaten nicht verhalten werden konnten; ja einige Mülhäuser benutzten die Mussezeit, welche ihnen das Darniederliegen der Fabrikation gewährte, zu à la Baisse-Spekulationen, die, da die Assignaten stetig bis auf 5%, selbst 0% fielen, hübsche Sümmchen eingetragen haben sollen.

Allmählich gab Mülhausen die Hoffnung, seine Unabhängigkeit zu behaupten, auf, und suchte nur noch die Zeit der Vereinigung mit Frankreich so lange hinauszuschieben, bis sich daselbst die neuen Verhältnisse etwas konsolidiert haben würden. „So dringend unsere Not ist, so haltet uns doch Jedermann für glücklich, an den Gefahren des Krieges, an den innerlichen Zwistigkeiten und übrigen Geschwerlichkeiten der Umstände keinen Anteil zu haben".[1]

Über diese Zeit kam man durch fortgesetzte Freigebigkeit an richtiger Stelle denn auch glücklich hinaus. Erst im Jahre 1798, am 15. März wurde die früher eidgenössische Republik dem französischen Staate einverleibt. Der französische Markt war damit erworben.

[1] R. P. 18. 9 1798.

II.

DIE SOZIALE LAGE DER ARBEITER DER BAUMWOLLINDUSTRIE.

IV. KAPITEL.

DIE SOZIALE GLIEDERUNG DER BEWOHNER MÜLHAUSENS.

Die durch die rechtliche und wirtschaftliche Stellung der Bewohner Mülhausens bedingte soziale Struktur kam in der für uns in Betracht zu ziehenden Zeit zu folgendem Ausdrucke.

1. An der Spitze standen die Vollbürger; in sechs Zünften organisiert, besassen sie allein einen Einfluss auf die Regierung des Freistaates. Sie nur konnten liegenden Besitz erwerben, Handel und Gewerbe auf eigene Rechnung treiben.

Innerhalb der Vollbürger gab es keine Unterschiede mehr; von ihrem Standpunkte aus gesehen war die Stadt eine demokratische Republik. Nachdem man im 17. Jahrhundert bei Erteilung des Bürgerrechtes allmählich immer höhere Anforderungen an die vermögensrechtliche wie sittliche Qualifikation des Bewerbers gestellt hatte, wurde im Beginne des 18. Jahrhunderts das Bürgerbuch geschlossen und unter keinerlei Umständen mehr eine Aufnahme bewilligt.[1] Dergestalt blieb die Ausnutzung der wirtschaft-

[1] M. Graf. Gesch. d. Stadt Mülhausen. III. Bd. p. 320. — Metzger, La république de Mulhouse. p. 119. Notiz von Mossmann.

lich für Mülhausen so günstigen Stellung in der späteren Zeit ausschliesslich alten Mülhauser Bürgerfamilien vorbehalten. Die daraus entspringenden Vorteile wusste man wol zu schätzen. Als im Laufe der Verhandlungen mit Frankreich in den neunziger Jahren einmal den französischen Unterthanen die Niederlassung in der Stadt gewährt werden sollte, da die Mülhäuser dieses Recht auf französischem Territorium besassen, erhob sich in der Bürgerschaft ein so heftiger Widerstand, dass der Gedanke sofort fallen gelassen werden musste.[1] Die Vereinigung mit Frankreich machte der Monopolstellung natürlich ein Ende; aber die Mülhäuser Fabrikanten waren ökonomisch bereits dermassen erstarkt, dass sie auch ohne gesetzliche Unterstützung die Fremden leicht fernzuhalten vermochten. Fehlte es zwischen den Fabrikanten auch nicht an Eifersüchteleien,[2] so verband sie den Fremden gegenüber stets ein mächtiges gemeinsames Interesse. Dasselbe wurde durch ein, wie es scheint, in den ersten Dezennien auch eingehaltenes Verbot[3], auswärts Fabriken zu errichten, noch erheblich verstärkt.

Bestanden zwischen den Bürgern auch keine rechtlichen Unterschiede, so erwuchs doch mit dem Aufkommen der Manufakturen eine grosse soziale Ungleichheit zwischen den rasch reich gewordenen Fabrikanten und den kleinbürgerlichen Handwerkern. Bislang ungekannter Luxus hielt mit der Industrie seinen Einzug in die Stadt.[4] Vergebens suchten die Reformationsordnungen von 1775 und 1782 derselben den alten republikanisch und puritanisch strengen Charakter zu erhalten.[5]

Da die tieferen Gründe dieser Entwickelung bereits oben bei Gelegenheit der Einführung der Indiennefabrikation erörtert worden, so können wir uns mit dem Hinweis be-

---

[1] Mieg, p. 358.
[2] R. P. 7. 2. 1753; 16. 6. 1753; 22. 8. 1753; 27. 2. 1754.
[3] R. P. 27. 7. 1770.
[4] Mieg, p. 301. 302.
[5] Beiträge zur Geschichte Mülhausens. Reformationsordnung der Stadt Mülhausen, erneuert 18. Febr. 1782. p. 2. — (Heitz 1150.)

gnügen, dass schon in den achtziger Jahren in einem Ratsprotokolle die volle Abhängigkeit sämmtlicher Handwerke und der ganzen Bürgerschaft von dem Fortgange der Fabriken hervorgehoben wurde.[1] Im Rate hatten die Vertreter der neuen Industrie dergestalt das Übergewicht gewonnen, dass bei Abstimmungen über Fabrikangelegenheiten, wobei sonst auch die Verwandten ersten Grades der unmittelbaren Interessenten sich der Stimmabgabe zu enthalten hatten, diese Verpflichtung nur noch für letztere aufrecht erhalten werden konnte, da sonst der ganze Rat hätte abtreten müssen.[2]

Die Ausbildung eines fest geschlossenen Ringes innerhalb der im Vollbesitze der ökonomischen und politischen Macht befindlichen Persönlichkeiten übte natürlich nach den verschiedensten Richtungen und besonders auch auf die Gestaltung der Arbeiterverhältnisse schon frühzeitig einen massgebenden Einfluss. Derselbe soll aber erst bei der Besprechung der Lage der Arbeiter dargethan werden.

2. In zweiter Reihe sind die Schirmverwandten oder Hintersassen[3] zu erwähnen, welche ein stark gemindertes Bürgerrecht besassen, dessen Umfang sich im Laufe der Zeiten bald erweiterte, bald verengerte, je nachdem der Stadt ein Zuzug der arbeitenden Klassen wünschenswert erschien oder nicht. Vom liegenden Besitze waren sie ebenso wie vom Handels- und Gewerbbetriebe ausgeschlossen. „Sie sollen vor allem arbeiten, nicht für sich selbst, sondern für die Bürger“.[4] Darin bestand ihre Existenzberechtigung. Sie bildeten somit einen erblichen Gesindestand, der ursprünglich in dem Acker- und Weinbau, später aber vornehmlich in den Fabriken seine Verwendung fand.[5] Diese Schirmverwandten waren auch gewissen Abgaben und Fronden unterworfen, die nicht nur der Stadt

---

[1] R. P. 1. 9. 1785; 30. 3. 1789.

[2] R. P. 9. 12. 1791.

[3] Dr. P. Stoeber. De la condition des manants à Mulhouse. Bulletin du Musée historique de Mulhouse, VIII. p. 47 - 81.

[4] l. c. p. 71—75.

[5] l. c. p. 80.

ökonomische Vorteile sichern sollten, sondern auch den Zweck besassen, ihre soziale Inferiorität ihnen stets vor Augen zu halten.[1] Die Aufnahme in den Schirm der Stadt fand bis in die letzten Zeiten der Republik statt; nur wurde, als in den flotten Jahren vor 1785 immer mehr dieselbe verlangten, der Nachweis eines grösseren Vermögens als früher begehrt.[2] Dafür besassen sie aber auch Ansässigkeit und Unterstützungswohnsitz. Sie konnten nicht ohne weiteres aus der Stadt gewiesen werden. Im übrigen lassen sich auf diesen Punkt ihre positiven Rechte leicht reduzieren. Er unterscheidet sie aber wesentlich von der dritten Gruppe.

3. Die Fremden; das „fremde Volk", wie die nur zu zeitweisem Aufenthalte zugelassenen Personen genannt wurden. Handwerkslehrlinge und -gesellen, sowie Fabrikarbeiter bildeten die wichtigsten Bestandteile dieser untersten Schichte.[3] Sie wurden vom Rate lediglich unter zwei Gesichtspunkten betrachtet: einmal, und das war der oberste, dass „sie dem Publico nicht zur Last fielen", und zweitens, dass die Bürgerschaft aus ihnen so viel Vorteil als irgend möglich ziehe.

Wohnungen durften ihnen nicht vermietet werden ohne Erlaubnis der vom Rate bestellten Quartiermeister, welche dieselbe nur dann erteilten, wenn der betreffende Arbeiter einen „Akkord" mit einem Fabrikanten nachweisen konnte.[4] Waren sie verheiratet und brachten ihre Familien mit, so war über deren Stärke dem Rate Mitteilung zu machen, und Aufenthalt wurde ihnen nur gewährt, sofern der sie beschäftigende Arbeitgeber dafür gut stand, dass sie dem Gemeinwesen keinerlei Beschwerde verursachen sollten. Leichter nahm man es schon mit den fremden unverheirateten Leuten; für sie wurde keine besondere Kaution gefordert, ja im Falle der Not konnten sie sogar im Spitale

---

[1] l. c. 76, 82.

[2] Metzger, La république de Mulhouse. p. 49. — R. P. 27. 5. 1782.

[3] Stoeber, l. c. p. 80.

[4] R. P. 27. 7. 1770.

Pflege finden, doch hatten für die ersten 3—4 Wochen ihrer Krankheit die Herren für die Kosten aufzukommen.[1]

Dagegen wurden sie aber auch, sobald sie ohne Beschäftigung waren, aus der Stadt gewiesen.[2] Und das ist ein wol zu beachtendes Moment.

Diese Leute waren fast durchwegs in den Indiennefabriken beschäftigt, welche nicht ununterbrochen, sondern nur vom Frühjahr bis in den November, also kampagnenweise, arbeiteten.[3] Nach Beendigung der Saison liess man den Arbeitern bis Weihnachten Zeit, sich aufs Neue zu verdingen. Sodann wurden die Register der Quartiermeister, in denen das „fremde Volk" verzeichnet, mit den von den Fabrikanten gelieferten Arbeiterlisten verglichen. Nachdem man so die Arbeiter, welche keine Aussicht auf Beschäftigung gefunden, ermittelt hatte, verfügte man unerbittlich deren Ausweisung.[4] Um den streng reformierten Charakter der Stadt zu bewahren, durften sich auch nur unverheiratete Katholiken und Juden daselbst aufhalten, beziehungsweise war Verheirateten nicht erlaubt, ihre Familien mitzubringen und eigene Haushaltungen zu begründen. Eine Massregel, welche dem Einströmen der katholischen Landbevölkerung wirksam begegnete. Dass unter solchen Umständen, zu welchen sich noch mancherlei andere Hindernisse der Eheschliessung gesellten, uneheliche Geburten ziemlich häufig vorfielen, ist nicht zu verwundern.[5] Der Rat scheint sich jedoch darüber wenig Skrupeln gemacht zu haben, zumal der Fall in dem Strafrechte der Stadt mit Thürmung, Strafarbeit in der städtischen Spinnstube und schliesslicher Ausweisung der unehelichen Mutter hinlänglich vorgesehen war.[6]

Für Schirmverwandte und Fremde bestand überhaupt ein härteres Strafrecht.[7] Der Diebstahl einiger Stücke

---

[1] R. P. 17. 6. 1754; 13. 11. 1786; 14. 12. 1791.

[2] R. P. 15. 3. 1784; 16. 7. 1770.

[3] R. P. 8. 5. 1754; 1. 3. 1797.

[4] R. P. 1. 12. 1756; 27. 7. 1770; 15. 3. 1784.

[5] R. P. 27. 5. 1782; 30. 4. 1777; 18. 7. 1782.

[6] R. 1. 12. 1791. cf. die Rubrik „Hurereystraf" in den Ratsprotokollen.

[7] Bulletin du Musée historique de Mulhouse. II. p. 9.

Indiennes genügte, um zu dem Tode durch Strang verurteilt zu werden.[1]

Um der Bürgerschaft von Seiten der Fremden möglichst grosse Vorteile zu verschaffen, waren nur Bürger berechtigt, die ledigen Leute in Kost zu nehmen. Selbst Wein einzulegen war den fremden Haushaltungen nur ausnahmsweise gestattet, und auch hierin mussten sie sich auf den Bezug von Seiten bürgerlicher Gastwirte beschränken.[2]

Gehen wir auf den Inhalt des Arbeitsvertrages näher ein. Vom aprioristischen Standpunkte aus sollte man meinen, er müsste ausnehmend günstig gewesen sein, da wir es für diese Zeit mit einer aufsteigenden Konjunktur zu thun haben, da eine neue Fabrikation ins Leben trat, bei welcher die Nachfrage nach den hiezu qualifizierten Arbeitskräften das Angebot überstieg. Die Tendenz zu einer vorteilhaften Gestaltung der Arbeitsbedingungen war zweifelsohne vorhanden; nur gab es auch Faktoren in Fülle, welche sie zu ersticken vermochten.

Wir erwähnten oben die engen Beziehungen, in welchen die Fabrikanten unter einander standen. Das Resultat war eine Konvention von 1761, derzufolge sie sich über die zu gewährende Höhe der Löhne verständigten. Besonders aber hielt man darauf, sich keine Arbeiter abspenstig zu machen.[3] Solche, die sich Vertragsbruch zu Schulden kommen liessen, wurden mit empfindlichen Gefängnis- und Geldstrafen bedroht. Überdies durften sie durch drei Jahre ohne Erlaubnis des geschädigten Herren nicht mehr in den Fabriken der Stadt beschäftigt werden. Die Spitze der Konvention richtete sich zunächst gegen die durch das Aufkommen der Indiennefabrikation in der Provinz entstandene, den Arbeitern günstige Konjunktur.

Die Bestimmungen erhielten ohne weiteres die Ratifizierung des Magistrates. Später versuchte man die Über-

---

[1] Mieg, p. 317.
[2] R. P. 13. 1. 1754; 17. 6. 1754.
[3] R. P. 2. 8. 1759; 9. 7. 1761; 2. 4. 1760.

einkunft auch über die Stadt nach der Schweiz und der Provinz hin auszudehnen.[1]

Und wehe dem Fabrikanten, der es wagte die Vereinbarung ausser Acht zu setzen! Er wurde in Verruf gethan, allen Arbeitern verboten, bei ihm Arbeit zu nehmen, und ihnen entgegengesetzten Falles in Aussicht gestellt, dass keiner der verbündeten Fabrikanten ihnen je mehr Aufnahme zugestehen würde.[2]

In keinem Akkorde fehlte die Bestimmung, dass der Arbeiter eine gewisse Zeit nach Ablauf des Arbeitsverhältnisses, in der Regel mehr als ein Jahr, „auf keiner Fabrik" der Stadt in Arbeit treten dürfe, und ebensowenig innerhalb eines gewissen Umkreises von der Stadt, selbst bis zu 8 Stunden.[3] Haben wir das der Massregel zu Grunde liegende Motiv in erster Reihe auch in der Wahrung von Fabrikationsgeheimnissen[4] zu suchen, so verfehlte sie doch nicht, den Arbeiter im Lohnkampfe stark zu beeinträchtigen; namentlich jene grosse Zahl aus der Umgebung[5] der Stadt, die in diese bloss des Tages über zur Arbeit kamen und die eine Familie, der Besitz eines kleinen Häuschens, eines Grundstückes u. s. w. an die Scholle band. Hatten sie sich einmal an einen Fabrikanten verdungen, so mussten sie bei ihm so lange ausharren, als sie nicht die Zeit einer längeren Arbeitslosigkeit riskieren konnten, während entsprechende Verpflichtungen auf Seite des Fabrikanten natürlich nicht vorlagen.

Auch die gemessene Frist nach der Kampagne, innerhalb welcher der in der Stadt fremde Arbeiter entweder in ein neues Dienstverhältnis zu treten hatte oder ausgewiesen wurde, musste einen Druck zu Ungunsten der Arbeiter hervorrufen.

Streitigkeiten zwischen Fabrikanten und Arbeitern kamen in grosser Zahl vor.[6] Zum Teile verdankten

[1] R. P. 2. 8. 1759.

[2] R. P. 2. 7. 1768; 20. 7. 1768.

[3] R. P. 28. 11. 1753; 1. 8. 1755; 23. 6. 1756; 14. 8. 1765.

[4] R. P. 15. 8. 1753; 27. 2. 1754.

[5] Mieg, p. 301. Bull. du Musée hist. de Mulh. V. p. 35.

[6] R. P. 8. 5. 1754; 14. 3. 1753; 28. 11. 1753; 2. 4. 1755; 1. 8. 1757; 21. 8. 1757; 31. 7. 1758; cf. Rubrik: Fabrikanten-Arbeiter.

sie ihre Entstehung Lohnabzügen wegen verderbter Waare, wobei der Fabrikant die Schuld dem Arbeiter gab, dieser wieder den Grund in schlechtem Materiale oder einer vis maior erblickte.[1] Häufig lag die Ursache auch in Meinungsverschiedenheiten über die Dauer des Akkordes. Die Arbeiter pflegten die Saison hindurch eine gewisse Neigung zu bekunden, sich nur als auf kurze Zeit gemietet anzusehen. Während des Winters dagegen waren es die Fabrikanten, welche bezweifelten den Arbeiter länger als auf eine Kampagne gedungen zu haben.[2]

Der Rat setzte deshalb eine besondere Kommission zur Schlichtung der zwischen Fabrikanten und Arbeitern sich ergebenden Streitigkeiten ein. Dieselbe war, soweit das eben angieng, aus Unparteiischen, Handwerksmeistern nicht Fabrikanten, gebildet.[3] Ihre Entscheidungen besassen in der That eine anerkennenswerte Billigkeit[4]; insbesondere strebte sie den Bestimmungen über die Zeitdauer, innerhalb welcher es verboten nach Ablauf eines Dienstvertrages wieder in einer Fabrik der Stadt zu arbeiten, eine möglichst milde Auslegung zu geben.

Dies galt auch von strittigen Lohnsätzen.[4] Dieselben, durchaus Zeitlöhne, betrugen pro Woche gewöhnlich 10—12 Livres für die Modelstecher, 6—8 Livres für die Drucker, 4—6 Livres für die Hilfsarbeiter. Ziehen wir auch in Rechnung, dass Wohnungen, sowie die wichtigsten Lebensmittel damals nur ungefähr $^2/_5$ oder $^1/_3$ des heutigen Preises kosteten, so müssen die Löhne, wenn auch besser als die heutigen, doch als ziemlich geringfügige angesehen werden.[5]

Jedenfalls aber scheint die Arbeit in den Fabriken gegenüber jener auf dem Lande oder in anderen Gewerben

---

[1] R. P. 23. 6. 1756; 19. 7. 1758.

[2] R. P. 8. 5. 1754.

[3] R. P. 11. 11. 1759.

[4] R. P. 28. 11. 1753; 29. 5. 1754; 23. 8 1758; 26. 5. 1756. (Ein Fabrikant wird vom Rate angewiesen, seinem Modellstecher, welcher wegen des Lärmes in der Fabrik Kopfweh bekommt und deshalb nicht „schaffen“ kann, einen ruhigen Platz in einem Zimmer anzuweisen.)

[5] R. P. 5. 10. 1757; 26. 11. 1766; Stat. gen. p. 340 u. cf. Hanauer, Études économiques sur l'Alsace ancienne et moderne, tome II. p. 604.

noch grosse Vorteile besessen zu haben. Nie vernimmt man von Seiten der Fabrikanten eine Klage über unzureichende Arbeitskräfte, während dagegen im Interesse der Hausfrauen von Mülhausen einmal verboten wurde, Mädchen über 15 Jahren in den Fabriken zu beschäftigen, ausser etwa, sie wären gebrechlich und so als Dienstmägde nicht brauchbar.[1]

Die Heranziehung weiblicher Arbeitskräfte, besonders jugendlichen Alters, als Malermägdlein fand überhaupt in ausgedehntem Masse statt, so dass man sich zu einer Verordnung genötigt sah, es sollten Mädchen in Fabriken nicht früher, als bis sie lesen gelernt, angenommen werden.[2] Der überhand nehmenden Sonntagsarbeit trat die Reformationsordnung von 1775 und 1782 entgegen. — Wir finden also bereits ein Stückchen Fabrikgesetzgebung!

Unter den Arbeitern der Indiennefabriken schieden sich die qualifizierten Arbeiter, wie Zeichner, Modelstecher und Drucker ganz wesentlich von der Masse der Hilfsarbeiter.[3] Zu letzteren sind vorzugsweise die mit dem Waschen, Bleichen und dem Ausbessern der bedruckten Stoffe beschäftigten Mattenknechte und Malermägdlein zu zählen. In der Regel nur für eine Kampagne gedungen, bildeten sie einen wichtigen Bestandteil der flottierenden Bevölkerung. Die Angehörigen der erstgenannten Kategorie wurden zuweilen selbst in den Schirm der Stadt aufgenommen und besassen, da sich ihr Akkord zumeist auf mehrere Kampagnen erstreckte, eine vergleichsweise gesicherte Existenz.[4] Da die Indiennefabrikation weit mehr von der Geschicklichkeit dieser Arbeiter, als von dem angelegten fixen Kapitale abhängig war, so lag es auch im Interesse der Fabrikanten eine gewisse Arbeiterelite in der Stadt ansässig zu machen. Es scheint sogar ein korporativer Geist geherrscht zu haben. Im Jahre 1779 legten die Modelstecher und Drucker dem Rate Statuten einer Kasse zur Verpflegung ihrer Kranken und Armen vor. Der

[1] R. P. 4. 5. 1754.
[2] R. P. 3. 5. 1781.
[3] R. P. 14. 1. 1781.
[4] R. P. 23. 4. 1755; 27. 7. 1770.

Magistrat fand das Unternehmen ganz löblich, wollte jedoch die „Artikuln nicht früher ratifizieren, ehe er sie nicht den Herren Fabrikanten kommuniziert hätte." [1] Das Gutachten derselben scheint dem Projekte nicht günstig gewesen zu sein. Es verlautete nichts mehr davon.

Nach den vorangeschickten Bemerkungen dürfte es von Interesse sein, auch ungefähr die Zahlenverhältnisse kennen zu lernen, in welchen die verschiedenen Klassen der Bevölkerung zu einander standen.

Im Jahre 1782 [2], also noch vor dem Kampfe um den französischen Markt, gab es 3443 Angehörige des Bürgerstandes, 894 Schirmverwandte und 3259 Fremde, von letzteren entfielen 2107 auf fremde Haushaltungen, 1152 standen ausserhalb eines Familienverbandes. Die Gesamtzahl der Einwohner betrug 7596, die sich auf 791 Häuser verteilten; es kamen somit mehr als 9 Bewohner auf ein Haus, eine in Anbetracht der Kleinheit der damaligen Häuser ziemlich dichte Besetzung. Über Teuerung der „raren Losamenter" wurde auch des öfteren geklagt. [3] Da die Bürgerschaft allein Häuser besass, da sie allein Handel und Gewerbe auf eigene Rechnung treiben durfte, fiel ihr auch das Monopol zu, jenen 4153 Schirmsverwandten und Fremden Unterkunft zu geben und sie zu verproviantieren. Hierbei muss noch die grosse Zahl derer berücksichtigt werden, welche aus den benachbarten Dörfern des Tages über in die Stadt zur Arbeit kam.

Als die Krise von 1785 durch das Verbot der Einfuhr nach Frankreich hervorgerufen worden, sowie in den unsicheren Zeiten vor dem Untergange der Mülhäuser Unabhängigkeit wurden die Arbeiter in grossen Massen entlassen und der Stadt verwiesen. [4]

Wenn auch die qualifizierten Arbeiter, wie Zeichner, Modelstecher, Koloristen und Drucker eine erträgliche Existenz besessen haben mögen, so standen diesen doch,

---

1 R. P. 10. 11. 1779.

2 Bulletin du Musée hist. de Mulhouse. I. p. 97.

3 R. P. 3. 1. 1777; 3. 2. 1777.

4 Graf, Gesch. der Stadt Mülh. III. Bd. p. 326.

wie ersichtlich, eine gewaltige Zahl Proletarier gegenüber, Leute, für welche Arbeitslosigkeit und Brodlosigkeit identisch war, und die deshalb schonungslos vertrieben wurden, sobald ihr Verdienst stockte. Eine strenge Polizei gegen sie bildete das „ceterum censeo“ des Rates, wenn es sich um die Verbesserung des Gemeinwesens handelte.[1] Ja selbst unter den mit Ansässigkeit ausgestatteten Bewohnern der Stadt gab es der Dürftigen genug, die nur während des Sommers, wo die Indiennefabriken ihnen Beschäftigung gewährten, sich selbst zu erhalten vermochten. Durch Bettelei und Gemeindeunterstützungen fristeten sie ihr Leben im Winter. Einen speziellen Beitrag dazu zu leisten lehnten die Fabrikansen ab.[2]

Die ganze Stellung der Arbeiter, soweit die uns zugänglich gewesenen Quellen überhaupt ein Urteil zu fällen gestatten, kann demnach kaum als eine befriedigende bezeichnet werden.

Juristisch wurde das Proletariat Mülhausens durch die Vereinigung der Stadt mit Frankreich befreit. Thatsächlich blieb die Lage die nämliche. Ebenso wenig wie das Zerschlagen der Form einem bereits erkalteten Guss eine andere Gestaltung gibt, konnte die formal juristische Emanzipation eine soziale Schichtung verändern, die schon längst mehr durch die Verschiedenheit der ökonomischen Machtverteilung, welche ja zum Teil zweifelsohne auf die frühere juristische Ungleichheit zurückzuführen ist, ihren bleibenden Charakter erhalten hatte.

---

[1] R. P. 16. 7. 1770.

[2] R. P. 5. 8. 1773; 12. 12. 1765; 18. 7. 1782.

V. KAPITEL.

DIE STELLUNG DER ARBEITER IM OBER-ELSASS.

Nachdem wir bereits bei der Einführung der verschiedenen Zweige der Baumwollindustrie und besonders bei der Besprechung der hausindustriellen Verfassung der Spinnerei und Weberei vielfach auf die Stellung der Arbeiter Rücksicht nehmen mussten, bleiben uns, da die Quellen[1] nach dieser Richtung ohnedies höchst spärlich fliessen, nur noch einige kurze Bemerkungen übrig.

Die Löhne wurden durch die Vorschrift, dass innerhalb eines gewissen Umkreises von einer Fabrik keine andere etabliert werden durfte, und die Bevölkerung des betreffenden Rayon in erster Reihe für den da angesiedelten Unternehmer zu arbeiten hatte, auf niedriger Stufe gehalten. Wir werden wenig irre gehen, wenn wir im Allgemeinen 1 Livre pro Arbeitstag als das für erwachene männliche Personen erreichbare Maximum ansehen. Die hausindustriellen Spinnerinnen dagegen verdienten höchstens 6 bis 8 Sous pro Tag.[2] Übrigens war die Lage der Arbeiter in den verschiedenen Manufakturen keineswegs eine gleiche, sondern durch Privilegien wurde einzelnen Unternehmern noch eine besondere Gewalt über die Arbeiter verliehen. So kam man beispielsweise bei der Regierung darum ein, für die „innere Polizei der Manufakturen und Subordination der Arbeiter“ zwei Schweizer in der Livrée des Königs

---

[1] Hauptsächlich B. A. Liasse C. Nr. 1122, 1123. Verordnung des Intendanten des Elsass vom 15. April 1767. (Heitz 4668).

[2] B. BLIV. p. 182.

halten zu dürfen, verlangte, dass die Arbeiter, auch wenn sie für keine bestimmte Zeit gedungen waren, zu einer 6wöchentlichen Kündigungsfrist verpflichtet würden, während ihnen die Unternehmer den Abschied geben konnten, sobald sie nicht mehr mit ihnen zufrieden waren. Die Aufnahme von vertragsbrüchigen Arbeitern wurde mit hohen Geldstrafen belegt.

Unter den Momenten, welche für die Errichtung einer Manufaktur an einem Orte in erster Linie Berücksichtigung fanden, stand das mehr oder minder grosse Elend der Bevölkerung allen voran. Armenfrage und Manufakturwesen pflegten stets in einem Zusammenhange behandelt zu werden. Man hoffte von der Industrie, welche selbst den schwächsten Greis, selbst das zarte Kind zur Arbeit heranzuziehen verstand, die ersehnte Vernichtung der Bettelei. Jeder Gründer einer Manufaktur erschien im Strahlenglanze eines Genius, dessen Ankunft des Reichtums reichste Fülle über Land und Leute giessen musste. Ihm war man desshalb auch alle denkbaren Erleichterungen schuldig. Allenthalben herrschte eine gewisse naive Freude an der Produktion. Von düsteren Gedanken über die Verteilung des Ertrages derselben fühlte sich Niemand angekränkelt. Um den Manufakturen durch Ausbreitung der Spinnerei Vorschub zu leisten und die Armenabgaben zu vermindern, errichteten, wie bereits berichtet, die Gemeinden mit grossem Eifer Spinnschulen und Spinnstuben, in denen Sträflinge, Bettler, gefallene Mädchen, Waisenkinder und Kinder der von Gemeindewegen unterstützten Armen unter polizeilicher Aufsicht zum Spinnen angehalten wurden. Wie sehr man sich in jenen Zeiten aber freute, Kinder möglichst frühe so nützlich beschäftigen zu können, erhellt zur Genüge daraus, dass der Friedenskongress von Rastatt die Errichtung einer Spinnschule für die Armenkinder des Ortes als das edelste, würdigste Denkmal betrachtete, das er sich überhaupt stiften könnte.[1]

---

[1] Bemerkungen auf einer Reise durch das südliche Deutschland, den Elsass und die Schweiz in den Jahren 1798—1799. v. C. U. D. Eggers. Kopenhagen 1801. 2. Bd. p. 261, 264, 3. Bd. 470, 7. Bd. 291—314.

Bei diesem allgemein verbreiteten Optimismus muss es um so höher geschätzt werden, wenn eine feinsinnige, in der deutschen Litteraturgeschichte nicht unbekannte Dame, nach der Besichtigung der Indiennefabrik am Logelbach in ihr Tagebuch schrieb:

„Ich hätte gewünscht, dass bei der Fabrik eine Halle existierte, in welcher die Arbeiter, welche alle von benachbarten Dörfern sind, ihr Mittagbrod essen könnten, wenn es wie heute um 12 Uhr regnet und die Leute, da die Fabrik an dem von ihren Dörfern entfernten Bach gelegen ist, von Mittag bis 1 Uhr nicht nach Hause und wieder zur Arbeit kommen können. Sie jammerten mich, als ich sie an einem Gartenzaune hin sitzen sah, ihr kleines, im Schubsack mitgebrachtes Mahl im Regen zu verzehren, und dann mit den genässten Kleidern wieder in die Druckstuben gehen sollten.[1]“

SCHLUSSBEMERKUNG.

Fassen wir das in den vorangegangenen fünf Kapiteln Erzählte kurz zusammen, so ergiebt sich:

Den Ausgang nahm die ober-elsässer Baumwollindustrie in Mülhausen. Hier hatten sich um die Mitte des vorigen Jahrhunderts Gewerbe und Handel bereits so weit entwickelt, dass ökonomisch die Möglichkeit gegeben war, aus dem handwerksmässigen Betriebe zu einem manufakturmässigen überzugehen. Das Streben danach wurde durch die von der demokratischen Regierung stramm aufrecht erhaltene Zunftverfassung gehemmt, insoweit Gewerbe in Frage kamen, welche bereits den zünftigen Bestimmungen unterworfen waren. Um die nämliche Zeit war die Baumwollzeugdruckerei von Oberdeutschland aus über Schwaben nach der Schweiz gedrungen. Sie war ein völlig neues Gewerbe und fiel deshalb bei einer wortgetreuen Auslegung der

---

[1] Tagebuch einer Reise durch die Schweiz, von der Verfasserin von Rosaliens Nachlass (Sophie v. La Roche). Altenburg 1787. p. 416. u. Bulletin. du Musée hist. de Mulh. p. 41.

Handwerksprivilegien ausserhalb derselben. Dieser Umstand ermöglichte nicht nur ihre Einführung in Mülhausen, sondern auch den manufakturmässigen Grossbetrieb. Da das Bedürfnis zu einer kapitalistischen Produktionsweise überzugehen nur durch die Zeugdruckerei befriedigt werden konnte, wandten sich ihr alle wirtschaftlich strebsamen Elemente zu. Die günstige Stellungnahme des Rates, das Finanzinteresse der Stadt, die ökonomische und soziale Macht, welche den Fabrikanten bei dem glänzenden, der herrschenden Mode zu dankenden Erfolge ihrer Unternehmungen mit der Zeit zufiel, sicherten der Industrie eine ungefährdete Zukunft. Die Absatzkreise erweiterten sich beständig. Als schliesslich der französische Markt sich öffnete, der anfangs fast ohne störende Konkurrenz beschickt wurde, nahm die Indiennefabrikation einen ungeahnten Aufschwung, der aber das Wol und Wehe der Stadt in volle Abhängigkeit von der Industrie brachte.

Die Zeugdruckerei rief die Fabrikation von Baumwollzeugen hervor. In Mülhausen, wegen der den zünftigen Handwerken sehr ähnlichen Technik von diesen beansprucht, vermochte sie sich nicht in wünschenswertem Masse zu entwickeln. Sie trat daher auf französisches Territorium, in die Provinz über, wo sie sich der Unterstützung der Regierung erfreute, und namentlich an der Armut der Gebirgsbewohner eine feste Grundlage gewann. Durch den Beistand der Regierung wurde in der Provinz auch die Zeugdruckerei grossgezogen.

Die Gewichtszölle und Transportschwierigkeiten, denen die elsässer und mülhäuser Waaren unterlagen, brachten es mit sich, dass die Unternehmer sich vorzugsweise auf die Erzeugung kostbarer Artikel warfen.

So lange der französische Markt offen lag, trat zwischen der Industrie des Elsasses und jener Mülhausens ein Interessenkonflikt sichtlich nicht hervor. Erst als der Kampf um den Absatz entbrannte, in der Feuertaufe der jungen Industrie, suchten die Elsässer auf Grund ihrer französischen Staatsangehörigkeit vor Mülhausen bevorzugt zu werden, was ihnen, wie wir sahen, zum Teil auch glückte. Durch die in Folge der Revolution sich vollziehenden Veränderungen erfuhr der Gegensatz noch eine Verstärkung, wurde aber bald durch den aus der wirtschaftlichen und geographischen Lage Mülhausens mit Notwendigkeit hervorgehenden Anschluss an Frankreich wieder beseitigt.

Durch engen Zusammenhalt, den in Mülhausen noch rechtliche Institutionen vielfach unterstützten, gelang es den Unternehmern ihre Interessen den Arbeitern gegenüber mehr als wahr zu nehmen. Wo aber in dem Systeme von Massregeln, welche die Arbeiter unterthänig machten, sich etwa noch Lücken zeigten, wurden dieselben durch Eingriffe der Regierung ausgefüllt.

Die Stellung der Arbeiter lässt sich leicht dahin zusammenfassen, dass sie aller Vorteile der Gewerbefreiheit entbehrten, aber alle ihre Nachteile zu dulden hatten.

Spinnerei und Weberei nahmen der leichten Einführbarkeit wegen eine hausindustrielle Verfassung an. Die Druckerei indess musste aus technischen Rücksichten unbedingt in manufakturmässiger Weise betrieben werden.

ZWEITES BUCH.

DIE OBER-ELSÄSSER

BAUMWOLLINDUSTRIE

ALS GLIED DER

FRANZÖSISCHEN VOLKSWIRTSCHAFT.

5*

EINLEITUNG.

Das durch die Revolution zur Herrschaft gebrachte Prinzip der Gewerbefreiheit besass für die Entwicklung der Baumwollindustrie nicht jene fundamentale Bedeutung, welche ihm im Hinblicke auf das übrige gewerbliche Leben sonder Zweifel eingeräumt werden muss. Wie das erste Buch zeigte, erfreuten sich die auf die Verarbeitung der Baumwolle gerichteten Thätigkeiten schon zuvor einer ziemlich freien Bewegung. In dem durchaus zünftigen Mülhausen bildeten sie sogar eine gewerbefreiheitliche Enclave, und auf französischem Territorium währte die Monopolisierung nur eben so lange, als sie sich in der That für die Einbürgerung der neuen Industrie förderlich erwies. Insofern noch Beschränkungen bestanden, waren sie im Interesse der Produktion, im Interesse der Unternehmer angeordnet worden. Ihre Beseitigung durch die Revolution musste von den letzterwähnten Standpunkten aus eher als Nachteil, denn Vorteil empfunden werden.

Die Motive, welche uns dennoch bestimmen, die Zeiten der Revolution und der auf sie folgenden napoleonischen Herrschaft als Markstein für die ganze Entwicklung der Baumwollindustrie in der modernen Zeit anzusehen, liegen auf einem anderen Gebiete.

So lange die französische Zollgrenze auf dem Kamme der Vogesen aufrecht erhalten worden, war die Provinz wirtschaftlich von Frankreich getrennt geblieben. Die Revolution schob die Zolllinien an den Rhein vor und einigte das Elsass ökonomisch mit Frankreich. Mülhausen, eine schweizer Republik, war, wenn auch in französischem Territorium enclaviert, doch politisch und wirtschaftlich von

Frankreich verschieden. Die Revolution nahm der Stadt ihre Unabhängigkeit und inkorporierte sie der französischen Republik. So wurde die Kluft wieder ausgefüllt, welche der Kampf um den französischen Markt zwischen Mülhausen und dem Ober-Elsass geschaffen. Die Industrien beider Gebiete verschmolzen zu einem Gliede der grossen französischen Volkswirtschaft. Ihre Interessen wurden solidarisch. Beide hatten sich nun der gewaltigen Massregeln Napoleons zum Schutze der französischen, zum Trutze der englischen Industrie zu erfreuen, jener Massregeln, welche den Grundstein zu ihrer Grösse legten.

Den mächtigen zollpolitischen Umschwung begleitete die ungefähr um die nämliche Zeit angebahnte Einführung des mechanischen Grossbetriebes. Durch sie erhielt der ganze technische und ökonomische Bau der Industrie eine von der alten völlig verschiedene Fundamentierung.

Allein nicht die gesammte Baumwollindustrie des Ober-Elsasses unterlag der genannten Umgestaltung. Ein wichtiger Zweig, die Industrie von Markirch, blieb verschont, blieb dem alten hausindustriellen Handbetriebe erhalten. In ihren façonnierten Artikeln vermochte der mechanische Webstuhl noch nicht mit dem Handweber zu konkurrieren.

In den folgenden Ausführungen werden wir von der Markircher Industrie absehen. Dieselbe verlor nämlich durch ausgedehnte Verwendung von Wolle mehr und mehr ihren Charakter als Baumwollindustrie. Auch würde die Erörterung zweier auf wesentlich verschiedenen Grundlagen ruhenden Industrien in demselben Zusammenhange der Durchsichtigkeit der Darstellung Abbruch thun, Endlich haben die Verhältnisse der Hausweber eben erst eine Bearbeitung[1] erfahren, welche weitere Ausführungen unnötig macht. Unsere Ausführungen gelten somit nur der im mechanischen Grossbetriebe stehenden Baumwollindustrie.

---

[1] Die Lage der Hausweber im Weilerthal von Dr. Karl Kaerger. Strassburg 1866. In den „Abhandlungen aus dem staatswissenschaftlichen Seminar zu Strassburg." Heft II.

I.

DIE ÖKONOMISCHE SEITE DER ENTWICKLUNG.

1. DIE PRODUKTION.

I. KAPITEL.

DIE EINFÜHRUNG DES MASCHINENBETRIEBES UND SEINE MORPHOLOGISCHEN FOLGEN FÜR DIE PRODUKTION.

Eine reich gegliederte Kette der einflussreichsten Erfindungen auf technologischem Gebiete hatte im zweiten Drittel des vorigen Jahrhunderts in England die mechanische Baumwollspinnerei, -Weberei und -Druckerei begründet, die früher meist hausindustrielle Verfassung der genannten Gewerbe aufgelöst und die Epoche der grossen Industrie eingeleitet.[1]

Die Engländer, ängstlich bemüht, die wirtschaftlichen Vorteile der grossen Erfindungen ihrem Lande zu sichern hielten die im 18. Jahrhunderte[2] erlassenen Ausfuhrverbote von Maschinen oder Zeichnungen derselben bis 1825[3] aufrecht.[4]

Schon dadurch würde die langsame Verbreitung jener technischen Neuerungen im Ober-Elsass verständlich sein.

[1] A compendious history of the cotton manufacture by R. Guest, Manchester 1823.

[2] Es kommen hier in Betracht: 23 Geo. II. c. 13 von 1749; 14 Geo. III. c. 71 von 1774; 22 Geo. III. c. 60 von 1782 und 25 Geo. III. c. 67 von 1785.

[3] Die Abschaffung erfolgte durch 6 Geo. IV. c. 105. 96, 142, 163, 174.

[4] Vgl. auch B. XLIV. p. 179, 187.

Wir müssen uns aber auch vergegenwärtigen, wie gerade in jener Zeit, in der durch Arkwright den verschiedenen Erfindungen ihre praktische Verwertung gesichert worden, der alle Kräfte unserer Industrie in Anspruch nehmende Kampf um den französischen Markt tobte, und dass die Wirren der Revolution, sowie die Zollblokade Mülhausens jede industrielle Thätigkeit unterbanden. Erst nachdem der geniale Corse den Ursachen der wirtschaftlichen und politischen Zerrüttung des französischen Volkes wirksam begegnet war, löste sich der Bann, welcher auf dem gewerblichen Schaffen Frankreichs durch ein Dezennium gelastet hatte. Die Industrie erwachte zu einem neuen, thatkräftigen Dasein.

Zunächst soll unser Augenmerk der Druckerei gelten, da sie noch immer für die gesamte ober-elsässer Baumwollindustrie als leitendes Gestirn erglänzt. Auch ist sie der einzige Zweig, in welchem die Elsässer durch selbständige Erfindungen und Verbesserungen sich hervorthaten. Die Engländer entwickelten die mechanische Seite der Zeugdruckerei, die Elsässer die fast noch wichtigere chemische.

In Logelbach bei Colmar wirkte der grosse Chemiker und Kolorist Jean Michel Haussmann, in Mülhausen Daniel Köchlin, in Münster Bartholdi. Zahlreiche Entdeckungen von Farbstoffen, Farbmischungen u. s. w. gingen von dem Hause Gros, Roman und Odier in Wesserling aus. Die verbesserte Anwendung des Adrianopelrot, die Entdeckung der Enlevagen, die Erfindung neuer Fixierungsmittel der Farben, die Ersetzung der Rasenbleiche durch die Chlorbleiche, das Auftreten der Anilinfarben, das alles war gewiss für die Industrie von grösster Wichtigkeit.[1] Viele gerade dieser Erfindungen begründeten den Weltruf der elsässer Industrie. Dennoch treten sie für unsere Betrachtung zurück. Wir wollen nur den Reflex der technischen Veränderungen auf die ökonomische Verfassung ergründen, nicht aber die Fortschritte der Technik an sich beleuchten.

Und die chemischen Verbesserungen vermochten an der ökonomischen Verfassung der Zeugdruckerei, wie wir

[1] Vgl. die Übersicht über die chemischen Erfindungen der Elsässer in B. XXI. 261—267.

sie im ersten Buche auseinandersetzten, nicht das Mindeste zu ändern.

Die zarten, in ihrer Neuheit reizvollen Farben, die geschmackvolle Farbenstimmung der Muster, die immer reicher ausgestattete Palette, welche der Chemiker dem Drucker zur Verfügung überliess, steigerten die Produktion zweifelsohne in ansehnlichem Masse; denn diese Vorzüge schufen erweiterte Absatzkreise; aber der ökonomische Rahmen der Produktion unterschied sich nur durch seine Ausdehnung von dem bereits früher geschilderten. Den Anstoss zu einer Zersetzung der alten Organisation des Betriebes gab die Mechanik, als sie an Stelle des Handdruckes mit Blöcken den mechanischen Druck mittelst metallener Walzen setzte.

Die Holztafel mit erhöhter Zeichnung verdrängt der Kupferzylinder, in welchen vom Graveur die abzudruckenden Muster eingegraben werden. Die so entstandenen Vertiefungen werden mit dem Farbstoff ausgefüllt. Letzterer muss sich ohne weiteres auf ein Gewebe, das an die Walze gepresst wird, übertragen. Am zweckmässigsten besorgt dieses Aufpressen gleichfalls eine Walze. Darin besteht das Prinzip der Walzendruckmaschine. Gibt man der das Anpressen des Gewebes vollführenden Walze eine im Verhältnisse zu den mit Farben versehenen Zylindern ansehnliche Grösse, so ist es leicht möglich, mehrere der letzteren an ihr anzubringen. Trägt von diesen nun immer je einer die verschiedenfarbigen Teile des Muster eingegraben und wird er mit dem entsprechenden Farbstoffe gesättigt, so können leicht auch kompliziertere, farbenreichere Muster auf mechanischem Wege hergestellt werden. Um das Walzensystem arbeiten zu lassen, muss es ein Motor in rotierende Bewegung versetzen. Im Anfang gravierte man die Druckwalzen noch einzeln. Allmählich wurden verschiedene Verfahren erfunden, welche auch diese Aufgabe einer mechanischen Lösung zugänglich machten.[1]

---

[1] De l'industrie dans le Haut-Rhin, par Sengenwald. Wesserling 1837. p. 6. 7. — B. XXI. p. 275. 276.

Die langen Drucktische sind überflüssig geworden. Der gelernte und geübte Handdrucker desgleichen. Die eigentliche Arbeit übernimmt die Maschine. Einige Arbeiter überliefern ihr hiezu das Gewebe, überwachen sie, hemmen sie oder setzen sie in Bewegung, geben ihr neuen Farbstoff und nehmen ihr das fertige Produkt ab. Das ist alles. Die Leistungsfähigkeit der Maschine ist kolossal. Der Drucker nebst seinem aus 6 Personen (3 Erwachsenen und 3 Knaben) bestehenden Hilfspersonale produzirt selbst mit einer zwölffarbigen Maschine die Arbeit von 100 Handdruckern.[1]

Die Steigerung der Produktivität in der Druckerei forderte eine ähnliche Ausbildung der ihr vorangehenden und folgenden Prozesse. Dem chemischen Charakter der Bleicherei entsprechend, konnte nur eine chemische Vervollkommnung für diesen Zweig das Problem lösen. Es geschah durch die Einführung der Chlorbleiche an Stelle der Rasenbleiche. Gewiss war diese chemische Erfindung auch ökonomisch von tiefgreifender Bedeutung. Die grossen Rasenplätze, welche zuvor zur Bleicherei benötigt wurden, hatten ansehnliche Kapitalbeträge festgelegt. Dieselben wurden nun frei. Überdies war das alte Verfahren äusserst langwierig und vom Wetter in hohem Grade abhängig gewesen, so dass infolge des langen Produktionsprozesses auch für das Produkt eine höhere Zinsquote als jetzt in Anschlag gebracht werden musste.[2]

Die Appretur erfuhr eine wesentliche Beschleunigung, als mechanische Messerwalzen die Arbeit der Handscheere übernahmen. Dieselbe hatte an dem Kattun die Flaumhärchen zu beseitigen gehabt. Den gleichen Erfolg weiss man heute auch durch Sengen mittelst glühender Eisen oder einer Gasflämmchenreihe zu erzielen.[3]

Zur Reinigung der Gewebe sind Walzenwaschmaschinen, Waschräder, Waschhämmer, Spül- und Ausringmaschinen

---

[1] Mitteilung eines ehemaligen Druckereiarbeiters.

[2] B. XLIV. p. 240—245.

[3] l. c. p. 254. 255.

erfunden worden, zum Trocknen Dampf- und Zentrifugaltrockenmaschinen.[1]

All' diese Maschinen werden ebenso wie die einzelnen Druckmaschinen durch Vermittelung eines Transmissionsmechanismus von dem zentralen Motor getrieben.

Der geschilderte Umschwung vollzog sich natürlich nicht mit einem Schlage, sondern währte mehrere Dezennien hindurch. Die erste Anwendung des Walzendruckes im Ober-Elsass, bei Gros, Roman und Odier in Wesserling fällt in das Jahr 1803.[2] Da man anfangs nur mit einer Farbe, allmählich mit zwei und erst viel später mit mehreren Farben zu drucken verstand, so blieb die Handdruckerei noch lange für die feineren farbenreicheren und grösseren Muster bestehen, ja besteht bis zu einem gewissen allerdings geringen Umfange noch heute. — Die Ausbreitung der Chlorbleiche sowie des mechanischen Betriebes in den Appreturen fällt namentlich in die zwanziger Jahre unseres Jahrhunderts; um die nämliche Zeit wurde auch die mechanische Herstellung vertiefter Zeichnungen auf den Druckwalzen durch Punktieren, Gravieren und Guillochieren eingeführt.[3]

Einen ganz ähnlichen Verlauf nahm die Entwicklung der Baumwollspinnerei.

Selbst die Handdruckerei und Weberei befanden sich in ihrem ersten Stadium schon auf einer technisch vollkommneren Stufe und produzierten relativ intensiver, als die Handspinnerei; die von den Webern ausgehende Nachfrage überholte weitaus das Angebot der Spinner und übte einen Druck, welcher zu einer unglaublichen Verbreitung der Handspinnerei führte.[4] Obwol fast in jedem Hause der Vogesen Baumwolle gesponnen wurde, liess sich auf diese Weise, namentlich als schon die Anwendung von Druckmaschinen begonnen hatte, dem bestehenden Bedarfe absolut nicht genügen. — Es ist charakteristisch, dass in

---

[1] l. c. p. 256—258.
[2] De l'industrie dans le Haut-Rhin par Sengenwald. p. 2.
[3] B. XVIV. p. 240—258.
[4] B. XLI. p. 434. Annuaire. 1812. p. 244.

derselben Fabrik, in der die erste Walzendruckmaschine in Thätigkeit gesetzt worden, einige Monate später auch der erste Kettenspinnstuhl aufgestellt wurde.

Die Entwicklung der mechanischen Spinnerei ist übrigens selbst in weiteren Kreisen zu bekannt, als dass hier näher bei ihr verweilt werden kann.

Auch der Kettenspinnstuhl zeichnete sich dadurch aus, dass er die eigentliche Handarbeit des Spinners besorgte, und zwar nicht nur die Arbeit einer einzigen Person, sondern erst mit 6, dann 12, später 20 Spindeln spann, ja heute in seiner vollendetsten Form, der selfacting mule-jenny, mehrere hundert Spindeln treibt.

Die ersten Spinnstühle setzte noch der Mensch in Betrieb. Als die Zahl der Spindeln eines Stuhles immer wuchs, musste eine leistungsfähigere Kraft, Wasser oder Dampf, eintreten. Nur das Ein- und Ausfahren des Wagens besorgte der Spinner. Seit Einführung der völlig automatischen „Selfacting-mule-jenny“ aber sieht sich der Arbeiter lediglich auf die Speisung der Maschine mit Rohstoff, auf ihre Überwachung und Correktur beschränkt.

Die mechanische Spinnerei drängte zu einer ähnlichen Vervollkommnung der vorangehenden Verrichtungen. An Stelle der Reinigung der Baumwolle durch Schlagen mit Gerten traten mit der Zeit die Schlagmaschine, der „Öffner“ und der „Wolf“; an Stelle der mit Stacheln versehenen Brettchen, der „Kratzen“ zum Parallelisieren der Baumwollfasern, trat die Krempelmaschine. Ihre Arbeit wird bei der Feingarnspinnerei noch durch zwei Erfindungen elsässischen Ursprunges ergänzt: die „peigneuse Hübner“ und Heilmann.[1]

Für die Entwicklung der elsässischen Weberei kam zuerst die Einführung des Schnellschützen in Betracht. Sie erfolgte im Jahre 1803, gleichfalls in Wesserling.[2] Die Anwendung der mechanischen Webstühle, der sogenannten Kraftstühle (powerloom) verzögerte sich bis 1826.[3]

---

[1] B. XXI. p. 254—256. B. XVIV. p. 183—215.
[2] De l'industrie dans le Haut-Rin. p. 2.
[3] B. XXI. p. 257, 258. B. XLIV. p. 219—235.

Prinzipiell treten bei der Maschinenweberei nur dieselben Momente hervor, welche bereits bei der Druckerei und Spinnerei Beachtung fanden.

Es gilt jetzt noch, die allen drei Zweigen der Baumwollindustrie gemeinsamen Elemente des Umschwunges herauszuschälen.

Das Maschinensystem, wie wir es in einer modernen Spinnerei, Weberei oder Druckerei besichtigen können, zerfällt in drei Gruppen: die Motoren, die Transmissionen und die eigentlichen Werkzeug- oder Arbeitsmaschinen. Ihre Erfindung bildet naturgemäss den Ausgangspunkt für den ganzen Umschwung. Was hätten die vollkommensten Dampfmaschinen, die praktischsten Treibriemen dem alten Handspinnrade nützen können? Nicht die einzelne Werkzeugmaschine an sich bedingt einen die menschlichen Kräfte übersteigenden Motor, sondern erst die Vereinigung mehrerer zu einem Maschinensystem macht ihn wünschenswert. Der Handarbeiter besass zwei Funktionen: er hatte Kraft zu verausgaben und Geschicklichkeit zu entfalten. Erstere Leistung hat der Motor, letztere die Werkzeugmaschine übernommen. Den früheren Teilarbeitern entsprechen nun Teilarbeiten der Werkzeugmaschinen. Auch lag offenbar in der Verwendung der Handarbeit, da sie von einem Menschen ausgieng, eine organische Schranke. Diese schien nun absolut überwunden zu sein. Ob ein Spinnstuhl 12 Stunden oder eine ganze Woche in ununterbrochenem Betriebe blieb, schien auf die Güte seiner Arbeit keinen Einfluss zu üben.

Überall ist nun nicht mehr die technische Fertigstellung, sondern nur der erste Anstoss zur technischen Produktion, die erste Bewegung der Materie das Werk des Menschen. Der Arbeiter hat dem Spinnstuhl, der Druckmaschine und dem Webstuhl nur die Arbeit vorzubereiten, sie bei derselben zu bewachen und ihnen die fertige Arbeit wieder abzunehmen.[1]

---

[1] Vgl. Hermann, Staatswirthschaftliche Untersuchungen. 2. A. 1870. p. 240 flg. — Ure, Das Fabrikwesen, deutsch von Diezmann, Leipzig 1835. — K. Marx. Das Kapital. 1883. 13. Kapitel. — K. Marlo: Untersuchungen über die Organisation der Arbeit oder System der Weltökonomie. 1885. I. Bd. 3. Kap.

Wir verstehen nach den vorangeschickten Erörterungen leicht die innere Notwendigkeit einer anderen Organisation des Betriebes.

Die ersten Spinnstühle freilich konnten noch von Menschenkraft bewegt werden. In der Thatsache, dass ein Stuhl 6—18 Spindeln trieb, hatte man noch keinen ausreichenden Grund für das Aufgeben der hausindustriellen Betriebsweise erblickt. Allein in dem Masse, als die Zahl der Spindeln an einem Stuhle wuchs, in dem Masse, als auch die der Spinnerei vorangehenden Verrichtungen von Maschinen besorgt wurden, erschien es ökonomisch vorteilhafter, all diese Maschinen in einem Gebäude zu vereinigen und sie von einem grossen Motor treiben zu lassen. Die Kosten der Anlage eines Motor stiegen ja keineswegs proportional mit der Erhöhung seiner Kraft.

Bei einer Dampfmaschine von 10 Pferdekräften kam 1870 eine Pferdekraft 2430 Fr., bei einer solchen von 400 dagegen nur 616 Fr. zu stehen.[1]

Darin liegt der ökonomische Grund der immer zunehmenden Konzentration des Betriebes. — Im Jahre 1828 entfielen auf je eine Spinnerei im Durchschnitte 9517, im Jahre 1872 etwa 20000 Spindeln.[2]

Die Vereinigung mehrerer Maschinen zum Betriebe durch einen Motor kann natürlich nicht in der Hütte des hausindustriellen Arbeiters erfolgen. Es müssen umfangreiche Gebäudekomplexe aufgeführt werden, wozu allein der Arbeitgeber die entsprechende Kapitalkraft besitzt. Der industrielle Häusler sieht sich gezwungen sein Heim zu verlassen und der Maschine in die Fabrik nachzufolgen. Während er zuvor nur für den Unternehmer arbeitete, thut er dies jetzt auch bei ihm, und das bedeutet eben die Sprengung der hausindustriellen Verfassung.

Wir erwähnten im Eingange, dass die mechanischen Erfindungen englischen Ursprunges waren und von den

---

[1] Die europäische Baumwollindustrie mit bes. Berücksichtigung des Ober-Rheines von Dr. R. Jannasch. 1882. p. 22.

[2] Stat. gen. (statistische Tabellen Coton: Filature) und B. XVII. p. 56.

Engländern anderen Nationen sorgsam vorenthalten wurden. Frankreich war arm an geschickten Mechanikern. Selbst wenn ein Verwegener heimlicher Weise Zeichnungen aus England gebracht, selbst wenn man sich durch List den Zutritt in eine englische Fabrik erschlossen, wenn englische Arbeiter von französischen Fabrikanten gewonnen worden, immer standen der Herstellung guter Maschinen noch gewaltige Hindernisse im Wege.[1]

So kam es, dass der Übergang vom Handbetrieb zum Maschinenbetriebe sich im Ober-Elsass vergleichsweise langsam und schonend vollzog. Auch müssen zollpolitische und ökonomische Verhältnisse zur Erklärung herangezogen werden. Das Prohibitivsystem, welches die Unternehmer vor der scharfen Luft der englischen Konkurrenz schützte und den heimischen Markt unter allen Umständen sicherte;[2] die oft noch geringe Kapitalkraft,[3] welche der Einrichtung einer grossen Fabrik nicht gewachsen war; die Unfähigkeit der älteren Maschinen zur Erzeugung jener kostbaren, feinen façonnierten Artikel, in welchen die Stärke der ober-elsässer Fabrikanten lag; alle diese Motive brachten es mit sich, dass im Ober-Elsass erst in den zwanziger Jahren Maschinen ihren Eingang fanden, die in dem letzten Dezennium des vorigen Jahrhunderts in England bereits eine allgemeine Verbreitung erfahren hatten. Schliesslich hängt die Einführung einer Maschine ja auch keineswegs von ihrer technischen Vollkommenheit, sondern ihrer wirtschaftlichen Rentabilität ab. Selbst wenn der gegenwärtige Stand des Lohnes die Einführung einer arbeit- und lohnsparenden Maschine vorteilhaft erscheinen liess, so sank doch oft eben infolge der ins Werk gesetzten Einführung der Lohn bald wieder so tief, dass die Beibehaltung der Handarbeit rentabler wurde und vorläufig eine weitere Umwandlung unterblieb.[4]

[1] B. XLIV. p. 185—186.

[2] Stat. gen. p. 325.

[3] l. c. p. 328.

[4] B. XLIV. p. 225, XXII. p. 162; Enquête commerciale. Interrogatoire de M. N. Köchlin. Strasbourg. 1835. p. 12.

Darauf ist vor allem die Erscheinung zurückzuführen, dass der mechanische Webstuhl erst in den fünfziger Jahren den Handstuhl völlig überwand. Am raschesten vollzog sich der Wandelungsprozess jedenfalls in der Spinnerei, da die technische und ökonomische Überlegenheit des Spinnstuhles über die Handspindel eine ganz unvergleichliche war.[1]

Um den Bedarf der ober-elsässer Baumwollindustrie an Maschinen zu decken, erhoben sich in Mülhausen und Gebweiler grosse Maschinenfabriken,[2] die bald zu den ersten Anstalten dieser Art in Frankreich zählten. Dergestalt wurde die Baumwollindustrie des Ober-Elsasses, nachdem auch für die Chemikaliennachfrage der Druckereien eine ausgedehnte chemische Fabrik[3] in Thann begründet worden war, nach jeder Richtung schliesslich auf eigene Füsse gestellt.

---

[1] Stat. gen. p. 318–323.
[2] B. XLIV. p. 170, 171.
[3] l. c. p. 176.

II. KAPITEL.

DIE EINFÜHRUNG DES MASCHINENBETRIEBES IM HINBLICK AUF DIE ÖKONOMISCHEN GRUNDLAGEN DER PRODUKTION.

In Mülhausen war die Zeugdruckerei vorzüglich deshalb zu einer so hohen Blüte gelangt, weil sie allein dem Kapitale den Weg zu einer vollen Bethätigung seiner ökonomischen Kräfte erschlossen. Die Industrie der Provinz hatte ihre Basis in dem Elend der Gebirgsbevölkerung gefunden. Auch wurde angedeutet, dass manches Etablissement lediglich zur Maskierung des Schmuggels aus der Schweiz diente.

Die politische Revolution warf die eigentümliche zollpolitische Stellung des Elsasses und Mülhausens über den Haufen. Desgleichen fielen die gewerberechtlichen Schranken, welche indirekt der Entfaltung der Baumwollindustrie förderlich gewesen waren.

Der technische Umschwung verschob den Schwerpunkt der Produktion nach der Seite des Kapitales. Er forderte für das Maschinensystem gewaltige Triebkräfte, welche nur das Gefälle des Wassers oder der Dampf zu liefern vermochte. Zur Erzeugung des Dampfes benötigte man grosse Mengen von Brennmaterial. Die mehr oder minder leichte Beschaffungsmöglichkeit desselben wurde ein wichtiger Faktor. Die gigantisch wachsende Produktivität der Maschinen begründete eine Massenproduktion. Diese wieder hatte einen gesteigerten Verbrauch von Rohstoffen zur Voraussetzung. Andrerseits machte wegen der Billigkeit der Maschinenarbeit die auf die Verarbeitung entfallende Quote im Preise des Produktes einen immer kleineren Betrag aus. Dem gegenüber wuchsen die Transportkosten für Kohle, für Rohstoffe und fertige Waaren an Bedeutung.

Die Grundlagen der ober-elsässer Baumwollindustrie hatten also eine völlige Umgestaltung erlitten.

Verweilen wir bei dem für die Anlage einer Fabrik so wichtigen Punkte, bei der Beschaffung eines ausreichenden Motors.

Schon unter den früheren Verhältnissen hatte man Kattundruckereien und Bleichereien mit Rücksicht auf die Nähe eines reinen fliessenden Wassers angelegt. Jetzt kam aber nicht nur für Bleichereien und Wäschereien das Wasser in Erwägung. Noch mehr schätzte man seine Fähigkeit ein Rad zu treiben. In glücklichster Weise boten die Gebirgswässer, die Fecht, die Lauch, die Thur und Doller den in ihren Thälern angesiedelten Unternehmern nun auch die erforderlichen Motoren. So fügte der technische Umschwung den in der Provinz gelegenen Druckereien wenig Schaden zu.

Auch der Spinner wurde wenig beeinträchtigt. Der hausindustrielle Betrieb hatte nur wenig Kapital festgelegt. Mit Leichtigkeit bewerkstelligte man die Übersiedelung an den Lauf der Gebirgswässer.

Kritisch dagegen gestaltete sich die neue Entwicklung der Dinge für die in Mülhausen konzentrierte Baumwollindustrie. Freilich blieb noch lange der Handdruck aufrecht erhalten. Neben ihm kamen nur ein oder zwei Walzendruckmaschinen für ordinäre Waaren zur Verwendung. Die lange Übergangsperiode brach somit der Schärfe der Lage die Spitze ab. Dafür empfanden die Mülhäuser Spinner den Mangel an Wasserkräften um so lebhafter. Anfangs versuchte man es mit tierischen Kräften, mit einem von Ochsen oder Pferden betriebenen Göpelwerke. Allein schon im Jahre 1812 wurde bei Dollfuss-Mieg in Dornach (bei Mülhausen) die Dampfkraft zum ersten Male im Ober-Elsass, ja in ganz Frankreich, für den Betrieb einer Spinnerei verwertet.[1]

[1] B. XXI. p. 255.

Obschon die Dampfkräfte teurer zu stehen kamen, als die hydraulischen, so bot doch die dem Verkehre zugänglichere Lage Mülhausens in der Ebene wiederum im Hinblicke auf den Bezug des Rohmateriales und den Vertrieb der fertigen Waaren mannigfache Vorteile. Später, als Mülhausen durch den Bau des Rhone-Rheinkanales und der Bahn Strassburg-Basel noch mehr in den Vordergrund des Verkehres rückte, als daselbst der Bezug der Kohlen sich fortwährend verbilligte,[1] trat der Vorteil der in den Thälern gelegenen Fabriken sogar zurück. In den 40er und 60er Jahren nahm daher Mülhausen einen ungewöhnlichen Aufschwung, welcher noch heute anhält.[2]

Eben haben wir die Differenzen berührt, welche sich zwischen den einzelnen Gebieten des Ober-Elsasses ergaben. Es ist auch interessant, die Lage der ober-elsässer Baumwollindustrie überhaupt mit jener der grossen baumwollindustriellen Centren an der unteren Seine und in Lancashire in Vergleich zu bringen.[3]

Schon ein flüchtiger Blick auf die Karte zeigt die Vorteile der letztgenannten Gegenden. Die grossen Fabrikstädte Rouen und Manchester liegen in der unmittelbaren Nähe der wichtigen Seehandelsplätze Havre und Liverpool. Diese liefern ihnen rasch und billig die benötigte Baumwolle: denn ausgezeichnete Wasserstrassen stellen die Verbindung zwischen ihnen her. Die Nähe ausgiebiger Kohlen- und Eisenwerke darf ebenfalls nicht ausser Acht gelassen werden. Für Rouen kommt noch die geringe Entfernung

[1] Bulletin special publié à l'occasion du 50me anniversaire de la fondation de la société industrielle. Mulhouse et Paris 1876. p. 301—308.

[2] Treffend spiegelt sich die jeweilige Lage in der Zahl der Einwohner wieder (excl. Dornach):

1798	—	5500	1827	—	13 027	1861	—	45 887
1800	—	6628	1832	—	13 300	1866	—	58 773
1805	—	8021	1837	—	16 932	1871		52 625
1810	—	9353	1841	—	20 587	1875	—	58 530
1815	—	9350	1846	—	29 085	1880	—	63 670
1820	—	9598	1851	—	45 981	1885	—	69 620 l. c. p. 312.

[3] De l'industrie dans le Haut-Rhin par Sengenwald. 1837. p. 15.

der Hauptstadt besonders in Erwägung. Allein auch Manchester liegt London näher, als Mülhausen Paris.

Das mitten im Binnenlande gelegene Ober-Elsass, durch die Vogesenkette von dem Innern Frankreichs getrennt, war durch seine oberrheinische Lage auf den Rheinverkehr angewiesen. Diesen legten allerlei Zollschranken brach. Weder Kohlen- noch Eisenlager sind in der Nachbarschaft anzutreffen. Die Baumwolle hat von Marseille oder Havre einen 700—800 km weiten Weg zurückzulegen. Die fertigen Waaren wandern 500 km nach dem Pariser Markt.[1]

Der Fabrikant in Manchester hat nicht in Magazinen grössere Posten von Baumwolle auf Lager zu halten. Im Verlaufe einiger Stunden sendet ihm der wolversorgte Liverpooler Markt jede beliebige Qualität und Quantität. — Dagegen musste der elsässer Industrielle wegen des mehrere Wochen andauernden Transportes, der vor dem Bau der Bahnen überdies vom Wetter noch sehr abhängig war, stets grosse Baumwoll-Lager halten. Das bedeutete nicht nur empfindliche Zinsverluste, sondern machte ihn auch wider Willen zum Baumwollspekulanten. Bei den grossen Massen, die auf einmal eingekauft werden mussten, rächte sich jeder Fehler der Kalkulation doppelt. Sein Konkurrent in Manchester, der jede Platzkonjunktur ohne weiteres übersah, war dieser Gefahr bei seinen Dispositionen weit weniger unterworfen. Ähnliche Momente machten sich auch in dem Bezuge der Kohle geltend.[2]

Der Ungunst der Lage hatte der ober-elsässer Fabrikant allerdings zwei Vorteile entgegenzusetzen: billige, reichliche Wasserkraft in den Vogesen und niedrige Löhne.

Naturgemäss suchte er seine Produktion nun in einer Weise einzurichten, welche ihm eine volle Ausnutzung seiner starken Seiten erlaubte. Der billigen Handarbeit musste in der Produktion ein möglichst weites Feld geboten wer-

---

[1] Reybaud. Le Coton. Paris 1863. p. 36.

[2] Bulletin special. etc. p. 301, 302, 307. — Enquête. Traité de commerce avec l'Angleterre. Coton. Paris 1860. p. 2. — Die europäische Baumwollindustrie von Dr. R. Jannasch. Berlin 1882. p. 55—60.

den, die Produkte mussten einen hohen Wert erhalten, wenn sie die Transportkosten leicht überwinden sollten. So widmete sich der Ober-Elsässer denn der Herstellung feiner, eleganter, hoch façonnierter, ja fast künstlerischer Artikel. Bei der Feingarnspinnerei kam die billige Handarbeit trefflich zur Geltung; je feiner das gesponnene Garn, desto weniger Baumwolle benötigte eine Spindel um einen gegebenen Wert darzustellen. Zudem erforderte die Fabrikation der hohen Nummern die langfaserigen teuren Baumwollsorten, so dass auch nach dieser Richtung die Transportkosten an Bedeutung verloren.

Ähnlich verstand es der Drucker durch Accentuirung des an keine geographische Lage geknüpften künstlerischen Charakters seinen Produkten einen Wert zu verleihen, der spielend alle Verkehrshindernisse überwand.

Lancashire dagegen stützte sich auf die Vorteile der Lage und der grossen Kapitalkraft. Es forcierte die Massenfabrikation. Eine ähnliche Rolle spielte in der französischen Volkswirtschaft auch die Normandie eben wegen ihrer grossen Verwandtschaft mit der genannten englischen Grafschaft. Unterdessen potenzierte das Elsass noch den überhaupt für die französische Industrie giltigen Satz der Engländer: „The frenchmen work for the few, we for the millions“. [1]

Die schon im vorigen Jahrhundert durch die französischen Gewichtszölle bedingte Tendenz zur Fabrikation wertvoller Waaren blieb somit im Ober-Elsass bestehen.

Die Ungunst der geographischen Lage des Ober-Elsasses musste mit der höheren Entwicklung des Verkehrswesens ihre Schärfe verlieren. — Wir begreifen daher leicht, dass man im Elsasse den Kommunikationsmittel die grösste Aufmerksamkeit schenkte. Schon im Jahre 1811/12 arbeiteten spanische Kriegsgefangene am Rhone-Rheinkanal, der indess erst im Jahre 1828 seiner Vollendung entgegengieng. Er erleichterte vorzüglich den Verkehr mit Marseille und dem Kohlenbecken von Ronchamp. Kaum war in Frank-

[1] B. XXXII. p. 448.

reich die erste Bahnlinie von Paris nach Versailles gebaut worden, als sofort im Jahre 1838 die Strecke Mülhausen-Thann in Angriff genommen wurde. Bereits drei Jahre nachher fand die Eröffnung der Linie Strassburg—St. Ludwig (Basel) statt. In den 60er Jahren erfolgte der Ausbau des Rhein-Marnekanals mit dem für den Kohlenbezug so wichtigen Saarkanal.[1]

Die namentlich nach dem grossen technischen Umschwunge sich fühlbar machende ungünstige Lage der ober-elsässer Industriellen hatte im Jahre 1825 eine Vereinigung derselben zu einer „Société industrielle" hervorgerufen. Ihre Thätigkeit erstreckte sich vorzugsweise auf die Vervollkommnung der technischen Seite der Industrie.[2] Durch Preisausschreibungen und Medaillenverteilungen, durch Vorträge, durch Gründungen von fachgewerblichen Schulen und Museen wurde dieser Gewerbeverein seinem Ziele in ausgezeichneter Weise gerecht. Es ist ganz unläugbar, dass er sich nach der angedeuteten Richtung bleibende Verdienste erworben. Der Verein giebt eine Monatsschrift, die „Bulletins de la Société industrielle de Mulhouse," heraus und wirkt so auch auf weitere, ihm nicht unmittelbar angehörige Kreise. Die stattliche Reihe von 55 Bänden, in denen heute die Mitteilungen des Gewerbevereins vorliegen, bilden für die Geschichte der technischen und ökonomischen Entwicklung des Ober-Elsasses ein unschätzbares Quellenmaterial, auf welchem die rein ökonomischen Partien unserer Arbeit vielfach beruhen.

Um die Vorstellungen über den Fortgang der Baumwollindustrie im Ober-Elsass durch Zahlen zu unterstützen, lassen wir zwei statistische Tabellen (nach. B. XXXII p. 440 und 443) folgen:

[1] Beitrag zur Geschichte Mülhausens i. E. und der Entwicklung seiner Industrie. Mülhausen 1886. p. 11, 13; Bulletin special etc. p. 301, 302.

[2] B. I. (Statuten Cap. I. Art. 1).

A. Baumwollspinnerei.

Jahre.	Zahl der Fabriken.	Motoren. Dampf-Maschinen. Zahl.	Motoren. Dampf-Maschinen. Pferdekräfte.	Motoren. Wasserkräfte. Pferdekräfte.	Motoren. Wasserkräfte. Zahl.	Gesammtzahl der Pferdekräfte.	Zahl der Spindeln. Mule-Spindeln.	Zahl der Spindeln. Selfacting-Spindeln.	Zahl der Spindeln. Gesammt-Zahl.
1803	1	erste Maschinenspinnerei in Wesserling.							
1804	5	Spinnereien.							
1812	1	mit Anwendung der Dampfkraft. Mülhausen.							
1828	49					984	466 363		466 363
1846	45						779 300		779 300
1851	52	65	1786	3031	43	4817	819 006		819 006
1856	67	80	2757	3031	43	5788	866 122	108 176	974 298
1857	72	82	2891	3131	50	6022	715 232	256 956	972 188
1859	80	100	3897	3430	56	7327	710 520	382 260	1092 780
1861	86	124	4986	4186	59	9172	547 174	680 208	1227 382
1862	88	125	5493	8186	56	9679	543 054	694 260	1237 314

B. Baumwollweberei.

Jahre.	Zahl der mechanischen Webereien.	Motoren. Dampf-Maschinen. Zahl.	Motoren. Dampf-Maschinen. Pferdekräfte.	Motoren. Wasserkräfte. Pferdekräfte.	Motoren. Wasserkräfte. Zahl.	Gesammtzahl der Pferdekräfte.	Zahl der Stühle. Hand-Stühle.	Zahl der Stühle. Mechanische Stühle.	Zahl der Stühle. Gesammt-Zahl.
1810	Erste Baumwollwebefabrik in Sennheim.								
1819	Beginn der Fabrikation von Geweben für den Verkauf in unbedrucktem Zustande.								
1822							18 000		
1825	Erste mechan. Weberei.							240	
1828	17						20 000	2 123	22 123
1846							12 000	10 000	22 000
1851	34	34	874	1367	24	2241	10 000	12 128	22 128
1856	56	36	1171	1665	45	2836	8 657	14 920	23 577
1858	65	63	1695	1711	48	3406	7 000	19 932	26 932
1859	72	77	1955	1711	48	3666	7 000	21 772	28 772
1861	75	82	1987	1717	51	3704	5 000	24 320	29 230
1862	84	93	2342	1717	41	4059	4 000	25 153	29 153

2. ZOLL- UND ABSATZVERHÄLTNISSE.

III. KAPITEL.

NAPOLEON UND DIE KONTINENTALSPERRE.

Der Kampf Mülhausens und des Ober-Elsasses um den französischen Markt hatte mit der Aufnahme beider Gebiete in die französische Volkswirtschaft seinen Abschluss gefunden. Dadurch wird nun das Verständnis der Zoll- und Absatzverhältnisse wesentlich erleichtert.

Schon im ersten Buche wiesen wir hin auf die äusserst vorteilhafte Lage, in welche der freihändlerische Tarif vom März 1791 und die durch Dekret vom Juli 1791 zugestandenen „admissions temporaires“ die Drucker versetzt hatten[1]: denn das Interesse derselben war mit einer möglichst freisinnigen Zollpolitik verknüpft. Der Zeugdruck war spontan, ohne Zollschutz, kräftig emporgeblüht; er hatte sich einen ansehnlichen Export errungen; er strebte vor allem nach einem niedrigen Preise des Rohmateriales, der Baumwolltücher. Die zahlreichen chemischen Erfindungen und Verbesserungen, die reizenden Muster bildeten auch gegen das mechanische Übergewicht der Engländer seinen besten Schutz. Allerdings übte das herrschende Zollsystem einen gewissen Druck zu Gunsten der Verwendung von heimischen Baumwollgeweben. Dafür sicherte es aber auch den

[1] Vgl. Lexis. p. 47.

heimischen Markt. Durch die Möglichkeit des Bezuges von billigen Schweizer Geweben für den Export befestigte es ausserdem die Stellung der Druckerei als Exportindustrie. Im weiteren Verlaufe bezogen die elsässer Drucker selbst englische Tücher mit Vorteil. Leicht begreiflich, dass die Drucker mit den zollpolitischen Verhältnissen durchaus zufrieden waren.

Selbstverständlich beeinträchtigten die den Druckern gewährten Begünstigungen einigermassen das Interesse der Spinner und Weber und stachelten diese zu Angriffen gegen das bestehende Zollsystem auf.

Nicht als ob die eben erläuterten Verhältnisse in der durch die unsichere politische Lage ökonomisch ja nicht sonderlich bedeutungsvollen Epoche schon eine erhebliche Wirkung geäussert hätten; die Zustände verdienen vielmehr nur deswegen einige Aufmerksamkeit, weil sie beständig den Druckern in der Folgezeit als Ideal vorschwebten, weil in ihnen bereits jene Interessengegensätze scharf hervortreten, von denen die ganze französische Baumwollzollpolitik beherrscht wurde.

Indess die freihändlerischen Alluren der französischen Regierung währten nur kurze Zeit.[1] Schon ein Gesetz vom 10. brumaire V brachte Einfuhrverbote gegen englische Waaren, im Jahre XI erfuhr das Tarifwesen überhaupt eine Verschärfung im schutzzöllnerischen Sinne, und bald war der Übergang zur absoluten Prohibition vollzogen.[2]

Napoleon hatte in seinem Kampfe mit dem ökonomischen Riesen Albion erkannt, dass nur die Vernichtung der wirtschaftlichen Machtstellung der Briten zu ihrer politischen Unterwerfung führen könne. So richtete er denn nicht mehr gegen die britischen Flotten, sondern gegen die britischen Kaufleute und Fabrikanten seine Geschosse. Er versuchte nicht mehr und nicht weniger, als den Engländern den ganzen kontinentalen Markt zu versperren. Es wurden

---

[1] Vgl. Lexis p. 50—54.

[2] Annuaire pour l'an XIII p. 261. Levasseur, Histoire des classes ouvrières depuis 1789, Paris 1867. I. p. 331—333.

immer strengere und rücksichtslosere Verbote gegen die Einfuhr englischer Produkte erlassen. Selbst auf die Rohbaumwolle setzte man einen drückenden Eingangszoll. Dadurch sollte einerseits dem englischen Handel ein wichtiger Artikel geraubt, und andrerseits in Frankreich, im Rhonethale und auf Corsica, die Kultur der Baumwolle eingebürgert werden. [1]

Je weiter die napoleonische Macht sich ausbreitete, desto grössere Ausdehnung erhielt auch ihr drakonisches Sperrsystem.

Nachdem Preussen 1806 niedergeworfen war, erschien von Berlin aus das berühmte Dekret vom 21. November 1806, welches jeden Verkehr des Kontinentes mit England untersagte. Die Ächtung der Briten fand, soweit dies eben möglich, noch eine Verschärfung durch das Mailänder Dekret vom 17. Dezember 1807. So erbaut die französischen Fabrikanten im allgemeinen von der Prohibition gegen englische Produkte waren, ebenso bitter empfanden sie die Erschwerungen im Bezuge der Rohstoffe. Indess konnten sie auf dem durch die Sperre für sie reservierten Absatzgebiete auch jeden Preis stellen und die Zölle leicht auf die Konsumenten abwälzen. Zur Erleichterung der Ausfuhr stand das Dekret vom 3. August 1810 den Baumwollindustriellen überdies Exportprämien zu. [2]

Am schwierigsten lagen die Dinge im Anfange für die Drucker. Für sie beschwor das Verbot des Bezuges englischer Gewebe sogar eine nicht unbedenkliche Krise herauf. [3] Doch bald scheint man sich über den Verlust der englischen Beziehungen wieder durch erhöhten Schmuggel aus der Schweiz getröstet zu haben. Wiederum ist es Mülhausen, welches im Rufe eines Hauptsitzes der Kontrebande steht. Der Bürgermeister der Stadt, welche sie dagegen verteidigt, muss selbst zugestehen, dass mehrere Kaufleute (Isaak Elias in Mülhausen, Daniel Levy in Habs-

---

[1] Vgl. Levasseur I. p. 334–338.
[2] Lexis. p. 54.
[3] Stat. gen. p. 325.

heim, Gabriel Bloch in Rixheim, Meyer Levy in Heginheim, sowie Lazare und Nathan Dreyfuss in Sierentz) einen schwunghaften Baumwolltuchhandel betreiben, ohne dass jemand genau wüsste, woher sie ihre Gewebe bezögen. „Jedoch kein ehrenhafter Fabrikant kauft von ihnen“.[1]

Eine unschätzbare Bedeutung dagegen gewann das Kontinentalsystem für die Entfaltung der Spinnerei und Weberei. Diese Zweige machten namentlich dadurch, dass schweizer Fabrikanten infolge der Prohibitionen auf elsässer Boden sich niederliessen, ansehnliche Fortschritte. Es sollen während des Winters an 15000 Personen in den Vogesen mit der Baumwollspinnerei und ebensoviele mit der Weberei beschäftigt gewesen sein. In jene Zeit fielen auch die ersten Ansätze zur mechanischen Spinnerei, um deren Einführung die Regierung sich lebhaft bemühte.[2]

Überhaupt liess Napoleon, in gewerblichen Angelegenheiten von Chaptal vorzüglich beraten, der Pflege der Industrie die grösste Aufmerksamkeit widerfahren.[3] Kann nach den Untersuchungen, die wir im ersten Buche mitteilten, auch die oft aufgestellte Behauptung[4] nicht zugegeben werden, dass die Bedeutung der ober-elsässer Baumwollindustrie lediglich aus der Zeit der Kontinentalsperre datiere, so lässt sich aber keineswegs läugnen, dass die ober-elsässer Fabrikanten guten Grund besessen hätten, Napoleon und seiner Zeit ein freundliches Andenken zu bewahren. War er es doch gewesen, welcher der politischen und ökonomischen Zerrüttung Frankreichs kraftvoll ein Ziel gesetzt; unter seinem Regime wurde Paris wieder das Zentrum der Mode, des Luxus und des feinen Geschmackes und als solches immerhin der wichtigste Markt der elsässer Drucker. Zu ihrem Vorteile schlug die partielle Rückkehr des alten Adels, sowie die Schöpfung eines neuen aus. Die grossen Bestellungen, welche der Kaiser für den Bedarf seiner Schlösser und die Einrichtung des Hofstaates bei den

---

[1] B. A. Ind. Var.

[2] Annuaire pour 1812. p. 244; B. XLI. p. 434; Stat. gen. p. 325.

[3] Levasseur. l. c. p. 302—329.

[4] B. XLIV. p. 162.

hervorragendsten ober-elsässer Firmen machte, trugen ebenfalls zur Erhöhung des Glanzes unserer Industrie nicht wenig bei.[1] Ausserdem empfieng der Gewerbfleiss durch Ausstellungen mannigfache Anregungen. Auf jener von 1806 erntete das Etablissement von Nikolaus Dollfuss und Lischy-Dollfuss durch seine mechanisch erzeugten Garne, die Firma Haussmann in Logelbach durch ihre chemischen Entdeckungen grossen Beifall. In kritischen Zeiten, besonders während der Krise von 1810 und 11 griff Napoleon sogar durch Baarvorschüsse den gefährdeten Fabrikanten unter die Arme.[2] Die für das Elsass so wichtige Verbesserung des Kommunikationswesens wurde gleichfalls unter Napoleon mit dem Baue des Rhone-Rheinkanales angebahnt.[3]

Ausser dem direkten Einschreiten des Staates zur Hebung der Industrie fiel zu ihren Gunsten noch indirekt das politische Übergewicht Frankreichs auf dem Kontinente schwer in die Wagschale. Mit den französischen Armeen traten auch die französischen Fabrikate einen Zug durch Europa an. Deutschland, Italien, Spanien wie die nordischen Mächte wurden ihnen tributär. Mülhausen schwang sich zum Zentrum des europäischen Indiennehandels empor.[4] So verfügten die elsässer Drucker über die civilisiertesten Gebiete des Erdballes. So vermochten sie sich voll und ganz der Erzeugung der feinsten Luxusartikel zu widmen, und in diesen lag ja ihre Stärke. Ihre englischen Konkurrenten mussten sich unterdessen mit dem Absatze bei halbwilden Völkerschaften, in den unkultiviertesten Teilen der Welt begnügen. Es ist für die glückliche Lage, deren sich die Drucker erfreuten, gewiss charakteristisch, dass eine geringfügige Änderung in den Farben oder Mustern ausreichte, um einen 100 %ogen Gewinn einzustreichen.[5]

Allein das ganze System ruhte auf problematischen Stützen, auf französischen Bayonetten. Die Katastrophe

---

[1] B. A. Ind. Var.
[2] B. XXXIV. p. 148.
[3] Levasseur. l. c. p. 302, 323. 329.
[4] Stat. gen. p. 367, 368.
[5] Stat. gen. p. 350, 367.

von Leipzig brachte feindliche Truppen ins Land, legte die ganze industrielle Thätigkeit lahm, verwandelte die Fabriken in Lazarethe und überflutete den ganzen Kontinent mit englischen Baumwollwaaren. Die nur von den französischen Truppen eröffneten Absatzgebiete schlossen sich mit dem Abzuge derselben sofort. Es erfolgte ein enormer Preissturz, eine schwere Krise. Im Ober-Elsass allein sollen 10 000 Arbeiter brodlos geworden sein! Für bedruckte Tücher, die vordem mit 4—5 Francs per Elle verkauft worden waren, löste man nun kaum 65—75 Centimes![1]

Als die bourbonische Regierung restauriert worden war, suchte sie sofort die Lage zu mildern, indem sie die Eingangszölle auf Rohbaumwolle beseitigte. Durch den aus dieser Massregel entspringenden Fall der Baumwollpreise wurden dagegen wieder Häuser schwer geschädigt, welche noch beträchtliche Vorräte aus der Zeit der früheren Regierung her besassen. Eben hatten sich die Verhältnisse einigermassen gefestigt, da erschütterte sie die Herrschaft der 100 Tage von Neuem.[2]

[1] B. A. Sit. ind.
[2] l. c.

IV. KAPITEL.

PROHIBITION UND EXPORTPRÄMIEN.

Gerade die Anstrengungen Englands hatten an dem Sturze Napoleons einen gewichtigen Anteil gehabt. Es würde nicht Wunder nehmen, wenn sich die Briten, als sie im Vereine mit den übrigen europäischen Grossmächten in Paris den Frieden diktierten, einen vorteilhaften Handelsvertrag zum Ersatze für den durch das Kontinentalsystem erlittenen Schaden ausbedungen hätten.

Nur während der ersten Restauration kam indessen eine freihändlerische Zollpolitik in Frankreich zur Herrschaft. Fremde Baumwollwaaren wurden gegen einen Wertzoll von 5% zugelassen.[1] Die Verheerungen, welche die bereits übermächtig entwickelte industrielle Kraft Englands unter diesen Umständen in der französischen Volkswirtschaft anrichtete, waren zu empfindlich, ihr Einfluss auf die Stellung der Bourbonen im Lande zu gefährlich, als dass man nach dem zweiten Pariser Frieden auf derselben Bahn hätte weiterschreiten können.

Im Jahre 1816 gewann eine stark schutzzöllnerische, für die Baumwollindustrie sogar prohibitive Richtung die Oberhand. Wir wollen uns nicht in das Labyrinth dieser Zollpolitik verirren. Wir werden lediglich die allgemeinen leitenden Ideen derselben hervorheben, so weit sie eben zum Verständnisse speziell der Stellung der ober-elsässer Baumwollindustrie unerlässlich sind.[2]

---

[1] Lexis. p. 57.

[2] Für die folgenden Auseinandersetzungen vergleiche man die ungemein gründlichen Untersuchungen von Lexis. p. 144 - 199.

Im Hinblicke auf die Einfuhr von Baumwollfabrikaten gestaltete sich das System bezaubernd einfach. Dieselbe wurde radikal verboten. Schwierigkeiten entstanden erst durch andere Momente. Die französische Regierung hatte ja nicht nur die Baumwollindustriellen zu schützen. Sie hatte auch für die Interessen der Kolonien, der Marine, der Seehandelsplätze und die eigenen fiskalischen zu sorgen. Als Ideal schwebte ihr Folgendes vor: der für die heimische Baumwollindustrie benötigte Rohstoff sollte in französischen Kolonien kultiviert und von französischen Schiffen direkt nach einem französischen Hafen verfrachtet werden. Dann belief sich der Eingangszoll pro Centner Baumwolle nur auf 10 Fr. — Anders, wenn fremde Baumwolle von fremden Schiffen aus einem fremden Hafen nach Frankreich importiert werden sollte. Durch einen Zollsatz von 55 Fr. pro Centner versuchte man diese Eventualität überhaupt abzuhalten.

Das sind die entgegengesetzten äussersten Fälle. Zwischen ihnen lagen natürlich noch viele Möglichkeiten, welche, je nachdem sie dem französischen Interesse mehr oder weniger günstig schienen, einem geringeren oder höheren Zollsatze unterworfen wurden. Beispielsweise konnte die Baumwolle fremden Ursprunges durch französische, im Auslande etablierte Komptoire eingeführt werden, oder es erfolgte die Einführung der Baumwolle zwar auf französischen Schiffen, aber nicht direkt aus dem Erzeugungslande, sondern aus einer europäischen Niederlage.

Es ist klar, dass durch derartige Belastungen des Baumwollbezuges die Fabrikanten beeinträchtigt wurden. Aber zum Ersatze blieb ihnen ja wieder der französische Markt reserviert, so dass sie die Eingangszölle auf die Konsumenten ziemlich leicht abwälzen konnten.

Hätte nun für die französische Baumwollindustrie der heimische Markt ein hinreichendes Absatzgebiet dargestellt, so würde für niemand, ausgenommen die Konsumenten, ein Grund zur Klage vorhanden gewesen sein. Die Baumwollpflanzer in den französischen Kolonien, die französischen Rheder, die Kommissionäre, die Fabrikanten und der Finanzminister, alle konnten zufrieden sein.

Wie aber, wenn der französische Fabrikant exportieren wollte? Wie sollte er auf dem Weltmarkte zu konkurrieren vermögen, nachdem ihm der Rohstoff durch die Vorteile, welche das System den an seiner Lieferung beteiligten Interessenten gewährte, so wesentlich verteuert worden? — Es gab nur ein Auskunftsmittel. Dem exportierenden Fabrikanten musste für die ausgeführten Waaren der für sie entrichtete Eingangszoll vergütet werden.

Das wäre sehr einfach gewesen, wenn man sichere Mittel zur Bestimmung der in dem fraglichen Fabrikate verwendeten Baumwollsorten besessen, und überdies die verschiedenen Zölle sich nur nach dem Ursprunge und der Qualität derselben, nicht aber auch nach der Art ihrer Einfuhr gerichtet hätten. In Ermangelung dessen sah man sich zur Annahme eines Durchschnittsatzes gezwungen. Für 1 Centner ausgeführter Gewebe vergütete die Regierung 50 Fr., für Garne unter Nr. 46 in rohem Zustande 23 Fr., in gebleichtem 24.50 Fr., blau gefärbt 26.50 Fr., rot 28.75 Fr.; für solche über Nr. 46 nach dem gleichen Einteilungsgrunde: 50 Fr., 50 Fr., 57 Fr. und 62.50 Fr.

Kompensierten diese Exportprämien aber in der That nur die Eingangszölle, oder überstieg die Vergütung die thatsächliche Belastung des Rohstoffes, so dass von dem Exporteur eine Differenz gewonnen wurde?

Zur Beantwortung dieser interessanten Frage müssen wir einen kurzen Blick auf die thatsächlichen Bezugsverhältnisse der Rohbaumwolle werfen.

Die Baumwollkultur in den französischen Kolonien war ziemlich geringfügig, die Rhederei wenig leistungsfähig, die Entwicklung der Seehandelsplätze Havre und Marseille noch weit hinter jener Liverpools zurück.

So kam es, dass die französischen Fabrikanten lieber an letzterem Platze einkauften. Darauf standen aber die höchsten Eingangszölle. Lexis berechnet in der That für die Jahre 1817—1822 eine durch den Eingangszoll geschaffene mittlere Belastung [1] des Centners Rohbaumwolle von 32—36 Fr.

---

[1] Dieselbe ergiebt sich, wenn die durch Eingangszölle eingekom-

Ein Vergleich dieses Betrages mit jenem der Prämie ergiebt sofort die Unwahrscheinlichkeit eines Gewinnes für den Exporteur.

Indessen in den zwanziger Jahren erfuhren die ganzen Bezugsverhältnisse aus mannigfachen Gründen eine tiefgreifende Umgestaltung, und damit änderte sich auch der Charakter der Prämie.

Durch einen französisch-amerikanischen Handelsvertrag (24. Juni 1822) wurde für die amerikanische Marine eine fortschreitende Begünstigung statuiert, die im Jahre 1827 bereits so weit gieng, dass die amerikanischen Schiffe den französischen vollkommen gleichstanden.

Da nun die überwiegende Mehrheit der konsumierten Baumwolle aus den Vereinigten Staaten auf amerikanischen Fahrzeugen eingieng, verringerte sich die mittlere Belastung immer mehr.

In zweiter Linie fiel der Bezug der ägyptischen Baumwolle in's Gewicht. Mehemed Ali hatte nämlich 1824 die Kultur der hochgeschätzten langfaserigen Sea-Islandbaumwolle in Ägypten eingeführt. Diese nach dem Franzosen Jumel benannte Sorte wurde vielfach von den elsässischen Feingarnspinnern verwendet. Es bestand aber für sie, ebenso wie für die türkische ein relativ geringer Zollsatz. Und ebenso war in Folge eines Handelsvertrags mit Brasilien die aus diesem Lande stammende, meist langfaserige Baumwolle begünstigt worden.

Bei der Bemessung der oben mitgeteilten Prämiensätze hatte man vorzüglich die mit einem hohen Zolle belegte langfaserige amerikanische Baumwolle im Auge gehabt. Die nur wenig belasteten ägyptischen und brasilianischen Baumwollen aber bildeten jetzt die Hauptmasse der in Frankreich verbrauchten langfaserigen Sorten. Trotzdem blieben die alten Prämiensätze bestehen.

Aus den angeführten Ursachen fiel die mittlere Belastung der nach Frankreich eingeführten Baumwolle von 29.9 Fr. im Jahre 1823 auf 25.1 Fr. im Jahre 1826, auf

mene Summe durch die Anzahl der eingegangenen Centner Rohbaumwolle geteilt wird.

22.3 Fr. im Jahre 1827 und schliesslich auf 21.3 Fr. im Jahre 1833.

Da kein Grund zu der Annahme vorliegt, dass gerade die ausgeführten Garne und Gewebe aus der geringen Menge der hochverzollten Baumwolle produziert worden, so wird es in hohem Grade wahrscheinlich, dass zwischen der thatsächlichen Belastung und der Vergütung beim Exporte in der Regel sich eine Differenz zu Gunsten des ausführenden Fabrikanten ergab, dass diesem also ein Geschenk aus den Taschen der Steuerzahler gewährt wurde.

Erst die Zollreformen der Jahre 1832 und 1833 brachten eine Beseitigung dieser schwer zu rechtfertigenden Verhältnisse. Alle Ausfuhrprämien wurden auf den gleichen Betrag von 25 Fr. herabgesetzt und so wieder zu der mittleren und thatsächlichen Belastung in entsprechende Beziehung gebracht. Es ist selbst nicht unwahrscheinlich, und die Fabrikanten rechneten es stets jammernd vor, dass die Ausfuhrvergütung zuweilen nicht einmal den wirklich verausgabten Eingangszoll erreichte.

Allein die französische Baumwollindustrie verlor deshalb noch nicht jede Gratifikation.

Die Kolonie Algier gewann als Markt allmählich eine hervorragende Bedeutung. Wenn der Eingang fremder Baumwollwaaren daselbst auch nicht wie in Frankreich verboten war, so stellten sich die Zölle doch so hoch, dass thatsächlich nur die französischen Fabrikanten, welche von denselben nicht betroffen wurden, nach der Kolonie exportierten. Gleichwol erhielten sie auch bei der Ausfuhr nach diesem reservierten Absatzgebiete den vollen Betrag der Prämie ausbezahlt, welche dann wieder den Charakter einer Gratifikation annahm.

Dies waren ungefähr die allgemeinsten zollpolitischen Grundlagen für Produktion und Absatz. Es wird uns nicht mehr schwer fallen, die Stellung zu erfassen, welche speziell die elsässer Baumwollindustriellen den zollpolitischen Angelegenheiten gegenüber einnahmen.

Als die Zollverhältnisse durch die zweite Restauration neu geregelt werden sollten, sprach man sich in Mülhausen, wo man zu Ausfuhrprämien noch wenig Zutrauen besass, energisch für eine völlig freie Einfuhr der Baumwolle aus. Dagegen hielt man an dem absoluten Verbote fremder Fabrikate fest.[1] Spinnern und Webern lagen die Interessen der Ausfuhr fern. Sie dachten nur auf die Sicherung des heimischen Marktes. Anders die Drucker.

In der Zeit des Kontinentalsystemes, des politischen Übergewichtes von Frankreich, hatte man freilich für die Ausländer den heimischen Markt verrammeln können, ohne fürchten zu müssen, dass die zu Füssen des Kaisers liegenden Völker Gleiches mit Gleichem vergelten würden. Die Exportinteressen der Drucker hatten daher durch die französische Prohibitivpolitik keineswegs gelitten. Nach dem Sturze des Gewaltigen trat nach dieser Richtung jedoch ein bedenklicher Umschwung ein. Belgien, Holland, Deutschland, selbst Österreich und Russland begannen Zollschranken zu errichten, welche den elsässer Druckern immer lästiger wurden. Sie sahen sich hauptsächlich auf den überseeischen Absatz angewiesen. Die Märkte in Ägypten, der Türkei, Persien, Ost-Indien, auf den Philippinen, in Chili, Peru, New-Orleans und Mexico wurden beschickt. Indess hier hatte man auch die scharfe Konkurrenz der Engländer auszuhalten, welche sich übrigens noch durch Handelsverträge manche Begünstigung verschafft hatten.[2] Bittere Vorwürfe wurden im Ober-Elsass gegen die Regierung ausgestossen, welche es nicht verstünde, vorteilhafte Handelsverträge abzuschliessen. Gereizt wurde erwidert: „Niemand kann Verträge zu Stande bringen, denen zufolge die eigenen Waaren freien Zutritt erhalten, jene des anderen Kontrahenten aber ausgeschlossen bleiben.“[3]

Dieser banalen Wahrheit konnte man sich kaum verschliessen. Besonders, als im Jahre 1833 die Exportgratifikation weggefallen, erklärte sich eine immer wachsende Zahl von Druckern gegen die herrschende Prohibitions-

---

[1] B. A. Sit. ind.
[2] Stat. gen. p. 370.
[3] B. A. Ind. Var.

politik und verlangte den Übergang zu einfachen Wertschutzzöllen von 15—25%.

Mit echt französischer Eitelkeit glaubte man, dass eine liberale Schwenkung Frankreichs in der Zollpolitik sofort von ganz Europa nachgeahmt werden würde. Die noch jungen Industrien des Kontinentes hofften die Elsässer dann leicht überwinden zu können.

Allein das war eben nur der Standpunkt der Drucker.[1]

Die Spinner und Weber wollten die Prohibition unter allen Umständen beibehalten wissen. Wenn sie sich mit dem bestehenden Zollsysteme ebenfalls unzufrieden erklärten, so lag der Grund nur darin, dass es nicht den Fabrikanten allein, sondern durch die verschiedenen Eingangszölle auf Baumwolle auch den Interessen des Fiscus, der Kolonien, der Marine und der Häfen entsprach. Diese Eingangszölle erregten ihren Unwillen ganz besonders, nachdem durch Minderung der Ausfuhrprämien deren gratifikatorischer Charakter weggefallen war. Vordem hatte ihnen ein Rütteln an den gegebenen Verhältnissen noch wenig rätlich erschienen. Nun aber, als durch die Zulassung fremder Garne über Nr. 143 sogar die so hochgehaltene Prohibition ins Schwanken zu kommen schien[2], giengen sie mit jenen den andern Interessentengruppen gewährten Vorteilen scharf ins Gericht.

Vor allem wünschte man wieder die Möglichkeit zurück, ungehemmt auf dem Liverpooler Markte einzukaufen. Die Bestimmungen eines englisch-französischen Schifffahrtsvertrages (8. Februar 1826) hatten nämlich den direkten Bezug aus Liverpool aufgehoben. Doch war ein Ausweg geblieben. Die in Liverpool gekaufte Baumwolle hatte man nach einem belgischen oder holländischen Hafen geschafft und erst von da durch französische Fahrzeuge nach einem französischen Hafen eingeführt. Alsdann wurden die Vorschriften der genannten Konvention formal nicht verletzt, aber den

---

[1] Enquête commerciale. Interrogatoire de M. Nicolaus Köchlin. Strasbourg 1835.

[2] Lexis, p. 147.

Fabrikanten war der Bezug ihres Rohstoffes in der thörichsten Weise verteuert worden. Man erklärte auf Liverpool unmöglich verzichten zu können. Durch die ausgezeichnete englische Marine sei dieser Platz stets mit jeder Baumwollsorte reichlich versehen. Eine Menge unter einander scharf konkurrierender Kommissionshäuser biete sie zu weit niedrigeren Preisen an, als in Havre notiert würden. In letzterer Handelsstadt setze ein Ring von koalierten Spekulanten die Preise nach Willkür fest. Um nicht der Gnade und Ungnade dieser Leute preisgegeben zu sein, müsste der Baumwollkonsument auch ungehindert in Liverpool seinen Bedarf decken können.

Für Marseille solle in Triest eine Konkurrenz erwachsen. Denn die Übelstände von Havre existierten in Marseille noch in potenziertem Masse. Mehemed Ali, der Eigentümer der ägyptischen Baumwolle, verkaufe den grössten Teil derselben nach Triest. Nach Marseille gelange nur ein Fünftel oder Sechstel des wirkliches Bedarfes. Oft bemächtige sich ein einziges Haus des ganzen dahin gebrachten Vorrates und diktiere dann Monopolpreise. Es müsse französischen Schiffen erlaubt werden, auch von Triest aus Baumwolle zu den gleichen Zollsätzen wie aus dem Erzeugungslande einzuführen.

Ebenso schädige das Verbot der Baumwolleinfuhr über die Binnengrenze die elsässer Industriellen. Sie würden dadurch an dem vorteilhaften Bezuge von Liverpool—London via Rotterdam, Rhein, Strassburg verhindert.

Trotz all' dieser Beschränkungen, welche man zu erleiden habe, seien nun gar die Exportprämien herabgesetzt worden. Sie müssten unbedingt wieder erhöht werden. — So sprachen sich die ober-elsässer Fabrikanten in einer Petition an die Kammern aus.[1]

Der Erfolg derselben war ziemlich mager. Es wurden einige Konzessionen für den Baumwollbezug über die Binnengrenze gemacht; der bei der Herstellung der Fabrikate ent-

[1] Pétition présentée à la chambre des députés par les délégués de l'industrie cotonnière des départements de l'est. 1839. — B. A. Sit. ind.

stehende Abfall wurde bei der Bemessung der Exportprämie in Rechnung gebracht. Sonst blieb alles beim Alten.

Es kommen die 40er Jahre heran. Die bekannte Freihandelsagitation von Cobden und Bright, ihre Erfolge unter Robert Peel fesseln die Augen des wirtschaftlichen Europa. Die Ereignisse machen in Frankreich einen tiefen Eindruck. Die literarischen Vertreter der ökonomischen Wissenschaft, ja ohnehin jeder Originalität entbehrende Nachbeter der britischen Doktrinen, beschliessen auch agitatorisch ihren Vorbildern zu folgen. Da ist Frédéric Bastiat, der, mit einer glänzenden stylistischen Begabung ausgestattet, als Bekämpfer des herrschenden Systemes auf weitere Kreise einzuwirken versteht. Unter seinem Einfiusse bildet sich in Paris eine „Association pour la liberté des échanges“.[1]

Nun stelle man sich einmal den Schrecken vor, welcher den elsässer Baumwollindustriellen in die Glieder fährt. Die Mehrzahl von ihnen betrachtet die absolute Prohibition als ihr über den Sternen geschriebenes Recht, und der Bastiat'sche Anhang wirft in seiner Agitation die Frage auf, warum der Staat unnatürliche nicht auf eigenen Füssen zu stehen vermögende Industrien auf Kosten der Konsumenten hegen und pflegen solle. Warum sollen die Franzosen nicht die wohlfeilen Fabrikate der Engländer kaufen? Letztere besitzen für diese Produktion nun einmal unerreichbare Vorteile. Die Nationalindustrien Frankreichs sind die Seidenindustrie, die Erzeugung Pariser Luxusartikel und der Weinbau. Sollen ihnen noch länger parasitische Industrien die ihnen gebührenden wirtschaftlichen Kräfte rauben? Bastiat will aber keineswegs mit einem Schlage alle Zölle fällen. Er will sein Ziel, den absolut freien Verkehr durch allmähliche Tarifrevisionen erreichen. „Principiis obsta“ rufen sich die ober-elsässer Fabrikanten zu und gründen in Mülhausen schleunigst eine „Association pour la défense du travail national“. — In verschiedenen

[1] Bastiat, De l'influence des tarifs français et anglais sur l'avenir des deux peuples. 1844. — Cobden et la ligue. — Sophismes économiques. 1846.

Flugschriften wird für jede einzelne Branche der Baumwollindustrie die Verwerflichkeit des Freihandels und das günstige Resultat des „système protecteur“, so nennt man euphemistisch die Prohibition, haarscharf bewiesen.[1]

Man entwickelt ein zollpolitisches Programm:

Beseitigung der Eingangszölle auf Rohstoff, aber Aufrechterhaltung der Ausfuhrprämien und der Prohibition, Abschluss von günstigen Handelsverträgen mit industriell wenig vorgeschrittenen Ländern, Minderung der Steuern, Verbesserung des Kommunikationswesens, baldiger Bau des Saarkanales, Schutz der Regierung für Exportkompagnien, Reformen im Konsulatwesen. Nicht politische Agenten, sondern Persönlichkeiten, welche mit den industriellen und kommerziellen Interessen eng vertraut sind, sollen für Konsulate berufen werden.[2]

Die Regierung zeigt sich von liberalen Ideen angekränkelt. Cunin-Gridaine bemüht sich 1847 um äusserst massvolle Reformen. Ohne Erfolg. Nach heftiger Debatte lehnt die Kammer ab.

Es bricht die Februar-Revolution aus.

Die Tausende von Arbeitern, deren Wol und Wehe mit der Beibehaltung der Prohibition verknüpft, haben schon früher ein beliebtes Argument der Fabrikanten abgegeben. Jetzt ist der Arbeiter in den Brennpunkt der öffentlichen Interessen gerückt. Die Arbeitgeber werden sich bald darüber klar, dass die schwebende Arbeiterfrage am glücklichsten durch Erhöhung der Ausfuhrprämien gelöst wird. Man versteht aber auch rasch, die von den Arbeitern verbreiteten Ideen über Staatshilfe nutzbringend zu verwerten. Vom Staate werden direkte Vorschüsse gefordert. Er soll grosse Bestellungen machen. Ein Nationalcomtoir der Ausfuhr soll den Fabrikanten ihre Vorräte abkaufen und deren Ausfuhr besorgen; sind sie schon verpfändet, deren Auslösung übernehmen. Die Ausfuhrprämien sind zu

---

[1] Examen des théories du libre-échange et des resultats du système protecteur. 1847. — Association pour la défense du travail national formé à Mulhouse, 4. November 1846. — 7 Publicationen.

[2] Association pour la défense etc. 7e Publication. p. 16.

verdoppeln und zu verdreifachen. „Die elsässer Industrie begehrt jetzt keine Unterstützung von Ihnen, sondern ihre Rettung. Wenn Sie säumen, so wird das Problem der Arbeit durch gänzliches Aufhören der Arbeit gelöst werden. Bald werden unsere grossen Fabriken, gleich den Ruinen, die unsere Berge bedecken, sich nicht mehr erholen können und bloss noch dastehen, um von einem vergangenen Zustande zu zeugen. Aber während jene das Zeichen der Mündigsprechung des Volkes sind, werden jene sein Elend bekunden".[1]

Das macht Eindruck. Die Verdoppelung der Prämien wird dekretiert. Die Preise der Waaren können so niedrig gestellt werden, dass eine ansehnliche Ausfuhr nach Nord-Amerika auf Kosten der französischen Steuerzahler erfolgt.[2]

Wir haben die zollpolitischen Zustände kennen gelernt. Sie sind für den Absatz entschieden massgebend gewesen. Es fragt sich aber noch, wie sich derselbe thatsächlich in den geschilderten Bahnen vollzog.

Die elsässischen Spinner und Weber arbeiteten der Hauptsache nach immer noch für die Bedürfnisse der Druckereien. Sie hatten ihnen aber erst in den zwanziger Jahren völlig gerecht zu werden vermocht. Vordem waren die feinen Mousseline zum Bedrucken noch aus St. Quentin und Tarare bezogen worden.[3] Erst mit dem Wachstume der Feingarnspinnerei, die durch den erleichterten Bezug langfaseriger Baumwollsorten begünstigt wurde, glückte den Elsässern die Herstellung jener Gewebe. Diese Produktion war durch die Einwanderung Schweizer Weber gefördert worden. Letztere waren wegen der Vorteile, welche die französische Prohibitionspolitik gewährte, nach dem Elsass gezogen.[4] Die grösseren Druckereien besassen meist eigene Spinnereien und

---

[1] C. d. A. 21. Juni 1848; 23. Juni 1848. Berichte der im Hauptorte des Oberrheines versammelten Kommission über die unmittelbare von der Regierung zu Gunsten der Baumwollindustrie zu begehrende Unterstützung.

[2] Der elsässer Republikaner, vom 21. Juli 1848.

[3] Stat. gen. p. 362.

[4] l. c. p. 326.

Webereien, so dass sie nur für gewisse Gewebe auf den Kauf angewiesen waren. Dieser vollzog sich auf der Börse in Mülhausen. Erst später brachten es die Weber zu einem selbstständigen Absatze. Sie kamen auf den Pariser Markt in der rue du sentier und verdrängten allmählich die Weber aus der Umgebung von Paris und namentlich die der Picardie.[1]

In den feinen bedruckten Zeugen, in den sogenannten „hautes nouveautés", in dem „genre riche" herrschte das Ober-Elsass ausschliesslich auf dem Pariser Markte. Hier gaben seine neuen Muster für Frankreich und damit auch für die ganze zivilisierte Welt die Mode an.[2] Darin lag die Stärke der Elsässer. Unter allen Umständen besassen sie hiefür in allen Ländern, selbst England nicht ausgenommen, einen gewissen Absatz. Freilich nur einen gewissen. Waren einmal die für eine Saison Mode gewordenen Dessins bekannt, so beeilten sich die Konkurrenten in England und Deutschland dieselben nachzuahmen. Natürlich konnten sie billigere Preise stellen. Es gieng ihnen jedes Risiko ab und für die Erfindung brauchten keine Kosten aufgewendet zu werden. Den Elsässern aber brachte dies grossen Schaden. Sie hatten viele Muster auf den Markt gebracht. Nicht alle fanden den Beifall des Publikums, nicht alle kamen „en vogue"; nur die volle Ausnützung derer, bei welchen es der Fall war, konnte sie für die zurückgewiesenen entschädigen. Nun wurde ihnen aber durch die Nachahmungen der fremden Fabrikanten der Umfang des Absatzes empfindlich eingeschränkt. Die Elsässer besassen daher an internationalem Musterschutz das grösste Interesse.[3]

Die grösseren Firmen besorgten den Absatz durch eigene Depots und Succursalen. Solche bestanden zuerst in Paris, in Lyon, Bordeaux, Toulouse; aber auch in London, in Brüssel, Mailand, Rom, Neapel, Moskau, Alexandria, Bombay, Calcutta, Batavia, auf den Antillen, in New-York,

---

[1] Association pour la défense etc. 4e Publication. p. 4, 5.

[2] Stat. gen. p. 362.

[3] B. XXXII. p. 447–449.

Mexico, in Rio de Janeiro. Ausserdem wurde der Vertrieb auch durch Reisende und Konsignation bei Kommissionären bewerkstelligt.[1]

In jener Zeit, in welcher ein unentwickeltes Verkehrswesen die Fabrikanten zwang, die Produkte den Käufern möglichst nahe zu rücken, zog man sogar noch auf Messen. Die zu Beaucaire im südlichen Frankreich war die wichtigste. Im Monat Juni reisten die Fabrikanten und ihre Leute mit den Waaren dahin. In den Strassen, in denen sich die Magazine konzentrierten, wurden von einem Hause zum andern grosse Tücher gespannt. Darunter vollzog sich das rege geschäftliche Treiben. Es währte oft bis spät in die Nacht hinein. Käufer kamen nicht nur aus dem südlichen Frankreich, sondern auch aus Italien, Spanien, Corsica und Algier. Sonntags wurden zur Erholung grosse öffentliche Feste gefeiert. Die Stierkämpfe erfreuten sich noch einer grossen Beliebtheit.[2]

Mit der Entwicklung der Eisenbahnen verlor die Messe ihr Ansehen.

Mülhausen wurde dann mehr und mehr eine grosse permanente Ausstellung, ein grosses Entrepôt für das ganze Ober-Elsass. Die Käufer, respective deren Reisende kamen dahin und wählten ihren Bedarf aus.[3]

---

[1] Stat. gen. p. 369. B. XXIV. p. 200, 201.

[2] Bulletin special publié à l'occasion du 50me anniversaire de la fondation de la société industrielle. Mulhouse et Paris 1876. p. 302, 303.

[3] l. c. p. 303.

V. KAPITEL.

ZOLLREFORM UND ADMISSIONS TEMPORAIRES.

Die Revolution hatte die Frage der Zollreform von der Tagesordnung gesetzt. Die der freihändlerischen Agitation vordem zugewandten Geister hatten in der Bekämpfung der sozialistischen Doktrinen eine dringendere Aufgabe gefunden. Allein rasch war die wirtschaftliche Krise vorübergegangen. Louis Napoleon hatte die „Gesellschaft gerettet", die besitzenden Klassen beruhigt und mit neuer Energie widmete man sich der Pflege der Industrie, welche in den fünfziger Jahren zu einem glanzvollen Aufschwunge gelangte. Nun tauchte aber auch wieder die Agitation für Revision des Tarifwesens auf; nicht nur von Seite abstrakter Theoretiker in Paris, sondern in Mülhausen selbst, in der Sitzung der Société industrielle de Mulhouse vom 19. März 1851 erhob sich Johann Dollfuss, der Chef des Welthauses Dollfuss-Mieg, und befürwortete die Aufhebung des Prohibitionsystems sowie die Ersetzung desselben durch gemässigte Schutzzölle. Er wies darauf hin, dass Frankreich industriell so entwickelt sei, dass der Export eine Lebensfrage würde. Nur wenn Frankreich zu einem liberalen Systeme übergehe, dürfe es das Gleiche von fremden Ländern erwarten. Der Moment sei ausnehmend günstig, da sich im deutschen Zollverein grosse Zwistigkeiten erhoben hätten, aus welchen man durch eine Änderung in der Zollpolitik Nutzen ziehen könne. Die Aufhebung der Einfuhrverbote würde in den Lauf der Industrie eine grössere Regelmässigkeit bringen und den Krisen ihre Schärfe benehmen. Bei heimischem Mangel könne die Fremde aushelfen, der heimische Überfluss durch vergrösserte Ausfuhr leichter beseitigt werden.

Die elsässer Industrie bedürfe auch der Prohibition gar nicht mehr; zur Ausgleichung der englischen Produktionsvorteile reiche ein Wertzoll von 15 % aus. Unter derartigen Schutzzöllen habe sich selbst in Deutschland, in der Schweiz und in Belgien die Baumwollindustrie zu ansehnlicher Blüte entfalten können.

Der Mülhäuser Gewerbeverein setzte in Anbetracht des grossen Ansehens, welches J. Dollfuss genoss, eine Kommission zur Beratung über die angeregten Fragen ein.[1] Dieselbe kam in ihrem Berichte jedoch zu einem ablehnenden Resultate. Sie begründete es damit, dass in der Aufhebung der Einfuhrverbote eine Neigung zu den Freihandelstheorien liegen würde, die nur schon zu sehr in Frankreich an Boden gewonnen, denen jede Konzession versagt werden müsse; man bezweifelte ferner sehr, ob das Beispiel Frankreichs so eindrucksvoll auf die andern Länder wirken würde, welche übrigens gar nicht im Stande seien, entsprechende Kompensationen zu bieten. Frankreich könne nur Mode-Artikel exportieren und daran hinderten es die Schutzzölle der fremden Staaten keineswegs.

Vier, fünf grosse Druckereien würden allerdings Gewinn aus einem zollpolitischen Umschwunge ziehen. Allein, da in Frankreich die Weberei 464 000, die Spinnerei 60 000 Arbeiter beschäftigten, so müssten deren Interessen den nur 20 000 beschäftigenden Druckereien, Bleichereien und Appreturen vorangehen.

Die Produktionsvorteile Englands könnten kaum durch einen 40 % ad valorem Zoll ausgeglichen werden. Die innere Konkurrenz, jene der Normandie, die ein kleines England bilde, sei für die Elsässer schon drückend genug. Deutschland könne nicht mit Recht als Beispiel eines Landes, das

---

[1] Société industrielle de Mulhouse, Rapport présenté par M. Weiss-Schlumberger, au nom de la commission chargée d'examiner la proposition de M. Jean Dolfus sur des reformes à introduire dans le système douanier. 1853. — Quelques mots en réponse au mémoire que M. Jean Dollfus vient de publier. 1853.

auch ohne Einfuhrverbote die Baumwollindustrie entwickelt habe, herangezogen werden. Deutschland besitze keine nennenswerte Baumwollindustrie. Seine Spinnereien „ne font que végéter“.

Um jedoch den Druckern einige Konzessionen zu machen, sprach man sich für die admissions temporaires aus, auf welche wir noch zurückkommen.

Damit war die Angelegenheit natürlich nicht aus der Welt geschafft. Im Schoosse des sonst so einigen Unternehmerverbandes brachen ernste Zwistigkeiten aus. Nur durch die Geschicklichkeit des Präsidenten Emil Dollfuss wurde der offene Bruch vermieden. Wer den engen Zusammenhalt unter den durch Familienbeziehungen wie gemeinsame Interessen verbundenen Industriellen kennt, kann aus dieser Thatsache allein schon auf die grosse Aufregung und Erbitterung schliessen, in welche die Frage der Zollreform die Beteiligten setzte.[1]

Napoleon, der selbst freihändlerischen Anschauungen huldigte, dessen Berater der bekannte Michel Chevalier zugleich ein Freund von J. Dollfuss war, gieng in Anbetracht seiner noch unsicheren Stellung bei der gegen jede Reform eingenommenen Stimmung der Kammer nur langsam und zögernd vor. Einen Protest, den die Baumwollindustriellen der östlichen Departements gegen die Reform 1854 eingelegt, beantwortete er noch, dass „pour le moment“ keine Änderungen vorgenommen werden sollten. Die Fabrikanten, dem Versprechen eine zu weitgehende Deutung gebend, antworteten mit einer unterthänigsten Dankschrift.[2]

Doch schon 1856 erkundigte sich die Regierung wieder bei den Präfekten, was für einen Eindruck eine Zollreform namentlich auch in politischer Hinsicht machen würde. Es wurde dem „corps legislatif“ ein neues Zollprojekt vorgelegt, das immer noch mehr als 30% ad valorem Zölle enthielt. Es waren in dem Projekte das Minimum der un-

---

[1] Bulletin special etc. p. 8, 9.
[2] B. A. Ind. Var.

und Transportpreise weniger, ihr Vorteil, billige Handarbeit aber mehr in's Gewicht falle, so glaubte er doch, in Anbetracht, dass die elsässer Spinner, durch die Einfuhrverbote in Sicherheit gewiegt, nicht völlig auf der Höhe der technischen Vollendung ständen, ein Staffelzollsystem befürworten zu müssen. Für die feineren Garne, deren Fabrikation in grösserem Umfange noch zu erlernen war, gewährte dasselbe einen etwas höheren Satz, nämlich bis 15 % des Wertes. Der Gewinnsatz der Spinner hatte in der Zeit der Einfuhrverbote 13 % betragen, selbst nach Abzug von Interessen und Amortisation. Die Weberei, durch das frühere Zollsystem den Interessen der Spinner ausgeliefert, war weit weniger günstig gestellt und erzielte angeblich nur 2—3 %. Für sie brachte Dollfuss, da auch bei ihr die Lohnsätze eine grosse Rolle spielten, 10—12 % ad valorem in Vorschlag. Für die Drucker speciell wünschte er die „admissions temporaires", denen zu folge fremde Tücher zollfrei eingehen könnten, unter der Bedingung, dass sie binnen einer gewissen Frist in bedrucktem Zustande wieder ausgeführt würden. Diese Vergünstigung würde die Ausfuhr der Drucker um die Hälfte erhöhen, da sie dann im Stande seien, mit ebenso billigem Rohmateriale wie ihre Concurrenten zu arbeiten, und ihnen vor diesen noch die durch die Solidität der Farben und den Geschmack der Muster bedingten Vorteile verblieben.[1]

Der Vertrag sollte in bestimmten Fristen zur Anwendung kommen, deren letzte der 1. Oktober 1861 bildete.

Die anderen Industriellen sprachen sich im Ganzen ähnlich aus, wenn sie auch etwas höhere Zollsätze verlangten, Sätze, die zum Teil selbst bis an die durch den Vertrag gezogene Grenze reichten.[2]

Die Wortführer der Prohibition scheinen zur Enquête überhaupt nicht vorgeladen worden zu sein.

Das Dekret vom 5. Mai 1860 hob sodann die Belastung der Rohbaumwolle bis auf einen minimalen Flaggen-

---

[1] Enquête. Traité de commerce l'Angleterre. Coton. Paris 1860. p. 97—153.

[2] l. c. p. 162—176; 180—197.

zuschlag für fremde Schiffe auf und beseitigte dem entsprechend die Exportbonifikation.

Die „admissions temporaires“ wurden durch ein Dekret vom 13. Februar 1861 gewährt, für grobe und feine, bedruckte und gefärbte Zeuge. Die Frist zur Wiederausfuhr betrug 6 Monate.[1]

Die ganze Zollreform brachte das angeblich an der Spitze der Zivilisation marschierende Frankreich glücklich auf den Punkt, welchen Preussen seit der Neuordnung seiner Zollverhältnisse im Jahre 1818 eingenommen hatte.

Mit welchen Gefühlen die elsässer Spinner und Weber diese Reform aufnahmen, kann man sich unschwer vergegenwärtigen, wenn man bedenkt, dass die Handelskammer von Mülhausen noch im Jahre 1858, die Erhöhung der Exportprämien von 25 Fr. auf 35 Fr. für Garne und auf 50 Fr. für Gewebe verlangt hatte![2]

Um den Fabrikanten die durch den Handelsvertrag geschaffene Konkurrenz zu erleichtern, wurde ihnen ein Kredit zur Verbesserung und Erneuerung des Fabrikmateriales ausgeworfen. Ein beträchtlicher Teil desselben floss nach dem Elsass.[3] Gleichwol setzte sich in den Kreisen der Industriellen ein tiefer, vorläufig freilich noch machtloser Groll gegen den Kaiser fest.

Sonst hegten alle unparteiischen Elemente nur eine Meinung über den Segen der Zollreform. In ökonomischer Hinsicht zeichnete sich ja überhaupt das Regime Napoleons vielfach aus. Man denke nur an die durch die Pariser Ausstellungen gewährte Förderung.

Es kam die grosse Krise von 1863/64; die Cottonfamine, hervorgerufen durch den Mangel an Baumwolle, der in Folge des in Amerika wütenden Bürgerkrieges entstanden war.

Die Erschütterungen, welche die französische Volkswirtschaft hiedurch erlitten hatte, boten den unzufriedenen Fabri-

---

[1] Lexis, p. 147, 376.

[2] B. A. Sit. ind.

[3] Elsass-Lothringen. Seine Vergangenheit — seine Zukunft. Strassburg 1877. p. 23.

kanten einen Rückhalt, und das gesunkene politische Ansehen des Kaisers gab ihnen auch den Mut, mit ihren Beschwerden wieder in den Vordergrund zu treten. Vorerst waren es die den Druckern gewährten admissions temporaires, gegen welche sie ihre Sturmböcke richteten. Die den Druckern gebotene Möglichkeit für ihren ganzen Export sich mit billigen schweizerischen oder englischen Tüchern zu versehen, sollte die Nachfrage nach Geweben auf dem heimischen Markt verringert und die Preise gedrückt haben. Die elsässer Spinner und Weber wurden nicht müde, in Broschüren, Versammlungen und Journalartikeln die Ungerechtigkeit und Gefährlichkeit der den Druckern gewährten Privilegien und Prämien nachzuweisen und fuhren auf das Heftigste gegen sie los.

Alle Übel, an denen die erwähnten Industrien litten, hatten angeblich in dem Handelsvertrage und den admissions temporaires ihren Grund.[1]

Nach den eingehenden Untersuchungen von Lexis[2] kann ein besonderer Einfluss der zeitweiligen Zulassungen auf die Gesammtlage der Industrie freilich nicht zugegeben werden.

Die Regierung jedoch wusste dem Drängen nicht Stand zu halten. Die Wahlen von 1868 waren im schutzzöllnerischen Sinne ausgefallen. Da ordnete sie eine Enquête an, derzufolge die Frist für die Wiedereinfuhr auf vier Monate herabgesetzt wurde. Das befriedigte natürlich nicht; der Kampf gewann an Ungestüm; die Regierung in Verlegenheit wollte 1869 abermals eine Enquête veranstalten. Nun weigerten sich aber die eingeladenen Industriellen zu erscheinen, aus Hass gegen den Vorsitzenden Rouher, unter dessen Ministerium der Handelsvertrag abgeschlossen worden. In schroffster Form sandten die Fabrikanten ihre Absage-

[1] Chambre de commerce de Mulhouse. Admissions temporaires. Rapport de M. Ed. Köchlin. Mulhouse 1867. — L'admission temporaire par Aimé Seillière. Paris 1869. — Libre-échange et protection par G. Steinheil. Mulhouse 1870. — Libre-échange par Th. Zurlinden. Colmar 1870.

[2] p. 379, 380.

briefe der Regierung. Nur einige Drucker, wie Engel-Dollfuss, Steinbach, Gros und Franck leisteten dem Rufe Folge. Drucker einerseits, Spinner und Weber andererseits standen sich in geschlossenen Lagern gegenüber: hier das comité d'indienneurs, dort das syndicat de l'industrie cotonnière de l'est mit dem Sitze in Mülhausen.[1]

Da wurden die zeitweisen Zulassungen von der Regierung in dem Dekret vom 9. Januar 1870 aufgegeben. Vom 9. Mai 1870 sollten sie völlig beseitigt sein.

Doch schrieb die Regierung für den März 1870 eine neue Enquête aus, in der noch einmal die Interessengegensätze zwischen den feindlichen Brüdern auf einander prallten.[2]

Noch wurde die Frage diskutiert, als die deutschen Heeressäulen die französische Grenze überschritten.

---

[1] B. A. Sit. ind.

[2] Bulletin du Musée historique de Mulhouse. IX. Un industriel Alsacien par X. Mossmann. p. 22–27.

II.

DIE SOZIALE SEITE DER ENTWICKLUNG.

1. DAS ARBEITSVERHÄLTNIS AUF GRUND DER ÖKONOMISCHEN UND POLITISCHEN MACHTVERTEILUNG ZWISCHEN ARBEITGEBER UND ARBEITER.

VI. KAPITEL.

DER SOZIALÖKONOMISCHE CHARAKTER DES ARBEITSVERHÄLTNISSES.

Am Anfange unseres Jahrhunderts schildert ein französischer Beamter die Bewohner des gebirgigen Ober-Elsasses folgendermassen: Sie bewahren den alten Nationalcharakter, ausgezeichnet durch die Freiheit seiner Äusserungen und durch ein Phlegma, das ziemlich schwer in Bewegung zu setzen ist. Der konservative Sinn zeigt sich in der Farbe und im Schnitte der Kleidung, in dem Baue der Häuser, in der Form der Möbel und der Werkzeuge. Verbesserungen und Neuerungen sind sehr schwer bei ihnen einzuführen. Dabei sind sie arbeitsam und besitzen eine grosse Neigung für Viehzucht und Ackerbau. Ihre gewöhnliche Nahrung bilden Kartoffeln, Milchspeisen und Gemüse. Nur Sonntags essen sie Fleisch und Speck. Ihre Kleidung besteht aus Stoffen, die sie selbst herstellen; bei der Arbeit tragen sie Holzschuhe. Sonntags aber, oder wenn sie auf den nächsten Markt gehen, nehmen sie Lederschuhe. Ihre Hütten bestehen aus Lehm und Flechtwerk und werden mit Stroh gedeckt.

Die Sitten der Bergbewohner sind einfach und rein. Sie besitzen eine tiefe Religiosität, grosse Heimatsliebe und Ergebung an die Regierung.

Der Prozentsatz der unehelichen Geburten soll nur 2% betragen. Erfreuen sich auch die Gebirgsbewohner in der Regel eines Grundbesitzes, so ist derselbe doch meistenteils so gering, dass dessen Ertrag, selbst wenn rationeller gewirtschaftet würde, als es thatsächlich der Fall ist, zur Ernährung einer Familie nicht hinreichen würde. Der Ausfall wird durch eine gewerbliche Thätigkeit als Nebenbeschäftigung gedeckt. Da ist es vor allem die Baumwollspinnerei, welche etwa 15000 Personen, meist Weiber und Kinder, im Winter beschäftigt. Die Zahl der Weber ist ungefähr die gleiche.[1]

So lagen denn die Verhältnisse, als die mechanische Spinnerei Eingang fand. Ihre grosse technische und ökonomische Überlegenheit sicherte ihr eine relativ rasche Verbreitung. Im Jahre 1812 werden bereits 7 mechanische Spinnereien mit etwa 2000 Arbeitern erwähnt.[2] Wir wissen, wie die mechanische Spinnerei die hausindustrielle Betriebsweise auflöste und die Arbeiter in einer Fabrik vereinigte.

Wer waren aber diese Fabrikarbeiter? Sofern die Maschine Muskelkraft entbehrlich macht, wird sie zum Mittel, Arbeiter ohne Muskelkraft oder von unreifer Körperentwicklung anzuwenden.

Man nahm also Kinder und Weiber auf, da sie die geforderten Verrichtungen, die Bewachung, Bedienung und Reinigung der Maschine, ebenso gut, oft noch besser, jedenfalls aber billiger als erwachsene männliche Arbeiter zu leisten vermochten.

Hatte überdies die Handspinnerei doch vorzugsweise eine Beschäftigung der Weiber und Kinder gebildet. Wie

---

[1] Annuaire pour l'an XIII. p. 129, 220, 221, 313; Annuaire pour 1812. p. 244. B. XLI. p. 434.

[2] Annuaire pour 1812. p. 244.

sollte der Betrag, den ihre Arbeit für den gemeinsamen Lebensunterhalt geleistet, erhalten bleiben, wenn sie nun nicht in die Fabrik gegangen wären? Naturgemäss waren es namentlich die jüngeren Elemente, die, beweglicheren Sinnes, sich den neuen Verhältnissen eher anzupassen wussten. Unter den in der Spinnerei und Weberei von Wesserling beschäftigten Personen bildeten die Kinder beider Geschlechter zwischen 7—15 Jahren 7/8 der Gesammtzahl.[1]

Der Unternehmer sah sich um so mehr auf Kinder- und Frauenarbeit angewiesen, als die napoleonischen Kriege viele junge Männer in Anspruch genommen, und für solche die Löhne eine beträchtliche Höhe erreicht hatten.[2]

Die Arbeit der Kinder und Frauen wurde nicht erst durch die Maschine verschuldet, wol aber erhielt sie im fabriksmässigen Betriebe einen wesentlich verschärften Charakter. Abgesehen davon, dass die Nebenbeschäftigung in eine berufsmässige, regelmässige Thätigkeit sich verwandelte, wirkte die Fabrikarbeit noch durch ihre masslose Dauer schädlich.

Die Fabrik mit ihrem Maschinensystem und Motor repräsentiert eine ansehnliche Kapitalanlage.

Die Zinsen werden nicht nach der effektiven Nutzungszeit derselben berechnet, sondern nach der natürlich verflossenen. Je vollständiger erstere mit letzterer zusammenfällt, desto grösser ist die Masse der Produkte, auf welche sich jene Zinsverluste verteilen, desto niedriger kann der Preis gestellt, und desto leichter ein anderer Unternehmer, der minder ökonomisch arbeitet, aus dem Felde geschlagen werden. Dazu kommt beim Beginne des Maschinenbetriebes noch die Erwägung, dass neue Erfindungen die vorhandenen Maschinen leicht entwerten können. Je rascher aber durch möglichst ständige Nutzung die Amortisation herbeigeführt wird, desto geringer ist die Gefahr einer solchen Entwertung.

Ferner wurden im Ober-Elsass für die Spinnereien zu-

---

[1] Annuaire pour l'an XIII. p. 320.

[2] l. c. p. 318.

meist die durch die Wasserläufe der Vogesen billig gebotenen Kräfte als Motoren benützt. Leider besassen sie nicht das ganze Jahr hindurch die gleiche Stärke. Im heissen Sommer versiegten die Bäche zuweilen gänzlich, und die Arbeit musste, sofern nicht eine Dampfmaschine zur Aushilfe bereit war, eingestellt werden. Die Stockung aber verursachte eine mangelhafte Ausnutzung der Kapitalanlage, machte eventuell die Einhaltung der Lieferungsfristen schwierig, beeinträchtigte in der Ausnutzung einer günstigen Konjunktur etc. Alle diese Nachteile konnten nur gemildert werden, wenn in den Zeiten der vollen Wasserkraft die Versäumnisse durch Ausdehnung der Arbeitszeit oder gar Einführung von Tag- und Nachtarbeit ersetzt wurden.[1]

Wir finden daher eine 14—16 stündige Arbeitszeit; sofern die Bestellungen drängten, Woche und Sonntags ohne Unterschied.

Sehen wir uns einmal die Arbeit an, welche Weiber und Kinder vom 6. Jahre an durch 14—16 Stunden zu verrichten hatten.[2]

Die ersten Maschinen wurden noch nicht in besonders für diese Zwecke errichteten Gebäuden aufgestellt, sondern man nahm eben dazu, was zu bekommen war. Die französische Revolution hatte so manches Schloss und manches Kloster verödet, das billig erworben werden konnte. Hier wurden denn die Maschinen möglichst dicht an einander aufgestellt; von Rücksichtnahme auf Ventilation oder überhaupt auf die verfügbare Luftmenge etc. war natürlich dabei nicht die Rede. Selbst wenn besondere Fabrikgebäude erbaut wurden, so dachte man auch da an nichts anderes, als möglichst viele Maschinen in 4—5 Stockwerken übereinander geschichtet unterzubringen.[3]

---

[1] Über die Gründe der langen Arbeitszeit: Lettre d'un industriel des Montagnes des Vosges à MM. Gros, Odier, Roman et Comp. à Wesserling. Strassburg 1838. p. 3—5.

[2] B. I. p. 329. Villermé. p. 21—25.

[3] B. XLVIII. p. 379. B. IV. p. 465—467. De l'industrie dans le Haut-Rhin par Sengenwald. 1837. p. 1, 4.

Die zu verspinnende Baumwolle erfordert zunächst eine Lockerung und Reinigung, wodurch die bei der Verpackung entstandene Verdichtung des Faserstoffes wieder aufgehoben wird, und alle fremden Körper und Unreinigkeiten sowie die nicht spinnbaren ganz kurzen Härchen entfernt werden.[1] Man bediente sich dabei ursprünglich des Schlagens aus freier Hand mit einer Rute, indem die zu reinigende Baumwolle auf einem Tische ausgebreitet wurde, welcher anstatt der Platte einen mit parallelen, nahe neben einander liegenden Schnüren bespannten Rahmen trug. Hiebei entwickelte sich begreiflicher Weise eine Masse Staub, welcher den Arbeitsraum erfüllte. Die Arbeiterin, deren Lungenthätigkeit durch die äusserst mühevolle und anstrengende Arbeit sich erhöhte, atmete die Pflanzenfasern ein, wodurch sowol die Lunge wie die Verdauungsorgane litten. Bei der grossen Schädlichkeit dieser Arbeit für die Gesundheit war es nicht möglich eine Arbeiterin beständig mit diesen Verrichtungen zu beschäftigen, sondern sie musste nach Ablauf einer gewissen Zeit in anderen, minder gefährlichen Räumen verwendet werden.[2]

Diese fürchterliche Arbeit wurde für die Feinspinnerei erst sehr spät, in den fünfziger Jahren, durch eine Maschine ersetzt.[3]

Die nächste Operation, das Krempeln oder Kratzen, welches die büschelweise Gruppierung der Fasern aufhebt und dieselben innerhalb eines fortlaufenden Vliesses gleichförmig anordnet,[4] wurde schon frühzeitig von Maschinen besorgt. Gleichwol war die Staubentwicklung auch hier eine sehr bedeutende und von denselben Folgen für die Gesundheit der Arbeiterinnen begleitet wie das Schlagen der Baumwolle, wenn auch mit geringerer Intensität. — Gefährlicher gestaltete sich dagegen wieder die Reinigung

---

[1] Vgl. Karmarsch. Handbuch der Technologie. II. p. 1030, 1031.

[2] Villermé. p. 3. B. XLIV. p. 193.

[3] l. c. p. 194.

[4] Karmarsch. l. c. p. 1030.

entbehrlichsten Reformen geboten. Es fand die gleiche Aufnahme, wie seine Vorgänger, entschiedene Ablehnung.[1]

Die Regierung erkannte, dass auf diesem Wege jedenfalls nichts zu erreichen sei, und Napoleon beschloss, sich der ihm in der Konstitution von 1852 eingeräumten Befugnis zu bedienen, welche ihm den Abschluss von giltigen Handelsverträgen einräumte, auch ohne die Ratifikation des Corps legislatif.

Zu einem so autokratischen Schritte musste aber ein politisch sehr geeigneter Moment abgewartet werden. Nach dem Frieden von Zürich, nach Magenta und Solferino, nach der Annexion von Nizza und Savoyen, als Napoleon auf dem Gipfel seines Ansehens stand, erst da fühlte er sich stark genug, den Schritt zu wagen, zu dem seit 1789 keine Regierung sich für kräftig genug erachtet hatte.

Nachdem 1854, 56, 57 und 59 einige Herabsetzungen der Eingangszölle auf Rohbaumwolle vorangegangen waren[2] und der Moniteur in einigen offiziellen Andeutungen das Publikum auf die geplante Reform vorbereitet hatte, wurde der berühmte Freihandelsmann Richard Cobden nach Paris berufen und zwischen ihm, M. Chevalier und Rouher jener epochemachende englisch-französische Handelsvertrag vom 23. Januar 1860 vereinbart. Frankreich machte sich darin anheischig die Prohibitionen aufzuheben und durch Eingangszölle zu ersetzen, welche nicht 30 % des Wertes der Produkte übersteigen sollten.

Damit waren die Grundzüge für die Reform gegeben. Um einen Anhalt über die Bestimmung der Höhe der Zollsätze zu gewinnen, veranstaltete Napoleon eine Enquête. Die Aussagen des Johann Dollfuss wurden in den folgenden Gesetzen zu Grunde gelegt. Dieser hervorragende Fabrikant, Mitglied des Cobdenclubs, hatte einen Wertzoll von 5—10 % für Garne als hinreichend erklärt; obwol gerade das Elsass für die Feingarnspinnerei besonders sich eignete, weil hierbei die Nachteile der Elsässer, hohe Kohlen-

---

[1] Leroy-Beaulieu. Traité de la science des finances. I. p. 602.
[2] Lexis. p. 146.

der Krempelbelege, so lange sie mit der Hand ausgeführt wurde.[1]

Es folgt dann das Strecken und Duplieren, Vorspinnen und Feinspinnen. Die Entwicklung von Baumwollstaub ist hier geringer; doch ist für diese Operationen eine hohe Temperatur nötig, bis 25° Celsius. Der Spinnsaal war eng verschlossen, damit durch keinen Luftzug Staub aufgewirbelt würde. Hier fanden namentlich die Kinder Verwendung. Sie hatten einmal Acht zu geben, ob an der Mule-jenny ein Faden riss, und diesen sofort wieder anzudrehen, und ferner unter der Maschine den sich bildenden Abfall wegzukehren, was bei der beständigen auf- und abgehenden Bewegung des Wagens grosse Behendigkeit, Geschwindigkeit und Aufmerksamkeit erforderte. Das hatten Kinder von 6 Jahren an durch 14—15 Stunden des Tages zu leisten![2]

Der eigentliche Spinner hatte bei der Mule-jenny das Ein- und Ausfahren des Wagens nebst der Regierung des Aufschlagdrahtes zu besorgen; das Zurückstossen des Wagens geschah durch eine Bewegung des Beines, welches demzufolge jene eigentümliche Krümmung annahm, die unter dem Namen „factory leg" oder „Spinnerbein" berüchtigt geworden.[3]

Eine besondere Kraftentwicklung war nur bei der Bewegung der Mule-jenny nötig, weshalb auch diese Arbeit allein von allen in der Spinnerei den erwachsenen Männern verblieb. In den übrigen Arbeitssälen funktionierten solche nur als Werkführer, als Aufseher (contremaitres).

In den mechanischen Webereien waren die Arbeiter zwar weniger durch Staubentwicklung gefährdet, doch herrschte in der Schlichterei eine Temperatur bis zu 37°,[4] und in den Websälen durch das Hin- und Herfliegen der Schnellschützen ein betäubender Lärm.

---

[1] B. XLIV. p. 195—198.

[2] Villermé. p. 8, p. 22—25.

[3] Enquête sur le travail et la condition physique et morale des ouvriers employés dans les manufactures de Coton à Gand. 1845. p. 26.

[4] Villermé p. 8.

Auch bei der Appretur, insbesondere der älteren Schermethode, kam Staubentwicklung in Betracht; bei der Wäscherei grosse Nässe; bei der Chlorbleiche, solange man die Verwendung der Kalkmilch noch nicht kannte, die starke Entwicklung von Chlorgasen, unter welchen die Arbeiter fürchterlich litten.[1]

Übermässige Hitze herrschte in den Trockenräumen und beim Kalandrieren, in den Bleichereien und Druckereien.

Wenn auch all' diese Arbeiten an sich keine besondere Kraft erforderten, so wurde doch eine körperliche Überanstrengung durch die bei der Arbeit einzuhaltende Körperstellung bedingt. Die aufgezählten Verrichtungen waren durchwegs stehend auszuführen. Was dieses lange Stehen bedeutet, hat ein sächsischer Arzt in folgenden Worten treffend zusammengefasst.

„Gerades Stehen ermüdet bekanntermassen mehr als Gehen. Es müssen die zahlreichen und starken Muskeln der Halswirbelsäule, zumal die Nackenmuskeln, die Lendenmuskeln und Wadenmuskeln in besondere Aktion treten, welche von nachhaltigem Einflusse auf die Bildung des Beckens begleitet ist. Letzteres geschieht besonders dann, wenn, wie bei jungen Personen dies Knochengerüst noch nicht völlig ausgebildet ist, was durch mangelhafte Ernährung oft lange verzögert wird. Das Stehen übt ferner auf die im Becken liegenden Organe einen Druck aus, der frühzeitig Lageveränderungen, Erkrankungen der Gebärmutter und ihrer Annexe, sowie Störungen in der Menstruation zur Folge hat. Die Fabrikmädchen leiden häufig an Bleichsucht. Die in den mechanischen Webereien erfolgenden Überreizungen des nervus acusticus befördert die Bleichsucht oft noch auf reflektorischem Wege. Auch die in den Fabriken beständig von Öl und Thran geschwängerte Luft wirkt, namentlich bei jungen Mädchen, äusserst nachteilig auf Blutbildung und Assimilation."

„Besonders nachteilig wirkt das lange Stehen auf Schwangere und solche, die vor kurzem niedergekommen.

[1] B. XLIV. p. 244.

Das Lactationsgeschäft kann dann unmöglich gehörig ausgeführt werden." [1]

Und das sind die Resultate von Beobachtungen, welche bei einer weit kürzeren Arbeitszeit, als jener, die wir für das Ober-Elsass angaben, angestellt wurden!

Die Ruhepausen waren auf das Knappste bemessen; höchstens für die ganze Zeit 1½ Stunden. Die Arbeitszeit war, wie jeder meinen wird, bis an die Grenze des Leistungsvermögens gespannt; dennoch gieng die von den Arbeitskräften geforderte Anstrengung noch darüber hinaus: denn, wenn auch endlich die Stunde der Erlösung in der Fabrik geschlagen, so hatte ein grosser Teil der Arbeiter noch einen weiten, im Gebirge oft sehr anstrengenden Heimweg von 4—10 km zurückzulegen. Bedenken wir, dass die Arbeit in der Fabrik morgens um 5 Uhr anhub und Abends um 8 oder 9 Uhr schloss, so ergiebt sich mit Hinzurechnung von je 1 Stunde Weges hin und zurück, dass der Arbeiter um 4 Uhr morgens zum Weggange bereit sein musste und erst um 10 Uhr abends sein Heim wieder erreichte. Für Schlaf lassen sich somit kaum 5 Stunden erübrigen [2]! Und das bei Kindern von 6 Jahren an, bei jungen Mädchen und bei Frauen! Ist es erstaunlich, wenn bei solchen Zuständen Selbstmorde unter den Fabrikkindern vorkamen? [3]

Doch die Wirkungen dieser Verhältnisse werden wir noch besser kennen lernen.

Es erscheint natürlich, dass eine solche Überanstrengung des Arbeiters Lässigkeit und Mangelhaftigkeit in der Arbeit hervorrufen musste. Um also auch in der genannten langen Arbeitszeit die genügende Aufmerksamkeit und Emsigkeit zu erreichen, trat die Akkord- oder Stücklöhnung an Stelle der Zeitlöhnung. [4]

---

[1] Deutsche Vierteljahrsschrift für öffentliche Gesundheitspflege 18. Bd. 1. Heft. p. 116 - 118.

[2] B. I. p. 329, 330.

[3] Nouvelle lettre d'un industriel des Montagnes des Vosges à M. François Delessert. Strasbourg 1839. p. 7.

[4] De l'industrie dans le Haut-Rhin par Sengenwald. 1837. p. 9.

Soweit dies der Natur der Sache nach nicht wol angieng, wurde wenigstens der Aufseher nach dem Akkordsystem entlohnt, der dann schon dafür zu sorgen wusste, dass seine Untergebenen den möglichsten Fleiss entfalteten.

Da die Akkordlöhnung die Gefahr mit sich bringt, dass der Arbeiter weniger auf die Qualität als die Quantität der Arbeit sein Augenmerk lenkt, so trat ein sinnreiches System von Lohnabzügen bei Mängeln des Produktes als notwendige Ergänzung hinzu.

Neben diesen Massregeln bestand ferner noch eine drakonische Fabrikordnung, welche jedes Zuspätkommen, jedes nicht besonders erlaubte Verlassen des Arbeitraumes, jedes unbefugte Aussetzen der Arbeit, Ungehorsam etc. mit empfindlichen Geldstrafen oder Entlassung bedrohte.[1]

Es entwickelte sich demnach eine ausgedehnte private Strafgerichtsbarkeit. Bei derselben sass die eine Partei als inappellabler Richter zu Gericht. Die Arbeiter waren vollständig der Willkür, formal jener der Unternehmer, materiell aber jener der Beamten, besonders der Werkführer ausgeliefert.

Letztere waren die eigentlichen Herren der Arbeiter. „Sie waren es, welche den Arbeiter engagierten, seinen Lohn bestimmten, ihm Abzüge machten und ihm den Abschied gaben. Es sind wahre Chamäleone, die dem Herrn schmeicheln, alles gut finden, was dieser treibt, um ihren Lohn erhöht zu bekommen. Auf der anderen Seite setzen sie dem Arbeiter mit allen Ränken zu, wenn dieser ihnen nicht gefällt; oder sie begünstigen ihn, wenn er ihr Saufkamerad ist und ihnen von seinem Erwerbe starke Prozente zukommen lässt. Ist der Arbeiter vom Lande, so muss er, um in Gunst zu bleiben, bald ein Säckchen dürres Obst, bald einen guten Krug Branntwein dem Werkmeister bringen. Dieser geht aber oft noch weiter: buhlt mit des Arbeiters Weibe (oder seiner Tochter) und thun sie nach des Meisters Willen, so ist des Arbeiters Glück gemacht. Der Werkmeister darf alles thun, müssig gehen, allen Lastern

[1] B. A. Fabrikordnung unter Gr.

fröhnen und bekommt den schönsten Lohn. Niemand wagt Klage gegen ihn bei dem Chef zu führen, weil letztere die Kläger wieder an die Werkmeister schicken. Dieser ist die Ursache der Demoralisation. Daher das Sprichwort: Ein Werkmeister muss ein schlechter Mensch sein, wenn er seine Stelle behalten will, und nur ein Schurke kann Meister werden."[1]

Dies die Schilderung, nicht eines wüsten Agitators, sondern eines deutschen Universitätsprofessors und zwar keines Kathedersozialisten, sondern eines jetzt längst Verstorbenen, der gegen Ende der 40er Jahre das Ober-Elsass bereiste.

Und warum gab es unter solchen Umständen Leute, welche in die Fabrik giengen?

Warum unterwarfen sie sich der ganzen eben geschilderten Despotie? Hatte die Revolution nicht die Gewerbefreiheit, den freien Arbeitsvertrag gebracht?

Warum wurde das Angebot nicht zurückgezogen?

Wie wir aus dem ersten Buche wissen, gab es in Mülhausen bereits vor dem Anschlusse an Frankreich ein beträchtliches Proletariat, für das Arbeitslosigkeit und Brodlosigkeit identisch war. Der Anschluss Mülhausens an Frankreich emanzipierte jene Bevölkerungsklassen allerdings von den vielen Fesseln, unter welchen sie schmachteten. Allein was konnte ihnen das nützen, wenn sie sich unter der Firma des freien Arbeitsvertrages, der für sie ja schon vordem der Hauptsache nach galt, ebenso gut alles, was im Interesse des Unternehmers lag, diktieren lassen mussten, wie vordem? Hatten vordem die Arbeiter einige politische Massregeln in ihrer freien Entschliessung beschränkt, die übrigens auch jetzt, wie wir später sehen werden, keineswegs ganz fehlten, so konnte unter den neuen Verhältnissen doch wieder ein viel grösseres Angebot an Arbeitskräften erfolgen, da jetzt aus dem benachbarten Baden, Würtemberg und der Schweiz eine Menge subsistenzloser Existenzen nach Mülhausen drängte.[2]

[1] Volz. p. 138.
[2] Villermé. p. 29.

Indem so das Angebot an Arbeitskräften beständig die Nachfrage überholte, konnte davon nicht die Rede sein, dass der Arbeiter bei Abschluss des Arbeitsvertrages auch nur ein Wort über die Arbeitsbedingungen mitredete. Diese wurden einseitig vom Unternehmer in der Fabrikordnung festgesetzt. Aus der Masse jener, welche entweder verhungern oder die Arbeit annehmen mussten, wurden dann von ihm oder seinen Stellvertretern die geeigneten Individuen ausgewählt.

Jene „industrielle Reservearmee“, welche dem Arbeiter bei der Eingehung des Vertrages jeden Rückhalt raubt, war beinahe stets vorhanden, und ein hervorragender Mülhäuser Industrieller hat keinen Anstand genommen, gerade auf diese Ursache die Prosperität der ober-elsässer Industrie, d. h. wol der Fabrikanten zurückzuführen.[1]

In Mülhausen erreichte jene flottierende Masse, welche bei aufsteigender Konjunktur angezogen, bei Krisen wieder abgestossen wurde, schon im Jahre 1835 zu einer Zeit, wo die gesammte Einwohnerzahl 20 000 betrug, die ansehnliche Zahl von 12—13 000 Personen, meist Leute, wie schon bemerkt, aus den armen Gebirgsgegenden des Schwarzwaldes und der Schweiz.[2] Diese „Reserve“ wurde aber noch vermehrt durch die von den Maschinen aus dem Verdienste gebrachten Elemente.

Besonders verheerend wirkte nach dieser Richtung der power-loom. Bekanntlich war er schon gegen Ende des vorigen Jahrhunderts in England erfunden worden. In den zwanziger Jahren unseres Jahrhunderts kannte man ihn auch schon im Elsass; allein seine Einführung war da noch nicht rentabel. Die niedrigen Weberlöhne, die durch die Zollpolitik gesicherten hohen Preise, die Bequemlichkeit der hausindustriellen Verfassung für den Unternehmer, der bei ihr kein grosses Anlagekapital benötigte, das alles waren Gründe, warum man noch zu einer Zeit, wo jeder Umsichtige

---

[1] Mündliche Mitteilung.

[2] Villermé. p. 17. Volz. 114.

sich sagen musste, dass die Einführung des mechanischen Webstuhles nur eine Frage einiger Jahre sein könne, aufs eifrigste durch Webermeister die hausindustielle Handweberei überall hin, auch in der Ebene verbreiten liess. Es gab kein Dorf im Elsass, in dem nicht der Schuss der Schnellschützen gehört wurde.[1] Die Herabsetzung der Ausfuhrprämie auf die Hälfte scheint für den Eingang der mechanischen Weberei nicht ohne Einfluss gewesen zu sein. Wenigstens wächst in der Zeit zwischen 1828 und 1846 die Zahl der mechanischen Webstühle von 2123 auf 10 000, jene der Handstühle sinkt von 20 000 auf 12 000.

Im Jahre 1851 haben die mechanischen Stühle die Handstühle bereits überholt: erstere zählen 12 128, letztere nur noch 10 000.[2]

Wenn die von der Statistik angegebene Arbeiterzahl nur von 23 362 i. J. 1828 auf 19 000 i. J. 1851 sank, so ist zu bedenken, dass in Wahrheit die Differenz viel bedeutender ist. Im Jahre 1828 wurden bei der hausindustriellen Betriebsweise nur die eigentlichen Weber selbst gezählt, die den Weber in der Arbeit unterstützende Familie, resp. deren Handleistungen blieben ausser Acht, während 1851, nachdem der Schwerpunkt der Weberei bereits in der Fabrik lag, die ganze Arbeiterzahl, auch die mit den früher von der Familie besorgten Operationen des Scherens, Haspelns etc. betrauten Personen mitgerechnet erscheinen. — Der Wert der Produktion hatte sich in der Zeit von 1828—1851 aber, trotzdem die Preise für Gewebe erheblich gefallen waren, von 20 000 000 Fr. auf 40 000 000 Fr. gehoben.[3] — Die Anzahl der in der Druckerei beschäftigten Arbeiter, die uns 1812 auf etwa 10 580 angegeben wird,[4] zeigte bis 1828[5] noch eine geringfügige Steigerung auf 11 248, gieng dann aber mit der Zunahme des Walzendruckes 1847 schon auf etwa 10 000 zurück, während die Produktion von 17 949 790 m

[1] Stat. gen. p. 326—330. B. XLIV. p. 220, 221.
[2] B. XXXII. p. 443.
[3] l. c.
[4] Annuaire pour 1812. p. 244.
[5] Stat. gen. Statistische Tabellen: Coton.

1828 auf 37 800 000 m 1847 stieg.[1] — Über die Zahl der bei der Einführung der Spinnmaschine brodlos gewordenen Arbeiter kann, da die Handspinnerei mehr noch als die Weberei den Charakter der Nebenbeschäftigung besass, die vom Annuaire 1812 angegebene Zahl von 15 400 Handspinnern neben 2000 Maschinenspinnern nicht wol zu Grunde gelegt werden. Die Statistik von 1828 giebt 10 240 in den Spinnereien beschäftigte Personen an; da in der Spinnerei bis in die fünfziger Jahre die mule-jenny herrschend blieb, so steigerte sich auch mit der Zahl der Spindeln die Zahl der Arbeiter, freilich nicht in ganz gleichem Verhältnisse, sondern während im Jahre 1828 auf 1000 Spindeln noch 22 Arbeiter gezählt wurden, rechnete man 1851 nur 18—20. Da die Spindelzahl von 466 363 auf 819 006 wuchs, ergab sich auch eine Zunahme von Arbeitern von 10 240 auf etwa 16 000. — Die Produktivität einer Durchschnittsspindel stieg aber in derselben Zeit von 8 kg pro Spindel und Jahr auf 16 kg pro Spindel und Jahr. In den 50er und 60er Jahren dagegen fiel die Arbeiternachfrage rapid. Durch Einführung der selfacting mule-jenny benötigte man für 1000 Spindel nur noch 10—12 Arbeiter. Trotzdem die Zahl der Spindeln von 819 006 im Jahre 1851 auf 1 237 314 im Jahre 1862 sich erhob, gieng die Zahl der Arbeiter von 16 000 auf 14 000 zurück.[2]

Wenn also auch der verringerten Nachfrage nach Arbeitskräften bei den Druckern und Webern bis in die fünfziger Jahre hinein eine erhöhte auf Seite der Spinner im Grossen und Ganzen entsprach, so dass die überhaupt in der Baumwollindustrie beschäftigte Personenzahl ungefähr stationär blieb, so ergiebt sich doch bei Erwägung der bedeutenden Einwanderung und der natürlichen Volksvermehrung ein bei gleichbleibender Nachfrage wachsendes Angebot von Arbeitskräften mit den daraus resultierenden Grundlagen für eine den Arbeitern ungünstige Gestaltung des Arbeitsverhältnisses.

---

[1] B. XXXII. p. 454.

[2] l. c. p. 439.

Die Bevölkerungsziffer des Ober-Elsass betrug:

1825: 369 562	1841: 464 775
1839: 441 019	1846: 487 208[1].

Andererseits muss freilich bemerkt werden, dass durch Entstehen neuer Arbeitsgelegenheiten in den Maschinenfabriken, den chemischen Fabriken und Schafwollspinnereien und -webereien das Verhältnis nicht die krasse Färbung annahm, die man aus den angezogenen Zahlen vermuten könnte.

Gleichwol ist dieser Einfluss schon deshalb wenig erheblich, weil gerade die Arbeiten im Maschinenbau, der noch am ehesten ins Gewicht fallen könnte, höhere Befähigung durch eine Lehrzeit und ansehnliche Körperkräfte voraussetzen, Anforderungen, welchen die durch die Maschine verdrängten Hausweber nicht entsprachen. So konnten die in der Textilindustrie arbeitslos gewordenen Arbeiter von der letztgenannten neuen Arbeitsgelegenheit wenig Vorteil ziehen. Andererseits wirkte aber gerade auf die Textilindustrie, deren Arbeiter in einem sehr beträchtlichen Prozentsatze ungelernte Arbeiter waren, jede durch die Einwanderung verursachte Vermehrung des Arbeitsangebotes besonders drückend. Nur für die Handdrucker konnte noch allenfalls die Befähigung eine gewisse schützende Schranke bilden; allein gerade sie befanden sich ja im Kampf mit der äusserst gefährlichen Walzendruckmaschine, so dass, wenn auf sie auch nicht das von aussen kommende Angebot drückte, in ihren Reihen selbst eine harte Konkurrenz entstand, welche das Arbeitsverhältnis schädigte.

Alle die im Vorangegangenen skizzierten Momente finden in der folgenden, die Lohnverhältnisse in den Jahren 1827, 1835 und 1850 beleuchtende Tabelle ihren bezeichnenden Ausdruck. Nur bei der Spinnerei ist eine aufsteigende Lohnbewegung zu konstatieren; bei den Handdruckern und Webern überwiegt die sinkende Tendenz.

[1] Nach den Annuaires.

Löhne in den Baumwollspinnereien.[1]
pro Tag.

	1835	1850	Erhöhung	Abnahme
Spinner und Spinnerinnen im Akkord	2 00—3.00 Fr.	2.50—3.00 Fr.	25%—0	
Spinnerinnen im Taglohn		1.00—1.25 Fr.		
Anknüpfer	0.50—1.00 Fr.	0.75—1.00 Fr.	50%	0—67%
Kinder		0.50—0.60 Fr.		
Spuler	0.35 Fr.	0.50—0.60 Fr.	42%—71%	
Kratzenputzer	1.50—1.75 Fr.	1.75 Fr.	16%—0	
Kratzerinnen	0.75—1.10 Fr.	1.00—1.25 Fr.	33%—14%	
Haspelerinnen und Taglöhnerinnen	0.75—1.10 Fr.	1.50 Fr.	100%—36%	
Arbeiter beim Schläger	1.25 Fr.	1.75 Fr.	40%	
Handlanger und Taglöhner	1.25—1.50 Fr.	1.50 Fr.	20%—0	

Löhne in den Baumwollwebereien.[2]
pro Tag.

	1835	1850	Erhöhung	Abnahme
Maschinenschlichter	2.50—3.00 Fr.	3.00—4.00 Fr.	20%—33%	
Maschinenweber (meist Weiber)	1.50—1.75 Fr.	1.00—1.50 Fr.		50%—14%
Handweber	1.50—2.50 Fr.	1.25—1.50 Fr.		17%—40%
Kinder und Weiber bei der Vorbereitung des Garnes	0.50—0.70 Fr.	0.75—1.25 Fr.	50%—78½%	
Zettlerinnen		1.00—1.50 Fr.		
Contremaitres		2 50—3 50 Fr.		

[1] Volz p. 148. [2] l. c.

Löhne in den Zeugdruckereien.[1]

		1827	1835	1850	Seit 1827 Zunahme	Seit 1827 Abnahme	Seit 1835 Zunahme	Seit 1835 Abnahme
Zeichner	pro Jahr	3000—6000 Fr.		800—20 000 Fr.	0—223%	225%—0		
Walzenstecher	pro Jahr	3000—6000 Fr.		2000—3000 Fr.		33%—50%		
Contremaitres	pro Jahr	1200—3000 Fr.		1200—1800 Fr.		0—40%		
Holzstecher	pro Tag	3.00—4.20 Fr.	3.50—5.00 Fr.	3.50 Fr.	17%—0	0—17%	6% 0	0—33%
Vordrucker im Akkord	pro Tag	2.50—3.30 Fr.	2.50—3.30 Fr.	3.00—3.50 Fr.	20%—5%		20%—6%	
Nachdruckerinnen	pro Tag	1.50—2.08 Fr.	1.25—2.50 Fr.	1.50 Fr.		0—28%	28%—0	0—40%
Handlanger	pro Tag	1.00—1.50 Fr.		1.08—1.50 Fr.	8%—0			
Färber	pro Tag	1.00—1.50 Fr.		1.33 Fr.	33%—0	0—11%		
Handlangerjungen	pro Tag	0.67—0.83½ Fr.		0.42—0.50 Fr.		37%—40%		
Nopperinnen u. Näherinnen	pro Tag			1.25 Fr.				
Streicher	pro Tag	0.25—0.35 Fr.		0.25—0.33 Fr.		0—60%		

[1] l. c. p. 149.

Bei den obigen Erörterungen hatten wir vorzugsweise die Verhältnisse in Mülhausen im Auge. Hier herrschte wenigstens eine Spur der von der abstrakten politischen Ökonomie angenommenen Freiheit des Arbeiters beim Abschlusse des Arbeitervertrages: denn hier konkurrierten mitunter auch die Fabrikanten in der Nachfrage nach Arbeit, nicht blos umgekehrt.

Anders in den Vogesenthälern.[1] Hier stand in der Regel ein einziger grosser Unternehmer einer Schaar von kleinen Häuslern gegenüber. Seine Fabrik war die einzige Arbeitsgelegenheit für die Bevölkerung; von einer Freizügigkeit derselben war, da sie der Besitz eines kleinen Häuschens und eines Kartoffelackers an die Scholle fesselte, keine Rede. Von ihrer landwirtschaftlichen Beschäftigung konnte sie nicht leben. Sie musste entweder die Fabrik aufsuchen und hier den Lohn acceptieren, der ihr eben geboten wurde, — verhungern — oder auswandern. Zu letzterem Schritte entschloss sich aber der bedächtige, schwerfällige, konservative, heimatsliebende Sinn der Elsässer erst im äussersten Falle. Wenn nun auch ein Unternehmer, trotz des Bewusstseins seiner absoluten Gewalt, aus Humanität Abstand nahm, seine günstige Position völlig auszunutzen, so blieben das doch im Ganzen vereinzelte Fälle.[2]

Bis jetzt haben wir uns darauf beschränkt, die in der Natur der ökonomischen Entwicklung liegenden Vorgänge und ihren Einfluss auf die Gestaltung des Arbeitsverhältnisses darzulegen.

Jetzt gilt es noch vorzuführen, wie das bewusste Eingreifen der Staatsgewalt in diese Entwicklung auf dem Wege der Gesetzgebung wie auf dem der Verwaltung die Lage der Arbeiter im Ober-Elsass beeinflusst hat.

---

[1] Enquête industrielle dans les départements de l'est. Réponses aux questions de l'enquête industrielle ordonnée par l'assemblée nationale. Mulhouse 1848 p. 93, 94.

[2] Villermé. p. 60.

Da die Verwaltungsthätigkeit hiebei das wichtigste ist, und dieselbe besonders in den wirtschaftlichen Krisen sich bekundete, wollen wir auf letztere auch in diesem Zusammenhange besondere Rücksicht nehmen, nachdem wir im Vorangehenden mehr den normalen Charakter der Verhältnisse zum Ausgangspunkt wählten.

VII. KAPITEL.

DER EINFLUSS VON GESETZGEBUNG UND VERWALTUNG AUF DAS ARBEITSVERHÄLTNIS.

In der Zersetzung und Auflösung jeder organischen Verbindung, in der allgemeinen Atomisierung, bestand der Geist der französischen Revolution. Der volkswirtschaftliche Prozess sollte nur auf der isolierten Aktion von Individuen beruhen. Nur zwischen diesen sollte die Konkurrenz erfolgen. [1]

Unternehmer- und Arbeiterverbände mussten aus der Welt geschafft werden: Gesetze der „Constituante" erklärten jedes gemeinsame Vorgehen, jedes Einverständnis in Bezug auf Bedingungen des Arbeitsvertrages, von wem es auch ausgehen mochte, für ein Attentat auf die Freiheit und die Menschenrechte. Suspension der politischen Rechte auf die Dauer eines Jahres, Geldstrafen von 500—1000 Livres, 3 Monate Gefängnis, das waren die Strafen, welche die Urheber oder Anstifter des genannten Vergehens zu verbüssen hatten. [2]

Die Revolution hatte gegenüber den Zünftlern die Koalitionsverbote im Namen der „Freiheit" und der „Menschenrechte" gefordert, die Reaktion hielt sie gegenüber den modernen Arbeitern im Namen der „guten Ordnung" aufrecht.

---

[1] Lexis, Gewerkvereine und Unternehmerverbände in Frankreich. 1879. p. 11.

[2] Levasseur, Histoire des classes ouvrières depuis 1789. Paris 1867. I. p. 284.

Ohne uns auf das vergleichsweise nur kurze Zeit geltende Gesetz vom 22. germinal IX einzulassen, schlagen wir gleich die Artikel des Code penal auf, in welchem die Frage zum endgiltigen Austrage gelangte.

Auch diese hielten zwar das Koalitionsverbot gegen die Arbeitgeber noch aufrecht. Allein Letztere werden erst straffällig, wenn sie sich zu einer „misbräuchlichen und ungerechten“ Herabdrückung der Löhne verbinden. Bei den Arbeitern hingegen wurde absolut jeder Versuch durch ein gemeinsames Vorgehen auf die Höhe der Löhne zu wirken, mit 1—3 Monate Gefängnis und 200—300 Fr. bestraft. Anführer und Anstifter konnten sogar zu 2—5 Jahren Gefängnis verurteilt werden. Über die Arbeitgeber hingegen verhängte man, ausser den gleichen Geldstrafen, nur 6 Tage bis 1 Monat Gefängnis. Somit war nicht nur der Begriff des Deliktes auf Seiten der Arbeitgeber bedeutend eingeschränkt, sondern auch das Strafausmass für die Arbeiter härter.

Die wesentlichste Grundlage des modernen Staates, die Rechtsgleichheit, sowie die Koalitionsfreiheit, eine logische Konsequenz der Gewerbefreiheit, waren durch den code penal gröblich verletzt.[1]

Die Redaktoren von Art. 414—416 scheinen mit den thatsächlichen Vorgängen des Lebens wenig vertraut gewesen zu sein. Unmöglich hätten sie sich sonst die Blösse einer auch formal ungleichen Behandlung von Arbeitgeber und Arbeiter gegeben. Sie war ja mehr als überflüssig. Repräsentirt nicht jeder grössere Unternehmer für sich allein schon die Stärke einer Koalition? Können sich die Vereinbarungen der Arbeitgeber nicht leicht ohne irgend Aufmerksamkeit zu erregen, auf dem Comptoir, auf der Börse vollziehen? Hatte man die Ausführungen im achten Kapitel des ersten Buches Adam Smith's völlig vergessen?

Wie aber sollen hunderte von Arbeitern ein Einverständnis erzielen, ohne öffentliche Versammlungen, ohne Agitatorenreden, ohne Geldsammlungen? Und nun sind die Arbeitgeber erst strafbar, wenn sie „missbräuchlich und

---

[1] l. c. p. 285.

ungerecht" die Löhne durch gemeinsames Vorgehen beeinflussen. Ausdrücke, die an Dehnbarkeit und Vieldeutigkeit nichts zu wünschen übrig lassen.

Abgesehen vom code penal, auch der code civil enthielt in dem Art. 1781 ein fragwürdiges Rechtsprincip.[1] Die Arbeitgeberstellung bedingte eine grössere Glaubwürdigkeit in Lohnstreitigkeiten, als jene des Arbeiters. („Le maitre est cru sur son affirmation pour la quotité des gages, pour le payement du salaire de l'année échue, et pour les à comptes donnés pour l'année courante.)

Ein anderer Ausnahmezustand war für den Arbeiter durch das Arbeitsbuch, „livret" geschaffen, welches, denselben Formalitäten wie ein Pass unterworfen, doch nicht als solcher dienen konnte. (Arrêté relatif aux livrets du 9 frimaire an XII, arrêté additionnel du 10 ventôse an XII). Das Buch musste bei der Anstellung in die Hand des Herrn gegeben werden; es wurden darin alle Vorschüsse notiert, welche der Arbeiter dann abzuarbeiten gezwungen wurde. Überdies konnte der Arbeitgeber selbst, wenn der Arbeiter schon wieder in anderen Diensten sich befand, dessen Lohn für etwaige Schulden etc. mit Beschlag belegen.

Bei jedem Wechsel des Dienstes musste das Büchlein von der Polizei visiert werden, was mit unendlichen Chikanen verknüpft war.[2] Obwol den Gesetzesbestimmungen zuwider, pflegten die Arbeitgeber Bemerkungen oder Zeichen über die Aufführung des Arbeiters in das Büchlein zu schreiben und diesem so einen Steckbrief auszustellen.[3]

Unter Napoleon wurde ein, scheinbar im Interesse des Arbeiterstandes gelegenes Institut, das der Conseil des prud'hommes erst nur in Lyon, 1807 auch in Mülhausen eingeführt. Es sollte die zahlreichen Streitigkeiten zwischen Arbeitgeber und Arbeitnehmer schlichten. In diesen Gewerbe-Polizeigerichten war aber den Unternehmern die Majorität gesichert, so dass die Arbeiter zu seinen Ent-

---

[1] l. c. p. 285.
[2] l. c. p. 286.
[3] B. A. Ind. Var.

scheidungen begreiflicher Weise kein Zutrauen fassen konnten.[1]

Zu allen diesen gegen die Interessen der Arbeiter gerichteten Institutionen gesellte sich noch ein überaus engherziges Press-, Vereins- und Versammlungsrecht.[2] Das aktive Wahlrecht für die Kammer war an einen hohen Census geknüpft. Anfangs gab es unter der Restauration in ganz Frankreich nur 18 000, nach der Wahlreform 80 000 Wahlberechtigte. So fehlte denn dem Arbeiter in der ökonomisch für ihn schon so üblen Zeit auch jede rechtliche Basis zu einer Besserung seiner Lage.

Die positiven Staatsgesetze stellten sich den Interessen des Arbeiterstandes feindlich gegenüber. Das ist nicht zu läugnen. Wie aber, wenn eine wolwollende Verwaltungsthätigkeit durch billige Handhabung jener Vorschriften die in ihnen liegenden Spitzen abgebrochen hätte?!

Die im Colmarer Bezirksarchive aufbewahrten Akten über Grèves d'ouvriers, Crises industrielles, Situation industrielle, Industrie Varia etc. gestatten immerhin einige Streiflichter auf die Frage zu werfen. Jedes Wort der folgenden Darstellung beruht auf denselben.

Kurz nach der Juli-Revolution bricht in Rouen unter den baumwollindustriellen Arbeitern ein grosser Strike aus. Er endet mit dem Siege der Arbeiter.

Der Präfekt des Ober-Rheinischen Departement, von dem Ereignisse benachrichtigt, erlässt sofort an alle ansehnlicheren Fabrikanten ein Rundschreiben.[3] Er warnt sie vor der Rückwirkung der Vorgänge in Rouen und bittet um Auskunft, ob alles ruhig bleibt. Aus den kleinen Industriedörfern und Städten laufen durchaus beruhigende Antworten ein.

Dort stand ja die überwältigende ökonomische Macht des Unternehmers, der oft genug auch Maire war, von vornherein jeder freien Regung der Arbeiter im Wege.

---

[1] Levasseur. p. 289. Bei den Wahlen zu dem Conseil des prud-hommes nahmen 1847 in Mülhausen nur 7 Wähler teil! (C. d. A. vom 11. Februar 1847.)

[2] Gesetz vom 10. April 1834 und Cod. pénal Art. 291—294.

[3] B. A. Gr.

Der Maire von Mülhausen dagegen teilt mit, dass besorgniserregende Verbindungen zwischen Mülhäuser und Pariser Arbeitern stattgefunden hätten, doch kenne er den Anführer der Bewegung und halte den Faden der ganzen Angelegenheit in der Hand. Auch aus Münster wird dem Präfekten empfohlen, seine Aufmerksamkeit auf Mülhausen zu richten. Brächen dort Unruhen aus, so seien wegen der Verbindungen, die zwischen den Arbeitern in Mülhausen, Thann und Gebweiler beständen, alle übrigen Punkte des Bezirkes gefährdet. Vorzüglich aber solle die Regierung ihren Einfluss bei den Zeitungen geltend machen, damit sie ja keine Berichte über die Vorgänge in Rouen brächten. Leider habe der von Arbeitern viel gelesene Courier du Bas-Rhin dies schon gethan, und der Präfekt solle den Redakteur auffordern, künftig davon abzustehen. Die blosse Lektüre solcher Berichte könnte die elsässer Arbeiter leicht zu ähnlichen Thaten aufreizen. Besseren Rat noch erteilt ein Herr Blech. Er meint, da der Redakteur des Courier du Bas-Rhin doch ein excellenter Franzose sei, würde er wol eine entsprechende Berichtigung in sein Blatt aufnehmen.

Leider sei es nur zu wahr, dass die Arbeiter in Rouen den Fabrikanten Gesetze gegeben haben. Allein die Vorgänge müssten den oberrheinischen Arbeitern gegenüber so dargestellt werden, als ob die Unruhen von den Feinden der neuen Regierung und den Jesuiten angezettelt worden seien. Die Arbeiter, welche sich mit den Feinden der Industrie verbunden, seien aus den Werkstätten vertrieben und fänden nirgends mehr Arbeit. Das würde die Arbeiter sehr zur Ruhe und Ordnung anmuntern.

Andere Fabrikanten versprechen für den Eintritt von Unruhen die Entfaltung ihrer ganzen Energie; in einem Orte wird bereits die Nationalgarde für die Eventualität organisiert.

Angesichts der vorher erwähnten drakonischen Gesetzesbestimmungen und einer so umsichtigen Thätigkeit der Behörden, ist es leicht begreiflich, dass den elsässer Arbeitern die Lust zum Striken vergieng.

Die Ausnutzung jener für sie günstigen Konjunktur wurde ihnen benommen.

Vielleicht aber gewährte die Regierung in den Zeiten des wirtschaftlichen Niederganges einigen Schutz?

Die erste grosse, in unseren Zeitraum fallende Krise ist jene von 1811.[1] Man will in Mülhausen Massen von Arbeitern entlassen; allein man fürchtet Tumulte. Der Souspréfet gibt daher dem Maire die Weisung, die Fabrikanten zu veranlassen, der Polizei die Namen der zu entlassenden Arbeiter von vornherein bekannt zu geben. Die Arbeiter müssen dann innerhalb drei Tage von ihrer Entlassung auf Aufforderung des Maires zum Wanderstabe greifen und anderwärts Arbeit suchen.

Wer erinnert sich hiebei nicht an das Verfahren des hohen Rates von Mülhausen, wenn er die Herrn Fabrikantenzedul, in denen die beschäftigten Arbeiter verzeichnet waren, und die Zedul der Quartiermeister vergleichen und das fremde Volk, so keinen Akkord auf einer Fabrik hatte, ausweisen liess![2]

Das Mittel musste in der That probat sein. Nicht nur der regierende Bürgermeister der Republik Mülhausen, nicht nur der Maire des napoleonischen Régimes, auch die Behörden der Restauration so gut wie die des Julikönigtumes machten von ihm, wie wir sehen werden, den reichlichsten Gebrauch.

Eine zweite grosse Krise brachte das Jahr 1828.[3] Mehrere grosse Firmen, Kommissionäre wie Fabrikanten, hatten bereits fallirt.

Die Mülhäuser Fabrikanten verlangten von der Bank von Frankreich einen Wechselescompte unter günstigeren Bedingungen, als die Statuten es gestattete. Allein die Bank hatte schon für 6 000 000 Fr. elsässische Wechsel in ihren Portefeuilles und wies Papiere zurück, die nur die Unterschriften elsässer Häuser trugen. „Aus Mülhausen würde, sofern die Bank diese Praxis fortsetze, ein zweites Lissabon werden", schrieb der Maire dem Präfekten, „mehr

---

[1] B. A. Cr. ind.

[2] Vgl. oben S. 55.

[3] B. A. Sit. ind.

Häuser seien dort vom Erdbeben verschont geblieben, als in Mülhausen von der Krise". Die Regierung, um wenigstens die grössten Firmen zu halten, liess sich herbei den elsässer Fabrikanten bei Pariser Bankiers einen Kredit von 5 000 000 Fr. zu vermitteln.

Dieselben wurden an jene Häuser, die noch einige Sicherheiten bieten konnten, verteilt, doch auch die Warnung hinzugefügt, künftig nicht mehr so blind darauf los zu produzieren, ohne den Wechsel der Mode in Betracht zu ziehen, nicht so leichtsinnig mit geborgtem Gelde zu arbeiten, ohne an die Rückzahlung der Darlehen zu denken und immer nur die Fabriken zu vergrössern.

Nachdem auch noch in Basel Anlehen gegen Konsignation und Hypotheken aufgenommen, gewannen wenigstens die ersten Häuser vorläufig wieder festeren Boden; die kleinen fielen natürlich. Die Krise währte aber noch bis zu dem Anfang der Julimonarchie. Hatte die Restauration den Fabrikanten Staatsvorschüsse verweigert, so glaubte das eine neue und unsichere Regierung nicht thun zu dürfen und hielt es vielmehr für vorteilhafter, sich mittelst des ungerechten Mammon Freunde zu machen. Es wurde den ober-elsässer Fabrikanten ein Baarvorschuss von 30 000 000 Fr. auf Hypotheken gewährt. Über die Rückzahlung ist mir nur soviel bekannt, dass gegen Ende des Julikönigtumes 1847 erst 15 Millionen zurückgezahlt worden waren.[1]

Das ist aber blos die eine Seite der Verwaltungsthätigkeit, jene gegenüber den Fabrikanten. Noch mehr interessiert uns das Verhalten gegen die Arbeiter.

Der Bürgermeister Mülhausens beginnt zunächst mit Klagen über die Unzuverlässigkeit der Truppen, die höchst gefährlich werden könnte, wenn die Arbeiter revoltierten. Er verlangt 600 Fr. zur Disposition, um eine Geheimpolizei einrichten zu können, welche die Arbeiter zu überwachen und über ihre Projekte auszuforschen hat. In der Nähe von Mülhausen muss Militär in Bereitschaft gehalten werden, doch ist die Bewegung zu maskieren, damit der

---

[1] C. d. A. vom 4. April 1847.

Kredit nicht noch mehr geschwächt werde. Die Wälder zwischen Mülhausen und Sennheim sind von Gensdarmen zu untersuchen und die Gensdarmerie muss überhaupt bei dem ersten verdächtigen Zeichen verdoppelt werden. Die fremden Arbeiter ohne Verdienst werden ausgewiesen und von den Gensdarmen bis an die Grenze begleitet.

Der Präfekt, mit alledem äusserst zufrieden, empfiehlt dem Bürgermeister nur noch, die Fabrikanten zu bitten, letzteren immer einige Tage vor der Entlassung von Arbeitern zu unterrichten, damit die nötigen Massregeln getroffen würden. Auch müsse man den Arbeitern begreiflich machen, dass sie nicht entlassen würden, weil die Fabrikanten sie zu niedrigeren Lohnsätzen haben wollten, sondern nur, weil es eben absolut nicht anders gehe.

Die Bedeutung der genannten Massregeln kann daraus ermessen werden, dass die Zahl der Feiernden in Mülhausen und Umgebung auf 15—20000 geschätzt wurde. Unter den Arbeitslosen gab es Familien, die thatsächlich keinen Sou besassen, denen man bei der Ausweisung einen Zehrpfennig mitgeben musste. Das Entlassen der Arbeiter wurde auf Rat des Bürgermeisters in ein System gebracht. Zuerst entliess man die, welche auf dem Lande wohnten, weil von diesen kleinen Häuslern nichts zu fürchten war. Dann erst kamen die in der Stadt wohnenden an die Reihe. Von diesen aber wurde, sofern die ganze Familie beschäftigt war, erst nur ein Mitglied entlassen.

Vergnügt meldet der Bürgermeister, dass in den meisten Fabriken die Herabsetzung der Löhne und Verkürzung der Arbeitsstunden ohne Schwierigkeit vor sich gegangen.

Das geschah zu der Zeit der Restauration, die, wie man behauptet, den industriellen Klassen nicht günstig gewesen sei. Wir wollen deshalb noch eine Krise während des Julikönigtums betrachten, der Periode der unbedingtesten Herrschaft der Bourgeoisie.

Die Ereignisse in Amerika in den Jahren 1836/37, die Unruhen in Spanien, das ein wichtiges Absatzgebiet bildete, sowie eine ungezügelte Spekulation in Baumwolltüchern, hatten im Jahre 1837 wieder eine schwere Krise im Ober-Elsass heraufbeschworen.[1]

Im März 1837 brachen in Thann und Bitschweiler Unruhen aus, d. h. den Arbeitern wurde von den Fabrikanten die Alternative gestellt, entweder zu einem sehr niedrigen Tarife weiter zu arbeiten, oder entlassen zu werden.

Weigerten sich die Arbeiter, die niedrigen Lohnsätze anzunehmen, so war die „gute Ordnung“ gestört und für das Eingreifen des staatlichen Machtapparates das Zeichen gegeben. Allein gerade in dem erwähnten Falle schien die Regierung misstrauisch zu sein. Der Minister lässt zwar 4000 Fr. zur Disposition stellen, um entlassene Arbeiter zu beschäftigen. Er giebt zu, dass man die Fabrikanten nicht zwingen könne, mit Verlust zu arbeiten, allein es solle ihnen nahe gelegt werden, wie sehr es auch in ihren Interessen liege, dass es nicht zu Unruhen komme, und ferner sollten sie sich ernstlich vor Koalitionen zur Herabsetzung der Löhne hüten.

Die Entfernung der fremden Arbeiter, der Nichtfranzosen und jener aus anderen Departements solle nur im Wege der Überredung und nicht durch eine Zwangsmassregel erfolgen, die man nicht leicht auf volle gesetzliche Bestimmungen stützen könnte; („et non par une mesure coërcitive qu'il ne serait pas facile d'appuyer sur des dispositions parfaitement légales“).

Im Mai wurden auch in Mülhausen bei Köchlin-Dolfuss die Löhne herabgesetzt. Die Arbeiter weigerten sich unter solchen Umständen weiter zu arbeiten. „Sie zogen hinaus auf benachbarte Dörfer, ohne irgendwie die Ruhe zu gefährden. Sechs wurden verhaftet“.

So berichtet der erprobte Bürgermeister, leider ohne auf die logische Verknüpfung beider Mitteilungen sich einzulassen.

Die Dazwischenkunft des Bürgermeisters genügte übrigens, um die Arbeiter wieder zur Aufnahme der Arbeit

[1] B. A. Sit. ind.

zu veranlassen. Das Unrecht lag, wie er selbst zugiebt, auf Seite des Chefs. Die Entfernung der fremden Arbeiter gieng ohne Schwierigkeit vor sich, ob durch Überredung oder „mesures coërcitives“ wird von ihm nicht erwähnt.

Allmählig waren in Mülhausen gegen 2000 Drucker verabschiedet worden. Allein zwei Drittel von ihnen waren in den benachbarten Gemeinden sesshaft und durchaus ungefährlich.

Das dritte Drittel, obzwar in der Stadt ansässig, bot, da es zur Arbeiterélite gehörte, auch keinen Anlass zu Besorgnissen. Mehr war das bei vielen feiernden Handwerksgesellen, bei den Spinnern und Webern der Fall. Allein letztere hatten, wenn auch mit reduzierter Arbeitszeit, noch Beschäftigung. Es währte nicht lange bis auch die Chefs der Spinnereien und Webereien den Wunsch äusserten ihre Fabriken gänzlich zu schliessen.

Der Bürgermeister — seine Gegner bezeichneten ihn mit dem unliebenswürdigen Ausdrucke eines Sultan von Mülhausen,[1] — traf sofort alle Massregeln, „damit die Ruhe wie die Gesetze der Menschlichkeit nicht verletzt würden“. Sie sind für den Geist der Zeit zu charakteristisch, als dass wir uns versagen könnten, sie vollständig vorzuführen.

1) Es wird eine „garde municipale“ gebildet; sie besteht aus Leuten, welche als Unteroffiziere die Armee verlassen haben. Sie werden besonders uniformiert und verbinden mit der Subordination der Linientruppen eine genaue Kenntnis der lokalen Verhältnisse. In Revuen, Exercitien und Märschen durch die vorwiegend von Arbeitern bewohnten Teile der Stadt werden sie der Arbeiterklasse vorgeführt.

2) Schon seit Juni 1836, wo die ersten Zeichen einer Krise sich fühlbar machen, lässt man fremde Arbeiter nur mit der grössten Reserve in der Gemeinde zu.

3) Jene Offiziere der Nationalgarde, welche nicht genügende Garantien bieten, werden entfernt.

4) Seit September 1836 wird die Abreise der ent-

[1] C. d. A. vom 4. Juli 1847.

lassenen Arbeiter hervorgerufen und erleichtert „provoqué et facilité".

5) Eine Subscription auf ein Kapital zur Unterstützung der Hilfsbedürftigen wird eingeleitet.

6) Die Artillerie-Kompagnie der Nationalgarde wird so reorganisiert, dass man ihrer sicher sein kann.

7) Alle Kompagnien der Nationalgarde, in denen Arbeiter stehen, werden aufgelöst.

8) Der Nationalgarde werden unter dem Vorwande einer Ausbesserung, die Waffen abgenommen, um sie, im gegebenen Falle nur den Zuverlässigen wieder zu geben.

9) Die Fabrikanten erteilen die Zusage, dass sie vor dem Herannahen des Frühlings die Arbeiter nicht verabschieden, noch die Löhne herabsetzen werden.

10) Alle Aufenthaltskarten (permis de séjour) werden annulliert und nur den beschäftigten Arbeitern neue ausgestellt. Die Unbeschäftigten „werden", wie es heisst, „nach anderen Punkten dirigiert".

11) An die Fabrikanten wird eine Aufforderung erlassen, das Bürgermeisteramt genau Tag für Tag, Namen und Wohnort der verabschiedeten Arbeiter wissen zu lassen.

12) Aufforderungen ergehen an die benachbarten Bürgermeisterämter, gleichfalls eine Revision der Aufenthaltskarten vorzunehmen.

13) Der Präfect wird gebeten freigelassene Sträflinge nicht nach Mülhausen kommen zu lassen.

Der Bürgermeister weiss, dass er das alles nicht ohne die Autorisation der Oberbehörden hätte thun sollen; allein er ist der Indemnität für alles, was er im Falle der Not thut, sicher. Er schliesst seinen inhaltsreichen Bericht mit einer Versicherung, dass er jeder Emeute und Insurrektion werde zu begegnen wissen, denn er hat zur Verfügung: die garde municipale, das corps des Pompiers, eine halbe Escadron Cavallerie, eine halbe Batterie Artillerie und das reorganisierte Infanteriebataillon. „Mehr aber, als all das, wiegen die Akte der Energie und Gerechtigkeit, welche zu geeigneter Zeit und noch vor Ausbruch der Krise vorgenommen wurden. Derart ist die im verflossenen Juni vorgenommene Ausweisung der Zimmerergesellen; ungeachtet der Entscheidungen der Gerichte von Illkirch und Colmar, welche sie frei gesprochen, obwol sie unerlaubte Versammlungen gehalten und die öffentliche Ordnung beeinträchtigt hatten". Der Bürgermeister dankt noch, dass ihm die Regierung in der genannten Massregel sekundierte.

„Die Ausweisung hat dem Geiste der Arbeiter vor den energischen Massregeln, deren die Behörde fähig, einen derartigen Respekt eingeflösst, dass sie noch keine Absicht, die Ordnung zu stören, kundgegeben haben und solche Störung auch nicht wagen werden".

In dieser Weise war der Bürgermeister ungestört weiter thätig. Der Unterpräfekt beklagte sich bitter bei seinem Chef, dass ihm von dem Gewaltigen Mülhausens keinerlei Mitteilungen zukämen. Er musste sich damit trösten, dass es dem Präfekt auch nicht viel besser ergieng. Nur wenn Geld nötig war, wandte sich der Bürgermeister, fast möchte man sagen „der regierende Bürgermeister" an ihn; im übrigen schrieb er ihm bloss: „laissez moi faire".

Er war seines Erfolges sicher: die Löhne wurden allenthalben herabgesetzt und die Arbeiter verhielten sich ruhig.

Befriedigt ruft der Mülhäuser Philanthrop Penot aus: „nous ne voyons jamais la tranquillité publique troublée. Cependant en aucune époche nous n'avons eu de garnison".[1]

Der Mann, mit dessen Thätigkeit wir eben bekannt wurden, war der bekannte Andreas Köchlin, zweifelsohne einer der geistig bedeutendsten, kraftvollsten aber auch rücksichtslosesten Industriellen des Ober-Elsasses. Er war der Begründer der grossen Eisengiesserei Mülhausens, welche sich zu einem der ersten Etablissements für Lokomotivenbau entwickelte.[2]

Er war es, der auf eigene Kosten 1831 die Bahn von Mülhausen nach Thann baute. Er war von den zwanziger Jahren bis in die vierziger Bürgermeister von Mülhausen,

---

[1] Volz, p. 114.

[2] Beitrag zur Geschichte Mülhausens im Elsass und der Entwicklung seiner Industrie. Mülhausen 1886. p. 13.

Abgeordneter und Mitglied des Generalrates. Sein hartes Regiment rief schliesslich in der sonst so einigen Bürgerschaft einen scharfen Zwiespalt hervor. Der stolze Despotismus Köchlins und seiner Partei wurde von Tag zu Tag verhasster, bis endlich die Wahlen von 1843/5 seinen Sturz herbeiführten. Der milde, populäre Emil Dollfuss trat an die Spitze des Gemeinwesens und ersetzte Köchlin auch bald als Abgeordneter seiner Vaterstadt. Grollend wandte sich letzterer nach Altkirch, das ihm wieder einen Platz im Palais Bourbon verschaffte.[1]

Wir haben eben eine Krise unter der Köchlin'schen Verwaltung kennen gelernt. Noch böte sich für die Meinung Raum, dass Köchlin in allzueifrigem Interesse für die „gute Ordnung“ die Gefahren überschätzt, die Vorsichtsmassregeln unnötig verstärkt habe. Das Folgende mag zeigen, ob diese Meinung berechtigt sein würde.

Die Ernennung des Emil Dollfuss zum Bürgermeister bedeutete einen Systemwechsel. Die Krise von 1846/47 gab der ans Ruder gelangten Partei Gelegenheit, ihre politische Weisheit zu bekunden.

Zu der im Jahre 1846 ausgebrochenen Absatzkrise gesellte sich noch eine ausserordentliche Brodteuerung, welche im Winter 1847 ihren Höhepunkt erreichte. Der Hektoliter Getreide wurde um das Doppelte seines gewöhnlichen Preises verkauft. Obschon bedeutende Mengen ausländischen Getreides in die französischen Seehäfen eingeführt worden waren, so konnten dieselben doch, da wegen des strengen Winters der Transport auf den Kanälen unmöglich geworden, nicht rechtzeitig an die Konsumtionsplätze gelangen. Gewissenlose jüdische Spekulanten in Strassburg, Colmar und Mülhausen scheuten kein Mittel, um die Preise noch zu steigern.[2]

Um diesen Machinationen zu begegnen, kauften die Gemeindeverwaltungen vielfach Getreide im Grossen ein, um es zu mässigeren Preisen weiter zu geben. Auch die Fabrikanten lieferten ihren Arbeitern Brod.

---

[1] C. d. A. 4. Juli 1847; B. XXIX. p. 421.

[2] C. d. A. Monat Januar und Februar 1847. passim.

In wie weit das immer im Interesse der Arbeiter gelegen, lässt sich freilich nicht entscheiden. Thatsache ist, dass in einer Druckerei Mülhausens, wo in Brod bezahlt wurde, die Arbeiter, als man sie schliesslich der Krise wegen entliess, nicht einmal das zu ihrem Unterhalte empfangene Brod hatten abverdienen können, sondern noch je 50, 60 oder 80 Laib schuldeten. So teuer war also das Brod und so niedrig der Lohn gewesen, dass die Arbeiter thatsächlich nicht ihr tägliches Brod verdienen konnten![1]

Während das wichtigste Nahrungsmittel der arbeitenden Klassen aber um das Doppelte verteuert worden, war der Lohn gesunken. Die Absatzstockung hielt die Kapitalien der Fabrikanten gebunden. Um sich zu helfen setzten sie die Löhne herab, sei es direkt, sei es in Verbindung mit einer Kürzung der Arbeitszeit. Die Not war entsetzlich, trotzdem überall Unterstützungs-Komités organisiert wurden, und städtische wie staatliche Behörden ansehnliche Summen bewilligten. Die Redensart: „Ich habe seit zwei Tagen nichts gegessen", wurde allgemein.[2] Diebstähle und Einbrüche mehrten sich in erschreckender Weise.[3] Die in den Fabriken entlassenen Arbeiter sollten bei Erdarbeiten, Eisenbahnbauten Verdienst finden. Allein zu dieser Thätigkeit reichten ihre physischen Kräfte nicht aus.[4]

Das Frühjahr kam heran; schon begannen die Getreidepreise zu fallen; man glaubte die Krise bald ohne ernstliche Unruhen überstanden zu haben.

Da erscheint am Abend des 25. Juni 1847 beim Sekretär des Bürgermeisteramtes von Mülhausen ein Betrunkener, der eine allgemeine Empörung androht, wenn die Brodtaxe nicht herabgesetzt würde.[5]

Allein schon seit Monaten waren ähnliche Drohungen ausgestossen worden. Anonyme Briefe hatten der Stadt

---

[1] l. c. 31. August 1847.

[2] l. c. 11. März 1847.

[3] l. c. 14. März 1847.

[4] l. c. 16. März 1847.

[5] Für die ganze folgende Darstellung vergleiche man den offiziellen Bericht des Maire Dollfuss. C. d. A. 4. Juli 1847.

Brandstiftung und Plünderung prophezeit. Immer noch war alles ruhig geblieben, und man legt daher kein sonderliches Gewicht auf derartige Äusserungen. Gleichwol bleibt die Polizei bis spät in die Nacht hinein thätig.

Am andern Morgen, einem Markttage, zeigt sich eine grosse Zahl von Arbeitern aus den Maschinenwerkstätten vor dem Rathause; sie senden eine Deputation an den Bürgermeister, welche über die Art und Weise, wie bei der Festsetzung der Brodtaxen vorgegangen wird, Klage erhebt. Der Bürgermeister Dollfuss sagt eine Berücksichtigung ihrer Beschwerden zu und giebt ihnen den Bescheid, Nachmittags die Entscheidung zu holen; doch sollen sie ihre Kameraden auffordern, auseinander zu gehen und ihre Schritte jedes drohenden Charakters zu entkleiden. Anscheinend befriedigt verlässt die Deputation den Bürgermeister, und die versammelte Menge räumt den Platz, aber nicht um sich aufzulösen, sondern um sich nach der grossen Spinnerei von Naegely zu begeben. Hier dringen sie in den Hof, halten die Dampfmaschine an und fordern die Spinnereiarbeiter, im Ganzen gegen 1500, auf, sich mit ihnen zu vereinigen. Es geschieht. Hierauf zieht die Menge zu einem in der Nähe wohnenden Bäcker und Gastwirt, dringt in Haus und Keller ein, zerstört und plündert, was ihr in die Hände fällt. Unterdessen ist die Mittagsstunde herangekommen. Aus den Fabriken strömen die Arbeiter, um das Mittagsbrod einzunehmen. Alsbald machen sie mit den Aufrührern gemeinsame Sache. Allenthalben fällt man über die Bäckerläden her. Thüren und Fenster werden eingeschlagen, Brod und Mehl genommen, die Kassen erbrochen, die Bücher zerrissen. Besonders richtete sich die Wut der Menge gegen das Haus eines reichen Israeliten, eines Getreidehändlers.

Obwol der Bürgermeister schon Vormittags die Befehlshaber der Garnison und der Nationalgarde von den Vorfällen des Morgens verständigt hat, so treffen die ersten Truppen, da die Kasernen weit entfernt liegen und noch verschiedene andere Zufälligkeiten hindernd dazwischentreten, erst gegen 1 Uhr auf dem Schauplatze ein, also, nachdem die Plünderung schon seit einer Stunde im Gange ist.

Die Glocken läuten Sturm, Trommler rufen die Nationalgarde unter die Waffen. Allein die Exzedenten verhindern sie an der Sammlung. Trotzdem schliesslich gegen 1400 Mann Truppen verfügbar sind, bleibt die Menge unbezwungen.

Die Aufrührer bewerfen die Soldaten mit Steinen und versuchen sie zu entwaffnen. Die Truppen feuern. Sie gehen mit gefälltem Bajonette vor.

Den ganzen Nachmittag hindurch währt der Kampf. Erst als gegen Abend aus Colmar Verstärkungen für die Garnison ankommen, gelingt es, den Widerstand zu brechen. Mehr denn 100 Aufrührer werden gefangen genommen und sofort nach den Gefängnissen in Colmar und Altkirch gebracht.

Bald trifft auch ein Bataillon aus Strassburg ein. Die ganze Stadt wird militärisch besetzt; Kanonen mit Kartätschen werden auf dem Marktplatze aufgefahren, und die Ruhe ist wieder hergestellt. Der Schaden beträgt 70 000 Fr.

Es schien als ob die Ereignisse in Mülhausen in Thann, Weiler, Bitschweiler und Gebweiler ein Nachspiel finden sollten. Allein noch ehe es zu einem Ausbruche gekommen, war bereits eine überwältigende Truppenmacht an diesen Punkten konzentriert worden, die jede Ausschreitung hinderte.

Die einen führten die Vorfälle, „durch welche die Stadt Mülhausen mehr als über einen Barbareneinfall erschrocken“, auf die Machinationen der Getreidehändler zurück. Andere wollten wissen, dass die Köchlin'sche Partei ihre Hand im Spiele gehabt habe. Sie habe die ganze Misère auf die Unfähigkeit des Bürgermeisters geschoben und verbreitet, derselbe hätte sich verschworen, nicht zu rasten, bis die Arbeiter Steine ässen. Wieder andere meinten, es sei ein Versuch der Kommunisten, deren Grundsätze bereits alle Arbeiter angesteckt hätten, zum Umsturze der gesellschaftlichen Ordnung gewesen.[1]

Bedenkt man jedoch, dass die erste Anregung von der Arbeiterelite, den Maschinenbauern, ausgieng, so dürfte

[1] C. d. A. 17. August 1847.

man eher der Ansicht zuneigen, dass von diesen nur eine grosse Arbeiterdemonstration geplant gewesen sei. Aber nachdem sie die Bewegung eingeleitet hatten, bemächtigten sich ihrer die minder hochstehenden Spinner und Weber, und in Folge der Rohheit und der blinden Wut dieser hat sie den geschilderten traurigen Ausgang genommen. Auch mag der Wein, den man in den Kellern gefunden, das seinige beigetragen haben, die durch die Leiden der langen Krise gereizten und erbitterten Proletariermassen in wildem Taumel zu den beklagenswerten Schritten fortzureissen.

Für diese Auffassung spricht auch, dass die Maschinenbauer sich, freilich vergebens, bemühten, die Menge von ihrem wahnsinnigen Thun abzuhalten und zu besänftigen.[1]

Ebenso spricht für die Reinheit der ursprünglichen Absichten der Charakter des Mannes, welcher am Morgen als Sprecher der Deputation aufgetreten war. Entsetzt durch die Leiden der Unglücklichen, welche er vor Entkräftung in den Werkstätten hatte hinsinken sehen, hatte er den gefährlichen Auftrag übernommen, Führer seiner Kameraden zu sein. Er war einer der geschicktesten Arbeiter. Von seinem Lohne hatte er während der Krise mehrere notleidende Familien erhalten. Er stand bei den Arbeitern in Ansehen. An den Exzessen hatte er keinen Anteil. Gleichwol wurde er für den Anstifter ausgegeben, und die Arbeitgeber, welche unter dem Titel „Assisen" Recht sprachen, verurteilten ihn zur härtesten Strafe.

Unter allen Angeschuldigten hatte er sich durch edle Denkungsart und ungewöhnliche Festigkeit ausgezeichnet.[2]

Nun aber setzte man auch den Ausweisungsapparat in grossem Massstabe in Thätigkeit. Hunderte von Arbeitern, die sich über keine Existenzmittel ausweisen konnten, wurden von den Gendarmen an die Grenze geführt, und ihnen die Rückkehr untersagt.[3]

[1] l. c. 1. Aug. 1847.
[2] l. c. 17. Aug. 1847.
[3] l. c. 27. Juli 1847.

VIII. KAPITEL.

DIE SOZIALEN ZUSTÄNDE MÜLHAUSENS.

Dr. Penot, Mitglied und später Vizepräsident des Mülhäuser Gewerbevereines, berechnet in einer in den Mitteilungen des genannten Vereines enthaltenen Abhandlung, dass zur Bestreitung des physiologischen Existenzminimums der Lohn für einen Mann 1.25, für eine weibliche Person 1.05 und für eine Familie 2.80 Fr. pro Tag betragen müsse, das Jahr zu 300 Arbeitstagen gerechnet.[1] Ein Vergleich dieser Daten mit den im Kapitel VI mitgeteilten Lohntabellen macht ersichtlich, dass gerade die zahlreichsten Arbeiterkategorien hart an dieser Grenze stehen, ja sogar hinter ihr zurückbleiben. Berücksichtigt man ausserdem noch die schrecklichen, verdienstlosen Zeiten der Krisen mit ihren Lohnminderungen, Kürzungen der Arbeitszeit oder völligen Entlassung, so ergiebt sich das Resultat, dass das jährliche Einkommen vieler Arbeitergruppen nicht einmal das physiologische Existenzminimum erreichte.[2]

Auch ist uns nunmehr, nachdem wir den Charakter der Krisen kennen gelernt haben, die Ursache dieser Erscheinung vollkommen klar; sie liegt in der übergrossen industriellen Reservearmee, welche, in Zeiten der Prosperität aus den benachbarten Ländern angezogen, in Zeiten der Krise wieder über die Grenze geworfen, die Lohnsätze auf so niedriger Stufe erhielt. Der grosse Vorteil, den die Koalitions-

---

[1] B. XVI. p. 419, 420.

[2] Das heisst, dass sie sich keine Nahrung verschaffen konnten, welche einen vollen Wiederersatz der verausgabten Kräfte gewährleistet hätte.

verbote den elsässer Fabrikanten gegenüber den englischen verschafften, wurde von ihnen hie und da offen zugestanden; der grosse Vorteil, den ihnen aber jene „Arbeiterreserve" bot, scheint bisher noch nicht gebührend gewürdigt zu sein. Und doch, wo giebt es eine grosse Fabrikstadt, welche, in ähnlicher Weise an der Grenze zweier fremder Staaten gelegen, sich stets, sobald nur eine leise Tendenz zur Lohnsteigerung vorhanden war, die Arbeiter in Massen verschaffen und, sobald die Zeichen des Niederganges sich fühlbar machten, ohne weiteres die ganze Masse wieder durch Ausweisung abschütteln konnte?

Wäre das nicht der Fall gewesen, so hätten die Industriellen während der Arbeitslosigkeit in Armenunterstützungen jene Prämien für Arbeitslosigkeit nachzahlen müssen, welche eigentlich im Lohne hätten enthalten sein sollen, die dieser aber wegen der äusserst günstigen Position der elsässer Fabrikanten im Lohnkampfe thatsächlich nicht enthielt. Durch das übliche System der Massenausweisungen wurden die Erhaltungskosten der arbeitslosen Reserve dem Auslande oder wenigstens anderen Gemeinden zugewälzt. Die Arbeiter, welche in Mülhausen verblieben, waren die besser entlohnten, welche sich in den schlimmen Zeiten schon selbst durchbringen konnten. Jene, welche in die Stadt nur zur Arbeit kamen, waren in der Regel mit einem kleinen Besitztum ausgestattet, das für das Defizit des Lohns aufkommen musste.

Die Nahrung der Arbeiter bestand fast nur aus Brod, Kartoffeln und Kaffee.

Zum Frühstück assen sie Brod, welches sie in Milch-Kaffee oder ein Surrogat desselben tauchten. Andere nahmen Suppe, doch erforderte die Bereitung derselben viel Zeit und Brennmaterial. Gegen 9 Uhr morgens wurde trockenes Brod gegessen. Mittags gab es Kartoffeln und Speck, bei besser gestellten etwas Gemüse. Nachmittags um 3 Uhr kam wieder trockenes Brod an die Reihe, und Abends wurde die 14—15stündige Arbeitszeit, auf die oft noch ein einstündiger Heimweg folgte, mit Brod und Kaffee beschlossen. Fleisch gab es nur Sonntags. Für den erwachsenen Mann rechnete man pro Tag mindestens 1 kg Brod. In der Stadt gewährten viele Pensionen für 60—75 Centimes pro Tag gänzliche Verköstigung. Dieselbe war etwas besser als die eben geschilderte, war aber infolge ihres Preises nur Junggesellen und unter diesen auch nur reichlicher entlohnten zugänglich.[1]

Die Wohnungsverhältnisse werden am besten durch die Thatsache beleuchtet, dass Mülhausen in den 30er Jahren der Hauptsache nach noch genau denselben Umfang besass, wie in den Zeiten der Republik, als es gegen 7000 Einwohner zählte. Schon damals war es, wie wir Gelegenheit hatten zu bemerken[2], dicht besetzt. Auf denselben Raum, zum Teil auf dieselben engen, kleinen Häuser verteilten sich nun mehr als 20000 Personen. Nur die Fabrikanten hatten ein sogenanntes „Neues Quartier“ für sich angelegt. In diesen unschönen, aber stolzen Gebäuden des Neuquartierplatzes gab es für die Fabrikarbeiter natürlich keine Unterkunft. Die Blätter Mülhausens brachten in jenen Zeiten Annoncen, in welchen eine Stelle in einem Bette (nicht etwa eine Bettstelle!) oder das Viertel einer Dachkammer ausgeboten wurde.[3] Daraus erklärt sich, warum tausende von Arbeitern es vorzogen, noch nach der Arbeit eine Stunde Weges zurückzulegen, statt in den Kellern und Dachkammern Mülhausens für hohen Zins schlechter als die Pferde der Fabrikanten in ihrem Stalle untergebracht zu werden.

Aber freilich, sollten die Mülhäuser Wohnungen bauen für Leute, welche die erste Geschäftsstockung wieder aus der Stadt warf?

Villermé giebt die Zahl der Arbeiter, resp. meist Arbeiterinnen, welche täglich aus der Umgebung in die Mülhäuser Fabriken kamen, auf 5000 an. „Eine Menge von bleichen, mageren Frauen; blossfüssig waten sie im

[1] B. XVI p. 417, 418.

[2] Vgl. p. 60.

[3] B. XXIV. p. 202. 206. Discours sur quelques recherches de statistique comparée faites sur la ville de Mulhouse par A. Penot. Mulhouse 1828. p. 6.

Schmutze; regnet es, so schlagen sie ihre Schürze oder den Rock zum Schutze über den Kopf; daneben her läuft eine Schaar von Kindern, nicht minder schmutzig, nicht minder abgezehrt, bedeckt mit Lumpen, triefend vom Öl der Maschinen, das auf sie während der Arbeit träufelt. In der Hand oder unter ihrer Weste geborgen, tragen sie das Stück Brod, das sie bis zu ihrer Heimkehr ernähren muss. Spät Abends gelangen sie erschöpft nach Hause; beim ersten Morgengrauen eilen sie wieder in die Fabrik. Andere, um den langen Weg zu vermeiden, begnügen sich mit der denkbar schlechtesten Unterkunft."

Villermé sah in einem elenden Gemache zwei Familien, jede in einer Ecke, auf schlechtes Stroh gebettet. Und für solche Verliesse wurden bis 9 Fr. pro Monat gezahlt. Die Folgen dieser Lebensweise zeigten sich darin, dass von einer Generation der arbeitenden Bevölkerung die Hälfte schon binnen zwei Jahren verstorben war, ohne dass die Geburtenziffer eine abnormale Höhe erreicht hätte. In den gut gestellten Kreisen starb eine Generation erst binnen 29 Jahren zur Hälfte aus.[2] — Der verdienstvolle französische Gelehrte schildert uns auch eine der einwandernden deutschen Familien: „Ihre Ruhe, ihre Umsicht, ihre Art sich zu geben, stachen sehr ab von der Frechheit und Insolenz unserer Vagabunden. Alles bei ihnen schien das Unglück achtenswert zu machen. Sie bettelten nicht, sie suchten nur Arbeit."[3]

Wir haben bisher das Gebiet des psychischen, des sittlichen und geistigen Elendes noch nicht betreten; wir haben aber die es bedingenden Elemente kennen gelernt. Man denke an die heisse Luft der Arbeitssäle, in denen Weiber in leichtester Kleidung neben Männern arbeiteten, man denke an die gemeinsame Heimkehr in späten Nachtstunden, man denke an die Folgen der Nachtarbeit, man denke an die Quartiere, in denen ohne Unterschied des Geschlechtes und Alters alles neben einander lag, man

[1] Villermé p. 26, 27.
[2] B. XXIV. p. 64 u. flg.
[3] l. c. p. 29.

denke an die Scenen und Reden, welche unter solchen Umständen sich schon unmündigen Kindern boten, man denke an den Mangel jeder geistigen und sittlichen Bildung, welchen die masslose Arbeitszeit verschuldete, und wenn man all' das sich vor Augen hält, wird man eher darüber erstaunt sein, dass das Bild nicht noch trüber gestaltet ist, als wir berichten.

Gewerbsmässige Prostitution soll unter den Fabrikarbeiterinnen nicht vorgekommen sein. Um so häufiger waren die wilden Ehen.[1] Hieran trugen aber bestimmte rechtliche Zustände den Hauptteil der Schuld.[2]

In vielen deutschen Staaten und Kantonen der Schweiz konnte keine gesetzliche Heirat geschlossen werden, solange die Frau, welche der Stellung des Mannes folgte, sich nicht zuvor über die Erlangung des Bürgerrechtes an dem Wohnorte des Mannes für sich und für ihre zukünftigen Kinder ausgewiesen hatte. Wurde ohne Genehmigung geheiratet, so war die Verbindung nicht als legitim anzusehen. Im Falle des Todes des Gatten fielen dann Frau und Kinder dem Lande, in dem sie sich eben aufhielten, zur Last. Heiratete nun beispielsweise in Mülhausen ein Würtemberger ein Mädchen aus Glarus ohne Genehmigung der beiderseitigen Ortsbehörden, so wurde, falls der Mann bei einer Krise ausgewiesen wurde, sein Weib in seiner Heimat nicht aufgenommen, weil diese die Ehe nicht anerkannte; kam die Frau aber nach ihrer Heimat, so wies man sie aus, weil sie durch die Ehe die Heimatsberechtigung verloren hatte. Mülhausen aber konnte sie natürlich nur brauchen, wenn die Geschäfte florierten.

Ähnlich war es, wenn eine Elsässerin einen Ausländer ohne Genehmigung von dessen Heimatsbehörde heiratete. Sie folgte dem Status ihres Mannes und verlor die französische Heimatberechtigung, ohne jene des Mannes zu gewinnen. Durch eine Krise aus dem Elsass vertrieben, konnte er ohne weiteres in seiner Heimat eine andere Ehe eingehen.

---

[1] Volz 126.

[2] l. c. p. 126—131. Villermé p. 33. 34.

So war denn das System der Ausweisungen auch von einer furchtbaren Zerrüttung der Familienbeziehungen begleitet.

Was Wunders, wenn man unter solchen Umständen auf die rechtliche und kirchliche Sanktion der Verbindung lieber Verzicht leistete, um seine Heimatsberechtigung nicht zu verlieren.

Man schloss dann eben „mariages à la Parisienne", oder, wie man es mit einem deutsch gebildeten Worte bezeichnet, man „paristerte", man machte es wie in Paris.

Die Zahl der unehelichen Geburten betrug im Durchschnitt von 1830—47 18,62 %. Und doch sollen die Mädchen sehr vorsichtig gewesen sein![1]

Auch sollen viele Schwangere die Stadt, welche für die Niederkunft keine Hilfe bot, verlassen haben und nach Colmar gegangen sein. Andere wieder verscheuchte der Umstand, dass die Mülhäuser Zeitungen die Namen der unehelichen Mütter brachten. Überdies wohnte in Mülhausen selbst ja nur ein Teil der Arbeiterschaft. Alle nur auf die Stadt sich beziehenden statistischen Aufnahmen geben kein richtiges Bild von den Arbeiterverhältnissen. Es wird durch die günstigeren Zustände der wolhabenderen Schichten zu sehr verwischt.

Über die Anerkennung der unehelichen Kinder hat Villermé eine interessante Studie angestellt. Nach den Ergebnissen derselben erfolgte jene in demselben Masse häufiger oder seltener, als die Vermögensverhältnisse auf beiden Seiten sich ähnelten oder stark auseinandergiengen. Am seltensten kamen Anerkennungen bei den Druckereiarbeiterinnen vor, welche zumeist die Maitressen der Werkmeister, der Fabrikantensöhne oder anderer wolhabender Leute waren; häufig dagegen bei den gleich armen Webern und Weberinnen.[2]

In der Revue d'Alsace vom Jahr 1836 ist ein vorzüglicher Stimmungsbericht über Mülhausen enthalten, welchen

[1] Volz, p. 126. 133. Villermé. p. 33.

[2] Villermé, p. 51—53.

in seinen markantesten Stellen wiederzugeben, wir uns nicht versagen können:[1]

„Mülhausen besitzt einen grundverschiedenen Charakter, je nachdem man es Sonntags oder am Werktage betrachtet. Während der Woche bedecken zahlreiche Schlote die Stadt mit finsterem Qualme. Früh, Mittags und Abends wimmeln die Strassen von den aus den Fabriken strömenden Arbeitern, sonst sieht man nur Leute mit kaufmännischer Physiognomie durch die Strassen eilen."

„Sonntags erscheint die Stadt wie todt. Die Arbeiter sind draussen auf dem Lande und gehen ihren rohen Vergnügungen nach. Allein wer wollte ihnen diese missgönnen? Ihnen, die 6 von 7 Tagen in freiwilligen Gefängnissen schmachten, in diesen Schlössern der modernen Feudalität, Sklaven der Bourgeoisie, von früh bis in die Nacht über die Maschinen gebeugt, abgezehrt, bleich, zerlumpt, verschmutzt, führen sie unter der Sonne Frankreichs ein Negerleben. Allerdings zwingt sie nicht die Peitsche des Aufsehers zur Arbeit. Ihre Bürgerwürde, welche sie für einige Sous pro Tag verkaufen, wird ihnen zurückgegeben, wenn sie wollen, d. h. wenn sie verhungern wollen. Sie haben auch das Recht reich zu werden, so gut wie die Soldaten den Marschallstab in dem Tornister tragen."

„Und angesichts solcher Zustände soll noch von Segnungen der Industrie gesprochen werden?"

„Weg mit diesem heuchlerischen Egoismus, dem man nur schon zu lange gehuldigt! Es wird Zeit, die Dinge endlich beim rechten Namen zu nennen, nicht von Philanthropie zu sprechen, wo nur Gewinnsucht, nur die Sucht nach Berühmtheit herrscht; Gold und Eitelkeit sind die Seelen dieser Industriellen."

„Die früheren Feudalherren wurden als Despoten verschrien, die Industriellen werden als sociale Friedensapostel und Beglücker gepriesen, als ob es nicht ein Unterschied wäre, ob man die Arbeiter wegen ihrer selbst, oder wegen seiner selbst arbeiten lässt."

---

[1] Mulhouse et le vieux Mulhausen par Louis Levrault. Revue d'Alsace 20. Januar 1836; auch separat erschienen.

„Besonders während der Restauration, als der Hof wieder den alten Traditionen schmeichelte, entstand eine Opposition, welche die Industrie geradezu verhimmelte. Jeder Fabrikant galt als Heros der Wolthätigkeit, als weiser, grosser Bürger, und die Spekulanten waren verwundert, als sie Bürgerkronen erhielten, wo sie bloss Gold suchten."

„Man entwirft ideale Bilder von Mülhausen, von den romantischen Sitten und Gebräuchen seiner Bevölkerung, von der rührenden Wolthätigkeit seiner Geldaristokratie, von der rührenden Erkenntlichkeit seiner arbeitsamen Proletarier. Solche Schilderungen verbreiten wolwollende, stets zur Bewunderung geneigte Reisende, welche, nachdem ihnen der Champagner der Fabrikanten gemundet, die Lage der Arbeiter für sehr glücklich halten."

Der Verfasser des citierten Aufsatzes wurde als Anarchist und Brandstifter verschrien.

Ob mit Recht?

Wir glauben, Thatsachen genug mitgeteilt zu haben und werden auch weiter noch solche mitteilen, die den Leser in Stand setzen dürften, selbst ein Urteil zu fällen.

2. SOZIALPOLITISCHE ANLÄUFE.

IX. KAPITEL.

DAS UNTERSTÜTZUNGSWESEN.

Für die Regelung des Unterstützungswesens kommen in erster Reihe die Bestimmungen des Gesetzes vom 24. vendémiaire (15. Oktober 1793) in Betracht, denen zufolge den arbeitsfähigen Armen an ihrem Unterstützungswohnsitze (domicile de secours) zu einem vom Staate festgesetzten Arbeitslohne Arbeit verschafft werden sollte. Allein diese Bestimmungen sind nicht in Kraft geblieben; Geltung behielten nur die Vorschriften über Erwerb und Verlust des Unterstützungswohnsitzes. Denselben besitzt in einer Gemeinde:

1) Wer durch Geburt in der betreffenden Gemeinde sein Domizil hat; es ist das Domizil, das die Mutter im Augenblick der Geburt hat.

2) Wer sich ein Jahr in der Gemeinde aufgehalten hat. Dagegen sind für die, welche ihre Dienste vermieten, zwei Jahre notwendig; für die, welche in der Gemeinde heiraten, nur 6 Monate.

3) Wer sich im Augenblicke der Not in der Gemeinde aufhält:

a. wenn er als Soldat den Krieg mitgemacht,
b. wenn er 70 Jahre oder ein altersschwacher Mann,
c. wenn er infolge der Arbeit arbeitsunfähig geworden,

d. wenn er krank ist.

Eine rechtliche Verpflichtung, alle Armen zu unterstützen besteht aber weder für Staat noch Gemeinde, sondern sie sind nur soweit, als ihre Mittel reichen, dazu verpflichtet.

In jeder Gemeinde soll ein bureau de bienfaisance errichtet werden.

Ein Dekret vom 11. Januar 1811 begründet nur für Findel- und Waisenkinder eine rechtliche Verpflichtung der Gemeinde, resp. der Departements, in letzter Reihe des Staates zur Unterstützung.[1]

Mülhausen war zum Zwecke der Armenunterstützung in 28 Bezirke geteilt, welchen je eine Dame und ein Herr vorstand, die von einem die Armen behandelnden Arzte unterstützt wurden. Die Armen waren in Listen aufgezeichnet.

Die Unterstützungen bestanden in der unentgeltlichen Aufnahme kranker Personen in das Hospital, in der Gewährung von Medikamenten, von Pensionen an Wittwen, Greise sowie verarmte Familien, in der Bestreitung der Kosten für die Kleinkinderschulen, in der Lieferung mannigfacher Naturalien, in der Verabfolgung von Reisegeldern an Fremde, in der Bezahlung der Beerdigungskosten, in der Gewährung von Kost und Wohnung an Waisen, Greise und Findelkinder.

Im Jahre 1841, einer Zeit schlechten Geschäftsganges, wurden 549 Personen von der Armenpflege im Spitale untergebracht; 170 Familien wurden in den 6 Wintermonaten durch Pensionen unterstützt, d. h. an sie pro Monat im Ganzen 780 Fr. verteilt. Die Zahl der versorgten Greise, Waisen- und Findelkinder betrug zwanzig.

Alles in allem wurden 34 000 Fr. ausgegeben. Da man nur 25 000 zur Verfügung hatte, blieb demnach ein Defizit von 14 000 Fr. für das nächste Jahr.[2]

Diese Ziffern sind unter den entsetzlichen Verhältnissen, die wir kennen lernten, nicht sonderlich imposant. Auf

---

[1] Löning in Schönberg's Hdb. d. pol. Ök. 1882. II. p. 583, 584.

[2] B. XVI. p. 437—440.

den Kopf der Bevölkerung fallen nur 0,87 Fr., heute dagegen 2,62 Fr. = 2,10 Mk. an Unterstützung.[1]

Dadurch, dass zur Unterstützung nur nach Massgabe der vorhandenen Mittel eine Verpflichtung bestand, entbehrte das ganze System natürlich jedes festen Haltes und beruhte thatsächlich auf der Willkür der betreffenden Armenpfleger. Welch' radikale Mittel zur Minderung der Armenlasten man in Mülhausen in der Landesverweisung des Arbeitslosen zur Hand hatte und auch anwandte, wissen wir ja.

Weder der Staat, noch die Selbstverwaltungskörper übernahmen also eine ausreichende Verpflichtung zur Unterstützung. Es wäre nicht mehr als billig gewesen, wenn die Behörden wenigstens die aus den Arbeiterkreisen hervorgehenden Bestrebungen zu einer den Bedürfnissen entsprechenden Regelung des Unterstützungswesens lebhaft gefördert hätten.

Im Jahre 1823 reichten die Baumwollweber in Mülhausen bei dem Bürgermeisteramte die Statuten einer Krankenkasse, einer sogen. „Weberlade" ein. Es scheint der erste derartige Versuch gewesen zu sein.[2] Der Bürgermeister wusste nicht, was er mit den Statuten anfangen sollte und sandte sie dem Präfekten ein. Letzterer aber bat erst bei dem Ministerium um Instruktion.

Diese erteilt ein Schreiben des Ministers des Innern vom 2. September 1823. Indem er besonders in den Versammlungen des Unterstützungsvereins ein gefährliches Moment erblickt, empfiehlt er den Lokalbehörden „zu erwägen, ob diese Versammlungen nicht die öffentliche Ordnung gefährden, und ob sie ohne jeden Hintergedanken abgehalten würden; ferner sollen die Lokalbehörden auch die notwendigen Massregeln ergreifen, um Missbräuchen zuvorzukommen, welche die Mitglieder mit der Ermächtigung zahlreiche Versammlungen zu bilden, treiben könnten.[3]

[1] Beitrag zur Geschichte Mülhausens i. E. und der Entwicklung seiner Industrie. Mülhausen 1886. p. 23.

[2] B. A. Soc. d. Sec. Über die von Penot B. XXII p. 61 erwähnte Hilfskasse der Drucker aus dem Jahre 1804 konnte ich in dem Archive keine Daten finden.

[3] Annuaire pour 1825. p. 207.

Diesen Winken gemäss mussten in die Statuten der „Weberlade“ noch folgende Bestimmungen aufgenommen werden:[1]

„Art. 21. Die Generalversammlungen werden zum voraus bestimmt; es wird den Ortsbehörden davon Kenntnis gegeben, welche ihre Vertreter zur Aufrechterhaltung der guten Ordnung hinsenden können. Es kann hierbei über keine anderen Gegenstände, als welche der statutenmässigen Vereinsthätigkeit entsprechen, beraten werden.“

„Art. 22. Ausserordentliche Versammlungen können ohne Erlaubnis des Bürgermeisters nicht stattfinden.“

„Art. 23. Jede Versammlung, in welcher Lärm oder Unordnung entstehen sollte, kann sogleich auf Befehl des Bürgermeisters aufgelöst werden.“

„Art. 25. Ohne Genehmigung der oberen Behörde darf keine Statutenänderung vorgenommen werden.“

Der Inhalt der auf den eigentlichen Zweck der Kasse, die Krankenunterstützung, sich beziehenden Artikel, war der Hauptsache nach folgender:

Von den Teilnehmern wird nach Mehrheitsbeschluss ein aus neun Mitgliedern bestehender geschäftsführender Ausschuss für ziemlich kurze Zwischenräume, 3—6 Monate, gewählt.

Ausser einem mässigen Eintrittsgelde von 2 Fr. hat jedes Mitglied alle 4 Wochen 60 Centimes zu entrichten. Im Falle jedoch, dass diese Einnahmen nicht ausreichen, kann nach Umständen der Beitrag durch Mehrheitsbeschluss der Teilhaber erhöht werden.

Das Recht auf Unterstützung tritt erst ein, nachdem 4 Wochen, vom Zeitpunkte des Eintritts gerechnet, verflossen sind.

Kein neu aufzunehmendes Mitglied darf älter als 50 Jahre sein, ausser, er wäre neu angekommen und könnte nachweisen, dass er schon 10 Jahre Mitglied einer Kasse gewesen. Kein Weber, der weiter als eine Stunde von Mülhausen wohnt, kann aufgenommen werden.

---

[1] Die Statuten. B. A. Soc. d. Sec. Darauf beruht auch die weitere Darstellung.

Der Kranke ist für die Zeit der Krankheit seines Beitrages entbunden und erhält, wofern die Krankheit nicht durch unmässiges Essen und Trinken, durch Streit etc., selbst verschuldet worden, 1 Fr. pro Tag. Die Kosten für ärztliche Behandlung und Medikamente werden von der Kasse bestritten.

Jedes verstorbene Mitglied soll ehrbar auf Kosten der Lade beerdigt werden.

Es ist nicht gestattet noch einer andern Krankenkasse ausser der vorstehenden als Mitglied anzugehören.

Diese auf Gegenseitigkeit beruhende Krankenversicherungskasse bildet also einen schüchternen Ansatz einerseits zur Ausbildung einer Arbeiterversicherung, andererseits zu einer korporativen Organisation der Arbeiter auf berufsgenossenschaftlicher Basis.

Als Krankenversicherung beurteilt muss zunächst die Unvollkommenheit der durch die Kasse gewährten Unterstützung betont werden. Nicht nur, dass bloss Arbeitern männlichen Geschlechtes bis zu 45 Jahren der Eintritt offen steht, hört die Versicherung auch auf wirksam zu werden, sobald ein Mitglied wegen Arbeitslosigkeit nicht mehr im Stande ist, die Prämien zu zahlen.

In der Praxis freilich soll man Mitgliedern, welche wegen Arbeitsmangel ihren Verpflichtungen gegen die Kasse nicht nachkommen konnten, eine weitgehende Stundung der Beiträge regelmässig gewährt haben. Das war aber nur eine Gnade, kein durch die Statuten zugestandenes Recht.[1]

Ferner muss die gewährte Unterstützung von 1 Fr. pro Tag im Krankheitsfalle nebst Deckung der Kosten für ärztliche Behandlung und Medikamente als unzulänglich bezeichnet werden. Für Mülhausen wurde ja der Betrag von 1,25 Fr. zur Befriedigung des physischen Existenzminimums angegeben.

Wie soll 1 Fr. pro Tag ausreichen, um etwa, wie es häufig erforderlich ist, den durch Arbeit entkräfteten Arbeiter

[1] Mündliche Mitteilung des Präsidenten einer freien Hilfskasse in Mülhausen.

wieder durch bessere Kost zu stärken, geschweige der vielen anderen ausserordentlichen Ausgaben, welche im Gefolge von Krankheiten aufzutreten pflegen. Der Fall, dass der Arbeiter verheiratet ist und eine erwerbsunfähige Familie besitzt, darf schon gar nicht in Betracht gezogen werden.

Als Vorzug müssen wir die Bestimmung anerkennen, derzufolge die Beitragleistung keine feste ist, sondern nach den Bedürfnissen auch besondere Umlagen erhoben werden können. Dadurch erscheint die Zahlungsfähigkeit in höherem Grade gesichert.

Den skizzierten Charakter besitzen alle derartigen vor 1848 gegründeten Kassen.[1]

Solche wurden namentlich von den Handwerksgesellen in grosser Zahl begründet: Metallarbeiter, Schmiede, Schlosser, Schreiner, Zimmerleute etc. Ihnen folgten die Fabrikarbeiter.

Als Einleitung geht den eigentlichen Statuten gewöhnlich eine Vorstellung voraus, wie der geringe Ertrag der Arbeit der Bittsteller kaum zum Unterhalte und der Kleidung ausreiche, und dass sie in Krankheitsfällen ganz verlassen seien.

Die Handwerker hätten solche Kassen schon mit Vorteil begründet.

Das nämliche wollten sie auch thun, da sie noch mehr als alle übrigen Arbeiterkategorien Krankheiten ausgesetzt wären, da sie selten reine Luft genössen, und die Werkstätten in der Regel ungesund seien.

Gegen die krankenversichernde Thätigkeit derartiger Vereine hatten nun die kommunalen und Staatsbehörden nichts einzuwenden, da dadurch die öffentliche Armenpflege entlastet wurde. Um so grösser war aber ihre Sorge, dass aus denselben ansehnliche Korporationen zur Vertretung der Arbeiterinteressen sich entwickeln könnten.

So legten manche Kassen ein besonderes Gewicht darauf, dass alle Mitglieder bei dem Leichenbegängnisse eines Genossen erschienen.

Ein Bürgermeister empfiehlt dem Präfekten dringend,

---

[1] B. XVI. p. 494–500.

die diesbezüglichen Bestimmungen nicht zu genehmigen. „Diese Begräbnisse, bei denen ein Zug von mehreren Hunderten von Arbeitern dem Verstorbenen folgt, geben dieser Arbeiter-Klasse eine zu grosse Bedeutung. Abgesehen von der durch das Begräbnis erforderten Zeit, gehen die Leute nachher noch in die Schenke; selbst am andern Tage herrscht unter ihnen noch Unordnung, so dass bedeutende Verluste für den Fabrikanten entstehen."

Ferner nimmt man Anstoss daran, wenn die Versammlungen in einem Wirtshause stattfinden. Sofern die Gründung der Kassen von Handwerksgehilfen ausgeht, verwenden die Bürgermeister ihren ganzen Einfluss darauf, womöglich auch den Meistern den Eintritt zu ermöglichen, damit ja jede selbständige Regung des Arbeiterstandes sofort im Keime erstickt werde.

Die von den Bürgermeistern den Statuten beigelegten Begleitschreiben an den Präfekten haben stets etwas zu bemängeln; bald ist das Unternehmen zu gross, bald zu klein, bald scheinen die an der Spitze stehenden Personen nicht die nötigen moralischen Garantien zu gewähren u. s. w.

Auch der den Prinzipien der Versicherung so entsprechenden Vermehrung der Mitgliederzahl der Kasse durch Ausdehnung auch auf andere Ortschaften tritt man entgegen, um die Arbeiter möglichst isoliert zu erhalten.

Die der Weberlade von Mülhausen hinzugefügten Artikel, welche, wie ersichtlich, jede Regung der Kasse unter die obrigkeitliche Aufsicht unterstellen, werden auch für alle anderen derartigen Bildungen massgebend.

Trotz dieser Knebelung des Arbeiterkassenwesens scheint man sich doch noch nicht beruhigt gefühlt zu haben, sondern trachtete darnach, dem an sich ja dringenden Bedürfnisse der Arbeiterkrankenversicherung auf eine Weise gerecht zu werden, welche auch jeden Schatten einer Gefährdung „der guten Ordnung" beseitigen musste; man gieng an die Gründung von Fabrikkrankenkassen und einer Gemeindekrankenkasse.

Zu den Fabrikkrankenkassen, die in den dreissiger Jahren auftauchten, waren durch den Arbeitsvertrag alle oder nur gewisse Arbeiterkategorien zum Beitritte verpflichtet. Ausnahmsweise befreite der Nachweis der Mitgliedschaft bei einer andern Kasse davon.

Die Beiträge der Mitglieder bestanden sodann in gewissen Prozentsätzen des Lohnes, welche bei den Lohnzahlungen sofort in Abzug gebracht wurden. Die Unternehmer leisteten keine regelmässigen Beiträge. Höchstens dass sie jene Strafgelder, welche nicht wegen Abwesenheit, Verspätung oder fehlerhafter Arbeit erhoben wurden, also die reinen Ordnungsstrafgelder, denen ein direkter Schaden auf Seite der Unternehmer nicht entsprach, den Krankenkassen zukommen liessen. Dafür aber „belasteten" sie sich mit der Verwaltung der Kasse, resp. ernannten einige ihnen genehme Werkmeister dazu. Der Unterstützungsanspruch erwuchs gewöhnlich erst, nachdem schon durch 2½—3 Monate Einzahlungen geleistet worden. Mit der Entlassung aus dem Etablissement hörte jeder Anspruch augenblicklich auf.[1]

Es erhellt, dass diese Art der Krankenversicherung, wenn sie sich allerdings auch öfters auf Arbeiter beider Geschlechter bezieht, doch die Mängel der oben erwähnten freien Krankenkassen in verstärktem Masse an sich trägt. Nicht nur, dass durch die dem Unternehmer zustehende Verwaltung, die nicht einmal durch entsprechende Beiträge seinerseits nur einigermassen gerechtfertigt erscheint, die Herrschaft desselben über die Arbeiter verschärft wird, es entsteht nun auch eine Unwirksamkeit der Versicherung bei der blossen Entlassung, während bei der freien Kasse eine Unwirksamkeit erst dann eintritt, wenn die Arbeitslosigkeit auch Unfähigkeit zur Zahlung der Beiträge zur Folge hat. Letztere werden in dem erwähnten Falle durch längere Zeit übrigens gestundet. Bei der Organisation der Fabrikkrankenkassen ist es sogar denkbar, dass ein beständig in Arbeit stehender, seine Beiträge regelmässig entrichtender Arbeiter thatsächlich unversichert bleibt, wenn er nämlich das Unglück hat, gerade immer vor Ablauf der „Karenzfrist" entlassen zu werden.

[1] Cf. die Statuten in B. A. Soc. d. Sec. B. XXII. p. 72—77.

Es ist klar, dass die Fabrikkrankenkassen, soweit sie den Charakter von Zwangskassen tragen, die Entfaltung eines freien Kassenwesens geradezu unmöglich machen. Das ist aber auch ihr zum Teil offen eingestandener Zweck.[1]

Für die spätere Entwickelung des Unterstützungs- resp. Versicherungswesens im Ober-Elsasse ist die aus dem Jahre 1844 herrührende „Allgemeine Kranken-, Invaliditäts- oder Alterskasse zu Mülhausen“ von Interesse.[2]

Da sowol von den Fabrikkrankenkassen, als den freien Kassen meist nur Personen der gesündesten Alterskategorien aufgenommen wurden, so war dem Stadtrate von Mülhausen in sofern ein Vorwand zum Einschreiten gegeben, als die öffentliche Armenpflege von der Last, für jene unversicherten Personen im Krankheitsfalle aufzukommen, fürderhin befreit werden sollte.

Die genannte Kranken- und Alterskasse erstreckt sich daher auf alle in Mülhausen arbeitenden Personen. Solche können vom 8. Lebensjahre an aufgenommen werden. Nur ungeimpfte Kinder und mit chronischen Krankheiten behaftete Personen sind ausgeschlossen.

Die in 14tägigen Raten zu leistenden Prämien, für Personen von 8—45 Jahren ungefähr 2%, für jene über 45 Jahre etwa 3% des Lohnes betragend, verleihen ein Recht auf Unterstützung im Krankheitsfalle. Dieselbe beläuft sich pro Krankheitstag für Personen von 8—45 Jahren auf das dreifache, für jene über 45 Jahren auf das zweifache der Prämie.

Ein Recht auf Unterstützung erwächst erst nach dreimonatlicher Mitgliedschaft. Mitglieder können, auch wenn sie Mülhausen verlassen, aber noch im Departement bleiben, rechtlich wenigstens ihre Ansprüche aufrecht erhalten, sofern sie natürlich pünktlich ihre Beiträge zahlen.

Die Verwaltung der Kasse liegt in den Händen des Bürgermeisters und einer aus neun Mitgliedern bestehenden Kommission. Dieselben werden vom Stadtrat gewählt:

---

[1] B. XXII. p. 64.

[2] B. XVI. p. 500, B. XXII. p. 63, 64.

3 aus dem Stadtrate selbst, die übrigen 6 aus den Fabrikanten, Werkmeistern und Notablen. Diesem Verwaltungsrate steht ein Generalrat zur Seite, in welchem einmal Mitglieder des Verwaltungsrats sitzen und ausserdem Delegirte der Arbeiter. Der Generalrat ist aber nur mit den untergeordneten Geschäften betraut.

Vergleichen wir die eben skizzirte Institution mit den ihr vorangeschickten Typen, so zeichnet sie sich durch ihre grössere Zugänglichkeit wol vor beiden aus, hat aber wieder den Fehler, dass bei der Berechnung der Beiträge nur die Lohnhöhe und nicht auch die mehr oder minder grosse Erkrankungsgefahr der einzelnen Berufe in Erwägung gezogen wird. Gemeinsam ist der Gemeinde- mit der freien Berufsgenossenschafts- und der Fabrikkranken-Kasse die Unwirksamkeit der Versicherung bei durch Arbeitslosigkeit verschuldeter Unfähigkeit zur Leistung der Prämien.

Muss schon für die Führung der Krankenunterstützungsgeschäfte der Umstand, dass die Arbeiter in dem ausschlaggebenden Verwaltungsrate gar nicht vertreten sind, als ein Mangel bezeichnet werden, so rückt derselbe noch in eine ganz eigentümliche Beleuchtung, wenn man die zweite Seite der Thätigkeit der Kasse in Betracht zieht, nämlich die Gewährung von Alterspensionen.

Noch unerfahren in der Technik der Krankenversicherung hielt man die Prämien für zu hoch berechnet und erwartete Überschüsse. Von denselben sollen $^2/_3$ zu Alterspensionen verwendet werden. Über den Modus der Gewährung entscheidet allein der Verwaltungsrat, sodass den Unternehmern, denn aus diesen besteht er ja, neue Machtmittel über die Arbeiter zugeführt werden; und zwar kosten dieselben den Unternehmern gar nichts. Die Prämien, welche sie derart ihren besonders genehmen, altersschwachen Arbeitern gewähren wollen, sollen ja durch die für die Krankenversicherung des Arbeiters zu hoch bemessenen Leistungen gedeckt werden.

Diese ganz unstatthafte Verquickung zweier wesentlich verschiedenen Versicherungsarten werden wir auch in der Epoche nach 1848 vielfach finden und sie dann noch eingehender beurteilen. Sie bildet den Grundzug des spezifisch ober-elsässer Versicherungswesens.

Zum Schlusse mag noch bemerkt werden, dass alle Kassen die Unfälle mit Stillschweigen übergehen, und es deshalb im Unklaren bleibt, inwiefern sie für dieselben aufkommen.

Bei allen drei Arten der Kassen fehlen direkte Beiträge der Unternehmer gänzlich.

Die flottierende Bevölkerung, jene Tausende von Unglücklichen, welche jede Krise mit Ausweisung bedrohte, zogen aus der beschriebenen Organisation des Versicherungswesens natürlich gar keine Vorteile. Gerade für die Zeit des grössten Elends, der Arbeitslosigkeit, während welcher wegen der unzureichenden Subsistenzmittel die Erkrankungsgefahr zunimmt, blieben sie auf jeden Fall unversichert.

X. KAPITEL.

DIE FRANZÖSISCHE FABRIKGESETZGEBUNG.

In Frankreich bestand ebenso wenig als in England ein obligatorischer Schulunterricht.

Von den Zeiten des ancien regime schweigen wir; selbst unter der napoleonschen Herrschaft, welche für die Ausbreitung des Volksschulunterrichts viel that, gab es im Ober-Elsass Elementarschulen nur „in der Mehrzahl der Städte und einigen reichen Gemeinden".[1] So stand es in jenen Teilen Frankreichs, wo es in dieser Hinsicht noch am besten bestellt war. Stets haben die beiden rheinischen Departements in der Unterrichtsstatistik durch ihre relativ geringe Zahl der Analphabeten geglänzt.

In der französischen wie englischen Unterrichtsgesetzgebung fehlte es an Bestimmungen, um die Kinder an der Fabrikarbeit zu verhindern. Die Möglichkeit für eine schrankenlose Ausdehnung der Kinderarbeit war gegeben. Sie trat thatsächlich ein, nachdem die technische Revolution deren Rentabilität in hohem Masse gesteigert hatte.[2]

Es ist allgemein bekannt, wie angeregt von Owen und geführt von dem radikalen Fabrikanten Fielden und den Tories Oastler, Sadler und Lord Ashley die Arbeiter Englands die Beschränkung der Weiber- und Kinderarbeit eroberten.

Es geschah dies in jenem denkwürdigen Kampfe um das Zehnstundengesetz, welcher der Geschichte der englischen Fabrikgesetzgebung ein dramatisches, oft ein geradezu tra-

[1] Annuaire pour l'an XIII. (1804—1805). p. 245.
[2] l. c. p. 320.

gisches Interesse verleiht.[1] Nichts Ähnliches finden wir in Frankreich, oder speziell im Ober-Elsass. Allein es wäre gewiss ungerecht, aus der Thatsache, dass die dortigen Arbeiter zu einer Beschränkung der Kinderarbeit nicht die Initiative ergriffen, überhaupt an der ganzen diesbezüglichen Agitation keinen Anteil hatten, schon folgern zu wollen, dass sie, kurzsichtig von dem augenblicklichen Vorteil der Arbeit ihrer Kinder verblendet, auch einer Regelung dieser empörenden Verhältnisse durchaus abhold gewesen seien.

Man muss vielmehr in Erwägung ziehen, dass dem französischen Arbeiter ja jede freie Regung durch eine Menge drückender Gesetze sowie durch die arbeiterfeindliche Handhabung des Verwaltungsapparates benommen war, dass er jedes politischen Einflusses entbehrte. Die französische Fabrikgesetzgebung ist daher das Werk einiger philanthropisch gesinnter Persönlichkeiten.

Unserem Principe getreu, vorzugsweise die Anfänge der Entwicklung genau darzulegen, werden wir uns denn auch mit der Person jenes Mannes, der zuerst auf französischem Boden eine Fabrikgesetzgebung befürwortete, näher bekannt machen müssen.

Es ist einer jener wenigen wahrhaft humanen elsässer Industriellen, welcher voll und ganz den Ruf verdient, den man in allzurascher Generalisation auf die elsässer Arbeitgeber überhaupt übertragen hat.

Johann Jakob Burkhardt, geb. 1802 in Wesserling, war der Sohn eines hervorragenden Fabrikanten, der erst an dem berühmten Hause in Wesserling beteiligt, dann in Mülhausen sich etabliert und schliesslich mit Nikolaus Schlumberger in Gebweiler die erste oberelsässer Maschinenfabrik und grösste Feinspinnerei gegründet hatte. Der Sohn erhielt seine erste Erziehung in der Schweiz, wie das bei der Mehrzahl der oberelsässer Industriellen der Fall war. Wol waren dafür das Ansehen, welches die Schweizer Unterrichtsanstalten überhaupt genossen, sowie die Erinnerung an die Jahrhunderte lange enge Verbindung mit der Schweiz massgebend.

---

[1] Alfred, History of the factory movement. 2 vols. London 1859.

Aus dieser zurückgekehrt, hatte er den Tod seines Vaters zu betrauern. Die Mutter eine fromme, ihren Sohn über alles liebende Frau begleitete den jungen Burckhardt nach Paris, wohin er sich zur Vervollständigung seiner Bildung begab. Dort verkehrten beide viel in der Familie des bekannten Baron de Gérando, Verfasser des trefflichen Buches: „De la bienfaisance publique".

In dieser Umgebung scheint der Sinn Burckhardts jene echt philanthropischen Anregungen empfangen zu haben, welche ihn später einen musterhaften Arbeitgeber werden liessen.

Von Paris begab er sich nach England, wo er längere Zeit verblieb und neben den industriellen Fortschritten des vereinigten Königreiches auch mit der Frage der Fabrikgesetzgebung bekannt wurde. Sie stand ja eben auf der sozialpolitischen Tagesordnung. In die Heimat zurückgekehrt, wurde er Gesellschafter des in Gebweiler von seinem Vater mitbegründeten Hauses und hatte nun Gelegenheit, sich zu überzeugen, dass die Leiden der elsässer Fabrikkinder nicht minder schwer waren, als die ihrer englischen Schicksalsgenossen, dass es hier so gut wie dort einer Abhülfe dringend bedurfte.[1]

Bald nach seiner Heimkehr nach Mülhausen war die alle oberelsässischen Unternehmer von Bedeutung umfassende Société industrielle de Mulhouse gegründet worden. Ihr Hauptzweck war, wie bereits ausgeführt, durch eine bessere technische Ausbildung die heimische Industrie zu heben.

Ein Verein für Sozialpolitik, wie es später oftmals irrig dargestellt worden, war dieser Unternehmerverband keineswegs. Der auf die Arbeiter sich beziehende Passus in den Statuten spricht nur davon, dass die Gesellschaft sich mit allem beschäftigen werde, was unter der arbeitenden Klasse die Liebe zur Arbeit, Sparsamkeit und Bildung befördern könne. Man hatte dabei nur eine Hebung des von der Regierung vernachlässigten fachgewerblichen Unterrichtswesens, zunächst die Gründung einer Zeichenschule,

[1] B. XXVII. p. 298—301.

im Auge.[1] Der mächtigste Antrieb zur Liebe zur Arbeit war ja für die Arbeiterklasse schon in dem Hunger gegeben, und wo die Löhne teils unter dem physiologischen Existenzminimum standen, teils nur in minimalen Prozentsätzen darüber hinausgiengen, wäre auch die ganze Hingebung der Société industrielle nicht im Stande gewesen, die Liebe zur Sparsamkeit unter den Arbeitern zu steigern.

Die durch die Vereinsstatuten vorgezeichnete Thätigkeit scheint denn auch unserem Burckhardt nicht ausreichend genug erschienen zu sein. Im Jahre 1827 lenkte er die Aufmerksamkeit seiner Standesgenossen auf die traurige Lage ihrer Arbeiter und schlug vor, bei der Kammer um ein Gesetz zu petitionieren, welches für die Spinnerein einen zwölfstündigen Normalarbeitstag festsetzen und die Arbeit von Kindern vor zurückgelegtem neunten Jahre verbieten sollte.

Burckhardt berief sich bei seinem Antrage auf die unläugbare physische Entartung der Arbeiterbevölkerung, welche die in zu frühem Alter beginnende übermässige Fabrikarbeit herbeigeführt habe, ferner auf das englische Gesetz von 1826, welches die Arbeitszeit in den Spinnereien auf 12 Stunden herabgesetzt hatte. Im Elsass bildeten 15 Stunden die Regel. Dennoch leisteten die Engländer in dieser kurzen Zeit mehr, als die entkräfteten Elsässer in der langen. Eine allgemeine gesetzliche Kürzung der Arbeitszeit würde auch eine grössere Regelmässigkeit in der Produktion, eine Beschränkung der Überproduktion und damit eine Milderung der wirtschaftlichen Krisen herbeiführen Der Fabrikant aber würde kräftigere und intelligentere Arbeiter haben und Frankreich würde unter ihnen noch Männer finden, welche im Stande wären, das Vaterland zu vertheidigen, während es, wenn nicht bald energische Massregeln getroffen würden, Gefahr laufe, unter den Arbeitern nach einigen Jahren elende, schwache, verdorbene Geschöpfe zu sehen, unfähig den Ruhm ihres Vaterlandes aufrecht zu erhalten.[2]

---

[1] B. I. Reglement, chap. I. Art. 6.

[2] B. I. p. 269, 325—328.

Eine Kommission wurde mit der Beratung des Vorschlages betraut.

Der Bericht derselben muss die ganze entsetzliche Lage der Arbeiter und besonders der Kinder zugeben, er muss zugeben, dass achtjährige Kinder in Spinnereien selbst 17 Stunden beschäftigt werden, dass dieselben bei jedem Wetter, mit den elendesten Lumpen bedeckt, um 3—4 Uhr morgens ihr Lager verlassen, um in der Nacht um 10—11 Uhr heimzukehren, dass die Arbeiter in den Spinnereien verkrüppelt und vor der Zeit verzehrt hinsinken, und dennoch vermögen die Berichterstatter sich nicht zu einer Befürwortung des Burckhardtschen Vorschlages zu erheben.

Sie haben Bedenken darüber, dass die Autorität des Gesetzes einschreiten solle, wo die Vernunft allein das Heilmittel diktieren zu können scheine.

Man denkt das Ziel lieber durch eine Berufung an die Menschenfreundlichkeit der Unternehmer auf dem Wege freiwilliger Massnahmen zu erreichen. Man muss sich freilich sagen, dass dieser Appell bei gar manchen, die jetzt 17 Stunden arbeiten, kaum im Stande sein werde, sie zu einer Herabsetzung um 5 Stunden zu vermögen, und dass eine länger arbeitende Minderheit sofort die vom guten Willen beseelte Mehrheit sprenge; aber dennoch, wie soll sich ein Normalarbeitstag mit dem Rechte des Menschen vertragen, alle seine Kräfte ungehindert zu brauchen oder zu missbrauchen, solange kein anderer dadurch benachteiligt wird? Und wenn man sich auch auf den Schutz der Kinder beschränken wollte, würde nicht das von der Gesetzgebung geheiligte Prinzip der väterlichen Gewalt verletzt werden? Kurz, bei jedem Schritte ergäben sich neue Schwierigkeiten. Wie würde erst die Massregel mit dem Prinzip der Gewerbefreiheit in Einklang zu bringen sein.

So kamen sie denn zu dem Entschlusse, sich für inkompetent zur Beurteilung dieser Fragen zu erklären und die Sache der „Einsicht einiger überlegenen Männer zu überantworten, welche sich spezieller mit derartigen Materien abgeben“.[1]

[1] B. I. p. 328 –335.

Je nun, eine Antwort wurde ihnen auch von Dunoyer im Journal de Commerce erteilt. Er stimmte mit den Industriellen in seinen Bedenken gegen die Verletzung des Prinzips der Gewerbe-Freiheit überein, meinte aber, dasselbe sei in Frankreich noch nicht ganz verwirklicht. Bevor man an einen Schutz der Arbeiter gehe, solle man doch die Strafgesetze gegen die Koalitionen aufheben und dem Arbeiter die Auswanderung gestatten, die bisher verboten geblieben.

Diese Antwort „ne fut pas non plus goutée“ [1]

Es folgten langwierige Debatten, neue Kommissionsberichte, schliesslich eine Vertagung der Entscheidung aufs Unbestimmte und die Einsetzung einer neuen Kommission. Burckhardt stand sodann von einer Regelung der Arbeitszeit der Erwachsenen ab, und forderte nur noch Kinderschutz. [2]

Umsonst, die Bedenken waren nicht zu überwinden. — In der That, die prinzipiellen Einwendungen nahmen sich in dem Munde dieser Herren sehr gut aus! Stand die Frage der Einfuhrverbote oder der Ausfuhrprämien in Beratung, dann zeigten sie sich durchaus nicht von den abstrakten, doktrinären Vorurteilen des „laisser-faire“ angekränkelt, dann wussten sie wol, dass politische Fragen auf Grund konkreter Umstände zu entscheiden seien.

Durch die ihnen aus den Taschen der Steuerzahler gewährten Gratifikationen waren ihre Fabriken gewissermassen zu „etablissements d'utilité publique“ erklärt worden. Wie schade, dass nicht ein findiger Kopf unter ihnen darauf verfiel, aus dieser Thatsache die Berechtigung des staatlichen Eingriffes zum Kinderschutz zu konstruieren!

Zwar hatte man anfänglich eine gewisse Neigung bekundet, für minderjährige Personen in Spinnereien eine 12stündige Arbeitszeit zu befürworten, wobei man an die Fixierung einer unteren Altersgrenze aber nicht gehen wollte, weil dadurch isolierte Fabriken in der Zahl der ihnen verfügbaren „Hände“ wesentlich beeinträchtigt werden könnten, und die Massregel schon ohnedies bedeute „une

[1] B. VI. p. 343—345.

[2] l. c. p. 345.

amelioration sensible dans la condition de ces êtres malheureux". [1]

Schon war eine Resolution auf dem Punkte angenommen zu werden, als ein Mitglied seine Standesgenossen darüber belehrte, dass die Entartung der Arbeiter ihrer schlechten Nahrung, ihren elenden Wohnungen sowie ihren Lastern und Ausschweifungen zuzuschreiben sei. Demgemäss könne in der Verkürzung der Arbeitszeit keineswegs ein Mittel zur Beseitigung der traurigen Zustände erblickt werden. Übrigens befinde sich die Industrie in so gedrückter Lage, dass sie mehr Schutz als Hindernisse bedürfe.

Welches von diesen Argumenten auch immer den meisten Eindruck hervorgerufen haben mag, sicher ist, dass die Frage neuerdings aufs Unbestimmte vertagt wurde. [2]

Jahr um Jahr verfloss, ohne dass etwas erreicht worden wäre.

Naturgemäss stand ja die Frage auch in engem Zusammenhange mit dem Unterrichtswesen; es war notorisch, dass die Fabrikkinder ohne jeden Unterricht aufwuchsen. In einigen grösseren Fabriken gab es zwar Fabrikschulen, aber wie konnten da, spät Abends gegen 8 Uhr, die durch eine von Morgens 5 Uhr währende Arbeit vollständig ermüdeten Kinder etwas lernen? Das Unterrichtsministerium begann sich für die Frage zu interessieren; durch den Rektor der Akademie Strassburg, welche im Elsass die Aufsichtsbehörde über das Schulwesen bildete, liess der Minister des Unterrichtes dem Mülhäuser Gewerbeverein 1832 einen Fragebogen zustellen, der die wichtigsten Punkte der Angelegenheit berührte. Ein Teil der Fabrikanten wollte eine Beantwortung der Fragen ablehnen zum Zeichen, dass er gegen jede staatliche Einmischung auf diesem Gebiete gesinnt sei.

Indess, indem man die Expropriation, die Aushebung der Rekruten und dergleichen mehr als Akte der Staatsgewalt, durch welche in analoger Weise wie durch Gesetze

---

[1] l. c. p. 347.
[2] l. c. p. 348.

über die Kinderarbeit die Interessen der Gesellschaft berührt würden, heranzog, gelang es die prinzipientreuen Herren zu beruhigen; es fand sich schliesslich doch eine Mehrheit für die Beachtung des Zirkulars, und es erfolgte die Beantwortung im Namen des Vereines. Die Antworten enthalten einen Gesetzesvorschlag, welcher, da er mit dem späteren thatsächlich gegebenen Gesetze bereits grosse Ähnlichkeit besitzt, auf unsere Aufmerksamkeit Anspruch erheben kann.

Man unterscheidet zunächst auch, wie in England, zwischen einem Arbeitstag, nämlich der Strecke des physischen Tages, innerhalb welcher die Arbeit der geschützten Personen liegen darf, und der Arbeitszeit, d. h. der Dauer der effektiven Arbeit. Als Arbeitstag wird die Zeit zwischen 5 Uhr Morgens bis 10 Uhr Abends angenommen.

Das geschützte Alter umfasst das 8. bis zum 16. Lebensjahre. Unter den Personen dieses Alters macht man wieder eine Unterscheidung, je nachdem sie 8—10, 10—14, 14—16 Jahre zählen. Sie dürfen dann innerhalb des Arbeitstages je 10, 12 und 13 Stunden arbeiten.

Nachtarbeit, das ist demnach die Arbeit innerhalb 10 Uhr Nachts und 5 Uhr Morgens soll für die Alterskategorie 8—14 gänzlich verboten, für jene von 14—16 nur in Ausnahmefällen gestattet sein. Doch soll im letzteren Fall die Arbeitszeit innerhalb 24 Stunden nur 8 Stunden betragen.

Durch die Zeitbestimmungen soll aber nur die effektive Arbeit der Kinder, nicht ihr Aufenthalt in den Fabriken getroffen werden. Wegen des oft weiten Heimwegs sei es den Eltern erwünscht, die Kinder bei sich zu behalten, bis sie selbst mitgehen könnten. Sonn- und Feiertage sind als gesetzliche Ruhetage anzusehen.

Die obligatorische Errichtung von Fabrikschulen lehnt man ab. Doch sollen nach einem gewissen Zeitraume nur Kinder, die des Lesens und Schreibens bereits mächtig sind, in den Fabriken Aufnahme finden. Während die Regierung daran denkt, einen Kantonalarzt mit der Gesundheitspolizei in den Fabriken und der Durchführung des Gesetzes zu betrauen, empfiehlt der Mülhäuser Gewerbeverein eine Inspektionskommission, bestehend aus einem Arzte, dem Friedensrichter und 3 Gemeinderäten.

Die Strafen bei Übertretungen der Vorschriften sollen in einer Geldbusse bestehen, die an Wolthätigkeitsanstalten zu überweisen ist.

Interessant ist die juristische Konstruktion der Strafe, welche der Regierung vorschwebt; nämlich der Art. 319 des Code pénal, der sich auf „homicide involontaire" bezieht. Diese Ansicht teilen die Fabrikanten selbstredend nicht, sondern sie wollen die Übertretung des Gesetzes so wie die einer einfachen Polizeivorschrift angesehen wissen.

Bestraft werden sollen sowol die Eltern als auch der Unternehmer.[1]

Ohne uns weiter auf eine Kritik des Projektes einzulassen, muss doch bemerkt werden, dass darin der Arbeitstag viel zu lang bemessen war, dass für die Bestimmung der Arbeitszeit jedes praktische Prinzip fehlte, und dass dadurch, dass den Kindern der Aufenthalt in der Fabrik nach der Arbeit gestattet war, jede Kontrole illusorisch werden musste.

Die Frage fasst nun immer fester Wurzel. Der Präsident des Konsistoriums der reformierten Kirche von Mülhausen beschäftigt sich mit ihr; die Regierung holt von der Handelskammer und dem Conseil des prud'hommes Gutachten ein.[2]

Da, als die Fabrikanten merken, dass die Diskussion aus dem akademischen Stadium heraustreten würde, vergessen sie auch ihre schönen akademischen Argumente, die grossen Prinzipien, und finden sich rasch auf dem Boden praktischer Erwägungen wieder zurecht.

Nun entdeckt man, dass es eine Menge minutiöser Arbeiten gebe, welche nur von den geschmeidigen Kindern verrichtet werden könnten, dass der frühzeitige Eintritt der Kinder in die Fabrik notwendig sei, dass diese Kinder die Pflanzschule für die geschicktesten Arbeiter bildeten (ces enfans sont la pépinière des ouvriers les plus adroits), dass

[1] l. c. p. 350. 351.

[2] B. A. Tr. d. enf.; auch die weiteren Ausführungen gehen darauf zurück.

die Arbeit ja auch sehr leicht sei; in Druckereien könnten die Kinder ohne jede Gefahr vom 6. Lebensjahre an beschäftigt werden; die Beschränkung der Arbeitszeit sei durchaus unstatthaft, da die Eltern dann ihre Kinder, wenn sie nicht ebensolange arbeiten wie sie selbst, nicht mehr beaufsichtigen könnten. Es sei viel besser, wenn sich die Kinder in den Fabriken als in den elenden ungesunden Wohnungen aufhielten; zu Hause hätten sie keine Aufsicht, in der Fabrik dagegen ständen sie unter der strengen aber gerechten Fabrikordnung. Die Fabrikkinder seien moralisch auch viel besser, als die, welche keine Beschäftigung besässen.

Übrigens sei die Kinderarbeit für die Industrie eine Lebensfrage (question de vie ou de mort).

In der französischen Akademie liest im Jahre 1837 Villermé einen „Discours sur la durée trop longue du travail des enfants dans beaucoup de manufactures“, der sich eng an die ober-elsässer Zustände anschliesst. Im Jahre 1840 erscheint sodann das epochemachende Werk Villermé's „Tableau de l'état physique et moral des ouvriers employés dans les manufactures de coton, de laine, et de soie.“ Streng auf thatsächliches Material sich stützend, führt der ausgezeichnete Gelehrte zum ersten Male der bürgerlichen Gesellschaft eine Statistik des Elendes der niederen Klassen vor, welche nicht verfehlt, überall einen tiefen Eindruck zu hinterlassen. Mülhausen findet in dem genannten Werke eine eingehende, jedoch wenig schmeichelhafte Berücksichtigung.[1]

Was in England durch Massenmeetings erstrebt wird, dem müssen in Frankreich die Vorlesungen und Schriften eines Mitgliedes der Akademie den Weg bahnen.

Abgesehen davon erscheint auch gegen Ende der dreissiger Jahre von einem Industriellen aus den Vogesen eine Reihe von Flugschriften[2], welche mit glühenden Worten

[1] Villermé I, chap. II.

[2] Lettre d'un industriel des Montagnes des Vosges à MM. Gros, Odier, Roman et Comp. Strasbourg 1838. Nouvelle lettre d'un industriel etc. à Fr. Delessert. Strasbourg 1839. Mémoire d'un industriel etc. adressé à M. le Ministre. Strasbourg 1840. Lettre d'un industriel etc. à M. le Baron Charles Dupin. Strasbourg 1841.

den moralischen und physischen Verfall der Bevölkerung schildern und schleunigste Abhilfe durch ein internationales Gesetz nach englischem und preussischem Muster verlangen.

„Jene jungen Burschen", heisst es in einer der Broschüren, „von 6 bis 12 Jahren, sie haben die Pfeife im Munde, Flüche und lüsterne Anträge auf den Lippen, den Branntwein zum Tranke, den Staub zur Würze. Während sie noch Schüler sein sollten, werden sie Familienväter; sie erzeugen eine zahlreiche Nachkommenschaft aus der schamlosesten und schädlichsten Spekulation, um sich so bald als möglich mit ihrer gleich verkommenen Genossin dem Müssiggange und der Trunksucht hinzugeben, um ernährt zu werden ihrerseits von ihren Kindern, die in einem Alter stehen, wo sie sich selbst noch ernähren sollten." [1]

Im Jahre 1837 ergeht die erste Petition von Mülhausen aus an die Kammern. [2]

Von 1838—1841 wird in denselben unter endlosen Verschleppungen seitens der Abgeordneten der Industriestädte über ein die Kinder schützendes Gesetz verhandelt. In den erregten Debatten erwerben sich Fr. Delessert, Alban de Villeneuve, Corne und besonders Dupin bleibende Verdienste. Auch J. J. Burckhardt thut wiederholt Schritte bei dem Herzog von Orleans, bei den Ministern und Mitgliedern der Kammern, um seinen bereits seit 14 Jahren ausgesprochenen Vorschlägen zur Anerkennung zu verhelfen. [3]

Das Ergebnis ist endlich das Gesetz vom 22. März 1841, auf welches wir um so gründlicher eingehen müssen, als es leider noch heute das einzige Fabrikgesetz des Reichslandes ist. [4]

Dem Gesetze werden unterworfen: alle Fabriken, Hüttenwerke und Werkstätten mit mechanischem Motor oder un-

---

[1] Lettre d'un industriel etc. à MM. Gros, Roman, Odier et Comp. à Wesserling. Strasbourg 1838. p. 14.

[2] B. X. p. 499.

[3] B. XXVII. p. 301. Für die Geschichte der französischen Fabrikgesetzgebung vergleiche man auch: Documents relatifs au travail des enfants etc. Bruxelles 1871. p. 86—119.

[4] Der französische Text. l. c. 95—97.

unterbrochenem Feuer, desgleichen ihre Nebengebäude sowie Unternehmungen, welche mehr als 20 Arbeiter in einer Werkstätte vereinigen.

Es kennt auch einen Arbeitstag, nämlich die Zeit von 5 Uhr Morgens bis 9 Uhr Abends.

Geschützt sind Personen, welche in dem Alter von 8—16 Jahren stehen, und zwar dürfen jene, welche 8—12 Jahre zählen, höchstens durch 8 Stunden, jene von 12—16 Jahren höchstens durch 12 Stunden wirklich beschäftigt sein; allein die Arbeit muss im ersten Falle durch eine, im letzteren durch mehrere Pausen unterbrochen werden.

Die Verwendung von Kindern unter 8 Jahren ist nicht zulässig.

Die nicht in den gesetzlichen Arbeitstag von 5 Uhr Morgens bis 9 Uhr Abends fallende Arbeit ist als Nachtarbeit anzusehen. Solche ist für die Kinder von 8—13 Jahren unbedingt verboten. Jene von 13—16 Jahren können, wenn durch das Stillstehen eines hydraulischen Motors Zeit verloren worden, oder wenn dringende Reparaturen es erfordern, zur Nachtarbeit zugelassen werden. Hierbei sind jedoch zwei Stunden Arbeit für drei zu rechnen, so dass, da die genannte Alterskategorie innerhalb 24 Stunden nur 12 Stunden arbeiten darf, ihre Nachtarbeit nicht länger als durch 8 Stunden gestattet ist.

Eine Nachtarbeit von 8 Stunden innerhalb 24 Stunden ist, wenn unentbehrlich erachtet, auch in solchen Werken erlaubt, in denen mit ununterbrochenem Feuer gearbeitet wird und deren Betrieb innerhalb 24 Stunden nicht eingestellt werden kann.

Dagegen ist eine Beschäftigung der geschützten Personen an Sonntagen und gesetzlich anerkannten Feiertagen unstatthaft.

Das Alter der Kinder wird durch einen kostenfrei vom Civilstandsbeamten zu liefernden Schein konstatiert. Kein Kind unter 12 Jahren kann aufgenommen werden, wenn seine Eltern oder Vormünder nicht den Besuch einer öffentlichen oder Privatschule nachweisen können. Es sind ferner die Kinder bis zum 12. Jahre zum Besuch einer Schule verpflichtet.

Die über 12 Jahre zählenden Kinder sind vom Schulbesuche befreit, wenn sie durch eine vom Bürgermeister ihres Wohnortes erteilte Bescheinigung darthun können, dass sie einen Elementarunterricht bereits genossen haben.

Für jedes Kind hat der Bürgermeister den Eltern oder Vormündern ein Büchlein mit Namen, Alter, Geburts- und Wohnort und einem Vermerke über den genossenen Unterricht zu übermitteln.

Der Arbeitgeber hat sodann in das erwähnte Büchlein das Datum des Eintritts und der Beendigung des Dienstverhältnisses zu verzeichnen. Ausserdem hat er über alle von ihm beschäftigten, den gesetzlichen Vorschriften unterliegenden Kinder ein Register zu führen.

Nach Art. 7 des Gesetzes liegt es in der Kompetenz der Verwaltung 1) die Bestimmungen des Gesetzes auch auf andere als die in Art. 1 genannten Unternehmungen auszudehnen, 2) für besonders gesundheitsschädliche und die kindlichen Kräfte übersteigende Arbeiten die Dauer der Arbeitszeit einzuschränken und die Minimalaltersgrenze zu erhöhen, ja 3) in gefährlichen und gesundheitsschädlichen Fabriken die Arbeit von geschützten Personen überhaupt zu verbieten, oder wenigstens 4) dieses Verbot für gewisse Arbeiten zu erlassen, 5) in Betrieben mit beständigem Feuer die Arbeiten zu bestimmen, welche Kinder auch an Sonn- und Feiertagen verrichten dürfen und 6) über die Zulässigkeit der Nachtarbeit seitens Kinder über 13 Jahre zu entscheiden.

Verwaltungsverordnungen sollen die zur Ausführung des Gesetzes notwendigen Massregeln treffen, für die Aufrechthaltung der guten Sitten und des öffentlichen Anstandes in den Fabriken sorgen, den Schul- und Religionsunterricht der Kinder sichern, jede schlechte Behandlung und missbräuchliche Strafe hindern, und schliesslich die für Gesundheit und Leben der Kinder nötigen Bedingungen herstellen.

Die Arbeitgeber werden verpflichtet, in jedem Arbeitssaal das Gesetz mit den entsprechenden Verwaltungsverordnungen sowie die von ihnen zur Ausführung des Gesetzes zu erlassende Fabrikordnung anheften zu lassen.

Zur Überwachung und Sicherung der Ausführung des Gesetzes hat die Regierung Inspektions-Kommissionen zu bilden.

Bei Übertretungen haben diese den procès-verbal anhängig zu machen; bis zum Gegenbeweis wird den Aussagen der Inspektoren Glauben geschenkt. Für die Klage ist der Friedensrichter kompetent. Verantwortlich ist der Arbeitgeber, und er kann zu einer einfachen Polizeistrafe von höchstens 15 Fr. für jedes der gesetzwidrig beschäftigten Kinder verurteilt werden, doch soll die gesamte Strafsumme 200 Fr. nicht übersteigen.

Im Wiederholungsfalle kommt die Angelegenheit vor das Zuchtpolizeigericht zur Entscheidung, die Strafe beträgt dann 16—100 Fr. für jede gesetzwidrig beschäftigte Person, ohne aber im Ganzen mehr als. 500 Fr. betragen zu können.

Als Wiederholung wird jene Übertretung angesehen, welche innerhalb 12 Monate auf eine bereits stattgefundene erfolgt.

Vergleichen wir das französische Fabrikgesetz mit dem 3 Jahre später in England erlassenen factory-act von 1844,[1] so zeichnet sich das französische Gesetz durch sein grösseres Geltungsgebiet vor dem englischen aus, indem letzteres immer noch ein Spezialgesetz für die Textilindustrie bildet. In allen anderen Punkten ist aber das englische Gesetz dem französischen weit überlegen.

In Frankreich können die Kinder von 8—12 Jahren 8 Stunden, in England die von 8—13 Jahren nur $6^1/_2$ Stunden beschäftigt werden; jugendliche Personen von 12—16 Jahren arbeiten in Frankreich 12 Stunden, Personen von 13—18 sowie alle weiblichen Arbeiter in England an den ersten 5 Wochentagen gleichfalls 12, am Sonnabend jedoch nur 9 Stunden.

---

[1] Dr. Ernst von Plener. Die englische Fabrikgesetzgebung. Wien 1871. p. 27—32.

Das englische Gesetz umfasst also nicht nur zwei Altersklassen mehr, sondern erstreckt sich auch auf das ganze weibliche Geschlecht ohne Unterschied des Alters und ordnet überdies eine kürzere Arbeitszeit an.

Auch der Arbeitstag ist in England um eine Stunde kürzer bemessen; er währt von $5^1/_2$ a. m. bis $8^1/_2$ p. m.

Obgleich das keineswegs unwesentliche Punkte sind, so besteht doch der Hauptvorzug des englischen Gesetzes darin, dass seine detaillirten Bestimmungen eine grössere Kontrolle gestatten, die von eigens dazu bestellten staatlichen Beamten, den Fabrikinspektoren, gehandhabt wird.

Zur Überwachung[1] des französischen Gesetzes sollen Inspektions-Kommissionen von der Regierung ernannt werden. — Wen ernennen? Die Inspektion ist als ein Ehrenamt, als eine unbesoldete Thätigkeit vom Gesetze geschaffen worden, obwol doch die Reisen nach den einzelnen Fabrikorten viel Zeit und Geld kosten. Man kann also nur bemittelten Personen solche Opfer zumuten. Wie aber uninteressierte bemittelte Personen in den Fabrikdistrikten ausfindig machen, in denen alle wolhabenden Leute entweder selbst Fabrikanten sind oder mit denselben in engen, gesellschaftlichen oder Familienbeziehungen stehen?

Im Ober-Elsass konnte man nicht umhin geradezu Fabrikanten zu Inspektoren zu ernennen; höchstens dass sich hie und da noch ein „retirierter“ Hauptmann oder Notar fand.

Dass solche Leute ihrer Aufgabe nicht gerecht werden konnten, liegt auf der Hand. Wie wenig es aber auch der Regierung selbst um eine Ausführung des Gesetzes zu thun war, erhellt aus der vom Minister an die Präfekten erlassenen Instruktion vom 27. Januar 1842.

„Es handelt sich danach nicht um eine strenge und absolute Ausführung, sondern es gilt vielmehr die Ausführung wolwollend und leicht zu gestalten; in dieser Hinsicht wird die Aufgabe der Inspektoren zweifelsohne nicht ohne Schwierigkeiten sein, aber indem sie den Fabrikanten

[1] B. A. Tr. d. enf.

die Bestimmungen des Gesetzes in Erinnerung rufen, werden sie den Hindernissen im Geiste der Ausgleichung zuvorzukommen verstehen und den Widerstand durch das Gewicht ihres Charakters und ihrer Rede besiegen."

„Wenn man sich so der strengen Formen eines gerichtlichen Zwanges begiebt, wird man es vermeiden, die Ehre der Fabrikanten zu beeinträchtigen und den Arbeiterfamilien einen Vorwand zur Unzufriedenheit zu geben. Sie könnten im Anfange ja gegen die Vorschriften des Gesetzes empfindlich sein".

Das liess man sich natürlich nicht zweimal sagen. Sofern überhaupt eine Inspektion stattfand, verständigte man die Fabrikanten, welche man zu besuchen beabsichtigte, offiziell einige Tage vorher, was diese indessen nicht im mindesten rührte. An den Zuständen änderte sich durchaus nichts, da man ja mit gerichtlichen Klagen, vorausgesetzt ein Inspektor hätte solche beabsichtigt, nach der Anweisung des Ministers nicht vorgehen sollte.

Übrigens fanden auch, wo kein böser Wille vorlag, die Gesetzesbestimmungen keine Beachtung, da sie den konkreten Verhältnissen in keiner Weise gerecht wurden.

Kinder von 8—12 Jahren sollten nur 8 Stunden arbeiten. Die gewöhnliche Arbeitszeit betrug aber mindestens 13 Stunden. Zwei Reihen Kinder zu verwenden wurde schon wegen des nicht genügend grossen Angebotes von solchen „Händen", richtiger wol wegen der daraus resultierenden Lohnsteigerung, als unmöglich bezeichnet. Ferner, wurde gesagt, könnte man die zweite Reihe auch nicht die vollen gesetzlichen 8 Stunden ausnützen, ohne den Arbeitstag für die Erwachsenen auf 16 Stunden zu steigern. Dann komme man aber wieder mit den Vorschriften für die 12—16 Jahre zählenden Personen in Konflikt, welche nur 12 Stunden beschäftigt werden sollen.

Wenn aber auch die Inspektoren eine Ausführung des Gesetzes hätten erzwingen wollen, so würde eine Kontrolle doch schon einfach durch den Umstand unmöglich gewesen sein, dass nicht, wie in England, die von den Kindern überhaupt in der Fabrik verbrachte Zeit als Arbeitszeit angesehen wurde, sondern es den Kindern gestattet blieb, nach verrichteter Arbeit noch sich bei ihren Ältern in der Fabrik aufzuhalten, zum Schutze vor der rauhen Witterung, oder um mit ihnen zusammen den Heimweg anzutreten.

Insofern humane Arbeitgeber aus freiem Antrieb eine Änderung vornahmen, so war es höchstens die, dass man die Verwendung der Alterskategorie 8—12 Jahre thunlichst einschränkte, und so für die übrige Arbeiterschaft an einer 12stündigen oder 13stündigen Arbeitszeit festhielt. Das waren aber Ausnahmen.

Ebensowenig war an eine Verwirklichung der den Unterricht betreffenden Bestimmungen zu denken. Freilich, einige Fabrikanten errichteten Fabrikschulen. Damit entstand indess ein permanenter Hader zwischen dem protestantischen Fabrikanten, der vorzugsweise auch protestantische Lehrer anstellte, und dem katholischen Pfarrer, welcher seinen Schutzbefohlenen den Besuch der ketzerischen Schule untersagte. Die katholischen Gemeindeschulen aber erteilten keinen Unterricht zu der Zeit, welche die Fabrikkinder verfügbar hatten, nämlich von 8 oder 9—10 Uhr Abends.[1] Kam es aber auch zu einem Schulbesuche, so war es natürlich unmöglich, dass die von der langen Arbeit erschöpften Kinder irgend etwas lernten. Aus Thann wird über eine Fabrikschule berichtet, von deren 200 Schülern, junge Personen von 12—16 Jahren, nachdem sie 5 Jahre die Schule besucht, kaum 20 lesen und schreiben konnten.

Kurz, man schätzte sich glücklich, wenn das Gesetz in der Fabrik wenigstens angeheftet war, wenn die Kinder livrets hatten, wenn ein Register über sie geführt wurde, und wenn keine Kinder unter 8 Jahren aufgenommen wurden.

Dass die Fabrikanten von den Kindern livrets verlangten, hatte aber ersichtlicher Weise seinen Grund nicht in dem Respekte vor dem Gesetze, sondern darin, dass durch die livrets die Arbeiter noch abhängiger wurden. In den Hartmannschen Etablissements in Münster wurde nach Artikel 2 der Fabrikordnung in die livrets verzeichnet:

---

[1] C. d. A. 27. April 1847; 14. Mai 1847.

„Der Eintritt und Austritt jedes Arbeiters mit einem Zeugnis über sein gutes Verhalten, je nachdem es sich gestaltet hat.“ Und doch waren derartige Bemerkungen gesetzlich verboten.

Selbst der Mülhäuser Gewerbeverein konstatierte, dass das Gesetz ein toter Buchstabe geblieben sei. Als dem Minister eine entsprechende Petition zugieng, erteilte derselbe eine äusserst empfindliche Antwort über die ungerechtfertigten Klagen gegen die Verwaltung. Der Präfekt hatte ihm mitgeteilt, dass alles in bester Ordnung, der Verein schlecht unterrichtet gewesen. Der Verein, der aus lauter Fabrikanten besteht!

Um diesen merkwürdigen Zwiespalt zu verstehen, muss man sich vergegenwärtigen, dass ein Teil der oberelsässischen Fabrikanten ja nur für die Sitzungen des Vereines das Staatskleid der philanthropischen Toga anlegt, im Komptoir sich aber in dem minder majestätischen Geschäftsrock weit behaglicher fühlt. Und Befolgung des Gesetzes sollte enorme Verluste kosten!

Der andere Teil, der aufrichtig die Schutzgesetzgebung wünschte und zum Teil wenigstens auch dieselbe befolgte, war aber lebhaft daran interessiert, dass auch die Konkurrenten zur Beachtung durch eine Reform in der Inspektion gezwungen würden. Diese loyalen Fabrikanten petitionierten auch an die Regierung, wobei jene, gegen welche sich die Petition richtete, es nicht für gut befanden, sich durch eine inopportune Opposition an den Pranger zu stellen.

Die Inspektionskommissionen waren, so geringfügig auch ihre Thätigkeit gewesen, bald ermüdet; man benutzte die erste beste Gelegenheit, um ein so heikles Ehrenamt niederzulegen, und die es noch behielten, übten es nicht aus.

Der Minister des Handels verfiel nun auf den Gedanken, die Schulinspektoren mit der Überwachung des Gesetzes zu betrauen. Dagegen opponierte aber der Unterrichtsminister, welcher der Ansicht war, dass dieselben schon ohnedies überbürdet seien. Dann erschienen dem Minister wieder die Aichbeamten, die „verificateurs des poids et mesures", ganz subalterne Beamte, besonders geeignet, die Fabrikinspektion als Nebenbeschäftigung zu übernehmen.

Armes Frankreich, das die paar Tausend Franken zur Besoldung von Berufsinspektoren zum Schutze der Fabrikkinder, deren Zahl in Ober-Elsass allein etwa 12 000 betrug, nicht erschwingen konnte!

Die Reformbedürftigkeit des Gesetzes von 1841 konnte von unparteiischen und einsichtsvollen Elementen nicht geleugnet werden. Durch Baron Dupin gelangte die Angelegenheit 1847 in der Pairskammer neuerdings zur Beratung. Die Entscheidung wurde auf die Session des Jahres 1848 vertagt. Der Gesetzesvorschlag zeichnete sich dadurch vor den bereits geltenden Bestimmungen aus, dass er analog dem englischen Gesetze von 1844 die weiblichen Personen in die Kategorie der gesetzlich geschützten Personen aufnahm, und zur Durchführung der Gesetze eine Fabrikinspektion nach englischem Vorbilde einzuführen beabsichtigte.

Im Ober-Elsass bemühten sich namentlich Penot, Professor an dem Collège von Mülhausen, das geistige Haupt der philanthropischen Bestrebungen des Gewerbevereins, ferner Emil Dollfuss und Odier um eine Reform in dem angedeuteten Sinne.[1]

Am Abend des 23. Februar 1848 beriet der Mülhauser Gewerbeverein noch über die Regelung der Frauenarbeit.[2] Des anderen Tages wurde in Paris die soziale Republik ausgerufen; die Sozialpolitik der Juliusmonarchie erlitt ein jähes Ende.

---

[1] B. XX. p. 221—234. XXI. p. 191—229.

[2] l. c. p. 230—238.

3. FEBRUARREVOLUTION UND ZWEITES KAISERREICH.

XI. KAPITEL.

DIE VON DER REVOLUTION HERVORGERUFENE ARBEITERBEWEGUNG IM OBERELSASS, BESONDERS IN MÜLHAUSEN.

Die in der vorangegangenen Darstellung für die Entwickelung der Verhältnisse im Ober-Elsass mitgeteilten Thatsachen sind ja natürlich nur ein kleiner Bruchteil der allgemeinen französischen Zustände jener Zeit. Gleichwol wird man sich selbst in diesem begrenzten Rahmen recht gut eine Vorstellung von den tiefern Ursachen der grossen Februarrevolution bilden können. „Seit den ersten Jahren der Regierung Louis Philipps gaben der rapide Aufschwung der grossen Industrie und die Konzentration der Arbeiter in den Städten den Demagogen mächtige Agitationsmittel in die Hand. Und in der That, niemals war dem Auge ein schlagenderer, trauriger Kontrast geboten worden: auf der einen Seite die enormen Gewinne einiger Fabrikanten, die, durch Einfuhrverbote gegen die fremde Konkurrenz geschützt, sich einmal gegen die Konsumenten zu Vereinbarungen über die Verkaufspreise und dann gegen die Arbeiter zu Verabredungen über Lohntarife verbunden hatten, die durch den Wahlcensus auch im politischen Leben ebenso wie im kommerziellen unumschränkte Herren waren, und die nicht einmal durch ein wenig Wolwollen die Welt mit ihrem Parvenureichtume zu versöhnen suchten; auf der anderen Seite standen Millionen von Arbeitern, zu den niedrigsten Lohnsätzen gezwungen; dicht gedrängt in oft ungesunden Werkstätten, wo Geist und Körper verkümmern, mussten sie selbst Weib und Kind in diese tötliche Umgebung treiben; zum Unterschlupf hatten sie kaum bewohnbare Winkel; das Gesetz beraubte sie des Rechtes, sich untereinander zu verständigen; von jeder Teilnahme am öffentlichen Leben ausgeschlossen, besassen sie weder Unterricht, noch Hilfe, ja kaum noch Hoffnung.“ [1]

Mit diesen Worten schildert Réné Lavollée die Situation Frankreichs. Und der elsässische Arbeiter war noch um ein gutes Teil schlimmer daran als seine französischen Leidensgenossen. Obwol politisch zu Frankreich gehörig, war ihm durch den nationalen Unterschied, durch seine Unkennnis der offiziellen Sprache, sowol die Zugänglichkeit der allgemeinen Bildungsmittel sowie die Teilnahme an den Bestrebungen der bereits besser über ihre Interessen aufgeklärten Arbeiterschaft geschmälert, wenn nicht ganz benommen.

Wie fest noch die deutsche Sprache selbst in den hart an der französischen Sprachgrenze gelegenen Gemeinden wurzelte, bezeugt eine Klage des Unterpräfekten von Belfort: „In einer gewissen Zahl von Gemeinden meines Kreises ist die deutsche Sprache immer noch die Volkssprache. Ich beschäftige mich damit, diesen Missbrauch abzustellen und den Gemeindelehrern einzuschärfen, in den Schulen nur den Gebrauch der französischen Sprache zu dulden. Der Katechismus muss in's Französische übersetzt werden.“ [2]

Aber aus Deutschland und der Schweiz, denen die Elsässer durch Sprache, Stamm und Sitte verwandt sind, konnte eine Anregung für die Arbeiter einfach deshalb nicht erfolgen, weil dort die Verhältnisse noch nicht zu einer Arbeiterbewegung den Anstoss gegeben hatten, die sich in Frankreich, besonders in Paris, Rouen, Lyon etc. bereits im vollen Flusse befand.

[1] Réné Lavollée. Channing, sa vie. p. 115. Bulletin special. Mulhouse et Paris 1876. p. 260.

[2] B. A. Tr. d. enf.

So schwierig auch bei dem gegen alles Fremde misstrauischen und ablehnenden Charakter der Elsässer die Verbreitung der französischen sozialistisch-kommunistischen Ideen gewesen sein mag, so hatte sie doch stattgefunden. Der furchtbare Aufruhr vom Jahre 1847 wurde bereits diesen Doktrinen zugeschrieben; nach unserer Ansicht mit Unrecht, da wir jenes düstere Vorspiel der 48er Ereignisse mehr der dumpfen Verzweiflung des Hungers, als einer auf kommunistischen Theorien fussenden Überlegung zuschreiben.

Jene Lehren Fouriers, Cabets, Louis Blancs fassten auch gar nicht unter den Arbeitern Wurzeln, sondern es waren vielmehr Angehörige der gebildeten Stände, die sich zunächst dafür begeistert hatten, und durch deren Bemühungen ein Teil der Arbeiterschaft gewonnen worden war.[1]

Im Grossen und Ganzen aber muss man sagen, dass es den elsässer Arbeitern bei der Nachricht von den Siegen des Pariser Proletariates ergieng, wie jenen Kindern im Märchen, welchen plötzlich eine gütige Fee erscheint und die Erfüllung eines Wunsches verheisst; ein Versprechen, von dem sodann der nichtigste und thörichteste Gebrauch gemacht wird.

Ein Glück fiel ihnen in den Schooss, das sie nicht selbst miterkämpft hatten, mit dem sie aber auch nichts anzufangen wussten.

Äusserst klug dagegen benahmen sich die Fabrikanten. Nicht die leiseste Opposition gegen die Pariser Ereignisse gieng zunächst von ihnen aus. Im Gegenteil; man kleidete sich in Blousen, man geberdete sich als eifriger Parteigänger der neuen Republik, man schmeichelte den Arbeitern und war mit dem Recht auf Arbeit und der Organisation der Arbeit völlig einverstanden.[2] Der Gemeinderat von Mülhausen beschloss auch Anfang März 1848 eine Petition zur Begnadigung der wegen des Aufruhrs vom Juni 1847 eingekerkerten Arbeiter.

Gerührt dankte eine Arbeiterdeputation für die den

---

[1] V. R. vom 18. Juli 1851.

[2] l. c. vom 19. Jan. 1850.

arbeitenden Klassen bewiesenen Sympathien;[1] die Fabrikanten hielten ihre Fabriken trotz der Krise im Betrieb; Subskriptionen zur Beschäftigung der arbeitslosen Arbeiter wurden eröffnet, der Gemeinderat richtete sogenannte Nationalwerkstätten ein, d. h. er unternahm den Bau eines schon längst zur Sicherung der Stadt vor Überschwemmungsgefahr dringend notwendigen Abzugskanales;[2] die fremden Arbeiter, 2500 an Zahl, die ohne Beschäftigung, wies man aus, damit sie den Elsässern nicht Brod und Arbeit wegnähmen, eine durchaus populäre Massregel;[3] die Geistlichkeit hielt Totenämter für die gefallenen Februarkämpfer; für Verwundete und Hinterbliebene wurden Kollekten veranstaltet; der Titel Monsieur wurde beseitigt und die ersten Persönlichkeiten sogut wie jeder arme Arbeiter wurden bloss mit „citoyen“ angeredet; das Reich der Bruderliebe schien gekommen.

Die Herzen der Arbeiter jauchzten in dem Bewusstsein, Bürger geworden zu sein.

„Wir sind alle Bürger geworden“ heisst es in einer Adresse der Mülhäuser Arbeiter an den Bürger-Maire Dollfuss, „wir wissen, dass wir mit den Rechten, die wir ausüben dürfen, auch Pflichten zu erfüllen haben. Diese Pflichten kennen wir: die Achtung vor der Behörde und die Ergebenheit für das Gemeinwesen. Wir werden diese Pflichten in ihrem ganzen Umfange erfüllen! Wir werden zeigen, dass der Arbeiter ruhig die Verwirklichung der versprochenen Verbesserungen zu erwarten weiss; dass er die Unordnungen und Störungen missbilligt, dass er auch weiss, dass die Achtung vor den Personen und vor dem Eigentume die Grundlage der sozialen Ordnung ist; dass er mit entzücktem Danke und Freude die gegebenen Versprechungen annimmt: nämlich die Ausübung der politischen Rechte, das Recht mit seiner Familie von seiner Arbeit zu leben und die

---

[1] C. d. A. vom 5. und 6. März 1848.

[2] Beitrag zur Geschichte Mülhausens im Elsass und der Entwicklung seiner Industrie. Mülhausen 1886. p. 17.

[3] C. d. A. vom 16. März 1848, vom 12. April 1848.

Aussicht, seinen Kindern eine Erziehung zu geben, welche seinen neuen Rechten entspricht.“

Der Bürgermeister, von dieser Mässigung der „Roten“ leicht begreiflicher Weise erfreut, erteilte seinen „lieben Mitbürgern“ die verbindlichste Antwort.[1] Früher pflegte man sie mit „cette classe malheureuse“ zu bezeichnen.

Man rüstete sich zu den Wahlen für die konstituierende Nationalversammlung. Jeder einundzwanzig Jahre alte Franzose konnte nun an die Wahlurne treten!

Die sozialistischen Republikaner des Elsasses veröffentlichten ihr Programm[2]: „Was wir wollen“.

„Freiheit, Gleichheit, Bruderliebe“.

„Wir gehen einem feierlichen, ernsten Augenblicke entgegen, wir haben dem Vaterlande eine Nationalversammlung zu erwählen, welche eine Staatsverfassung anfertigen soll, um das Glück und Wol Aller zu begründen. Ehe wir aber zu dieser Wahl schreiten, ist es notwendig zu erklären, was wir wollen, damit ein Jeder, sein eigenes Interesse vergessend, bei der Wahl nur das allgemeine Wol im Auge behält. Was wir wollen. Die Republik von 1792 hat die alte Ordnung aufgelöst. Die Republik von 1848 soll eine neue Ordnung gründen. Allgemeine Verzeihung und Vergessenheit des Geschehenen, Abschaffung der Todesstrafe für politische Vergehen, Volksherrschaft durch allgemeine Wahlen, Rede- und Pressfreiheit, Vereinsfreiheit, Schutz dem Eigentume, Arbeit für Alle durch Gründung von Ackerbaukolonien, Urbarmachung des Unlands und der leeren Plätze, Austrocknung der Sümpfe, Wiederanlage von Waldungen auf nackten Bergen und Bewässerungseinrichtungen, die Arbeit geordnet und gerecht belohnt, Brudersinn und Bruderliebe zwischen dem Arbeiter und dem, der ihn anstellt. Zusammenwirken aller Kräfte, welche den Reichtum schaffen, den Ackerbau, der alle Menschen nährt, kräftig geschützt und hochgeehrt, Strassen, Eisenbahnen, Kanäle, Verkehrsmittel, Versicherungsan-

[1] l. c. vom 9. März 1848.
[2] l. c. vom 16. März 1848.

stalten aller Art durch den Staat geschaffen und verwaltet, Bildung und Erziehung für Alle. Schutz und Hilfe den Schwachen, den Greisen, den Frauen und Kindern. Freiheit des Gewissens und des Glaubens, Abschaffung des Krieges und seiner ungeheuren Kosten, Unabhängigkeit für alle Völkerstämme, einen heiligen Schutz- und Schirmbund zwischen den Völkern, Glück und Frieden auf Erden, Ordnung und Freiheit begründet, eine gerechte Verteilung der Staatslasten, Abschaffung der drückenden Verbrauchsabgaben, den Luxus und die Renten besteuert, dem Wucher durch die allgemeinen Volkskassen und Nationalinstitutionen, die den Ackerbau und die Industrie heben, kräftig entgegen gewirkt."

„Das ist's, was wir wollen, um allgemeine Bruderliebe und eine wahre kräftige Republik zu gründen. Hoch lebe die Republik! So rufen Euch zu die sozialistischen Republikaner des Elsasses!"

Auch die Anhänger Fourier's, die Phalansterianer hielten Versammlungen; Dr. Jänger, ihr Kandidat im Ober-Elsass, will durch Versicherungs- und Sparkassen, sowie durch Kleinkinderschulen den Übergang aus dem gegenwärtigen Zustande in das Idealreich Fourier's bewerkstelligen.[1] Der Kandidat Chauffour weiss die Wähler schon durch sein Eintreten für die Organisation der Arbeit zu befriedigen. Die Organisation der Arbeit aber heisst nur „Gerechtigkeit und Sittlichkeit in die Erwerbsmittel einführen".[2] Ein Spinnereidirektor, der als Arbeiterkandidat auftritt, verspricht sein Leben der Verteidigung folgender, wol nicht minder unklaren Grundsätze zu widmen:

„Dem Rechte auf Arbeit, das das Recht zu leben zur Grundlage besitzt, sowie der Vereinigung zwischen dem Kapitalisten und dem Arbeiter als Verwirklichung dieses grossen Prinzipes. Und schliesslich sollen Kapital und Arbeit mit allen Chancen des menschlichen Elendes als gesellschaftliche Einlage in diese eine Familie eintreten."[3]

---

[1] l. c. vom 15. April 1848.

[2] l. c. vom 12. April 1848.

[3] l. c. vom 15. April 1848.

Berauscht von den hochtönenden Phrasen, mit kindlicher Vertrauensseligkeit sich den Versprechungen der Parteien hingebend, beglückt durch die Schmeicheleien ihrer Herren, vergessen die Arbeiter ihre besonderen Interessen und lassen sich völlig von der Flut der allgemeinen Bruderliebe, der Freiheit und Gleichheit forttragen. Kein Gedanke an Aufhebung der Koalitionsverbote im Code pénal, an die Abschaffung der Arbeitsbücher, jener Steckbriefe, die ihnen die Fabrikanten ausstellen, kein Gedanke an einen Schutz der arbeitenden Kinder und Frauen, noch an korporative Organisation.

Der schwache Geschäftsgang hat die Arbeitszeit ohnedies auf 8 Stunden herabgedrückt, und die gesetzlichen, den Arbeiter fesselnden Bestimmungen werden im Augenblicke nicht von der Verwaltung gehandhabt.

Vergebens hat sich hie und da ein Arbeiter gegen die so landläufige Usurpation des Arbeitertitels erhoben. Vergebens war ausgerufen worden: „Wisst ihr, wer der Arbeiter ist?"

„Er ist das Lasttier, das man des Morgens einspannt und des Abends ausspannt, er ist derjenige, der sein Brot im Schweisse seines Angesichtes verdient, der Mensch mit rauhen Händen, zerrissener Kleidung, mit einem Wort es ist derjenige, der die Arbeit verrichtet, der gehorcht und nicht befiehlt. Direktoren und Werkmeister nennen sich Arbeiter, weil jetzt Ehre und Vorteil dabei zu sehen ist." [1]

Zu den mannigfachen Spaltungen und Streitigkeiten zwischen den Phalansterianern und den Anhängern der Organisation der Arbeit, zu der schlau berechneten Politik der Bourgeoisie, tritt noch der Einfluss der Geistlichkeit, weniger in die Öffentlichkeit sich drängend, aber darum nicht minder mächtig. Das Ober-Elsass entsendet nicht einen einzigen Arbeiterkandidaten nach Paris.

In Mülhausen, wo die Arbeiter noch am unabhängigsten sind, wird E. Dollfuss ebensogut wie unter der Juliusmonarchie in die Nationalversammlung gewählt. [2]

[1] l. c. vom 15. April 1848.
[2] l. c. vom 3. Mai 1848.

Damit dem Schaden nicht der Spott fehle, beeilt sich der „Industriel Alsacien“, das Mülhäuser Fabrikantenorgan, der zahlreichen arbeitenden Bevölkerung des Ober-Elsasses sein Bedauern auszudrücken, dass selbe bei den Wahlen nicht einen einzigen Vertreter erlangt habe.[1]

Während Dollfuss 66 058 Stimmen erhält, vereinigt der Arbeiter Caillet aus Mülhausen, dem der Arbeitertitel übrigens noch bestritten worden, nur 21 238, der Führer der Phalansterianer, Dr. Jänger, gar nur 15 009 Stimmen auf seine Person. Dass das Münsterthal Herrn Hartmann mit 5 366 und das Amarinthal Herrn Gros mit 3 905 Stimmen bedenkt, kann natürlich bei der erdrückenden ökonomischen Übermacht jener Unternehmer nicht Wunder nehmen.[2]

In ganz Frankreich sind die Wahlen ähnlich ausgefallen: die Nationalversammlung ist durchaus reaktionär.

Nun beginnen auch die Mächtigen Mülhausens andere Saiten aufzuziehen. Ohne Scheu verabschiedet man die Arbeiter aus den Fabriken, welche keine Bestellungen mehr besitzen.

Der „Industriel Alsacien“ schreibt im Anfang Juni:

„Das Elend ist so gross als möglich; wenn die Regierung nicht auf kräftige Art einschreitet und die Ausfuhrprämien nicht so erhöht, dass sie den Einfuhrzöllen der Rohstoffe gleichkommen, so wird die Ausfuhr unmöglich und die Anhäufung in den Magazinen wird sich der Wiederaufnahme der Arbeit in den Werkstätten entgegensetzen.“

„Wenn man bedenkt, dass die in diesem Punkte gemachten Zugeständnisse den Arbeitern mehr Erleichterung verschaffen würden als die viel grösseren Summen, die man an Faulenzer verschwendet, so ist man nicht wenig erstaunt, dass man trotz aller gemachten Schritte, um zu einer Vermehrung des Rückzolls zu gelangen, bis jetzt so geringen Erfolg gehabt hat.“[3]

---

[1] Elsässer Republikaner. 1848. Nr. 40.

[2] C. d. A. vom 3. Mai 1848.

[3] Elsässer Republikaner. 1848. Nr. 70.

Allein nicht nur, dass die Fabrikanten die trüben Zeiten zu einer Wiedereinführung der Exportgratifikationen auszunutzen streben, auch mit den sozialistischen Verstaatlichungsideen machen sie sich zu ihrem Vorteil vertraut.

Nicht etwa dass sie, wie einige Arbeiter es verlangen, ihre Fabriken verstaatlicht sehen wollen; das könnte für die Zukunft unangenehm werden; aber die Produkte ihrer Magazine sind sie bereit dem Staat zu verkaufen, der sie ausführen soll. Das ist der Kern des in vielen Versammlungen erörterten Gedankens eines staatlichen Exportkomptoirs.[1]

Ja noch mehr, von Dollfuss und Engelhardt wird in der Nationalversammlung ein Antrag eingebracht, einen Kredit von 19 Millionen zu gewähren, um von Staatswegen bei der Privatindustrie Bestellungen zu machen, in erster Reihe natürlich bei der von den Antragstellern vertretenen Baumwollindustrie.[2]

Der Dekretentwurf findet in der Kammer keine Zustimmung. Die Baumwollindustriellen müssen sich damit begnügen, dass einerseits die Baumwolleinfuhr über die Binnengrenze erlaubt und andererseits eine zeitweise Verdoppelung der Ausfuhrprämien vorgenommen wird.

Unterdessen brechen in Paris die Junikämpfe aus, jene blutigen verzweifelten Versuche des Pariser Proletariates, den Gang der Ereignisse in seinem Interesse wieder umzugestalten. Für Mülhausen naht der Jahrestag des Aufruhres vom Juni 1847. Es werden aus Arbeiterkreisen Drohungen laut, das Gedächtnis auf blutige Weise zu feiern. Die bei dem sogenannten Abzugskanal beschäftigten Arbeiter fordern eine Lohnerhöhung. Das Gleiche geschieht in mehreren Fabriken.

Die von den Behörden getroffenen Vorsichtsmassregeln unterdrücken die Bewegung noch in ihrem Keime.[3]

Dadurch ermutigt, gehen die Fabrikanten nun in immer grösserem Umfange mit Herabsetzungen des Lohnes und

[1] C. d. A. vom 21. 23. und 25. Juni 1848, vgl. oben p. 103, 104.

[2] Elsässer Republikaner. 1848. Nr. 130, 131, 132.

[3] C. d. A. vom 29. Juni 1848.

der Arbeitszeit vor. Die Unzufriedenheit unter den Arbeitern wächst von Tag zu Tag. Wie der Beigeordnete des Mülhäuser Bürgermeisters berichtet, „haben die Arbeiter zu wenig Vertrauen in die Aufrichtigkeit der Gesinnung der Arbeitgeber, und glauben nicht an die grossen Opfer, welche man seit zwei Jahren für sie gebracht. Sie denken, dass durch die Lohnherabsetzungen, ohne welche die Fabrikanten doch nicht arbeiten können, nur die Profite erhöht werden sollen".[1]

Neuer Anlass zur Unzufriedenheit wird geboten. Mehrere grosse Firmen entziehen ihren Arbeitern jene Entschädigungsprämien, welche sie ihnen wegen der nach Ausbruch der Revolution stattgefundenen Herabsetzung der Arbeitszeit von 13 Stunden auf 8 Stunden gewährt hatten. Es soll eine Überproduktion vermieden werden.

Diese Änderung wird den Arbeitern nicht gehörig von einem Zahltag zum anderen bekannt gegeben. Die Lohnsätze sinken so tief, dass die Arbeiter erklären unmöglich damit ihr Auskommen finden zu können. In Mülhausen sagt man, sie verdienen bei Entziehung der Prämien nur 8—10 Fr. in zwei Wochen; die Arbeitgeber behaupten 17—18 Fr.

Die Arbeit wird eingestellt.[2] Die beschäftigten Arbeiter unterstützen ostentativ ihre feiernden Genossen.

Auch unter den von der Gemeinde beschäftigten Arbeitern bricht neuerdings ein Aufruhr aus. Der Festigkeit des Chefs, wie es heisst, gelingt es, Kollisionen zwischen den „guten" Arbeitern die weiter arbeiten wollen und den „schlechten", die sie daran verhindern, hintanzuhalten. Mehr als hundert der aufrührerischen Arbeiter werden entfernt, und um die übrigen einzuschüchtern, beginnt man Entlassungen vorzunehmen; namentlich jüngere Arbeiter, die leicht anderweitig z. B. beim Militär unterkommen könnten, werden verabschiedet. Die Lage wird von Tag zu Tag ernster. Viele Fabriken haben bereits wieder Aufträge erhalten. Die

---

[1] B. A. Gr.

[2] l. c. und C. d. A. vom 9. August 1848. Die weitere Darstellung beruht lediglich auf B. A. Gr.

Fabrikanten möchten gern noch mit den niedrigen Lohnsätzen der Krise weiter arbeiten. Die Arbeiter aber weigern sich und striken. Durch die Erfolge bei den Gemeindewahlen, die ganz in ihrem Sinne ausgefallen sind, haben sie an Festigkeit und Zuversicht viel gewonnen. Hinter den Arbeitern stehen auch viele „petits bourgeois", die, wie sie versichern, als Mitglieder der Nationalgarde die Fabrikanten nicht verteidigen wollen. In der Altkircher Strasse, wo die meisten Fabrikanten wohnen, finden sich Plakate mit der Aufforderung „mort aux riches". Allenthalben fallen Drohungen. An der Doller findet eine grosse Spinnereiarbeiterversammlung statt, die für die Aufrechterhaltung der alten Lohnsätze eintritt.

Unter den Fabrikanten greift eine allgemeine Panik Platz, da die Organe der Regierung eine den Forderungen der Arbeiter günstige Stellung einnehmen. Schreibt doch der Unterpräfekt an den Präfekten nach Colmar, „er kenne keine falschen Zärtlichkeiten für die Mülhäuser Fabrikanten, die kolossale Vermögen erworben hätten, während ihre Arbeiter im Elend schmachteten. Auch dürfe man von den Mülhäusern nicht erwarten, dass sie von einem grossen Eifer beseelt seien, in Bezug auf das allgemeine Interesse der Gesellschaft sich gerechteren, brüderlicheren und weiseren Bestrebungen hinzugeben."

Die Arbeitseinstellungen nehmen zu. Der Präfekt selbst erkennt an, dass die Arbeiter mit den ihnen von den Fabrikanten gebotenen Lohnsätzen unmöglich zu leben im Stande seien. Schliesslich gewinnt in der ersten Hälfte des August die Lage einen so bedrohlichen Charakter, dass von der Regierung eine überwältigende Truppenmacht in Mülhausen zusammengezogen wird, welche der Stadt für einige Zeit das Ansehen eines Waffenplatzes giebt. Aber der Präfekt, an den die Arbeiter eine Petition gerichtet haben, kommt auch selbst nach Mülhausen und verwendet seinen ganzen Einfluss, die Fabrikanten zum Aufgeben ihrer starren Opposition zu bewegen und den Arbeitern die alten, ohnehin noch niedrig genug bemessenen Lohnsätze zu gewähren. Seine Intervention bleibt nicht ohne Erfolg. Die Fabrikanten willigen ein, und mit einem Schlage ist die Ruhe und Ordnung wieder hergestellt; in den Fabriken beginnt die alte emsige Thätigkeit.

Die während des Strikes verhafteten Arbeiter, meist die Führer der Bewegung, werden vom Gerichte sämmtlich für unschuldig befunden. Sie kehren ruhig nach Mülhausen zurück und wollen ihre Arbeit wieder aufnehmen. Da sendet ihnen das Bürgermeisteramt den Befehl zu, die Stadt binnen 24 Stunden zu verlassen. Die Härte dieses Aktes ist um so grösser, als fast alle Familienväter sind.

Auch in Dornach sollen die freigesprochenen Arbeiter, über deren Betragen man nur Gutes vernimmt, ausgewiesen werden. Hier sowol wie in Mülhausen widersetzt sich jedoch die Regierung den Racheakten der „Selbstverwaltungsorgane“.

Die geschäftliche Krise war beseitigt und das Interesse richtete sich ganz auf die Präsidentenwahl. Wie bekannt, schwankte die Stimmung zwischen Louis Napoléon und dem General Cavaignac, dem Sieger und Diktator in den Junikämpfen. Die Fabrikanten und die Geistlichkeit agitierten für Cavaignac. Schon das war Grund genug für die Arbeiter, in deren Herzen keineswegs mehr die vertrauensselige Stimmung des Frühlings wohnte, sich für Louis Napoléon zu erklären.

Trotzdem auch einige hervorragende Industrielle für letzteren Partei nahmen, so glaubten die Arbeiter doch, dass das nur ein Manöver sei, um ihre Stimmen für Cavaignac zu gewinnen. Jene rechneten sicher darauf, dass die Arbeiter das Gegenteil von dem, was die Fabrikanten wollten, thun würden.[1]

Bei der Wahl erzielte Louis Napoléon einen durchschlagenden Sieg. Auf ihn fallen in Mülhausen 4540, auf Cavaignac nur 2412, auf Ledru-Rollin 467, auf Lamartine 6 und auf Raspail und Bugeaud je eine Stimme.[2]

Der Ausfall der Wahlen wirkt verblüffend. Man tröstet sich zunächst damit, ihn ausschliesslich als das Werk der

[1] C. d. A. vom 10. Dezember 1848.

[2] l. c. vom 13. Dezember 1848.

geschickten Wahlagenten Bonapartes anzusehen. Diese hatten, wie behauptet wird, den Arbeitern die Abschaffung der Maschinen, namentlich der sie so bedrohenden Walzendruckmaschinen und Perrotinen, den Landleuten aber eine Rückvergütung jenes 45% Zuschlages zu den direkten Steuern versprochen, welche die Republik in ihrer Finanznot erhoben. Ausserdem soll ihnen auch die Entfernung der Juden nach Palästina zugesichert worden sein, welches Land durch den Tod Ibrahim Paschas eben verfügbar geworden.[1]

Wie dem immer gewesen sein mag, jedenfalls steigert sich unter den Arbeitern von Tag zu Tag die Erkenntnis, dass ihre Interessen und jene der Fabrikanten nicht harmonieren; die Emanzipation der Arbeiter, das Verständnis über die ihnen zu Gebote stehenden Machtmittel wächst.

Vom 24. März 1849 an erscheint sogar ein besonderes Arbeiterblatt in Colmar. Es ist „Die Volksrepublik" redigiert von einem Mülhäuser Lehrer Namens Schmidt; „Ein Wochenblatt für Wahrheit, Recht und Aufklärung"; „Eintracht bringt Stärke". „Ihr seid alle Brüder". (Math.) „Die Wahrheit wird Euch befreien". (Joh.) „Lasst Euch nicht wieder unter das knechtische Joch bringen". So lauten die Mottos. Das Blatt vertritt die radikal sozialrepublikanische Partei und nimmt gegen Louis Bonaparte Stellung.[2]

Es hat in Bezug auf die Persönlichkeit des Präsidenten ein rascher Stimmungswechsel Platz gegriffen. Da er nach seiner Wahl nur den Interessen der reactionären Bourgeoisie zu dienen scheint, wenden sich die Sympathien der Mülhäuser Fabrikanten ihm zu, jene der Arbeiter von ihm ab.

Bei den folgenden Wahlen tritt das radikale Element völlig in den Vordergrund. Mülhausen gilt als Mittelpunkt der elsässischen „Wühlerei".[3] Wie in den beiden vorangegangenen Jahren gewinnt es wieder den Anschein, als

---

[1] l. c. vom 17. Dezember 1848.
[2] V. R. I. Nr. 33.
[3] V. R. I. Nr. 36.

ob der Juni Mülhausen besondere Fährlichkeiten bringen sollte.

Der von Ledru-Rollin in Paris am 13. Juni 1849 versuchte sozialistische Aufstand findet ein Echo. Am 14. Juni 1849 wird eine grosse Volksversammlung abgehalten; man will zur Unterstützung der Bergpartei nach Paris ziehen; vor dem Gemeindehause werden Waffen gefordert. In einer Broschüre, welche der Furcht der Mülhäuser Bourgeoisie lebhaften Ausdruck verleiht, heisst es, dass in Paris eine Insurrektion nur 48 Stunden sich behaupten dürfe, dann wäre es um Mülhausen in seiner jetzigen Lage geschehen. Dagegen bereitet die Nachricht von der raschen Unterdrückung des Putsches in Paris, auch der Mülhäuser Bewegung ein jähes Ende. Es folgen zahlreiche Verhaftungen; der Führer der elsässischen Phalansterianer Dr. Jänger aus Colmar entflieht.[1]

Von der ihm ungünstigen Stimmung der Arbeiter erhält Louis Napoléon einen deutlichen Beweis, als er auf seiner Rundreise durch Frankreich im August 1850 auch nach Mülhausen und Colmar kommt. In ersterer Stadt empfangen zwar die Arbeiter der verschiedenen Fabriken mit ihren Bannern und Musikbanden den Präsidenten am Jungen Thor, wie es der Gemeinderat beschlossen, aber während die Fabrikanten bei der Ankunft Louis Napoléons nur den Ruf „Es lebe der Präsident“ kennen, bringen die Arbeiter demonstrativ nur der Republik ihr Hoch. Zudem singen sie nur revolutionäre Lieder, das Robespierrelied, das famöse „Zim Bum Rataplan“, die Marseillaise, den Chant du depart u. ähnl. Ferner überreichen sie dem Präsidenten eine Bittschrift zu Gunsten ihres Kandidaten, des vom Hohen Gerichtshofe wegen Teilnahme an den Junikämpfen verurteilten Josua Hofer, und eine zweite um Aufhebung der neuerlich vorgenommenen Beschränkung des Wahlrechtes.[2]

Napoléon verlässt vor der programmmässig festgesetzten Zeit die Stadt. Auch in Colmar ist der Empfang

[1] V. R. II. Nr. 33.
[2] l. c. Nr. 34, 35, 38.

nicht besser. Es wird sogar ein Stein gegen ihn geschleudert.

Im Dezember 1850 verfügt die Regierung die Auflösung und Entwaffnung der Mülhäuser Nationalgarde, welche als durchaus unzuverlässig gilt. Sie hatte die „soziale Republik" so oft leben lassen, in den kritischen Zeiten, vorzüglich am 14. Juni 1849, hatte der Gemeinderat auf sie nicht zählen können, bei den Wahlen war sie stets für die Roten eingetreten, für den Präsidenten hatte sie nur das „vive la république" besessen. Ein Regiment Truppen zieht in Mülhausen ein.[1]

Die Reaktion ist bald in vollem Gange. Hausdurchsuchungen werden allenthalben, namentlich bei den Vorständen der Kranken- und Hilfskassen vorgenommen, ihre Gelder mit Beschlag belegt und ihre Auflösung dekretiert.[2]

Der Staatsstreich setzt auch der Mülhäuser Bewegung ihr Ziel. Die von unten herauf angestrebten Reformen, die Sozialpolitik der Arbeiter selbst, sind zu Grabe getragen.

---

[1] l. c. Nr. 49.

[2] l. c. III. Nr. 5, 7, 8, 9

XII. KAPITEL.

DIE ÄRA DER „INITIATIVE PRIVÉE“.

A. PROGRAMM.

Im Mai 1848 war in der Nationalversammlung ein Antrag angenommen worden, welcher die Veranstaltung einer allgemeinen Enquête über die Lage der arbeitenden Klassen in Frankreich forderte. Die Friedensrichter sollten die Untersuchungen leiten und dabei den Vorsitz führen.

Ob es im Ober-Elsass zu einer derartigen Untersuchung gekommen, ist uns nicht bekannt, wol aber findet sich eine Beantwortung des offiziellen Frageschemas durch die zur Aufrechterhaltung der Prohibitionspolitik in Mülhausen begründete „Association pour la défense du travail national“.

Die Bedeutung jener von J. A. Schlumberger und Friedrich Engel-Dollfuss ausgehenden Arbeit[1] liegt nicht etwa darin, dass sie uns eine ausreichende, wahrheitsgetreue Schilderung der oberelsässer Arbeiterverhältnisse böte. Das ist durchaus nicht der Fall. Obwol die Verfasser es augenscheinlich anstrebten, so brachten es die Umstände mit sich, dass eine objektive Darstellung, sobald sie von der Unternehmerpartei versucht wurde, alsbald in eine Vertheidigung des Unternehmerstandpunktes ausartete, ganz zu geschweigen jener auf die Vergrösserung der Ausfuhrprämien und die Aufrechterhaltung der Einfuhrverbote ab-

---

[1] Enquête industrielle dans les départements de l'est. Réponses aux questions de l'enquête industrielle ordonnée par l'assemblée nationale Mulhausen 1848.

ziehenden Seitensprünge, ohne welche nun einmal nach dem alten Sprichworte: „Wessen das Herz voll, des fliesst der Mund über“ nichts gethan werden konnte.

Der Wert des Schriftstückes ist vielmehr darin zu suchen, dass es uns ein deutliches Bild von der Stimmung der Fabrikanten während der Revolution giebt, dass es uns ferner die Meinung des Unternehmerstandes über die Arbeiterverhältnisse und deren Reform bietet, dass es zu einem förmlichen Programm für die nach dem Ermessen jener Kreise einzuschlagende Sozialpolitik wird und uns dadurch in das Verständnis der viel besprochenen und viel gerühmten Thätigkeit der elsässer Fabrikanten zum Wole ihrer Arbeiter passend einführt.

Der Hauptsache nach erscheint den berichtenden Fabrikanten „All right“.

Die Kinder in den Fabriken haben meist eine Kommunalschule besucht, ein guter Teil von ihnen kann lesen und schreiben; dank der guten Schulen verbreitet sich auch der Gebrauch der französischen Sprache immer mehr. Nur in Bezug auf den fachgewerblichen Unterricht bleibt noch viel zu wünschen.

Mit der Moral der Kinder steht es freilich schlimm; es wäre deshalb förderlich, wenn den Arbeitgebern über sie eine grössere Macht eingeräumt würde, etwa durch eine Art Lehrlingschaft. Die Arbeitszeit währt nicht zu lange. Die Arbeitssäle sind gross, luftig und haben stets eine gleichmässige Temperatur. Die industriellen Arbeiter sind ebenso gesund wie die Landleute. Nachtarbeit ist selten; doch wird sie von den Arbeitern oft geschätzt, weil sie dann den Tag für ihre Familie und auf dem Lande für die Bestellung ihres kleinen Ackers frei behalten. Insofern die Arbeiter wirklich schwächlicher erscheinen sollten, hat das seine Ursache nur darin, weil eben die schwächsten, welche schwere Feldarbeit nicht leisten können, in die Fabriken gehen. Es ist ein grosser Segen, dass die Fabrikarbeit, welche nur Aufmerksamkeit, keine physische Kraft verlangt, solche Leute beschäftigt. Andererseits wird deren Konstitution auch vielfach durch vorzeitige Laster untergraben. Der Ackerbau war nicht mehr im Stande die Bevölkerung zu ernähren. Es musste die Industrie hinzutreten. Sie vermehrt die Bevölkerung und erhöht dadurch die Macht und die Kraft der Republik. Die Fabrikordnungen und Lohnsysteme bieten durchaus keine Unbilligkeiten. Meist herrscht der Stücklohn vor; zur Belohnung geschickter Arbeiter besteht daneben noch ein Prämiensystem. Alles das wird durch freie Vereinbarung begründet. Es ist nicht abzusehen, wie jene Ausbeutung des Menschen durch den Menschen stattfinden könnte, welche mehr als einem Ehrgeizigen dazu gedient hat, die Volksmassen aufzuregen. Der Arbeiter in den Thälern und auf dem Lande wohnt meist in einem kleinen ihm gehörigen Häuschen; er besitzt ein Feld oder einen Weinberg. Seine Nahrung ist grob, aber reichlich und gesund; sein Anzug einfach, aber den Jahreszeiten angepasst; er liebt das Familienleben und bringt die freie Zeit im Hause zu; er ist sparsam. Er geniesst ausser dem Lohne noch mancherlei Einkünfte. In manchen Orten darf er wöchentlich zweimal in den Wald gehen und dürres Holz sammeln; oft besitzt er noch ein Nutzungsrecht an der Gemeindeweide.

Minder erfreulich sind die Verhältnisse der städtischen Arbeiter. Die Wohnung ist ihm nur ein Zufluchtsort für die Nacht. Meist bringen sie ihre freie Zeit in Schenken und Kneipen zu. Ihr Geld verwenden sie lieber auf Getränke und Kleidung, als eine hinreichende Nahrung. Zur Unterstützung dienen zahlreiche Fabrikkrankenkassen. Um für das Alter und die Zeiten der Krisen einen Zehrpfennig zurückzulegen, sind Sparkassen vorhanden.

Das grösste Übel für den Arbeiter sind die Krisen. Es erfolgen dann Lohnreduktionen und die Arbeiterfamilie setzt ihre Nahrung unter das Notwendige herab.

Um die Arbeiter zu solchen Zeiten zu beschäftigen, sollten Staat, Departement und Gemeinde den Arbeitgebern zur Seite stehen. Überhaupt ist auf die weitere Ausbildung des Unterstützungswesens bei einer Verbesserung der Lage der Arbeiter der grösste Nachdruck zu legen.

Ruhe, Frieden und Ordnung sind vor allem dem Gedeihen der Industrie nötig. Arbeiter und Arbeitgeber leiden gleich schwer, wenn die respektabelsten Interessen durch Utopien bedroht werden, welche Misstrauen säen, den Geist der Arbeiter verderben und Unordnung in die Massen bringen. Schon bringt namentlich der städtische Arbeiter in seinen Beziehungen zu seinem Herrn nicht mehr jenes Wolwollen und Vertrauen zum Ausdrucke, welches auf dem Wege der Verbesserungen rasch fortzuschreiten erlaubte. Daran tragen jene neidischen, unruhigen Geister die Schuld, welchen es gefällt, in sehr leicht begreiflichen Absichten, Zwietracht auszustreuen und die gerechtesten und erhabensten Institutionen zu entstellen. Die wichtigsten Mittel die Lage der Arbeiter zu verbessern bestehen in der Aufklärung, in der Ermunterung zur Sparsamkeit, in moralischer und intellektueller Bildung. Von Kindheit auf müssen bei ihnen die Prinzipien einer soliden Erziehung entwickelt, es muss ihnen ein Familiengeist eingeflösst werden, sie müssen sich gewöhnen, ihr Glück in sich selbst zu suchen.

Die Republik hat den Arbeitern viele Rechte gegeben. Hoffentlich wird sie ihnen auch Unterricht und eine Erziehung gewähren, damit sie davon mit reifer Einsicht Gebrauch machen und endlich eine Bürgerwürde erringen, welche eine eben so grosse Gewähr ihres eigenen Glückes als der Sicherheit der Gesellschaft bildet.

Zur Abhilfe der in den Städten ungünstigen Wohnungsverhältnisse sowie zur Erweckung des Sinnes für Eigentum und Kultur würde es sich empfehlen, wenn die Gemeinden kleine Häuschen bauten. Dieselben sollten in Terminzahlungen an Arbeiter verkauft werden, welche aus einer gewissen, von den Arbeitgebern vorgeschlagenen Anzahl, der Gemeinderat zu bestimmen hätte.

Nach den Ausführungen der vorangegangenen Kapitel wird der Leser im Stande sein, selbst ein Urteil über diese von den Fabrikanten beliebte Darlegung zu fällen.

Wie ungefähr die Antwort ausgefallen sein würde, wenn sie von den Arbeitern ausgegangen wäre, lässt unschwer eine

Bittschrift ersehen, welche von den Arbeitern des Amarinthales gelegentlich einer von der Regierung angeordneten industriestatistischen Untersuchung an den Präfekten ergieng. Bei derselben wurden einseitig immer nur die Unternehmer befragt, d. h. es wurden ihnen Fragebogen zugesandt, welche sie, falls es ihnen eben gefällig war, ausfüllten. Bittere Klage führen nun über ein derartiges Vorgehen die Arbeiter aus dem Amarinthale. Wolgemerkt, es handelt sich hier um jene Arbeiterkategorien in den Thälern, welche nach der obigen Darstellung sich eines geradezu idyllischen Daseins erfreuten.

„Nie werden die Arbeiter selbst befragt, alles wird geheim gehalten, damit sie die Fabrikantendarstellungen nicht Lügen strafen können. Immer mehr muss gearbeitet werden und immer weniger wird bezahlt.“

„Kommt also, Herr Präfekt, kommt um Gottes Willen, und sehet, wie bleich, wie mager, wie abgemattet, wie arm wir uns alle befinden. Die Hälfte von uns liegt krank und muss frühzeitig sterben, und unseren Wittwen und Waisen wird noch das Betteln verboten.“

„Die Regierung soll auch eine Zahl Arbeiter vernehmen, damit sie erfahre, was vorgeht, und nicht leiden, dass der Arbeiter bittere Lage durch Lügen und falsche Ziffern verschönert werde.“

„Hingegen sollte der Fabrikant seine goldversüsste Lage auch erklären und sagen müssen, wie viel er mit schändlicher Gewalt den Arbeitern abzwacken thut“.

Der Präfekt soll, wenn er nicht selbst kommen kann, den Friedensrichter, der ein Freund der Armen, mit einer Untersuchung beauftragen.

Der Präfekt machte von diesem Schmerzensrufe nach Wahrheit dem Friedensrichter in der That Mitteilung. Der von letzterem verfasste Bericht bestätigte vollkommen die in der Bittschrift ausgesprochenen Beschwerden. Es war eine Thatsache, dass namentlich in Weiler und Moosch die Arbeiter auf das schlechteste behandelt

[1] B. A. Ind. Var.

wurden, dass eine Masse von unmotivierten, nicht zu vermeidenden Strafen sie bedrohte, dass die Krankenkassen, wo überhaupt solche bestanden, eine durchaus unbillige Organisation besassen, dass die Löhne völlig ungenügend waren, dass ein abscheuliches Prämiensystem bestand. Es wurde auf ein nur mit übermenschlicher Anstrengung zu erreichendes Arbeitsquantum eine Prämie gesetzt; erreichte der Arbeiter das bestimmte Quantum, so bezog er einen genügenden Lohn, gelang es ihm nicht, so erhielt er ganz unverhältnismässig weniger.

Doch kehren wir wieder zu unserem Ausgangspunkte zurück, zu der Ansicht der Fabrikanten über die notwendigen Reformen.

Dem Rufe nach Ruhe, Ordnung und Frieden war Louis Napoléon nachgekommen. Es war für die socialpolitische Thätigkeit der Fabrikanten freie Bahn geschaffen. Mit den Zuständen in den Thälern und auf dem Lande war man völlig zufrieden. Dort hatte die Februarrevolution kein Echo gefunden. Dort herrschten die Unternehmer unumschränkt. Anders stand die Sache in den Städten. Hier waren die Arbeiter von der sozialen Bewegung erfasst worden, hier hatte sich unter ihnen ein Klassenbewusstsein ausgebildet, hier konnten sie, wenn geeinigt, ihren Arbeitgebern immerhin Verlegenheiten bereiten. In den Städten lag ferner auch das Elend zu offen zu Tage und konnte nur schwer verschleiert werden. So bezogen sich denn ihre Reformideen hauptsächlich nur auf das städtische Proletariat. Die Wohnungsnot in Mülhausen hatte schon Villermé gebrandmarkt. In andern industriellen Städten waren bereits Versuche mit besonderen Arbeiterquartieren gemacht worden. Die kleinen Häuschen, welche von Arbeitern erworben werden sollten, — von Arbeitern natürlich, die von ihren Arbeitgebern dieser Vergünstigung für wert erachtet wurden — mussten eine vorzügliche Handhabe bieten, die Interessen der intelligenteren und besser bezahlten Arbeiter von jenen ihrer minder gut gestellten Genossen abzulösen. Sie mussten die Abhängigkeit der Arbeiter befördern. Was sie aber noch zu wünschen übrig liessen, das sollte durch die Regelung des Unterstützungswesens vollbracht werden, durch die Ausbreitung der ganz dem Einflusse der Arbeitgeber unterliegenden Betriebskrankenkassen.

Im Übrigen war man in so naiver Weise von der alles andere überstrahlenden Heiligkeit der Unternehmerinteressen durchdrungen, dass man meinte, es bedürfe nur einer grösseren Bildung des Arbeiters, um auch ihn zur unbedingten Hingabe an dieselben zu bewegen.

Mancher Arbeitgeber sah freilich nicht einmal die Notwendigkeit der angedeuteten Massregeln ein. „Ich weiss gar nicht," soll sich einer geäussert haben, „was die Leute immer zu schreien haben mit den Arbeitern. Es geht ihnen gar nicht so schlecht. In der Früh haben sie ihre Suppe, zu Mittag haben sie ihre Suppe und auf die Nacht — haben sie wieder ihre Suppe".[1] Doch solche Bornirtheit war nicht jedermanns Sache. Die Meinung der Mehrheit giebt wol das oben angeführte Referat über die Arbeiterverhältnisse wieder. Dagegen sahen einige Fabrikanten allerdings auch wieder tiefer, als sie merken liessen. Verrät uns später doch Friedr. Engel-Dollfuss, den wir als einen der Verfasser des Berichtes nannten, „dass man mit dem Jahre 1848 eine Ära der Erstarrung und des gewissenlosen Egoismus verliess, welche eine grosse Bewegung mit drohenden Blitzen allein aufzuklären vermocht hatte. Als nach der Gefahr die Erkenntnis kam, machte sie sich in einer Menge ausgezeichneter Stiftungen bemerklich."[2]

Kurz und gut, es herrschte jene Stimmung vor, in der man die Überzeugung hat: Es muss etwas gethan werden.

Der Mülhäuser Gewerbeverein, die Vereinigung der ober-elsässer Fabrikanten, beschloss bald nach Ausbruch der Revolution nach Analogie der schon bestehenden Ausschüsse für Chemie, Mechanik etc. auch einen für Sozialökonomie (comité d'économie sociale) zu errichten, ein Schritt, der schon in der Debatte über die Kinderschutzgesetzgebung mehrmals vorgeschlagen, aber stets beharrlich abgelehnt worden war.

---

[1] V. R. I. Nr. 34.

[2] Bulletin spécial. Mulhouse et Paris 1876. p. 235.

Der sozialökonomische Ausschuss, dessen Seele Dr. Penot, ein jedenfalls durch guten Willen ausgezeichneter Mann, war, wurde das Zentrum für die sozialpolitischen Aktionen der Fabrikanten.

Vor allen anderen Institutionen hat die Reform der Arbeiterwohnungen den sozialpolitischen Ruhm der oberelsässer Industriellen begründet. Ihr gelten also unsere nächsten Ausführungen.

B. WOHNUNGSREFORM.

Auf der Londoner Industrie-Ausstellung von 1851 hatte das auf Veranlassung des Prinzen Albert gebaute Arbeiterhaus die Aufmerksamkeit Johann Zuber's, eines Fabrikanten aus der Nähe Mülhausens, auf sich gezogen. Wie aus dem Berichte über die Arbeiterverhältnisse hervorgieng, trug man sich in Fabrikantenkreisen schon früher mit einer Wohnungsreform durch Einführung des Cottagesystems. Diese Ideen wurden durch den Besuch der Londoner Ausstellung nur weiter entwickelt, und Johann Zuber baute einige Cottages in der Nähe seiner Fabrik. Eine andere Anregung bot das Buch von Henry Roberts „The dwellings of the labouring classes". Dasselbe hatte Napoleon übersetzen und durch das Handelsministerium publizieren lassen.[1] Überhaupt hatte die napoleonische Regierung der Hygiene besonderes Augenmerk zugewendet. Nachdem zuerst durch Gesetz vom 13. April 1850 Spezialkommissionen zur Untersuchung ungesunder Wohnungen (commission des logements insalubres) geschaffen worden waren, eröffnete das Dekret vom 3. März 1851 einen Kredit zur Unterstützung für Gemeinden, die öffentliche Bäder anlegen würden; jenes vom 22. Januar 1852 aber gewährte Beiträge für den Bau von Arbeiterquartieren.[2]

Die Scheusslichkeit der Mülhäuser Wohnungszustände war eine allgemein anerkannte Thatsache. Im Jahre 1849/50 hatte die Cholera eben wieder in Frankreich gewütet und

[1] B. XXIV. p. 127—131.

[2] Législation française concernant les ouvriers par L. J. D. Férand-Giraud. Paris 1856 p. 405—407.

so die Notwendigkeit der öffentlichen Gesundheitspflege klar vor Augen geführt.[1] Alle diese Momente waren für die endliche Verwirklichung eines schon seit langer Zeit vorhandenen Gedankens gewiss von bedeutendem Einflusse. Auf einen von Penot im Juni 1852 gehaltenen Vortrag hin sprach der Mülhäuser Gewerbeverein den Wunsch aus, es möchten grossmütige Bürger auf eigenes Risiko Musterhäuser bauen. Falls solche Unternehmungen rentierten, würden ihnen dann gewiss Spekulanten nachfolgen und so zur Abhilfe der Wohnungsnot vorgeschritten werden.[2]

Es war Johann Dollfuss, der durch den Architekten Müller in der That einige Modellhäuser bauen liess.

Die Arbeiterhäuser mit Erdgeschoss und einem Stockwerke waren zur Benutzung für je eine Familie angelegt und in Gruppen aneinander gebaut.

Unter dem Einflusse des Johann Dollfuss kam am 10. Juni 1853 eine Baugesellschaft zu Stande. Dieselbe emittierte 60 Aktien à 5000 Fr. Joh. Dollfuss allein nahm 35, andere Fabrikanten je 2 oder 1 Aktie. Die Zahl der Aktionäre betrug 12. Das Gesellschaftskapital hatte so die Summe von 300 000 Fr. erreicht. Weitere 350 000 Fr. wurden vom Crédit foncier aufgenommen. Die Regierung erkannte die Gesellschaft als „établissement d'utilité publique“ an und gewährte 300 000 Fr., wogegen sich letztere verpflichten musste, nicht mehr als 4 % Dividende an die Aktionäre auszuzahlen.[3] Eigentümlicher Weise sucht man in den meisten Darstellungen den Anteil der Regierung abzuschwächen, indem man darauf verweist, dass dieser Betrag nur zu der Anlage der Strassen, der Brunnen und der Plätze verwandt worden, also eigentlich zur Herstellung der Häuser nicht benötigt worden sei. Nun fällt aber nach der französischen Baugesetzgebung dem Erbauer eines Hauses auch die Herstellung eines entsprechenden Teils der Strasse zu, so dass die Kosten der Strassenanlagen einen Teil der regel-

[1] A f. ö. G. 2. Bd. p. 8.
[2] B. XXIV. p. 141.
[3] B. XXXV. p. 299—314.

mässigen Baukosten ausmachen; durch den Staatszuschuss wurde also unbestreitbar ein Drittel der Baukosten gedeckt.

Auch ist hier die in Mülhausen allgemein bekannte Thatsache hervorzuheben, dass Dollfuss, im Nordwesten, zwischen der Stadt und Dornach, ausgedehnte Bauplätze besass und demnach grosses Interesse hatte, dass die Stadt nach dieser Richtung hin sich entwickelte. Die Anlage eines Arbeiterquartiers daselbst musste einer solchen Entwickelung entschieden Vorschub leisten. Er trat daher 8 ha seines Grundbesitzes zu einem billigen Preise an die Baugesellschaft ab, — eine sehr gewinnbringende Grossmut, da die ihm noch verbliebenen Bauplätze nun um das drei- und vierfache stiegen; denn in der Nähe des Arbeiterquartieres wurde in dessen Gefolge eine grosse Zahl Neubauten von Spekulanten errichtet.

Dies waren, wenn wir noch die in jener Zeit gerade sehr niedrigen Löhne der Bauhandwerker hinzunehmen, die ökonomischen Grundlagen für die Erbauung der „Cité ouvrière“.[1]

Die Thätigkeit der Baugesellschaft war eine äusserst rege. Nachdem man im Jahre 1854 mit dem Bau von 100 Häuschen begonnen, zählte das Arbeiterquartier 1878 bereits 980 Häuschen.[2] Ursprünglich hatte man nur daran gedacht die Häuser zu vermieten; allein da die Gestehungskosten der Häuser sich sehr gering stellten, sie schwankten zwischen 1850 Fr. und 2800 Fr., so glaubte man, dass ein Eigentumserwerb von Seiten der Arbeiter durch allmähliche Abzahlungen immerhin möglich sein würde und entschied sich dafür.

Es war im Vorstehenden nur unsere Absicht, der Erbauung des Mülhäuser Arbeiterquartieres in der historischen Entwicklung die gebührende Stelle einzuräumen. Ein Eingehen auf Einzelheiten sowie eine Kritik des ganzen Unter-

[1] B. XXVI. p. 412–415; B. XXXV. (Les cités ouvrières du Haut-Rhin par M. A. Penot.) p. 386—415. — Les institutions ouvrières de Mulhouse et des environs par E. Véron. Paris 1866. p. 196—253. — Österreichischer Bericht über Gruppe X der Pariser Ausstellung von 1867. p. 372—378; 394—397.

[2] Grad, Études statistiques sur l'industrie de l'Alsace. 1880. II. pièces justificatives. XXI.

nehmens, welche ersteres voraussetzt, versparen wir uns für das dritte, der Gegenwart gewidmete Buch, da eben zur völligen Würdigung zahlreiche nur aus den Erfahrungen der Gegenwart zu schöpfende Argumente herbeigezogen werden müssen.

Wir erwähnen an dieser Stelle nur noch, dass Johann Dollfuss sein Werk — und das ist die Cité — noch mit verschiedenen gemeinnützigen Anstalten ausstattete, wie Bädern, Waschhäusern, einem Arbeiterrestaurant, einer Armenherberge u. s. w.

Das Vorgehen Mülhausens fand bei den übrigen oberelsässer Unternehmern vielfach Nachahmung, so in Gebweiler, Colmar, Sentheim, Sennheim, Schnierlach, Markirch u. a. a. O. m. Die Unterschiede von der Mülhäuser Anlage in technischer Hinsicht sind bald mehr, bald minder tiefgreifend; meist stehen aber die Häuser im Eigentume der Unternehmer.[1] Der Eigentumserwerb von Seiten der Arbeiter bildet die Ausnahme. Auch die Gründe dieser Erscheinung sollen erst später ihre Erörterung finden.

C. BILDUNGSWESEN.

Ausser einer Reform der Wohnungsverhältnisse hatte der Bericht von 1848 noch insbesondere eine Ausbildung des elementaren und fachgewerblichen Unterrichtswesens für wünschenswert erklärt. Die unerlässliche Vorbedingung dazu wäre ein ausreichender gesetzlicher Schutz der Fabrikkinder gewesen. Doch einen solchen gab es nicht.

Um den Erwachsenen, welche sich in der glücklichen Lage befanden, für ihren Unterricht die nötige Zeit zu erringen, noch eine Gelegenheit zur Ausbildung zu bieten, wurden von Dr. Penot öffentliche Abendkurse eingeführt. Unter den Besuchern derselben bildeten die Arbeiter der Baumwollindustrie kaum ein Drittel (im Jahr 1866: 346 unter 1176). Sie besuchten fast nur die Elementarkurse.

Die übrigen Mitglieder rekrutierten sich vorwiegend aus den Reihen der Metallarbeiter, Zimmerleute, Maurer

[1] Auch dafür kommt die eben zitierte Litteratur in Betracht.

und anderer Handwerker, welche es nötig hatten sich namentlich im Linearzeichnen einige Fertigkeit zu verschaffen.[1]

Um die Errichtung von Volksbibliotheken erwarb sich Johann Macé in Beblenheim bedeutende Verdienste. Unter seinem Einflusse wurde eine „Société des bibliothèques communales du Haut-Rhin" begründet. Auch mehrere grössere Fabriken besassen Arbeiterbibliotheken. Durchwegs hatten die in den Bibliotheken vorhandenen Bücher sowol einen belletristischen wie populärdidaktischen Inhalt, wobei aber religiöse oder politische Werke ausgeschlossen waren.[2]

Ungleich höheres Interesse beanspruchen die von den Fabrikanten ausgehenden Versuche das Unterstützungs- und Versicherungswesen zu vervollkommnen.

D. UNTERSTÜTZUNGS- UND VERSICHERUNGSWESEN.

Wie wir schon früher ausführten, hatten sich drei Arten der Krankenversicherung ausgebildet.

Einmal, und das war das Ursprüngliche, waren von den Arbeitern selbst Berufsgenossenschaften zum Zwecke der Kranken- und Begräbnisversicherung gebildet worden. Aber Behörden und Arbeitgeber erblickten in denselben politisch wie social höchst unliebsame Ansätze zu einer korporativen Gliederung und einer daraus resultierenden Emanzipation der Arbeiterschaft. Daher ihr Streben, die Arbeiter von solchen freien Genossenschaften abzuhalten.

Zu diesem Zwecke gründeten die Unternehmer Betriebskassen, denen beizutreten die Arbeiter im Arbeitsvertrage genötigt wurden. Indess Betriebskassen konnten nur für die während längerer Zeit in grösseren Unternehmungen Beschäftigten in Anwendung kommen. Die grosse Zahl der nur zeitweise verwendeten Taglöhner verblieb somit noch unversichert. Sodann schlossen die freien Kassen und oft auch die Betriebskassen Kinder, Frauen und die Arbeiter

[1] B. XXXIV p. 79–81; p. 289–300; B. XXXV p. 25; p. 310–311; B. XXXVI p. 353–357.

[2] B. XXXVII p. 67–73.

[3] Klagen der Arbeiter über diese Art der Regelung des Versicherungswesens in V. R. III. Nr. 18. Nr. 37.

höheren Alters aus. Es gab somit zahlreiche so von jeglicher Art von Kasse ausgeschlossene Personen. Für diese wurde in Mülhausen eine fakultative Gemeindekrankenkasse eingerichtet, die übrigens ausser dem Anspruch auf Krankenunterstützung auch die Hoffnung auf gnadenweis gewährte Pensionen verlieh.

Thatsächlich gas es also nur eine Kranken- und Begräbnisversicherung. Ein Versicherungszwang mit Zwangskasse war in den Betriebskrankenkassen mit obligatorischem Beitritte gegeben; die übrige Versicherung war fakultativ.

Dies der Zustand, der zur Zeit des Berichtes der Herren J. A. Schlumberger und Fr. Engel-Dollfuss bestand. War derselbe wie mit den übrigen Arbeiterverhältnissen so mit dieser Ordnung der Arbeiterversicherung auch im Ganzen zufrieden, so gelangte doch auch in ihm ein Wunsch nach Vervollkommnung des Unterstützungswesens zum Ausdrucke. Da überdies die Nationalversammlung eine Weiterentwicklung desselben anstrebte, beschäftigte sich nun der socialökonomische Ausschuss des Mülhäuser Gewerbevereines vielfach mit den berührten Fragen. In welcher Weise sich die Herren die Vervollkommnung dachten, mag das Folgende zeigen.[1]

Als in Mülhausen die Gemeindekrankenkasse begründet worden, hatte man sich mit der Hoffnung getragen, dass dieselbe bald alle übrigen Krankenkassen aufsaugen werde. Wegen ihrer grösseren Mitgliederzahl und der dadurch bedingten grösseren Verteilung des Risikos sollten nach der Erwartung der Gründer sich die Prämien niedriger stellen, als bei den freien Kassen. Allein die in kräftigem Lebensalter stehenden Arbeiter zogen durchaus ihre freien, von ihnen selbst verwalteten Kassen vor.[2] Die Folge war, dass für die städtische Kasse die Erkrankungsgefahr der Mitglieder sich viel ungünstiger stellte, als man erwartet hatte. Die Prämien konnten daher weder niedriger bemessen werden, noch gaben sie die zur Auszahlung von Pensionen gewünschten Überschüsse, sondern das Gemeindebudget hatte noch häufig ein Defizit zu übernehmen.

---

[1] B. XXI p. 387—393.

[2] B. XXII p. 57—64.

Unter solchen Umständen hätte es dem Ideale des Mülhäuser Gewerbevereines entsprochen, hätte man einen gesetzlichen Versicherungszwang für die Arbeiter eingeführt und die Gemeinde- und Betriebskrankenkassen zu Zwangskassen erklärt; für die Fabrikarbeiter die Betriebskrankenkassen, für die übrige von Lohnarbeit lebende Bevölkerung die Gemeindekrankenkassen als Zwangskassen. Allein soweit wagte man im Hinblicke auf die noch im Flusse befindliche Arbeiterbewegung nicht zu gehen; man begnügte sich, in einem Gesetzvorschlage nur das Prinzip des Versicherungszwangs zu verlangen; im übrigen sollten die drei Arten der Krankenversicherung, Gemeindekrankenkasse, Betriebskrankenkasse und Gewerkskasse bestehen bleiben.[1]

Sieht man davon ab, dass in diesem Gesetzentwurfe die Beitragspflicht der Arbeitgeber zu den Arbeiterkassen fehlt, so finden wir das durch das Krankenversicherungsgesetz vom 15. Juni 1883 im deutschen Reiche eingeführte System schon damals von dem sozialen Ausschusse des Mülhäuser Gewerbevereins gefordert.

Interessant ist noch ein in dem genannten Entwurfe enthaltener Versuch, um die Unwirksamkeit der Versicherung der Betriebskassen abzuschwächen. Diese trat nämlich ein, sobald für den Fabrikarbeiter aus welchem Grunde immer das Arbeitsverhältnis gelöst wurde. Nun verlangte man, die Gemeindekrankenkassen sollten bei eingetretener Erkrankung für die Zeit der Arbeitslosigkeit einstehen und die Betriebskrankenkassen sollten dafür einen gewissen Prozentsatz von ihren Bruttoeinnahmen an sie abführen.[2]

Im Grossen und Ganzen also wurden für das Krankenversicherungswesen keine neuen Ideen ausgesprochen, sondern nur eine gesetzliche Sanktion zur Unterstützung für die bereits bestehenden Zustände gefordert.

Ausser der Krankenversicherung wurde noch lebhaft die Invaliditäts- und Altersversicherung diskutiert. Durch

[1] B. XXXII p. 66—71; p. 72—77.
[2] B. XXII p. 67.

Gesetz vom 18. Juni 1850 war vom Staate eine Altersrentenkasse (Caisse des retraites pour la vieillesse) eingeführt worden.[1] Im Anschlusse daran glaubten einige hervorragende Mülhäuser Fabrikanten die so schwierige Frage der Altersversicherung in der Weise lösen zu können, dass sie berechtigt würden, ihren Arbeitern einen 3 %gen Abzug vom Lohne zu machen und diesen für letztere in die Staatsalterskasse einzulegen. Dazu wollten sie auch ihrerseits einen 2 %igen Beitrag von der Summe des gezahlten Lohnes zuschiessen, so dass die im Namen der Arbeiter geleisteten Einzahlungen 5 % ihres Lohnes betragen hätten. Die Arbeiter sollten dafür beim Eintritt eines bestimmten Alters eine entsprechende Pension erhalten.[2]

Allein die Regierung gewährte den Arbeitgebern nicht die Berechtigung, auch gegen den Willen der Arbeiter Lohnabzüge zum Zwecke der Altersversicherung zu machen.[3] Die zu einer „Société d'encouragement à l'épargne" (3. September 1850) vereinigten Unternehmer konnten deshalb ihr Projekt nur auf nachstehender Grundlage aufbauen.

Die 5 Mülhäuser Firmen, welche die Gesellschaft bildeten, verpflichteten sich durch Einzahlungen im Betrage von 3 % der ihren Arbeitern gezahlten Löhne einen Fonds zu bilden. Aus demselben sollte 1) jedem ihrer Arbeiter, welcher in einen 3 %gen Lohnabzug zum Zwecke der Einlage desselben in die staatliche Rentenkasse willigen würde, ein 2 %ger Zuschuss als Prämie bewilligt werden, 2) sollten an alte Arbeiter der vereinigten Etablissements, welche vom Verwaltungsrate würdig und bedürftig befunden würden, aus dem Fonds Unterstützungen gewährt werden. Der Verwaltungsrat aber bestand aus dem Bürgermeister Mülhausens, den Pfarrern beider Konfessionen, 6 Mitgliedern der vereinigten Firmen und 2 Arbeitern, welche sowol Mitglieder des Conseil des prudhommes als auch der

---

[1] E. Laurent. Le paupérisme et les associations de prévoyance. Paris. 1865. II. p. 161—191.

[2] B. XXII p. 378—390.

[3] B. A. Soc. d. sec.

staatlichen Pensionskasse sein mussten und vom Conseil des prudhommes zu bestimmen waren.

Die Einzahlungen in die Pensionskasse konnten bei männlichen Personen vom 18., beim weiblichen vom 16. Jahre beginnen. Das Recht auf Bezug einer Pension begann mit dem 55. Jahre. Die Höhe der Pensionen richtete sich natürlich nach der Höhe der Einzahlungen und der Dauer der Mitgliedschaft.[1]

Die Gesellschaft hatte also zwei ganz verschiedene Funktionen. Einmal übernahm sie eine Vermittlerrolle zwischen dem Arbeiter und der Staatsrentenkasse, indem sie die von jenem zugestandenen Lohnabzüge in seinem Namen in die Rentenkasse einlegte und noch zwei Drittel des Betrages als Prämie zuschoss. Angenommen, dass der betreffende Arbeiter schon in jungen Jahren mit den Einzahlungen begonnen hatte, und beständig in derselben Fabrik oder wenigstens in einer der der Vereinigung angehörigen verblieb, besass er nach Ablauf seines 55. Lebensjahres einen rechtlichen Anspruch an die Staatsrentenkasse zur Auszahlung einer jährlichen Pension, die allenfalls 160 bis 240 Fr. betragen konnte. — Die zweite Aufgabe der Gesellschaft bestand in der Verwaltung des durch die Einzahlungen der Fabrikanten gebildeten Fonds, aus welchem nach freiem Ermessen des Verwaltungsrats Invaliden- und Altersunterstützungen an Arbeiter der vereinigten Fabriken gewährt werden sollten. Hier gab es auf Seite der Arbeiter weder rechtliche Ansprüche noch rechtliche Pflichten, sondern die allenfalls erhaltene Pension besass den Charakter eines Almosens mit all' seinen die Unabhängigkeit des Empfängers vernichtenden Folgen. Bei der Gründung der Gesellschaft hatte man namentlich gedacht, durch derartige Unterstützung die Pensionen von Arbeitern zu vergrössern, welche bei der Gründung der Gesellschaft schon in höherem Alter stehend, nicht mehr ausreichende Pensionsansprüche zu erwerben im Stande waren.

Der Erfolg der Gesellschaft ist je nachdem man die

---

[1] Statuten in B. A. Soc. d. sec.

eine oder andere Seite ihrer Thätigkeit in Betracht zieht, ein verschiedener. Das erste Unternehmen, die Arbeiter zu Einzahlungen zu bewegen, scheiterte völlig. Anfangs unter dem Einfluss der grossen Agitation — die Unternehmer sprechen selbst von einer „véritable pression" zu Gunsten der dargelegten Einrichtung — traten einige Arbeiter derselben bei; nach Verlauf eines Dezenniums betrug ihre Zahl nur noch 16, während 7000 von den vereinigten Etablissements beschäftigt wurden.[1] Ein gründlicheres Fiasko ist somit kaum zu denken. Es ist aber auch ebenso gründlich wie natürlich.

Wie konnte man auch nur vernünftiger Weise dem Arbeiter zumuten, Einzahlungen zu machen. Jede Arbeitslosigkeit machte es ihm unmöglich, sie fortzusetzen, wodurch die Aussichten auf eine ausreichende Pension verloren giengen! Und selbst, wenn er nach Entlassung aus einem der vereinigten Etablissements in einem anderen Arbeit fand, so entbehrte er hier doch der Zuschüsse, die von dem früheren Arbeitgeber geleistet wurden. Wie sollten sich ferner Fabrikmädchen, die nur etwa bis zu ihrer Verheiratung in der Fabrik zu arbeiten beabsichtigten, entschliessen, Einzahlungen zu machen, die fortsetzen zu können, sie in keiner Weise zu berechnen vermochten.

Überdies war bei der Bemessung der Pensionen der Staats-Alterskasse die durchschnittliche Mortalität zu Grunde gelegt und nicht die weit höhere der textilindustriellen Arbeiter. Die Aussicht, das pensionsfähige Alter zu erreichen und somit von den Einzahlungen einen Genuss zu haben, war für die Arbeiter viel geringer, als für die Angehörigen anderer Berufe.

Die Arbeiter hatten zudem eben erst eine üble Erfahrung mit staatlichen Einrichtungen zu ihren Gunsten gemacht. Ein Gesetz der Republik von 1848 hatte vorgeschrieben, dass alle Sparkasseneinlagen über 80 Fr. den Rückfordernden statt in baar, in Staatsrententiteln zu be-

---

[1] B. XXXVII. p. 124, 125. E. Véron. Les institutions ouvrières de Mulhouse et des environs. Paris 1866. p. 152.

zahlen und diese dabei zu einem Kurse von 80 zu berechnen seien, während der Börsenkurs 73 betrug.[1]

Auf der einen Seite also Misstrauen der Arbeiter gegen den Staat, auf der anderen ein nicht minder grosses gegen die Arbeitgeber, mit denen man zuerst vor kurzem in schwerem Konflikte gelegen hatte. Mit jenen Einzahlungen hätten sie sich denselben völlig auf Gnade oder Ungnade ergeben; nicht nur hätte der Arbeiter bei Entlassung Versicherungslosigkeit in Krankheitsfällen, er hätte auch noch bedeutende Verluste in den Pensionsansprüchen zu riskieren gehabt.

Doch genug von einem Projekte, dessen Unvereinbarkeit mit den Prinzipien der modernen Erwerbsordnung zu klar zu Tage liegt, als dass es noch weiterer Auseinandersetzungen bedürfte.

Als die vereinigten Fabrikanten sahen, dass sie so wenig Gelegenheit bekamen, aus dem durch ihre Einzahlungen gebildeten Fonds Prämien zu gewähren, setzten sie ihre Beiträge auf 1 % der von ihnen gezahlten Löhne herab. Da diese Änderung nicht in streng rechtlichen Formen vor sich gegangen war, gab sie den Anlass zu einem langwierigen Streite mit der Regierung[2]. Die Gesellschaft baute von ihrem Fonds ein Greisenasyl, wo etliche 20 alte Arbeiter versorgt werden. Die nicht zur Erhaltung dieses Institutes benötigten Mittel werden zu Unterstützungen an alte Arbeiter ihrer Etablissements verwandt.[3]

Wir erwähnten gelegentlich der Gründung der Gemeindekrankenkasse, dass diesselbe ausser einem rechtlichen Anspruch auf Krankenunterstützung auch die Hoffnung auf eine Gnadenpension im Alter verlieh, hatten aber hinzuzufügen, dass die aus den Krankenkassenbeiträgen für letzteren Zweck erwarteten Überschüsse ausblieben. Hätte man, um sie sicher zu erreichen, die Prämien höher angesetzt, so würden eben die Mitglieder, da sie zum Beitritt nicht verpflichtet waren, einfach ausgetreten sein.

---

[1] B. XXII. p. 285. 286.

[2] B. A. Soc. d. sec.

[3] B. XXXIV. p. 320. XXXVII. p. 125.

Was aber in Mülhausen sich nicht durchführen liess, geschah in den isolierteren Werken auf dem Lande und in den Thälern, wo die erdrückende Macht des Arbeitgebers ja keinerlei Schranken fand.

Die betreffenden Institutionen sind zu charakteristisch für den Geist, welcher in den von den Arbeitgebern, angeblich nur zum Wole der Arbeiter, errichteten Anstalten weht, als dass eine genauere Analyse derselben nicht gerechtfertigt erscheinen sollte. Wir wollen zwei als Muster gepriesene Einrichtungen wählen.

Die eine ist die Kranken- und Invalidenversicherung der Steinheil'schen Etablissements in Rothau, also zwar nicht formal nach der politischen Einteilung, aber doch materiell zu der von uns betrachteten Industrie gehörig.[1]

Jeder Arbeiter und jede unverheiratete Arbeiterin, sobald sie noch nicht 40 Jahre erreicht haben, werden durch den Eintritt in die Fabrik auch Mitglieder der Kranken- und Invalidenkasse. Als solche haben Männer vom 18. Lebensjahre an 40 Cent., männliche Personen unter 18 Jahre, sowie unverheiratete weibliche Personen (Mädchen oder Wittwen) 20 Cent. an jedem Zahltage (d. i. alle 2 Wochen) zu entrichten. Ausserdem wird von Arbeitern zwischen 30 und 40 Jahren beim Eintritte ein Eintrittsgeld von 2 Fr. bis 20 Fr. erhoben. Gegen diese Prämien erwerben die Mitglieder der ersten Kategorie in Krankheitsfällen ein Anspruch von 80 Cent. pro Krankheits- und Werktag, jene der zweiten einen solchen von 35 Cent. Weiter können die Mitglieder, wenn sie durch Unfall oder Altersschwäche unfähig geworden sind, sich einer lohnenden Arbeit zu unterziehen, und diese Arbeitsunfähigkeit durch ein ärztliches Zeugnis bestätigt wird, eine tägliche Pension, für Mitglieder der ersten Abteilung im Höchstbetrage von 60 Cent., für jene der zweiten von 30 Cent. pro Werktag erhalten. Sollte ein Mitglied eben nur für die Fortsetzung der Fabrikarbeit

---

[1] Vgl. Vierunddreissig Jahre praktischer Kranken- und Invalidenversicherung im Elsass von F. W. Toussaint. Zeitschrift für die gesammte Staatswissenschaft. 40. Bd. (1884) p. 285—301.

unfähig sein und sich etwa noch in seiner Wohnung nützlich beschäftigen können, so werden ihm nur Bruchteile der genannten Summe ausgefolgt.

Neben diesen zwei Arbeiterkategorien besteht noch eine dritte, welche Arbeiter über 40 Jahre und verheiratete weibliche Personen umfasst. Sie haben bei jedem Zahltage 10 Cent. zu entrichten, erhalten aber auch nur ärztliche Behandlung und Medikamente in Krankheitsfällen zugesichert.

Ausser den von den Arbeitern geleisteten Beiträgen gewährt die Firma noch an jedem Zahltag 125 Fr. sowie die Strafgelder, welche wegen Übertretungen, die der Firma keinen materiellen Schaden zufügten, entrichtet wurden. Die Verwaltung wird durch ein Comité geführt, welches aus den drei Chefs mit Hinzuziehung von 8 Mitgliedern der Kasse besteht.

Dies der wesentliche Inhalt der Statuten.

Versuchen wir eine Kritik der Krankenversicherung. Zunächst ist zu entscheiden, ob die gezahlten Prämien nur als Krankenversicherungsprämien aufzufassen sind, oder ob ein Bruchteil davon als Prämie für die Invalidenversicherung in Abzug zu bringen ist. Erstere Auffassung ist die des Gründers der Kasse. Er behauptet, dass allein die Beiträge der Firma es der Kasse ermöglichen, Invalidenpensionen zu gewähren, und nur zu diesem Zwecke geleistet werden. Diese Bestimmung ist, wie es heisst, getroffen, damit nicht ein Arbeiter, welcher aus der Fabrik fortgeschickt oder von der Gesellschaft ausgeschlossen wird, Pensionsansprüche erhebt, welche er sich durch seine Ansprüche gesichert habe. Stellen wir uns für die Beurteilung auf diesen Standpunkt, so ergiebt sich, dass die Krankenversicherung in ihren Leistungen nicht der Höhe der entrichteten Prämien gerecht wird, dass sie ungenügend und unvollständig ist. Obwol zu den ersten beiden Kategorien, die ja allein nur eine Geldunterstützung erhalten, durchaus Personen des kräftigsten, Krankheiten am wenigsten unterliegenden Alters gehören, obwol die Firma ferner sich verpflichtet, Personen von krankhafter und fehlerhafter

Körperbeschaffenheit überhaupt nicht aufzunehmen, und überdies für Personen von 30—40 Jahren ein schon beträchtliches Eintrittsgeld gefordert wird, so erhalten die Mitglieder der ersten Abteilung pro Tag doch bloss das Doppelte ihrer an jedem Zahltage entrichteten Prämie, die Mitglieder der zweiten aber nicht einmal soviel. Die Mülhäuser Gemeindekrankenkasse gewährte dagegen das Dreifache der Prämie. Erwuchsen ihr auch zuweilen Defizite, so war der Grund, dass sie Personen, welche wegen ihrer grösseren Erkankungswahrscheinlichkeit bei anderen Krankenkassen keine Aufnahme gefunden hatten, als Mitglieder aufnehmen musste. Die Leistungen der Rothauer Kasse sind somit im Verhältniss zu den Prämien entschieden zu niedrig bemessen. Übrigens wird auch von ihren Verehrern zugegeben, dass sie den thatsächlichen Bedürfnissen nicht genügen; nur wird es in einer eigentümlichen Weise entschuldigt.

„Es ist unnötig, den kranken Arbeitern in Rothau grosse Unterstützungen zu bezahlen, da gewöhnlich junge Familienglieder in der Fabrik beschäftigt sind, und auch die Privatwohlthätigkeit in dringenden Fällen hier zu Hilfe kommt. Auch beschäftigt die Fabrik Kranke, welche nicht bettlägerig sind, mit leichten Arbeiten." Gewiss eine sonderbare Krankenversicherung, bei welcher Prämien erhoben werden, die Ansprüche auf ausreichende Unterstützung begründen, welche man aber nicht gewährt, da den Kranken die Privatwolthätigkeit und jüngere Familienglieder zu Hilfe kommen!

In Bezug auf die dritte Arbeiter-Kategorie, welche aus Personen mit erhöhter Erkrankungsgefahr, verheirateten Frauen und Personen über 40 Jahren, besteht, lässt sich dagegen nicht behaupten, dass die ihnen zugesicherten Leistungen, die ärztliche Hilfe und die Medikamente, eine geringere Prämie, als jene 10 Cent. zur Voraussetzung haben sollten. Nur ist zu betonen, dass von einer vollständigen Krankenversicherung nicht gesprochen werden kann, wenn Personen, die erst in einem Alter über 40 Jahren in die Fabrik eintreten, jede Möglichkeit benommen wird, zu einer ausreichenden Versicherung zu gelangen.

Die Bedeutung der oben dargelegten Differenz zwischen den Prämien und den thatsächlichen Leistungen der Krankenkasse, findet aber sofort ihre Erklärung, sobald man von der Krankenversicherungsprämie auch eine Invalidenpensionsprämie in Abzug bringt und untersucht, wie die Invalidenpension überhaupt funktioniert. Es ergiebt sich sodann, dass aus dem, was die Krankenkassen zu wenig leisten, die Fonds für die Invalidenkasse teilweise gebildet werden.

Trotz der entgegenstehenden Behauptung der Begründer der Kasse, welche bloss die Beiträge der Firma als Quelle für die Speisung des Invalidenfonds gelten lassen wollen, bilden nämlich nach den Kassenrechnungen die im Verlaufe von 34 Jahren gewährten Pensionen 40,2 % der Ausgaben, während die Einnahmen nur zu 31,5 % (incl. Zinsen) durch regelmässige Beiträge der Unternehmer gedeckt worden sind.

Speziell für das Jahr 1882 betrugen die Ausgaben der Krankenkasse 4863,30 Fr., während die Arbeiter 6565,75 Fr. an Beiträgen entrichteten, eine Summe, zu der eigentlich noch die Zinsen des von den Arbeiter-Beiträgen gebildeten Fonds zu rechnen wären, was wegen ungenügender Spezialisierung in den Angaben leider nicht geschehen kann.

Geht man also auch, wie die Begründer der Kasse, von der Auffassung aus, dass dem Arbeiter, welcher bei Entlassung auch die Krankenunterstützungsansprüche verliert, keinerlei Unrecht widerfährt, da er ja für die Zeit, während welcher er Prämien zahlte, doch gegen Krankheit versichert gewesen und damit schon eine genügende Gegenleistung erfahren habe, so ist es doch unmöglich einem Arbeiter, der durch Entlassung seine durch Prämienzahlungen erworbenen Rentenansprüche verliert, damit zu trösten, dass er während der Zeit der Zahlungen ja die schöne Aussicht besessen habe, eine Alterspension zu erhalten, wenn er in den Diensten des fraglichen Unternehmers das arbeitsunfähige Alter erreichen sollte.

Übrigens scheinen selbst die Begründer der Kasse das Unzulängliche eines solchen Argumentes einzusehen und eben deshalb zu läugnen, dass in den Krankenversicherungsprämien auch Invalidenpensionsprämien enthalten seien.

Da dies, wie hier nachgewiesen wurde, doch der Fall ist, müsste schon die logische Konsequenz die Begründer zu einer Verurteilung ihrer Kasseneinrichtung führen.

Denn wird ein Arbeiter entlassen, so hat der Verwaltungsausschuss und in letzterer Instanz die Generalversammlung zu entscheiden, ob derselbe auch als Kassenmitglied ausgeschlossen werden solle. Tritt die Ausschliessung nicht ein, so muss derselbe seine Beiträge regelmässig weiter entrichten, und zwar in doppelter Höhe, wenn er auch die Pensionsansprüche behalten will. Bleibt er durch 14 Tage im Rückstand, so gehen alle seine Rechte verloren. Diese Klauseln dürften genügen, um für die Mitglieder in den meisten Fällen Entlassung mit Verlust der Ansprüche identisch zu machen.

Der Verlust der Ansprüche tritt aber auch bei Mädchen ein, welche sich verheiraten. Nämlich „in Anbetracht der Unvereinbarkeit, welche zwischen Fabrikarbeit und den Gatten- und Mutterpflichten besteht, können keine verheiratete Frauen als Mitglieder der Gesellschaft Aufnahme finden; jedes Mädchen verliert sofort die Eigenschaft als Mitglied der Gesellschaft, wenn es sich verheiratet“.

Nach diesen Redewendungen sollte man meinen, der von der Schädlichkeit der Fabrikarbeit durchdrungene Arbeitgeber werde keine verheirateten Frauen beschäftigen. Allein beschäftigt werden sollen sie nach wie vor; dagegen sollen die als einer Unterstützung mehr bedürftig Erkannten — weniger Unterstützung erhalten! Unter der fürsorglichen Rede verbirgt sich nur die Furcht, die Wochenbette und die damit zusammenhängenden Erkrankungszustände der Arbeiterfrauen könnten die Solvenz der Kasse bedrohen. Daher die Herabsetzung des heiratenden Mädchens in die zweite Klasse, in der die Krankenunterstützungsansprüche auf ärztliche Hilfe und Medikamente beschränkt sind. Seine Pensionsansprüche aber werden in eine Aussteuer von 2 Fr. pro Dienstjahr verwandelt.

Hatte das vorher Ausgeführte gezeigt, dass der Pensionsfonds ausser durch die Beiträge der Firma auch durch die Krankenversicherungsprämien gespeist wird, so ergiebt sich also auch noch eine dritte Quelle desselben, nämlich die Unterstützungsansprüche, welche in Folge einer Entlassung des Arbeiters oder einer Verheiratung der Arbeiterin verfallen.

Nehmen wir aber schliesslich an, ein Arbeiter habe alle Fährlichkeiten, welche seinen Pensionsansprüchen sich entgegenstellen, glücklich umschifft, so ist die Pension, selbst im günstigsten Falle, völlig unzureichend. Denn 180 Fr. pro Jahr für Männer, und 90 Fr. für Weiber dürften selbst den äusserst bescheidenen Ansprüchen, welche die elsässer Arbeiter an das Leben zu stellen gewohnt sind, kaum genügen. Aber vielleicht wird auch hier ein höherer Betrag für nicht nötig gehalten, „da in dringenden Fällen die Privatwolthätigkeit zu Hilfe kommt“.

Und auch diese geringen Beträge werden nur gewährt, wenn das Mitglied absolut keine Erwerbsfähigkeit mehr besitzt. Auch bezüglich ihrer ist von einem unbedingten, sicheren, klaren Anspruche gar keine Rede, sondern die Gewährung der Pension von dem subjektiven Ermessen des Verwaltungskomités abhängig.

Eine thatsächliche Invaliden- und Altersversicherung existiert somit nicht. Entweder es werden, wie die Firma behauptet, von den Arbeitern keine Beiträge zur Pensionskasse erhoben; dann ist gegen die Abwesenheit rechtlicher Ansprüche auf Unterstützung der Arbeiter nichts einzuwenden, denn dann ist die gewährte Pension ein Almosen. Oder diese fliesst, worauf die Rechnungsausweise deuten, zum Teil aus Beiträgen der Arbeiter; dann ist es in hohem Grade unbillig, den Arbeiter zu Leistungen zu zwingen, denen Gegenleistungen nur entsprechen, wenn er sich gegenüber dem Arbeitgeber der ganzen ihm von der modernen Rechts- und Erwerbsordnung gegebenen freien Stellung begiebt. Übrigens ist nicht nötig, dass es eine Differenz zwischen Arbeitgeber und Arbeiter — etwa über die Arbeitsbedingungen — sei, die für den Arbeiter den Verlust seiner Ansprüche herbeiführt. Eine Verbesserung in den Maschinen, die Arbeiter erspart, eine längere Stockung der Produktion u. dgl. geben oft genug Grund zur Entlassung selbst des gefügigsten Arbeiters.

Was schlieslich noch die Beitragsleistung der Unternehmer angeht, so muss natürlich unentschieden bleiben, in wie fern sie nicht bloss formell, sondern auch materiell aus den Taschen derselben fliesst, da die durch Einrichtungen, wie die eben skizzierte, vergrösserte Abhängigkeit der Arbeiter leicht so niedrige Lohnsätze schaffen kann, dass jene Beitragsleistungen mehr als kompensiert werden. Dies ist wenigstens die in Arbeiterkreisen durchaus verbreitete Ansicht.

Auf denselben Prinzipien ruht die von der Firma A. Herzog & Comp. in Logelbach errichtete Hilfskasse, deren Gründung allerdings in eine spätere Zeit fällt, aber gerade deswegen in interessanter Weise darlegt, wie jene unstatthafte Verbindung von Kranken- und Alters- oder Invalidenkasse im Elsasse tief eingewurzelt ist.[1] Die Einnahmen der Kasse bestehen:

Aus Leistungen, welche alle Arbeiter der Herzog'schen Werke an jedem Zahltage im Betrage von 2 % ihres Lohnes zu machen gezwungen sind.

Ausserdem werden von der Firma, welche auch die Kosten der ärztlichen Behandlung und Medikamente auf sich nimmt, alle Ordnungsstrafgelder der Kasse übergeben, sowie Geschenke in Aussicht gestellt.

Die den Arbeitern erwachsenden Vorteile bestehen in einer Unterstützung bei Krankheitsfällen im Betrage von 40 % des Lohnes, in freier ärztlicher Behandlung des Erkrankten und Lieferung der Medikamente; in einem Begräbnisgelde im Falle des Todes. Insofern weist die Institution nur die Züge einer gewöhnlichen Betriebskrankenkasse auf.

Nun trifft aber der Artikel 3 die Bestimmung, dass die bei der Jahresbilanz sich ergebenden Aktiven unter keiner Bedingung für den weiteren Krankenkassendienst verwendet werden dürfen, sondern zu einem Fonds angesammelt werden sollen, aus dessen Zinsen an Kassenmitglieder, die wegen

[1] Charles Grad Études statistiques sur l'industrie de l'Alsace. 1880. II. p. 418—427.

zu hohen Alters oder anderen Gründen arbeitsunfähig geworden, Pensionen zu gewähren sind.

Dagegen können nach Artikel 4 die Kassenmitglieder, falls die Jahresbilanz kein Aktivum, sondern ein Defizit ergiebt, zu einer proportionalen Abgabe zur Deckung desselben verhalten werden.

Wir haben es nach diesen Statuten mit einer ähnlichen Einrichtung zu thun, wie die, welche so viele Angriffe der Versicherungstechniker gegen die englischen „teilenden Vereine“ hervorgerufen hat. Die Überschüsse der Prämien eines Jahres über den Bedarf desselben werden nicht angesammelt, um den mit dem Alter der Arbeiter und der damit wachsenden Erkrankungsgefahr steigenden Unterstützungsansprüchen zu genügen, sondern zu einem der Krankenunterstützung fremden Zwecke abgeführt. Die unausbleibliche Folge ist, dass falls nicht etwa die alternden Arbeiter entlassen werden, die jährlichen Umlagen, die zur Deckung der steigenden Unterstützungsansprüche nötig sind, wachsen müssen. Die neu eintretenden jungen Arbeiter werden also im Interesse der älteren unverhältnismässig belastet. Und gewiss würde dies hier wie in England dazu führen, dass die jüngeren Arbeiter der Kasse nicht beiträten, wenn sie nicht im Arbeitsvertrag dazu gezwungen würden.

Aber auch wenn wir von diesen vom Standpunkte der Versicherungstechnik erhobenen Einwendungen absehen, enthält die ganze Einrichtung, nach dem Statut wenigstens, eine schreiende Ungerechtigkeit.

Ein Teil der Krankenversicherungsprämien soll nach Art. 3 zu einem Fonds angesammelt werden, der mit der Erkrankungsgefahr während der Zeit der Beschäftigung in der Fabrik nicht in Zusammenhang steht, sondern für andere Notstände des Arbeiters bestimmt ist. Und zwar muss der Arbeiter 10 Jahre in den Werken der Firma ununterbrochen gearbeitet haben, wenn ihm durch diese aus Abzügen von dem kargen Lohne gebildeten Mitteln etwas zu Teil werden soll.

Man sollte denken das Zahlen dieser unfreiwilligen Beiträge während der Dauer von mindestens 10 Jahren gewähre dem Arbeiter nun auch ein festes Recht auf eine dem Gezahlten adaequate Unterstützung beim Eintritte der Not.

Aber nein, mag der Arbeiter Beiträge noch so lange gezahlt haben, so geht er doch aller damit erworbenen Ansprüche verlustig:

1) wenn er vor Eintritt der Not entlassen wird. Nur den Arbeitern, welche in Folge einer zeitweisen Minderung des Betriebes entlassen werden, ist es gestattet ihre Beiträge fortzuzahlen und ihre Kassenmitgliedschaft beizubehalten. Wie viele aber unter solchen Umständen zur Fortzahlung ihrer Beiträge im Stande sein mögen?

Und 2) nicht nur, dass Entlassung bei Betriebsstockungen und wegen Differenzen mit dem Arbeitgeber die Hoffnungen vereiteln können, welche durch mindestens 10 Jahre lang gezahlte und schwer empfundene Beiträge erworben sind, um die Unterstützung zu erlangen, muss der Arbeiter noch zwei Zeugnisse beibringen: ein Leumundszeugnis (certificat de bonne vie et moeurs) vom Bürgermeister seiner Gemeinde, und ferner ein Zeugnis eines der Leiter der Werke über gut und redlich geleistete Dienste (bons et loyaux services).

Also auch nach jahrelanger ununterbrochener Arbeit und jahrelangen Beiträgen bei eintretendem Bedürfnis noch immer kein Recht auf eine Pension, sondern nur eine leidliche Wahrscheinlichkeit, dass die Firma dem Arbeiter nach so langer Beschäftigung eine Unterstützung aus den durch Beiträge der Arbeiter gesammelten Geldern zu Teil werden lasse, damit er nicht in Not und Elend zu Grunde gehe.

Und selbst dann noch ist diese Unterstützung unzureichend, um den Arbeitsunfähigen zu erhalten: nach Art. 15 betragen die Pensionen, welche gewährt werden können, pro Monat als Höchstes die Summe der jährlichen Beiträge, dürften somit 100—120 Fr. jährlich selten übersteigen.

So nach dem Statut! Dass es der Firma gelungen ist, die in diesem hervortretenden Absichten im Grossen und Ganzen zu verwirklichen, zeigt ein sofort weiter unten anzuführender Ausspruch Karl Grad's, des Präsidenten der Kasse. Dagegen ist es unmöglich, aus den von Grad a. a. O. veröffentlichten Mitteilungen über die Kassenverwaltung darzuthun, in wiefern die einzelnen Bestimmungen zu diesem Ergebnisse beitrugen. Denn die Unklarheit und Unvollständigkeit dieser Mitteilungen ist der Art, dass man sie beinahe für absichtlich zu halten geneigt wäre.

Die überhaupt im Ober-Elsass vorhandenen Pensionskassen sind durchaus in der an diesen zwei Beispielen auseinandergesetzten Weise mit Krankenkassen verbunden gewesen.

Fassen wir die für die Beurteilung dieser Art des Unterstützungswesens massgebenden Momente zusammen, so erhellt:

Entweder werden die Fonds für Pensionen aus den zu hoch bemessenen Krankenversicherungsprämien gespeist, oder sie bestehen aus freiwilligen Beiträgen der Unternehmer. Im ersten Falle kann nicht genug betont werden, dass hier der Arbeiter bei Lösung des Arbeitsverhältnisses Ansprüche verliert, die er durch jahrelange Beiträge sauer erworben hat, und der Arbeitgeber die Verluste des einen Teiles der Arbeiter zur Belohnung der Dienste eines anderen Teiles derselben verwertet, zur Belohnung von Diensten, die allein in seinem Vorteile liegen. Die Arbeiter werden gezwungen für die Summen zur Verstärkung des Herrschaftsverhältnisses des Arbeitgebers über sie selbst, also für die Kosten der ihnen zugedachten Fesseln aufzukommen.

Im zweiten Falle haben wir es einfach mit einer Betriebskrankenkasse zu thun, deren Geschäftsführer, nicht zum Vorteil einer klaren Einsicht in ihre Operationen, auch noch die Verwaltung von freiwilligen Gaben der Arbeitgeber übernehmen. Aus den so gebildeten Fonds werden für Arbeiter, deren Verhalten stets den Wünschen der Firma gemäss gewesen, Belohnungen gewährt.

Weder im ersten Fall noch im zweiten kann von einer Lösung der Altersversicherungsfrage gesprochen werden. Es wird durch die geschilderten Einrichtungen nichts Anderes erreicht als eine Steigerung jenes Abhängigkeitsverhältnisses des Arbeiters vom Arbeitgeber, das ja eben zur Krise der Arbeiterfrage in unseren Tagen geführt hat, und ohne dessen Beseitigung an eine Lösung derselben nicht gedacht werden kann.

Dafür, dass wir nicht irrig berichtet haben, sprechen die Worte eines klassischen Zeugen, nämlich des vorhin schon erwähnten Präsidenten der Herzog'schen Hilfskasse, K. Grad's:

„Der Unterschied der Löhne zwischen der Normandie und dem Elsass beruht namentlich auf dem Unterschiede der Lebensmittelpreise, die im nördlichen Frankreich viel höher sind als im Elsass. Andererseits sehen sich die Industriellen des Nordens, um die Arbeiter zu erhalten, genötigt, sie durch den Reiz höherer Löhne anzulocken, und wissen sie vielleicht nicht genug durch Unterstützungs- und Pensionskassen zu fesseln, wie sie in allen Fabriken des Elsass zum Vorteil der Arbeitgeber wie der Arbeiter bestehen. Diese Philanthropie ist seitens der Industriellen unserer Gegend ein gutes Geschäft".[1]

Es erübrigt uns noch, einen Blick auf die Entwicklung der freien, von den Arbeitern begründeten Hilfskassen zu werfen. Dass diese von den Arbeitern, weil von ihnen selbst verwaltet und ihre Unabhängigkeit in keiner Weise kompromittierend, den Fabrikkassen vorgezogen wurden, wird von den Arbeitgebern wiederholt zugegeben.[2]

In Mülhausen scheinen sich namentlich während der zweiten Republik zahlreiche Unterstützungs-Vereine gebildet zu haben.[3]

---

[1] Reichs-Enquête über die Baumwoll- und Leinenindustrie. 1878/79. Stenographische Protokolle. p. 375.

[2] B. XXII. p. 63; XXXII. p. 400.

[3] V. R. III. Nr. 44, 46, 48.

Die weitere Entfaltung eines freien Hilfskassenwesen wurde durch die engherzige Gesetzgebung des napoleonischen Regiments hintangehalten.[1] Danach zerfielen die Sociétés de secours mutuels in drei Kategorien. Zur ersten gehörten die „sociétés reconnus comme établissements d'utilité publique". Ihre Präsidenten wurden vom Kaiser ernannt. Zu ihnen gehörten auch Ehrenmitglieder, welche Beiträge zahlten, ohne auf Leistungen Ansprüche zu erheben. Die zweite Kategorie umfasste die nur vom Präfekten approbierten Vereine, die dritte nur einfach polizeilich überwachte Vereinigungen. Die letzeren hatten viel in Folge der Chikanen der Polizei zu leiden, welche bei ihnen nur zu geneigt war, „un but caché" zu vermuten, das sich auf die Begründung demagogischer oder phalansterischer Vereinigungen beziehen sollte.[2]

Da nach dem Jahre 1848 fast alle bedeutenderen Werke Krankenkassen mit Beitrittszwang errichteten, so fehlte es selbst innerhalb des engen von der Regierung gelassenen Spielraumes von vornherein an den Grundlagen für eine gedeihliche Entwicklung des Kassenwesens durch die Fabrikarbeiter. Den zahlreichen im Ober-Elsass begründeten Sociétés de secours mutuels gehörten vorzugsweise nur die Handwerksarbeiter an. Nur in den Städten wie in Mülhausen gab es eine oder die andere von Fabrikarbeitern begründete Kasse; sie gelangten jedoch zu keinem grösseren Einflusse.

Von jenen vom Standpunkte der geltenden Erwerbsordnung zu stellenden Forderungen, wonach die Arbeiterversicherung enthalten muss:[3]

1) eine Versicherung der Erziehungsgelder für die Kinder des Arbeiters im Falle seines Todes; 2) eine Altersversicherung; 3) eine Begräbnisgeldversicherung; 4) eine In-

---

[1] Législation française concernant les ouvriers par L. J. D. Férand-Giraud. p. 358 - 365.

[2] B. A. Soc. d. sec.

[3] Vergl. Dr. Ernst Engel, Der Preis der Arbeit, Berlin 1868. p. 36 ff. L. Brentano. Die Arbeiterversicherung gemäss der heutigen Wirtschaftsordnung. Leipzig 1879. p. 125, 126.

validitätsversicherung; 5) eine Krankenversicherung; 6) eine Versicherung für den Fall der Arbeitsunfähigkeit in Folge mangelnder Nachfrage nach Arbeit finden wir somit nur die Kranken- und Begräbnisgeldversicherung ausgebildet und zwar in dreifacher Weise.

Die vollkommenste Art derselben, leider durch Eingriffe des Staats wie der Arbeitgeber in ihrer Ausbreitung verkümmert, ist die durch von Arbeitern selbst begründete und verwaltete Krankenkassen; sie lassen die Unabhängigkeit des Arbeiters vollkommen unangetastet.

In zweiter Linie ist die in Mülhausen eingerichtete Gemeindekrankenversicherung zu nennen, welche allerdings den sehr verschiedenen Erkrankungsgefahren ihrer Mitglieder in der Bemessung der Prämie nicht vollkommen gerecht wird und ferner eine wirksame Einflussnahme der versicherten Arbeiter auf die Verwaltung nicht kennt.

An dritter Stelle kommen die Betriebskrankenkassen in Betracht. Für den Beitritt zu denselben besteht im Gegensatze zu den vorhergehenden Arten ein Zwang, resp. der Beitritt zu ihnen ist eine conditio sine qua non des Arbeitsvertrages. Die Arbeiter haben auch hier nur einen homöopathisch verdünnten Anteil an der Geschäftsführung. Sie sind dem Arbeiter am wenigsten vorteilhaft. Während bei den ersten zwei Versicherungsarten eine Unwirksamkeit der Versicherung nur eintritt, wenn die Zahlungsfähigkeit des Arbeiters aufhört, wird sie bei den Betriebskrankenkassen auch schon durch die blosse Auflösung des Arbeitsverhältnisses begründet. Die Rücksicht darauf, sowie die dem Arbeitgeber als Verwalter der Kasse zustehenden Befugnisse führen zu einer grösseren Abhängigkeit des Arbeiters vom Arbeitgeber. Gleichwol ist diese letztere Form der Krankenversicherung die häufigste, eben weil sie dem Arbeiter am ungünstigsten, dem Arbeitgeber aber am vorteilhaftesten ist, und letzterer mehr Macht seinen Vorteil zu wahren besitzt als ersterer.

Eine Art der unter 6) genannten Versicherung findet

sich in Mülhausen unter den Arbeitern der Druckereien.[1] In diesen feiern die Arbeiter wegen der üblichen Saisonarbeit 2—3 Monate des Jahres. Deshalb hatten sie eine Vorschusskasse gebildet, welche ihren Mitgliedern die Krankenkassenbeiträge während der Arbeitslosigkeit vorschoss, damit sie wenigstens bei jenen Kassen, die nur in Folge ermangelnder Zahlung der Prämien ihre Leistungen entzogen, sich ihre Ansprüche wahren konnten.

Dass von einer Alters- und Invalidenversicherung bei den diesen Namen usurpierenden Einrichtungen nicht die Rede sein kann, glauben wir zur Genüge dargethan zu haben.

E. UNFÄLLE.

Wir haben zum Schlusse dieses Paragraphen noch einer „der Initiative der Arbeitgeber entsprungenen Institution zu gedenken, welche namentlich in neuerer Zeit grosse Beachtung gefunden hat, nämlich der „Gesellschaft zur Verhütung von Unfällen".

Die Frage der Unfälle in Frankreich zuerst berührt zu haben ist das Verdienst Villermé's, welcher eine Untersuchung über die Fabrikunfälle in Lille anstellte. Sein über die Ergebnisse ausgearbeiteter Bericht bot für Dr. Penot, bekanntlich der Präsident des sozialökonomischen Ausschusses, den Anlass die Frage auch dem Gewerbeverein zu unterbreiten.[2] Denn auch im Ober-Elsass hatten die Unfälle sich erschreckend vermehrt.

Der Gründe dafür gab es sehr viele. Einmal hatte man ursprünglich bei der Konstruktion der Maschinen nur an die Vervollkommnung ihrer technischen Leistungen gedacht, nicht aber, dass sie auch von Menschen bedient würden, denen die Treibriemen, Zahnräder u. s. w. verhängnisvoll werden könnten. Überdies waren die Maschinen in den nun schon vielfach zu eng gewordenen Räumen so nahe an ein-

---

[1] B. XXXII. p. 397. Sie soll jedoch nur kurze Zeit bestanden haben. (Mündliche Mitteilung.)

[2] B. XXVI. p. 418—421.

ander aufgestellt, dass die grösste Aufmerksamkeit erforderlich war, um sich zwischen ihnen mit heiler Haut durchzuwinden. Der Gang der Maschinen war beständig beschleunigt worden,[1] und die Überwachung und Bedienung stellte immer grössere Anforderungen an die Aufmerksamkeit der Arbeiter, welche durch die übermässige Länge der Arbeitszeit erschöpft, den wachsenden Ansprüchen kaum nachzukommen vermochten. Die Gefahr einer Verletzung erfuhr eine Steigerung durch die allenthalben herrschende Gewohnheit, die Maschinen während ihrer Bewegung zu reinigen. Die Akkordlöhnung veranlasste die Arbeiter eben die gegebene Zeit nach Thunlichkeit auszunützen. Wurde die Reinigung nicht während des Betriebes der Maschinen vorgenommen, so verblieb sie ihnen für Sonntags oder für die Zeit nach dem ohnehin sehr späten Feierabend. — Natürlich ereignete sich auch mancher Unfall, weil die noch zu unerfahrenen Kinder, oder neu eingetretenen Personen den Mechanismus in seinen Wirkungen überhaupt nicht genau kannten.[2]

Dr. Penot fand wenig Entgegenkommen. Eine Unfallstatistik wurde abgelehnt; doch behauptete man, die Unfälle im Ober-Elsass wären nicht so häufig wie in Lille, wo deren Zahl grösser gewesen, als man erwartete. Gewiss eine exakte Bestimmung!

Der Vorschlag eines Gesetzes, welches ähnlich dem englischen von 1844, die Anbringung von Sicherheitsvorrichtungen an Maschinen verlange, fand gleichfalls keinen Anklang. Wie wir später sehen werden, waren eben zu der fraglichen Zeit die Vorschriften der 12stündigen Maximalarbeitszeit sehr unbequem. Man fürchtete deshalb „d'introduire dans les travaux interieurs de l'industrie la main de l'autorité publique par l'intervention de commissaires ou d'inspecteurs officiels“ und neue Hindernisse der „liberté du travail“.[3] Schliesslich einigte man sich dahin, einen Ausschuss des Gewerbevereines mit der Inspektion der Fabriken zu be-

---

[1] B. XXVII. p. 444, 451.

[2] B. XXVII. p. 322—325.

[3] B. XXXVII. p. 356.

trauen, der die Unternehmer auf etwa gefährliche Maschinen aufmerksam machen sollte. Allein die Herren Fabrikanten gestatteten dem Ausschusse nicht den Eintritt in ihre Fabriken.[1]

Nichts wurde erreicht, als dass der Gewerbverein eine Medaille für jene Firma aussetzte, welche die besten Einrichtungen zur Vermeidung von Unfällen eingeführt haben würde.

Gegen Ende des Jahres 1853 wandte auch die Regierung der Frage einige Aufmerksamkeit zu. Der Präfekt veranstaltete eine sogenannte Enquête, welche darin bestand, dass er bei den hervorragendsten Fabrikanten anfrug, ob viele Unfälle vorkämen. Die Antworten lauteten dann regelmässig, dass die Sache nicht so schlimm stehe, dass die Arbeiter immer selbst schuld daran seien, doch die Unternehmer, edel und grossmütig, sie trotzdem nicht im Stiche liessen u. s. w.[2]

Dabei blieb es einige Jahre; erst 1856 ersuchte die Regierung neuerdings um Auskunft. Der Bürgermeister von Mülhausen gab die grosse Zahl der Unfälle zu und befürwortete sogar eine gesetzliche Massregel, „weil neben Fabrikanten voll guten Willens es immer auch solche geben werde, welche solange Widerstand leisten, als sie wissen, dass sie zur Ergreifung von Schutzmassregeln nicht gezwungen werden können.“[3]

Der Gewerbeverein verharrte jedoch darauf, den Boden der Freiwilligkeit nicht zu verlassen und lieber durch Belehrung und Publikationen von Schutzvorrichtungen zu wirken.

Wieder giengen Jahre ins Land, ohne dass etwas geschah.

Endlich im Jahre 1867, als nicht nur die Unfälle, sondern auch die Verurteilungen der Arbeitgeber zu Schadenersatz sich gemehrt hatten, — die Grundsätze des Code civil (1382—1384) über die Haftpflicht waren den Beschädigten

---

[1] B. XXVI. p. 420.

[2] B. A. Ind. Var.

[3] l. c.

recht günstig — gelang es den Bemühungen des Friedrich Engel-Dollfuss einen Verein zur Verhütung von Unfällen zu begründen.[1]

Mitglieder des Vereins waren 25 Firmen aus Mülhausen und seiner Umgebung, die etwas mehr als $^1/_4$ der ober-elsässer Spindeln repräsentierten. Der Verein stellte einen Inspektor an, welcher die vereinigten Fabriken mit Rücksicht auf die in ihnen vorhandenen Schutzvorrichtungen zu untersuchen hatte. Der Inspektor durfte die Fabriken jedoch nur in Begleitung des Chefs oder eines von diesem delegierten Beamten besichtigen und hatte sich aller nicht mit seiner Aufgabe in strengem Zusammenhange stehenden Fragen zu enthalten. Er führte über seine Beobachtungen ein Protokoll, das nicht veröffentlicht wurde, aber den Mitgliedern des Vereins zur Einsichtnahme offen stand. Über Unfälle, die zu seiner Kenntnis gelangten, hatte er Bericht zu erstatten und über Mittel, deren Wiederholung zu vermeiden, Vorschläge zu machen.[2]

Der Verein publizierte auch eine an die Arbeiter gerichtete Belehrung über die zur Vermeidung von Unfällen zu beobachtenden Grundsätze.

„Die Anfänge der Unternehmung waren schwierig: ungeachtet alles Taktes und allen Eifers, welchen der Inspector bei seiner schwierigen Aufgabe entwickelte, stiess er beständig gegen die Fabrikanten an, welche sich weigerten, oft langwierige und kostspielige Umgestaltungen zu einem einfach menschlichen Zwecke zu unternehmen".[3]

Der Verein hatte ferner auch ein Einigungsamt zu bilden versucht, welches durch seine Entscheidungen den gerichtlichen Austrag der aus Unfällen entstandenen Streitigkeiten vermeiden sollte. Ursprünglich wollte man die schiedsrichterliche Kommission zur Hälfte aus Arbeitgebern und zur Hälfte aus Arbeitern zusammensetzen. Allein nach „reiflicher Erwägung verzichtete man darauf, überzeugt, dass das Vertrauen, welches die Entscheidungen der Kom-

[1] B. XXXVII. p. 341-356.

[2] B. XXXVII. p. 363—364. (Statuten.)

[3] B. XLVIII. p. 527.

mission einflössen sollten, mehr in dem Werte ihrer Urteile zu liegen hätte, als in den nur scheinbaren Garantien, welche aus ihrer Zusammensetzung selbst resultieren würden".[1]

Die 24 Mitglieder bestanden demzufolge zu einem Drittel aus Fabrikanten, Staatsingenieuren und ehemaligen Fabrikanten, bezeichnet vom Gewerbe-Verein, zum zweiten Drittel aus technisch gebildeten Fabrikdirektoren, gleichfalls vom Gewerbe-Verein bezeichnet, zum dritten Drittel aus Werkführern und Arbeitern, welche von ihren Arbeitgebern dem Vereine zur Ernennung vorgeschlagen wurden.

Somit waren in dem Einigungsamte nur die Arbeitgeberinteressen vertreten, aus welchem Grunde das Schiedsgericht auf Seiten der Arbeiter sich kein Vertrauen erwerben konnte und von ihnen mit keiner Entscheidung behelligt wurde.

Die weitere Entwicklung des Unfallverhütungsvereins fällt in den nächsten, erst in dem dritten Buche zu behandelnden Zeitraum.

Auch kann erst in dem dritten Buche eine die ganze Sozialpolitik der ober-elsässer Arbeitgeber zusammenfassende Würdigung stattfinden, denn viele für die Kritik massgebende Erscheinungen traten erst in der Zeit nach 1870 hervor.

Hier sei nur bemerkt, dass die behandelten Unternehmungen den ober-elsässer Fabrikanten den Ruf einer besonderen Arbeiterfreundlichkeit eingetragen haben, dass seit den fünziger Jahren die guten Beziehungen zwischen Arbeitgeber und Arbeiter, wie sie sich angeblich im Elsass gestaltet haben, beinahe der ganzen gebildeten Welt als Ideal vorschweben, eine Meinung, wozu sicherlich die im Auftrage des Mülhäuser Gewerbevereins zum Gebrauche der Besucher der Vereins-Ausstellungen angefertigten Broschüren wesentlich beitrugen. Den Reigen eröffneten auf der Ausstellung von 1855 die „Institutions de prévoyance fondées par les industriels du Haut-Rhin en faveur de leurs ouvriers par le Dr. Penot".

[1] l. c. p. 632.

Anders dachten jedoch die französischen Behörden, die freilich die Dinge, wie sie wirklich waren, kannten.

Im Jahre 1858 fühlte Napoleon das Bedürfnis über die Beziehungen zwischen Arbeitgebern und Arbeitern unterrichtet zu werden. Es ergieng an den Präfekten des oberrheinischen Departements der Auftrag einen geheimen Bericht über diese Verhältnisse zu senden. Das nötige Material hatten die Unterpräfekten herbeizuschaffen.[1]

Jener von Belfort schreibt: „Ein herzliches Einvernehmen und eine Ergebenheit der Arbeiter gegen die Fabrikanten existiert nicht. Überall, ausgenommen in den Werken von Wesserling, bemerkt man einen dumpfen Antagonismus, welcher seinen Ursprung in dem Bestreben der Fabrikanten hat, die Gewinne beständig zu erhöhen und den Arbeitern so wenig als möglich zu bezahlen".

„Der Luxus der Industriellen, ihr Egoismus, ihr Hochmut, drei Fehler, die ihnen allgemein zukommen, bringen es mit sich, dass sie von der armen und erniedrigten Klasse verabscheut werden; ein Glück, dass diese wenig Einsicht und Energie besitzt".

„Die Prosperität der Fabriken beruht zumeist auf der billigen Wasserkraft und den niedrigen Löhnen. Mit Bodenkultur beschäftigen sich die Arbeiter nicht mehr. Vier Fünftel würden dies schon wegen des Schwindens ihrer physischen Kräfte zu thun nicht im Stande sein. Die Rekrutierungen liefern dafür traurige Beweise".

„Als die Industrie den Aufschwung nahm, hat man die Arbeiter durch grosse Vorteile heranzuziehen gesucht, jetzt aber hat man die Löhne empfindlich herabgesetzt. Niemand verlässt mehr die Feldarbeit, um in die Fabrik zu gehen. Die Fabrikanten errichten ihre Fabriken mit Vorliebe in dicht bevölkerten Gebieten. Hier ist man immer sicher, Hände zum billigsten Preise zu finden, weil, je konzentrierter die Bevölkerung, desto mehr Elend und desto mehr Leute zu finden sind, welche bereit, ihre physischen Kräfte für ein Stückchen Brot zu überlassen".

---

[1] B. A. Ind. Var.

Der Unterpräfekt von Mülhausen schreibt: „In meinem Kreise existieren weder Arbeitergruppen, die sich durch ein besonders gutes Einvernehmen mit ihren Chefs noch solche, die durch einen ausnahmsweise feindseligen Geist gegen dieselben hervorragen würden. Haben auch einige Fabrikanten etwas gethan, die gegenseitigen Gefühle des Wolwollens und Vertrauens sind weit entfernt so allgemein und so vollständig zu sein, als man es wünschen würde und ein Recht hätte, es zu erwarten. Die Arbeiter sind zu einer harten Arbeit um geringen Lohn verurteilt. Der Arbeitgeber wird und wird vielleicht noch lange Zeit als ein Feind betrachtet werden. Die Fabriken prosperieren durch die Energie der Unternehmer und die Niedrigkeit der Löhne".

XIII. KAPITEL.

DIE HALTUNG DER REGIERUNG IM HINBLICKE AUF ARBEITSZEIT, KINDERARBEIT UND KOALITIONEN.

A. ARBEITSZEIT.[1]

Die in der Februarrevolution ans Ruder gelangte provisorische Regierung hatte durch ein Dekret vom 2. März 1848 die Arbeitszeit auf 10 Stunden in Paris und 11 Stunden in der Provinz festgesetzt. Es war somit eine gesetzliche Maximalarbeitszeit geschaffen worden.

Zu dem genannten Dekrete wurde am 10. März noch folgende an die Präfekten gerichtete Ausführungsverordnung hinzugefügt: „Im Falle der Verletzung dessen, worauf ich Ihre Aufmerksamkeit lenke, ist es eine dringende Pflicht für Sie, für die Selbstverwaltungsbehörden, ja für jeden Bürger, die Übertretungen den Behörden der Republik anzuzeigen.“ Somit war der ganze Behördenapparat konkurrierend für die Aufrechterhaltung der erwähnten gesetzlichen Bestimmungen verantwortlich und kompetent erklärt worden. Das Dekret, ein Ausfluss der sozialistischen Ideen, ist prinzipiell äusserst wichtig, da es die früheste Verwirklichung einer Maximalarbeitszeit auch für erwachsene männliche Personen bildet, in eklatantem Widerspruche gegen die Prinzipien von 1789.

Die praktische Bedeutung des Dekrets war für die ober-elsässer Industrie gleich Null, da man wegen der wirtschaftlichen Krise ohnedies entweder die Arbeit ganz eingestellt hatte oder nur 8 Stunden arbeitete. Erst als im

[1] Lediglich nach B. A. D. d. tr.

Juli 1848 die geschäftliche Thätigkeit sich wieder erholte, wurde die Frage wichtig, ob man den dem ersten Aufwallen der Revolution entsprungenen Gedanken aufrecht erhalten wolle.

Auf eine an die Präfekten im Juli 1848 gerichtete Anfrage, ob es möglich sei, die Arbeit auf 12 Stunden zu beschränken, antwortete jener des Ober-Rheinischen Departements dem Minister: „Der Arbeiter wird bereitwilligst eine Massregel aufnehmen, welche ihm eine Erhöhung des Lohnes und folglich eine Linderung seiner Leiden verschaffen würde". Es ist interessant, wie eng die Gedanken Lohnerhöhung und Herabsetzung der Arbeitszeit schon damals mit einander verknüpft waren.

Das Gesetz vom 9. September 1848 änderte das Dekret vom 2. März 1848 insofern, als es die Bestimmung traf, dass allgemein die Arbeiter in den „Fabriken und Hüttenwerken", innerhalb 24 Stunden nur durch 12 Stunden effektiv arbeiten dürfen.

Diese Massregel fiel in eine Zeit, in welcher alle Fabriken sich bereits wieder im vollen Gange befanden und die gewöhnliche lange Arbeitszeit von 13 und 14 Stunden aufgenommen hatten. Andrerseits galt auch für das neue Gesetz nicht nur die konkurrierende Aufsicht aller Behörden, sondern auch jeder Bürger war zur Anzeige berechtigt. Es regnete nun förmlich Denunziationen. Namentlich aus den abgelegeneren Vogesenthälern wurden haarsträubende Berichte eingesandt, die leider nur zu begründet waren.

In Urbeis wurde von Morgens 4 bis Abends 9 Uhr mit einer einstündigen Ruhepause gearbeitet, also 16 Stunden effektiv, 4 mehr als das Gesetz erlaubte. Nicht genug an dem; die Arbeit dehnte sich selbst oft bis Mitternacht aus. Ähnlich gieng es in Schnierlach, Rappoltsweiler und Kaisersberg zu. Eine 13—14 stündige effektive Arbeitszeit war allgemein noch das Minimum. Unter solchen Umständen hätte natürlich nur die grösste Strenge der Behörden etwas zur Besserung beitragen können. Wenn auch bei den Regierungsorganen und den Gerichten, die in der That viele Verurteilungen aussprachen, einiger guter Wille vorhanden war, so fehlte derselbe doch ganz bei den Organen der

Selbstverwaltungskörper, den Herren Bürgermeistern, die ja beinahe sämmtlich selbst Fabrikanten waren. Nach ihren Berichten wurde überall die gesetzliche Arbeitszeit eingehalten. Genau das Gegenteil davon war der Fall, wenigstens in allen Gegenden, welche dem Auge des Colmarer Präfekten nur irgend ferner lagen. Einige grosse Fabrikanten um Colmar waren es bald müde, durch das Gesetz beengt zu werden.

Am 24. Mai 1850 traten sie in Colmar zu einer Verabredung zusammen, nach welcher dem Präfekten folgende Erklärung zukam: „Nachdem von der Regierung das Gesetz nicht überall strikt durchgeführt wird, erwächst den unterzeichneten Firmen daraus eine ruinöse Konkurrenz. Sie haben einstimmig beschlossen zum Schutze ihrer verletzten Interessen sowie jener ihrer Arbeiter, welche im Stücklohne arbeiten, vorläufig wieder die frühere Betriebsweise aufzunehmen, bis sie die Überzeugung gewonnen haben werden, dass die Regierung energische und strenge Massregeln zur allgemeinen und sorgfältigen Beobachtung des Gesetzes in allen französischen Fabriken ergriffen habe". Dieser Erklärung war eine Liste beigefügt, welche nach einer von den vereinigten Firmen veranstalteten Untersuchung die Arbeitszeit der wichtigsten Fabriken mitteilte. Sie bewegte sich durchaus zwischen 13 und 16 Stunden.

Das Vorgehen der erwähnten Fabrikanten wäre gewiss sehr anerkennenswert gewesen, wenn sie es nicht zum Vorwande benützt hätten, selbst das Gesetz in arger Weise zu übertreten. Denn „die frühere Betriebsweise aufnehmen", bedeutete auch bei ihnen die Wiedereinführung einer 14-stündigen Arbeitszeit. Und, ehe sie die Überzeugung gewonnen haben würden, dass die Regierung in allen französischen Fabriken die genaue Durchführung des Gesetzes erreicht habe, bis dahin konnte noch viel Wasser den Rhein hinab fliessen.

Übrigens hatten auch sie sich schon vorher teils überhaupt nicht an die gesetzlichen Bestimmungen gehalten, teils zur Überschreitung nur die vorgeschriebene Erlaubnis der Handelskammer eingeholt. Herr Hartmann hatte zur Sicherheit sofort 5 Stunden Mehrarbeit verlangt, aber nur 4 erhalten. Um aber auch dieser Formen ledig zu werden, war wol der erwähnte Schritt gethan worden.

Auf jeden Fall aber war der Beschluss der Fabrikanten illegal. Um wenigstens den Formen gerecht zu werden, bemühte sich der Präfekt eifrigst die Herren durch Vermittelung des Colmarer Bürgermeisters zu einer 12 stündigen Arbeitszeit bewegen zu lassen.

Andrerseits suchte er aber auch die Durchführung des Gesetzes zu gewährleisten. Die Fabrikantenliga sprach ihm dafür huldvollst ihre Anerkennung aus, behielt sich aber vor, sich über die Durchführung noch selbst zu unterrichten.

Was der Präfekt zur strengeren Durchführung veranlasst hatte, trug ihm aber wieder von anderer Seite, von Mülhausen, die lebhaftesten Vorwürfe ein. Der Bürgermeister fragt an, ob es denn in der That der Befehl des Präfekten sei, dass alle Fabrikanten von den Organen der öffentlichen Sicherheit umzingelt würden (traqués par tous les agents de la force publique). Er sei der Ansicht, dass ihm allein die Ausführung des Gesetzes zustehe. Vor allem müsse die Mitwirkung der Gendarmen und Friedensrichter aufgehoben werden, sonst resigniere er sofort auf seine Stelle. Er giebt ferner deutlich zu verstehen, dass die Mülhäuser Fabrikanten, welche derartige Gesetze ja befürwortet, auch am besten über deren Ausführung zu urteilen verständen. Sofern das Gesetz übertreten würde, geschehe es nur, weil die Fabrikanten ihren Arbeitern gegenüber nicht standhaft genug seien. Man müsse ihnen Gelegenheit geben, die durch Feiern verlorene Zeit wieder einzubringen.

Schliesslich beklagt sich der wackere Mann noch, dass das Gericht von Altkirch als effektive Arbeitszeit die überhaupt von den Arbeitern in der Fabrik verbrachte Zeit ansehe. „Es sind zu den 12 Stunden unbedingt noch mindestens eine halbe Stunde hinzuzurechnen, zur Entschädigung für die Verluste, welche dadurch entstehen, dass die Arbeiter bei Beginn und Ende der Arbeit noch nicht oder nicht mehr die volle Aufmerksamkeit besitzen“.

Ein neuer Streit entstand, als der Apellhof in Colmar die Organe der kommunalen Selbstverwaltung für inkompetent erklärte, Ausnahmen vom Gesetze zu gestatten. Hiezu sollten nur die Staatsbeamten befugt sein. Einige Fabrikanten, die vom Bürgermeister die Erlaubnis zu einer längern Arbeitszeit eingeholt hatten, waren trotzdem verurteilt worden. Der Staatsanwalt wurde zur „Geissel der Fabrikanten“ (le marteau des fabricants), wie der Mülhäuser Bürgermeister, der nur allzu freigebig mit derartigen Dispensen gewesen war, sich mismutig ausdrückte. Um ihren Forderungen grössere Berücksichtigung zu sichern, liessen nun die Fabrikanten die Petitionen um Bewilligung von Überzeit von Bittschriften der Arbeiter begleiten.

Die Regierung trug sich mit der Absicht eine Verordnung zu erlassen, nach der die Arbeitszeit mit den entsprechenden Ruhepausen an dem Portale jeder Fabrik durch Anschlag kenntlich gemacht werden sollte, desgleichen die Zeit, für welche die Erlaubnis zu Überzeit eingeholt worden war. So hätte man das gesammte Publikum zur Kontrolle befähigt. Diese gewiss sehr zweckmässige Massregel fand aber keineswegs den Beifall des Mülhäuser Bürgermeisters. „Man sollte das Publikum nicht zu einer inneren Polizeiangelegenheit heranziehen, die es doch nichts angienge“.

Ein Dekret vom 17. Mai 1851 schwächte schliesslich die Bestimmungen des Gesetzes derart ab, dass es seine Bedeutung fast gänzlich verlor.

So wenig nun also auch die gesetzlich proklamierte Normalarbeitszeit bei gutem Geschäftsgange Beachtung fand, so mag doch immerhin das Gesetz im Verein mit der durch Verbesserungen im Maschinensysteme eintretenden Intensität der Arbeit, welche naturgemäss eine kürzere Arbeitszeit verlangte, einiges dazu beigetragen haben, dass wenigstens in den Städten, wo die Fabrikanten der öffentlichen Kritik in freierer Weise ausgesetzt waren, allmählich ein Übergang von der 13 stündigen zur 12 ½ stündigen Arbeit wenigstens für normale Zeiten sich vollzog.

B. KINDERARBEIT.[1]

Wie wir (S. 187) ausführten, war die Pairs-Kammer mit einer Reform des Gesetzes über die Kinderarbeit, insbesondere mit der Einführung von Fabrikinspektoren beschäftigt, als die Februarrevolution ausbrach. In der auf sie folgenden Zeit standen die grossen Ideen zu sehr im Vordergrunde, als dass man für wirklich praktische Reformen Musse gehabt hätte. Das Arbeiterparlament unter L. Blanc im Luxemburgpalais hatte es mit einer völligen Umgestaltung der gegebenen Wirtschaftsordnung zu thun. So gieng denn auch in der Zeit, in der die Pariser Arbeiter Frankreich beherrschten, die Ausbeutung der ärmsten, schutzbedürftigsten Elemente der Gesellschaft ungehindert vor sich. Während der Präsidentschaft schien das eben erlassene Gesetz über den 12stündigen Maximalarbeitstag die Regierung so sehr in Anspruch zu nehmen, dass ihr für den Schutz der Kinder keine Zeit verblieb.

Unter der Juliusmonarchie war schliesslich die Aufsicht von Seiten der famosen Inspektionskommissionen ganz eingestellt worden. So blieb es bis zum Beginne des Kaiserreiches. Nun wurden zwar wieder Inspektoren von der Regierung ernannt; auch sah man etwas mehr als früher darauf, unparteiische, uninteressierte Männer zu ernennen, wie Doktoren der Medizin, Notare, Apotheker, Kaufleute und insbesondere Pfarrer, deren Einbeziehung durch das Ministerium den Präfekten besonders aufgetragen worden; aber von einer strammen Exekution war wenig zu merken. Abgesehen von der Unzweckmässigkeit, das so viele Opfer an Zeit und Geld erfordernde Inspektorat als ein unbesoldetes Ehrenamt aufrecht zu erhalten, heftete sich auch der Widerstand der Bürgermeister, deren Einfluss für die Handhabung des Gesetzes ja von grossem Gewichte war, jedem Fortschritt wie Blei an die Ferse. Übertrat doch der Bürgermeister der ersten Fabrikstadt des Bezirkes, unser wolbekannter Bürgermeister von Mülhausen, dessen Gesinnung

[1] B. A. Tr. d. enf.

wir schon gelegentlich der Durchführung der Maximalarbeitszeit kennen lernten, zum öffentlichen Ärgernisse das Gesetz in seinen wichtigsten Bestimmungen, indem er ungescheut auch zur 12stündigen Nachtarbeit Kinder des zartesten Alters verwandte. Und nachdem das Gesetz nirgends Beachtung fand, behauptete man im Kreis Mülhausen doch, dass hier alles in Ordnung sei; aber in den Kreisen Belfort und Colmar bliebe das Gesetz ein todter Buchstabe. Diese Gebiete gaben den nämlichen Vorwurf natürlich Mülhausen wieder zurück. Ebenso behauptete man, dass nur im Ober-Elsasse das Gesetz Beachtung fände, im übrigen Frankreich aber zum grossen Schaden der Elsässer nicht so strenge genommen würde. Der Generalrat des Oberrheines erkannte zu wiederholten Malen die mangelhafte Durchführung des Gesetzes an und sprach sich für die Übertragung derselben an Berufsinspektoren aus.

Im Jahre 1858 erörterte die Regierung das Projekt, einen Generalinspektor nebst sieben Divisionsinspektoren für diese Zwecke zu ernennen. Die Besoldung der Divisionsinspektoren sollte von den die Division bildenden Departements getragen werden. Der östliche Industriebezirk (Meurthe, Moselle, Vosges, Bas-Rhin und Haut-Rhin) war zu einer Division zusammengefasst worden, und es wären auf jedes Departement jährlich 550 Fr. entfallen. Der Generalrat des Oberrheines aber lehnte den Posten ab, da man, wenn auch im Ober-Elsass die Summe bewilligt würde, doch nicht die Garantie besitze, dass das andere Bezirke auch thun würden. So blieb denn wieder alles beim Alten. In Urbeis arbeiteten Kinder unter 8 Jahren über 12 Stunden und erhielten absolut keinen Unterricht. In Schnierlach arbeiteten Kinder von 9—10 Jahren von Morgens 5 Uhr bis Abends 7 Uhr; desgleichen wurde in Kaisersberg das Gesetz völlig übersehen; 120 Kinder blieben ohne jeden Unterricht u. s. w.

In ein neues Stadium trat die Angelegenheit, als der uns schon durch seine Beteiligung an der Zollreform bekannte Johann Dollfuss Bürgermeister von Mülhausen wurde. Er hatte wenigstens den Mut, die Zustände in ihrer ganzen

Erbärmlichkeit rückhaltlos aufzudecken. Nach seinen Ausführungen[1] besuchte die Hälfte der überhaupt in die Schulen kommenden Kinder dieselben nur bis zum neunten Lebensjahre, worauf sie von ihren Eltern zur Fabrikarbeit herangezogen wurden. Dabei vergassen sie das etwa Gelernte wieder in der kürzesten Zeit. 1500—2000 Kinder besuchten aber gar keine Schule. Jährlich kamen 500 — 600 Kinder katholischer Konfession zu ihrer ersten Kommunion, ohne lesen und schreiben zu können. Die ärmste Dorfgemeinde hatte relativ mehr schulbesuchende Kinder als Mülhausen.

Ein interessantes Streiflicht auf die Vermögensverhältnisse der Bewohner Mülhausens warf auch die Thatsache, dass von 3000 schulbesuchenden Kindern nur 600 das Schulgeld zu entrichten vermochten.

Eine im Jahre 1867 von der Regierung behufs Änderung der Gesetzgebung unternommene Enquête ergab für den oberrheinischen Bezirk in Summa 8767 dem Gesetze unterliegende Kinder; davon gehörten 656 in die Altersklasse 8—10, 1743 in jene von 10—12 und 6368 in jene von 12—16 Jahren. Zweifelsohne bleiben die angeführten Zahlen weit hinter der Wirklichkeit zurück, da es sowol an jeder sicheren Grundlage wie jeder Kontrolle für die Angaben fehlte.

Gegen Ende der sechziger Jahre begann die Agitation für einen ausgiebigeren Schutz der Kinder wieder lebhafter zu werden. In Paris wurde unter dem Patronate der Kaiserin die „Société de protection des apprentis et des enfants employés dans les manufactures“ begründet. Im Ober-Elsass trat namentlich die Geistlichkeit beider Konfessionen für eine Abstellung der scheusslichen Missbräuche ein. Im „Économiste français“[2] lenkte L. Goguel, Pastor in Markirch, die Aufmerksamkeit auf diese Frage, während Abbé Simonis in der Revue catholique d'Alsace (1868, 1869) den Zustand der Fabrikschulen schilderte, in denen die

---

[1] B. XXXIII p. 569—573.
[2] Vom 20. Dezember 1869.

Kinder nur, was sie etwa früher gelernt, vergassen. Lesen lernte überhaupt niemand darin; wer es bei seinem Austritte konnte, musste es beim Eintritte schon sehr gut verstanden haben. Auch Johann Dollfuss stand nicht an, die Aufhebung der Fabrikschulen zu fordern. Die Regierung raffte sich aber zu keiner energischen That auf. Durch Dekret vom 7. Dezember 1868 wurde der inspecteur des mines, ein ohnehin schon mit Geschäften überlasteter Beamter, mit der Durchführung des Gesetzes betraut.

Das Bild, welches wir von der Thätigkeit der napoleonischen Regierung hinsichtlich der Fabrikgesetzgebung und ihrer Handhabung entwerfen mussten, gestaltete sich zu keinem erfreulichen. Nicht nur, dass eine Weiterbildung der so mangelhaften Bestimmungen unterblieb, es fanden auch die bereits bestehenden Vorschriften keine praktische Verwirklichung. Es muss um so auffallender erscheinen, dass gerade Napoleon, der gern mit staatssozialistischen Gedanken kokettierte, der durch die Zollreform seinen Mut, auch gegen die Fabrikanten aufzutreten, bewiesen hatte, zu dessen Ratgebern ein der Fabrikgesetzgebung keineswegs abgeneigter Volkswirt wie Wolowski zählte, dass Napoleon es unterliess, diese für die physische und intellektuelle Ausbildung des industriellen Arbeiterstandes so wichtigen Fragen einer gedeihlichen Lösung zuzuführen. Es darf zum Schlusse nicht unerwähnt bleiben, dass auch in dem behandelten Zeitraume der Mülhäuser Gewerbeverein Mitglieder zählte, welche der Einführung des obligatorischen Unterrichtes, der einzigen soliden Basis für eine Kinderschutzgesetzgebung, sowie einer Ausdehnung des Schutzes auf Frauen und einer Reform in der Inspection das Wort redeten und den Verein zu mehreren Petitionen in dem angedeuteten Sinne veranlassten.[1]

C. KOALITIONEN.

Eben so wenig wie durch die Februarrevolution ein thatsächlicher Fortschritt in der Arbeiterschutzgesetzgebung

---

[1] B. XXXIV p. 447, 448; XXXVII p. 312–315.

erreicht worden, war dies auf dem Gebiete der Koalitionsfreiheit der Fall. Als in der Sitzung der konstituierenden Nationalversammlung vom 14. August 1848 die Frage der Koalitionsfreiheit erörtert wurde, und Wolowski für dieselbe als eine unbedingte Konsequenz der durch die Gewerbefreiheit geschaffenen Erwerbsordnung eintrat, erklärte P. Senestre, es dürfe nicht dahin kommen, dass die Arbeitgeber mit ihren Arbeitern verhandeln müssten (de plaider avec leurs ouvriers), sonst würde die französische Industrie zu Grunde gehen.[1]

Und die Kammer gab ihm Recht. Erst durch Gesetz vom 27. November 1849 wurden Arbeiter und Arbeitgeber wenigstens hinsichtlich der Strafen bei Koalitionen gleichgestellt.

Ein Gesetz des Corps législatif vom 25. Mai 1864 hob zwar formal die Verbote auf, besass aber eine so gewundene Fassung, die „Grenzen des Erlaubten und Strafbaren waren so schwer zu erkennen, dass das Zustandekommen eines Strikes trotzdem lediglich in das Belieben der Regierung gestellt war".[2]

Man erinnert sich vielleicht noch, dass bei den in Mülhausen im Juli und August 1848 ausgebrochenen Strikes die Regierung zu Gunsten der Arbeiter intervenierte. Ein Ministerialerlass[3] an die Präfekten vom 2. Februar 1849 schrieb denselben ihr Verhalten bei Arbeitsstreitigkeiten dahin vor, dass sie sich jeder Einmischung in Lohnfragen zu enthalten hätten, da die Höhe des Lohnes einzig von Angebot und Nachfrage entschieden werden könne. Die Präfekten oder seine Organe sollten nur vermittelnd auftreten, die Leute über ihre wahren Interessen belehren, darauf achten, dass niemand bedroht werde, und bei Unordnungen die ganze Strenge des Gesetzes walten lassen.

Diese Instruktion wurde mehrmals wiederholt. Die elsässischen Beamten hielten sich im Grossen und Ganzen

---

[1] Der elsässer Republikaner. Strassburg Nr. 131.

[2] Lexis Gewerkvereine und Unternehmerverbände in Frankreich. Leipzig 1879. p. 18—21.

[3] B. A. Gr. Darauf beruht auch die ganze folgende Darstellung.

streng an die erwähnte Weisung. Die Zeit von 1850—1870 ist voll von einer Menge kleiner Arbeitseinstellungen. Solche fanden namentlich in jener schon hinsichtlich der Fabrikgesetzgebung als „partie honteuse“ des Ober-Elsasses erkannten Gegend von Urbeis, Schnierlach, Kaisersberg, Rappoltsweiler, ferner aber auch in Thann, Moosch, Bitschweiler, Weiler und der Umgebung von Colmar statt. Die Motive sind fast immer die nämlichen: Einführung neuer, strengerer Fabrikordnungen, Verweigerung der Auszahlung von versprochenen Prämien, Lohnherabsetzungen, die nicht gehörig vorher angekündigt worden, missbräuchliche Lohnabzüge, ungerechte Verhängung von Strafen, namentlich wegen Fehler, die in der Maschine oder im Rohmaterial gelegen, versteckte Lohnherabsetzungen durch Verlängerung der für die Stücklohnberechnung zu Grunde gelegten Arbeits-Quanta, oder durch Anwendung von schlechterem Rohmaterial, das vermehrte Arbeit erforderte.

Jede auch nur geringfügige Trübung des geschäftlichen Horizontes wurde von den Unternehmern zu Lohnreduktionen benutzt. Es klingt geradezu unglaublich, was darin geleistet wurde. Wurden doch Arbeiterinnen mit 25 Centimes pro Tag entlohnt, und Sätze von 8—10 Fr. pro 14 Tage gehören keineswegs zu den Seltenheiten.

Der Kaiser, dem von solchen Löhnen etwas zu Ohren gekommen sein musste, liess sich eigens darüber informieren. Die genannten Sätze wurden amtlich konstatiert. Und bei solcher Behandlung verhielten sich die Arbeiter ruhig, wenn man nur die Gewogenheit hatte, sie davon wenigstens gehörig zu verständigen.

Die Arbeiter waren durchwegs an eine vierwöchentliche Kündigungsfrist gebunden, während der Arbeitgeber in der Fabrikordnung sich stets durch eine Menge Vorbehalte die Möglichkeit einer augenblicklichen Entlassung sicherte.

Es mag hier noch einer jedenfalls originellen Methode gedacht werden, durch welche ein ober-elsässer Unternehmer seinen Arbeitern auch den legalsten Strike unmöglich zu machen wusste. In seiner Fabrik musste, wie überall, der Arbeiter eine vierwöchentliche Kündigungsfrist einhalten, aber die Kündigung war nur in bestimmten Monaten zulässig und zwar für jene Arbeiter, deren Namen mit den Buchstaben A—C anfangen nur im Januar und Juli, für die mit D, E, F, G, nur im Februar und August u. s. w.

Man könnte vielleicht zu der Ansicht neigen, dass die oben erzählten Thatsachen mit der Bemerkung von Karl Grad:[1] „Une seule fois l'Alsace a vu une grève pour une augmentation des salaires" im grellen Widerspruche ständen. Dies ist nicht der Fall, wenn man sich nur vor Augen hält, dass Grad von einem Strike zur Erreichung einer Lohnerhöhung spricht. Ein solcher hat auch unseres Wissens nur einmal stattgefunden und zwar unmittelbar vor Ausbruch des grossen Krieges. Da er in engem Zusammenhange mit der damals wieder in Fluss gekommenen Arbeiterbewegung steht, wollen wir die Besprechung desselben auch lieber mit der Darstellung jener Erscheinung vereinen.

Alle anderen Strikes dienten nur der Abwehr, nicht dem Angriffe.

Wer noch nicht die schier unerschöpfliche Geduld des elsässer Arbeiterstandes im Leiden aus eigener Anschauung kennt, der mag jene vergilbten Aktenstücke im Colmarer Archive, welche die Aufschrift „Grèves d'ouvriers" tragen, ein wenig durchblättern.

---

[1] Études statistiques sur l'industrie de l'Alsace. 1880. II. p. 357.

XIV. KAPITEL.

DIE AMERIKANISCHE KRISE.[1]

Schon in der Darstellung des bis zum Jahre 1848 reichenden Zeitraumes widmeten wir einen besonderen Abschnitt der Erörterung der Absatzkrisen.

In der That, ohne eine entsprechende Berücksichtigung der wirtschaftlichen Krisen bleibt eine Schilderung moderner industrieller Verhältnisse nur ein Stückwerk. Mit unheimlicher Regelmässigkeit und Wucht steigen diese Gewitter an dem ökonomischen Horizonte empor; mit erschreckender Klarheit beleuchten ihre Blitze alles Haltlose und Unfertige in den modernen Erwerbsverhältnissen. Auf freie Selbstverantwortlichkeit jedes Indididuums ist unsere Erwerbsordnung gegründet. Tausende und aber Tausende wirtschaftliche Existenzen werden durch die Krise vernichtet: breite Schichten des Volkes werden von ihr in tiefes Elend gestürzt, und doch wird der extremste Individualist auf die Aufforderung, jenen Unglücklichen eigenes Verschulden nachzuweisen, verstummen müssen. Der Hinweis auf die verheerende Wirkung der Krisen ist und bleibt eines der wirksamsten Argumente der Gegner unserer heutigen ökonomischen Verfassung. Die Epoche des napoleonischen Regimentes war von einem glänzenden materiellen Aufschwunge begleitet gewesen. In den fünfziger Jahren gab es kaum ernstere Krisen. Im Ober-Rhein hatte sich die Zahl der Baumwollspindeln von 786 312 im Jahre 1849, auf 1 154 220

[1] B. A. Sit. ind. und Cr. ind.

im Jahre 1859 gehoben, die Produktionsfähigkeit also war ungemein gesteigert worden.[1]

Man wäre berechtigt gewesen, eine grosse Absatzkrise zu erwarten. Sie trat nicht ein, sondern eine Produktionskrise. Wenigstens auf den ersten Anblick gewinnt es den Anschein, als ob die grosse Krise von 1862—65 nur durch das Ausbleiben der den Baumwollfabriken unentbehrlichen amerikanischen Baumwolle verursacht worden wäre.

Zwischen den Nord- und Südstaaten war es bekanntlich im Jahre 1861 zum offenen Kriege gekommen. Die Häfen der Südstaaten, das weitaus wichtigste Produktionsgebiet für Baumwolle, wurden von den Nordstaaten blokiert, und so deren Verkehr mit den europäischen Konsumtionsländern aufgehoben. Andererseits bewirkte aber auch der alle Kräfte der Südstaaten absorbierende Krieg ein grosses Zurückgehen in der Baumwollkultur überhaupt. Glücklicherweise war die Ernte in den Jahren 1860 und 1861 ganz ausserordentlich reich gewesen,[2] so dass die europäischen Märkte zunächst noch ansehnliche Vorräte besassen, welche die Wirkung des plötzlichen Ausbleibens der Baumwolle wenigstens etwas abschwächten.

Aber schon im Jahre 1862 erfolgte eine rapide Steigerung der Baumwollpreise, die 1863 anhielt und erst 1864 den Kulminationspunkt erreichte. In Mülhausen kam das Kilogramm Baumwolle inkl. Transportkosten und Abfälle zu stehen:

Im Jahre	1860 . .	1,78 Fr.
„ „	1861 . .	2,39 „
„ „	1862 . .	4,64 „
„ „	1863 . .	6,07 „
„ „	1864 . .	6.46 „[3]

Mit dem grössten Eifer suchte man nun in andern Produktionsländern der Baumwolle, in Brasilien, in Ägypten, in Indien, die Erträge zu steigern; allein das erforderte viel Zeit und wenn je, so war nun Zeit Geld.

[1] B. XLIV. p. 167.
[2] Production du coton p. M. Engel-Dollfuss. Paris 1867. p. 5.
[3] B. XLII. p. 128.

Fassen wir speziell die Lage der ober-elsässer Industriellen in diesem kritischen Zeitpunkte ins Auge, so ergeben sich für sie immerhin eine stattliche Reihe von nicht zu unterschätzenden Vorteilen. — In erster Linie muss berücksichtigt werden, dass die ganze ober-elsässische Baumwollindustrie auf die Erzeugung hochfeiner Fabrikate eingerichtet war. Die Feingarnspinnerei, die Spinner von Nr. 42 aufwärts, beschäftigte gegen 600 000 Spindeln, und die Druckerei glänzte ebenfalls in eleganten, für den Konsum der wolhabenden Kreise berechneten Artikeln. Je feiner und qualifizierter das Fabrikat, desto weniger fällt der Preis des Rohstoffes ins Gewicht, desto geringere Quantitäten werden auch, ceteris paribus, zur Erzeugung eines gegebenen Wertquantums benötigt. Während eine Spindel, die grobes Garn von Nr. 15 erzeugt, jährlich durchschnittlich gegen 30 Kilogramm Baumwolle konsumiert, benötigt eine für Nr. 40 nur 9,75 Kilogramm, eine für Nr. 80 nur 3,10 Kilogramm, für Nr. 150 gar nur 1,9 Kilogramm.[1] Das sind grelle Unterschiede, denen natürlich eine grosse Bedeutung zukommt. Ferner liessen sich bei den feinen Artikeln, die für zahlungsfähigere Käufer bestimmt waren, auch die hohen Preise des Rohstoffes viel leichter in hohen Garn- und Gewebepreisen wieder auf die Konsumenten abwälzen. Aus diesen Ursachen begreift es sich leicht, dass England, das in erster Reihe ordinäre Massenartikel fabrizierte, und die Normandie, wo eine der englischen Produktionsweise verwandte herrschte, schwerer von der Baumwollnot und -Teuerung betroffen werden mussten.

Ein für das Elsass günstiges Moment bestand ferner darin, dass seine Fabrikanten gerade die Hauptkonsumenten der nicht amerikanischen Baumwolle, der ägyptischen und brasilianischen waren. Von diesen Sorten besassen sie dank ihrer in den 50 er Jahren durch enorme Gewinne gesteigerten Kapitalkraft, ansehnliche Vorräte und vermochten so viel länger die Fabriken im Betriebe zu erhalten, als ihre

---

[1] Die europäische Baumwollindustrie, mit besonderer Berücksichtigung des Ober-Rheines von Dr. R. Jannasch. Berlin 1882. p. 86.

Konkurrenten in Manchester und Rouen, wo man ja nicht für die zum Verspinnen grober Garne eingerichteten Spindeln die teueren, nur bei Feinspinnerei rentierenden Sorten verwerten konnte. Dadurch aber, dass man in Lancashire und der Normandie früher die Fabriken schloss als im Elsass, verschwanden die den Elsässern lästigen Konkurrenten im Ankaufe von Rohbaumwolle.[1] Ferner hatte Napoleon der Hebung der Baumwollkultur in Algier eine grosse Aufmerksamkeit zugewandt. Mehrere grosse elsässer Firmen besassen daselbst ansehnliche Baumwollplantagen oder waren an derartigen Unternehmungen beteiligt. So konnte man denn im Hinblick auf das Elsass nicht so sehr von einer thatsächlichen Baumwollnot, einer Cotton-Famine, wie in England sprechen, sondern für die zum Teil selbst Baumwolle produzierenden, zum Teil mit grossen Vorräten ausgestatteten elsässer Fabrikanten lag die Frage vielmehr so: Ist es vorteilhafter als Baumwollverkäufer oder als Baumwollfabrikant aufzutreten? — Einige fanden in der That erstere Position rentabler.

Dass diese Frage aufgeworfen werden konnte, hatte seinen Grund in der paradoxen Erscheinung, dass in gewissen Fällen die Preise des Rohstoffes zeitweilig denen des Halb- und Ganzfabrikates nahezu gleichkamen.[2] Hier kommen wir nun auf die oben gemachte Bemerkung zurück,

[1] Production du coton. p. 8.
[2] B. XLII. p. 128.
Zu Mülhausen:

im Jahre	Preis des Kilogramm Baumwolle (Transportkosten und Abfälle inbegriffen).	Preis des Kilogramm Garn.	Preis des Kilogramm Calicot.
1860	1,78 Fr.	3,27 Fr.	4,59 Fr.
1861	2,39 „	3,33 „	4,44 „
1862	4,64 „	4,91 „	5,38 „
1863	6,07 „	6,40 „	7,67 „
1864	6,46 „	7,13 „	7,77 „
1865	4,66 „	5,34 „	6,41 „

dass die Krise der 60er Jahre doch auch das Gepräge einer Absatzkrise trug, indem infolge der früher masslosen Produktion noch so bedeutende Waarenvorräte vorhanden waren, welche eine der Preissteigerung des Rohstoffes analoge Steigerung des Fabrikates nicht zugaben.

Alle diese Momente kamen aber freilich nur für die grossen Firmen in Betracht. Die kleinen Fabriken standen viel schlechter.

Für die Entscheidung der Frage, ob gänzliches Einstellen der Arbeit, ob Weiterarbeiten mit verkürzter Zeit und herabgesetzten Löhnen zu wählen sei, kamen ausser den oben analysierten Momenten noch Rücksichten auf die Arbeiter in Erwägung. In den Städten mit ihrem nur von der Fabrikarbeit lebenden Proletariate waren bei Entlassungen Unruhen zu fürchten, und ferner war in Mülhausen ein grösserer Teil der Arbeiter ansässig geworden, so dass die Entlassenen nicht, wie in den 30er und 40er Jahren, einfach vom Gendarmen über die Grenze geführt werden konnten. Die Leute mussten also erhalten werden; da es aber hier ausser den Fabrikanten wenig Besitzende gab, wären die vermehrten Armenlasten doch ganz überwiegend auf sie gefallen.

Hier begnügte man sich denn zumeist damit, die Löhne, soweit das eben noch nicht der Fall war, auf das physiologische Existenzminimum herabzusetzen und im übrigen mit verkürzter Arbeitszeit weiterzuarbeiten. Nach einer im Frühjahre des Jahres 1863 von dem „Comité de prévoyance de l'industrie cotonnière du Haut-Rhin" ausgearbeiteten Statistik standen in Mülhausen bloss 26,77 % der Spindeln und 25,87 % der Webstühle still. Auch in der Umgebung Colmars waren bloss 25 % der Spindeln ausser Betrieb gesetzt. Für die in den Thälern und auf dem Lande gelegenen Fabriken, deren Arbeiter sich noch des Besitzes einer kleinen Landwirtschaft erfreuten und diese nach Entlassung aus der Fabrik zu ihrem Lebensunterhalt in erhöhtem Masse herbeiziehen konnten, lag die Sache günstiger. Hier waren weder Aufstände der ruhigeren Landbewohner zu fürchten, noch musste man sie ganz erhalten. Ähnliche

Erwägungen trafen natürlich auch für die Hausweber zu, bei denen der Unternehmer an einer Weiterbeschäftigung um so weniger interessiert war, als es sich nicht um den Zinsenverlust kolossaler Kapitalanlagen handelte. So sehen wir denn in den Thälern mit ihren vereinzelten Fabriken und dem noch hie und da bestehenden hausindustriellen Betriebe der Weberei einen ungleich höheren Prozentsatz von Spindeln und Webstühlen ausser Betrieb gesetzt:

	Spindeln.	Webstühle.
Sennheim	44,58 %	30,75 %
Massmünster und Thal	34,87 „	47,04 „
Thann- und Amarinthal	41,00 „	48,00 „
Münsterthal	35,00 „	42,00 „

Noch greller tritt der Unterschied in der Zahl der arbeitslosen Arbeiter hervor. Nach amtlich erhobenen Zahlen betrug in der ungünstigsten Zeit, Oktober 1863, die Zahl der Arbeiter, welche gar keine oder weniger als 2 Tage pro Woche Beschäftigung besassen:

im Kreise Belfort	5120
„ „ Colmar	4301
„ „ Mülhausen	2925;

nach denselben Mitteilungen waren in der Baumwollindustrie der genannten Kreise in normaler Zeit beschäftigt gewesen:

Kreis Belfort	18 577
„ Colmar	25 569
„ Mülhausen	20 627.

Die Zahl der Beschäftigungslosen betrug somit

im Kreis Belfort	27,00 %
„ „ Colmar	16,80 „
„ „ Mülhausen	14,00 „

der in normaler Zeit beschäftigt gewesenen.

Für den Kreis Belfort findet die grosse Zahl der Entlassenen ausser den oben erwähnten Gründen noch darin ihre Erklärung, dass es daselbst eine Menge kleiner, kapitalschwacher Fabriken gab, deren Thätigkeit durch die Krise sofort lahmgelegt wurde.

Erscheint die Zahl der gänzlich Arbeitslosen vergleichsweise nicht so gross wie zum Beispiel in Rouen, wo 40 000 Arbeiter feierten, so war das Elend unter der Arbeiterbevölkerung doch ganz ausserordentlich. Selbst in Mülhausen, das sich im ganzen am besten hielt, waren die Löhne um 1/4 bis 1/3 des früheren Satzes gesunken; im Kreise Belfort aber war 80—90 Cent. das Maximum, das überhaupt von den bestgezahlten Arbeitern verdient wurde. Noch schlimmer stand es im Münsterthal. In den Hartmannschen Werken arbeitete man noch 9 Stunden täglich. Die besten Arbeiter erhielten für 14 Tage 15 Fr., die mittlern 8—10 Fr., die Frauen 2,50 Fr., also 21 Cent. pro Tag! Die Lohnsätze erreichten somit eine Tiefe, wie sie selbst Marx aus England (Kapital I 470) nicht berichtet.

Die Gründe lagen teils in den schon an sich herabgesetzten Stücklohntarifen und dann insbesondere in der schlechten ostindischen Baumwolle, zu welcher man hatte greifen müssen, und die wegen ihrer kürzeren Fasern, ihrer schmutzigen Beschaffenheit, grossen Brüchigkeit u. s. w. einen langsameren Lauf der Maschinen erforderte, so dass man nun in der nämlichen Zeit 20—30 und mehr Prozente weniger produzierte und dem entsprechend auch weniger an Lohn bezog. In Günsbach, gleichfalls im Münsterthale gelegen, betrug das innerhalb 14 Tagen verdiente Maximum sogar nur 11 Fr., 3—5 Fr. waren der Durchschnittssatz.

Die Möglichkeit solcher Löhne findet eben nur in dem Umstand eine Erklärung, dass die durch kleinen Grundbesitz an die Scholle gebundenen Arbeiter einerseits Mangels anderer Arbeitsgelegenheit jeden Satz annehmen mussten und andererseits noch in ihrer Landwirthschaft eine letzte Zuflucht fanden. Natürlich lebten sie nur von Kartoffeln. Gleichwol konnten mehrere Hunderte auch diese sich nicht verschaffen und mussten auswandern, ihre Familien in Not und Elend der Armenpflege überlassend.

Die oben genannten Löhne wurden übrigens keineswegs bloss während der höchsten Steigerung der Krise gezahlt, sondern auch noch zu einer Zeit, da man in anderen

Gegenden bereits wieder 12 Stunden arbeitete, ja in Mülhausen und Gebweiler schon wieder Arbeiter suchte.

„Man fragt sich umsonst, warum das geschieht", schrieb der Polizeikommissär aus Münster an den Präfekten, „es ist ein Geheimnis für alle Bewohner des Thales".

Ähnlich lagen aber auch die Verhältnisse in gewissen Dörfern des Amarinthales.

Da im Jahre 1863 Wahlen für das corps législatif stattfanden, so schenkte die Regierung den Notleidenden eine grosse Aufmerksamkeit. Man bemühte sich bei den Fabrikanten, um sie von Entlassungen abzuhalten, man beschäftigte die brotlos Gewordenen an öffentlichen Bauten und gewährte beträchtliche Unterstützungen. Der Kaiser widmete für das Ober-Elsass aus der Privatschatulle 10 000 Fr., welche an die verschiedenen Hilfs- und Krankenkassen zur Verteilung kommen sollten, „damit diese nützlichen Gesellschaften nicht etwa dadurch zu Grunde giengen, weil ihre feiernden Mitglieder keine Beiträge mehr zahlen können!" Trotzdem in dieser Krise der Ausweisungsapparat nicht in Bewegung gesetzt worden — und dadurch unterscheidet sie sich vorteilhaft von jenen in der Restaurationszeit und der Juliusepoche — blieb die Ruhe ungestört. Wurden auch einmal in Mülhausen Plakate mit „Vive la République" und „du pain ou la mort" angeschlagen, so drohte doch keine ernstliche Gefahr; die Garnison wurde nicht verstärkt.

Nachdem in der ersten Hälfte des Jahres 1865 wegen der sehr schwankenden Baumwollpreise die Produktion noch etwas zurückgehalten worden, wurde gegen Ende des Jahres schon wieder durch 15—16 Stunden gearbeitet, die Löhne namentlich in Mülhausen stiegen rapid, um die nötige Arbeiterzahl wieder herbeizuziehen. Die Arbeiter erfreuten sich nach offiziellen Berichten einer Lage, wie sie sie noch nicht gekannt hatten.

Länger währte es, ehe in den Thälern die Löhne wieder die zur Fristung des Lebens nötige Höhe erreichten.

XV. KAPITEL.

DIE OBER-ELSÄSSER ARBEITERBEWEGUNG DES JAHRES 1870.

Überblicken wir die Thätigkeit der napoleonischen Regierung im Ober-Elsass, so treten die überhaupt für die bonapartistische Politik charakteristischen Momente deutlich hervor: Louis Bonaparte, bei seinem Auftreten im Jahre 1848 eine für arbeitende wie besitzende Klassen unbenannte Grösse, erringt bei der Präsidentenwahl die Stimmen der radikal gesinnten ober-elsässer Arbeiterschaft gegenüber dem von Klerus und Fabrikanten auf den Schild gehobenen Besieger des Juniaufstandes Cavaignac. Allein rasch ändert sich die Stimmung. Napoleon beginnt seine Rolle als „Gesellschaftsretter", welche ihm ebenso sehr die Sympathien der Fabrikanten erwirbt als jene der Arbeiter entfremdet. Sein Besuch in Colmar und Mülhausen legt einen klaren Beweis von dem Gesinnungswechsel ab. Nun sind es die Fabrikanten, die ehemaligen Parteigänger Cavaignacs, welche ihm ein „vive le président" zujauchzen, während die Arbeiter, seine Person ignorierend, ihr Lebehoch der Republik ausbringen. Die späteren Wahlen weisen meist ein antibonapartistisches Gepräge auf; denn die sozialrepublikanische Arbeiterpartei des Ober-Elsasses hat die wuchtigen Schläge des mächtigen Diktators nur zu bald empfunden. Ihre Vereine sind aufgelöst, ihre Führer verhaftet worden oder nach der Schweiz entflohen. Allein hätte Napoleon nur in diesem arbeiterfeindlichen Sinne gehandelt, so wäre es mit seiner Macht sicher bald zu Ende gegangen. Während die radikale Arbeiterbewegung unterdrückt wird, zeigen die Behörden einen nicht zu verkennenden guten Willen, um einige der schreiendsten Missbräuche abzustellen. Wir erinnern an die Versuche zur Durchführung der 12stündigen Maximalarbeitszeit. Mehr noch, als die durch einzelne Gesetze bedingte Stellungnahme der Behörden scheint deren Bereitwilligkeit, hie und da, etwa bei Arbeitseinstellungen, auch den Klagen der Arbeiter ein Ohr zu leihen, zur Aufrechterhaltung wenigstens einiger Sympathien beigetragen zu haben. Auch darf nicht ausser Acht gelassen werden, dass der gute Fuss, auf welchen sich Napoleon mit der Geistlichkeit zu setzen verstand, in einer Gegend wie im Ober-Elsass, wo grössere Massen dem Klerus noch unbedingt ergeben sind, von nicht zu unterschätzender Bedeutung gewesen ist. Andererseits söhnten sich auch die Fabrikanten immer mehr mit dem Verluste der politischen Freiheitsrechte aus, da derselbe durch den fast einzig dastehenden wirtschaftlichen Aufschwung, welcher unter dem zweiten Kaiserreiche auf allen Gebieten erfolgte, mit enormen Gewinnen versüsst wurde. So giengen die Dinge bis zum Jahre 1860.

Die Schaukelpolitik Napoleons hatte, konnte sie auch auf keine entschiedenen Anhänger zählen, so doch immerhin keiner einflussreichen, ihr unbedingt feindseligen Strömung zu begegnen gehabt.

Auf dem Gipfel seiner Macht stehend hatte Napoleon den durch den englischen Handelsvertrag eingeleiteten Bruch mit dem für Frankreich schmählichen Prohibitivsystem vollzogen und eine mässige Schutzpolitik eingeleitet.

Obgleich dies dem Kaiser von seinen erbittertsten politischen Gegnern als grosses Verdienst angerechnet zu werden pflegt, fühlten sich die ober-elsässer Spinner und Weber doch so tief in ihren Interessen verletzt, dass sie sich gleich den übrigen französischen Fabrikanten nun für die schärfste Opposition gegen das zweite Kaiserreich entschieden. In dem Masse als Napoleon auf dieser Seite seine Stützen verlor, suchte er solche auf der entgegengesetzten Seite zu gewinnen. Die Koketterie mit den Arbeiterklassen wurde neuerdings aufgenommen.

Einen charakteristischen Ausdruck der Regierungspolitik in der erwähnten Richtung bildete das Koalitionsgesetz von 1864, welches die Strikefreiheit zwar proklamierte, durch Verklausulierungen des Prinzipes aber jeden Strike in das Belieben der Behörden stellte. Der oppositionelle Fabrikant entbehrte gegenüber seinen die Arbeit einstellenden Arbeitern jeder Hilfe und jedes Schutzes; der bonapartistische erhielt Gendarmen und Truppen.[1]

Es ist hier nicht unsere Aufgabe auf die Gründe einzugehen, welche gegen Ende der sechziger Jahre dem Bonapartismus immer heftigere, zahlreichere Gegner schufen, und die Regierung zu einigen Konzessionen, namentlich auf dem Gebiete der Pressfreiheit nötigten.

Im Ober-Elsass kommt nun eine zweite Arbeiterbewegung in Fluss.

Im Jahre 1869 ist eine Sektion des internationalen Arbeiterbundes in Mülhausen begründet worden, deren Einfluss sich alsbald geltend macht. Einerseits, um die Arbeiter jener auch den oppositionellsten Fabrikanten unliebsamen Richtung zu entziehen, andererseits, um die Reihen der Opposition durch Arbeiter zu verstärken, gründen einige Angehörige derselben, darunter hervorragende Fabrikanten, (Karl Kestner, Ludwig Chauffour, J. B. Rudolf, Dr. Klippel, Alfred Köchlin, Aug. Scheurer) in Mülhausen ein Blatt für Arbeiter.

Es ist „Der souveräne Wahlmann“.[2] Den Kopf des Blattes schmückt eine Darstellung der „Republik“, neben ihr die Wahlurne, zu der ein kräftiger Blousenmann, — so kräftig, wie man selten welche in Mülhausen erblickt — mit dem Stimmzettel herantritt. Diese Allegorie mit der darunter stehenden Devise „Aide-toi“ kündet schon das nur politisch radikale Programm des Blattes an.

Es giebt sich als Organ der radikalen Demokratie. Seine Prinzipien sind die der ersten französischen Revolution. „Wir wollen Freiheit und Gleichheit vor den Gesetzen der Volkswirtschaft, Achtung der freien Arbeit, des

[1] S. W. Nr. 2.
[2] S. W. Nr. 1.

freien Tausches und Handels, des durch die freie Arbeit oder durch Erbschaft rechtmässig erworbenen, individuellen, persönlichen Eigentumes; Aufhebung jedes geistigen, gewerblichen und finanziellen Vorrechtes und Monopols. Wir wollen die friedliche nnd freiwillige Verbindung der Völker in einem Bunde von freien Republiken."

Sich alsdann der Arbeiterfrage zuwendend, erklärt das Programm: „Das Blatt wird erörtern die Frage der freien Arbeit und das Mittel, den Arbeiter durch sich selbst und durch seiner Hände Arbeit zum freien Eigentümer zu befördern, sowie die Erziehungsfrage, welche mit der Arbeiterfrage sehr nahe verwandt ist."

Das Blatt erscheint nur in deutscher Sprache. Warum? Es giebt uns selbst eine, im Hinblicke auf die wenige Monate nachher sich vollziehenden Ereignisse hochbedeutsame Auskunft: „Einfach darum, weil die Mehrheit und zwar die übergrosse Mehrheit des elsässischen Volkes deutsch denkt, deutsch fühlt, deutsch spricht, deutschen Religionsunterricht erhält, nach deutscher Sitte leibt und lebt und die deutsche Sprache nicht vergessen will. Viele, wir wissen es, reden, lesen und schreiben französisch, und das ist recht und schön; allein dieselben, die im Französischen geübt sind, denken, fühlen und sprechen dennoch deutsch, und deshalb kommen wir zu ihnen und sprechen die Sprache ihrer Mütter, die Sprache ihrer Kindheit, die Sprache, in der sie ihre Kinder liebkosen und erziehen, ihre Frauen herzen und ihre sterbenden Eltern trösten."

Für die Schriftleitung ist jener uns schon von 1849 her als Mitarbeiter an der Volksrepublik bekannte Schmidt gewonnen worden. Er hat lange Zeit als Verbannter in der Schweiz gelebt und dort seine sozialdemokratischen Ideale von 1848 mit einer politisch radikalen Gesinnung vertauscht. Zur Bourgeoisie gehören, nach seinen im „Souveränen Wahlmanne" entwickelten Anschauungen,[1] nur

---

[1] l. c. Nr. 13.

jene Leute, welche vom Ertrage der Kapitalien, der Rente des Grundeigentumes und den Einkünften verkäuflicher Stellen leben. Die Fabrikanten, Landwirte, Gelehrten u. s. w. gehören zum Kleinbürgertume. — Fürwahr die Millionäre Mülhausens sind recht stattliche Kleinbürger! — Während Schmidt im Jahre 1850 noch selbst jenen Fabrikanten verspottet, welcher den Arbeitern als unfehlbares Mittel, aus ihrer traurigen Lage sich emporzuringen, den guten Rat erteilte, immer einige Sous weniger auszugeben, als sie einnehmen,[1] lehrt er nun selbst:[2] „Es bleibt nur das einzige Mittel, Kapital zu sammeln, fleissig und sparsam zu sein und dem vorhandenen Kapitale durch Assoziation des Kapitales und der Arbeit in einer Hand, in der Hand der Arbeiter, Konkurrenz zu machen, wodurch der Lohn in die Höhe gehen muss." „Freie Genossenschaften, in denen der Arbeiter als Kapitalist und Arbeiter handelt, werden höhere Löhne, Beseitigung der Frauen- und Kinderarbeit, sowie Verkürzung der Arbeitszeit herbeiführen." Um aber jene Genossenschaften zu ermöglichen, bedarf es nur vollständiger Freiheit. Arbeitseinstellungen werden verpönt.[3]

Den Interessen und Gesinnungen seiner Patrone gemäss macht das Blatt in scharfer Weise Front gegen alle Versuche anderer Parteien, die Arbeiter auf ihre Seite zu bringen; so gegen den klerikalen Rixheimer „Volksboten", welcher die Interessen der katholischen Arbeiter gegenüber jenen der protestantischen und freimaurerischen Fabrikanten befürwortet; so gegen die staatssozialistischen Allüren des Bonapartismus; so gegen die socialdemokratische Strömung in der Arbeiterschaft.[4]

Es kommt der Mai 1870 und mit ihm das Plebiszit über die napoleonische Politik. Die Stimmen des Ober-Elsasses sind für Napoleon. Im Departement werden 102 476 „Ja", 19 689 „Nein" abgegeben. In Mülhausen allerdings

[1] V. R. II. Nr. 41.
[2] S. W. Nr. 15.
[3] l. c. Nr. 2.
[4] l. c. Nr. 8, 12, 17.

stehen den 3397 „Ja“ 3364 „Nein“ und 3842 Stimmenthaltungen gegenüber. Wie bei der ersten Präsidentenwahl geben die Arbeiter Napoleon ihre Stimmen, weil die Fabrikanten gegen ihn auftreten.

„Wir stimmen „Ja“, weil die Fabrikanten „Nein“ stimmen“, das ist für viele die einzige Erwägung.

Auch scheint Napoleon wieder geschickte Wahlagenten besessen zu haben.

Gerüchte über ein Elfstundengesetz, gesetzliche Regelung des Lohnes, Expropriation der Fabrikanten durch den Kaiser u. drgl. mehr schwirren durch die Luft.[2]

Unter den ober-elsässer Arbeitern herrscht ein allgemeines Verlangen nach Herabsetzung der Arbeitszeit.

Einige einsichtsvollere Unternehmer, die schon die Erfahrung gemacht haben, dass Arbeitszeit und Arbeitsleistung keineswegs proportional wachsen, sprechen sich offen für eine 11stündige Arbeitszeit aus und führen dieselbe in ihren Fabriken ein. Das sind aber Ausnahmen. Die Mehrzahl verhält sich zaudernd und schliesslich ablehnend gegenüber den Forderungen der Arbeiterschaft. Letztere, im sicheren Vertrauen auf eine wolwollende Haltung der Regierung, deren Stellung man durch das Plebiszit gehoben hat, bereiten eine grosse, den ganzen Industriebezirk umfassende Arbeitseinstellung vor.[3]

Schon im Anfang Juni ist in den Herzogschen Etablissements bei Colmar ein Strike ausgebrochen, da man in sinniger Weise die Wirksamkeit einer Lohnreduktion von 20 % durch eine Erhöhung der Mietpreise für die dem Arbeitgeber gehörigen Arbeiterwohnungen zu steigern versucht.[4]

Allein bald geben die Arbeiter wieder nach. Die Anführer im Strike werden verabschiedet.

In Mülhausen dauert die Spannung an. Einige Fabrikanten haben zwar eine 11stündige Arbeitszeit zugestanden, aber auch die Zeitlöhne entsprechend herabgesetzt;[5] andere

[1] l. c. Nr. 9, 10.
[2] l c. Nr. 17.
[3] l. c. Nr. 17, 19.
[4] B. A. Gr.
[5] S. W. Nr. 16.

weisen jede Nachgiebigkeit von sich. Die Arbeiter hingegen verlangen für 11 Stunden Arbeit den gleichen Lohn wie für 12 Stunden; die Akkordlöhne sollen in gleichem Sinne eine Steigerung erfahren.

Als die Arbeiter infolge des beständigen Zauderns und Verschiebens der Entscheidung seitens der Fabrikanten sich die Überzeugung verschafft haben, dass diese aus freien Stücken nichts bewilligen würden, bricht der Strike aus.[1]

Ausser den Arbeitern der Baumwollindustrie feiern auch die Maschinenbauer und einzelne Handwerker. Der Strike scheint gewissermassen mit Autorisation der Regierung unternommen zu sein. Man stellt sich unter den Schutz des Kaisers und die Strikenden rufen: Vive l'empereur!

Ein demonstrativer Umzug wird veranstaltet. Herzzerreissend ist der Anblick der armen, halbnackten, barfusslaufenden, abgezehrten, hageren Kinder, welche den Zug eröffnen.

Man bricht gewaltsam in Fabriken ein, wo noch einige Arbeiter arbeiten. Fenster, Thüren und Thore werden zertrümmerten, Fabrikanten beschimpft und bedroht, fast thätlich misshandelt.

Ein Arbeiterausschuss konstituiert sich, um die Klagen, Wünsche und Forderungen in ein Programm zusammenzufassen. Eine Strikekasse wird organisiert, und Gaben werden gesammelt.

Der Ausschuss stellt wieder Ruhe und Ordnung her und untersagt weitere Demonstrationen.

Des andern Tages rücken Truppen ein; auch kommt der kommandierende General, der Generalstaatsanwalt und der Präfekt. Sie erlassen eine zur Ruhe mahnende Proklamation. Einige Exzedenten werden verhaftet. Im Übrigen hält der Strike an. Nach wenigen Tagen stellen die Arbeiter in Pfastadt, Kingersheim, Thann, Bitschweiler, Sultz, Issenheim, Bühl und im Amarinthale gleichfalls die Arbeit ein. Es finden Verhandlungen zwischen den Fabrikanten und den Delegierten der Arbeiter statt. Letztere fordern:

1) Täglich nur 10 Stunden Arbeit;

[1] l. c. Nr. 19.

2) Verwaltung der Hilfskassen durch die Arbeiter;
3) Aufkündigungstermine von 8 Tagen;
4) Abschaffung der Geldbussen;
5) Arbeiter, welche auswärts zu thun haben, sollen nur ihren Ausgang anzeigen, nicht aber um eine Erlaubnis dazu ersuchen müssen.
6) Die Handwerker erhalten eine Lohnaufbesserung von 50 Centimes pro Tag. Die Taglöhner bekommen 3 Fr.;
7) Die Stücklohnarbeiter werden den Arbeitspreis besonders mit den Arbeitgebern besprechen. Verständigen sie sich nicht, dann wird die Arbeit im Tagelohn gefertigt.
8) Die vorkommenden Unfälle fallen den Arbeitgebern zur Last.

Die Weber und Spinner verlangen speziell, dass, wenn die 10stündige Arbeitszeit überschritten würde, 8 Stunden Nachtarbeit gleich einem Arbeitstage gelohnt werden sollten. Ferner soll ihnen eine Aufbesserung des Taglohnes von 25 Centimes zugestanden werden und ein Spinner nicht mehr zwei Spinnmaschinen zur Beaufsichtigung erhalten. Die Postulate bedürfen nach der vorangegangenen historischen Entwicklung keines Kommentars mehr.

Dem gegenüber wollen die Arbeitgeber zugestehen: 11stündige Arbeitszeit mit einer der früheren 12stündigen gleichkommenden Entlohnung, ferner versprechen sie hoch und teuer, keinerlei Vergeltung zu üben.

Die anderen Forderungen werden angeblich im Hinblicke auf den nicht eben glänzenden Zustand der Industrie verworfen.

Die Arbeiter Mülhausens begnügen sich schliesslich mit diesen geringen Erfolgen und nehmen die Arbeit wieder auf. Einige Tage vor Ausbruch des Krieges kann hier der Strike als beendigt angesehen werden.

Nicht so im übrigen Ober-Elsass. Gleich den Vorgängen in Mülhausen kommt es an manchen Orten zu Ausschreitungen und Fabriken werden von Gendarmen verteidigt.[1]

[1] B. A. Gr.

Die Strikenden sind von den verschiedenartigsten Stimmungen beherrscht. Hier ruft man: „Es lebe der Kaiser!" „Es lebe Napoleon!" „Es lebe Frankreich!" dort: „Es lebe Rochefort!" andere aber auch: „Es lebe Preussen!" „Es muss besser werden, oder wir wollen Preussen sein!" [1]

Von Frankreich ist der Krieg erklärt worden.

Es bricht eine schwere Zeit für die Fabrikanten besonders in Mülhausen an. Die französischen Behörden suchen bald das Weite; deutsche Truppen sind noch nicht zur Stelle. Trotz der Beilegung des Strikes sind die Arbeiter doch schwer dadurch gereizt worden, dass entgegen den gegebenen Zusagen allenthalben die Arbeiter, welche sich in hervorragender Weise an der Arbeitseinstellung beteiligt haben, verabschiedet worden sind. [2]

Ein Baseler Blatt behauptet, in Mülhausen wage niemand, der einen guten Rock besitze, sich noch sehen zu lassen. In der zweiten Hälfte des August ziehen die ersten deutschen Truppen, Badenser, ein.

Das Volk empfängt die stammesverwandten Nachbarn nicht unfreundlich. Arm in Arm zieht man mit ihnen herum, bewirtet sie mit Bier und Cigarren. Auch die Fabrikanten, von ihrer bangen Furcht erlöst, sollen vielfach den deutschen Offizieren aufs liebenswürdigste die Honneurs gemacht haben.

---

[1] l. c.

[2] S. W. Nr. 20.

[3] Volksrepublik, Mülhausen, vom 19. September 1870.

DRITTES BUCH.

DIE OBER-ELSÄSSER BAUMWOLLINDUSTRIE

ALS GLIED DER

DEUTSCHEN VOLKSWIRTSCHAFT.

I.

DIE ÖKONOMISCHE SEITE DER ENTWICKLUNG.

1. ZOLL- UND ABSATZVERHÄLTNISSE.

I. KAPITEL.

DIE ZEIT DES ÜBERGANGES.

Strassburg kapitulierte am 27. September 1870. Beim Einzuge hatte der deutsche Generalgouverneur verkündet, „dass diese Stadt und dies Land, so Gott will, deutsch bleiben werde".

Vom Civilgouvernement des Elsasses wurden die rheinischen Handelskammern aufgefordert, ein Gutachten über die wirtschaftliche Seite der Annexion abzugeben. Auch die königlich sächsische Regierung und die grossherzoglich badische veranlassten ihre Baumwollindustriellen sich über die Frage zu äussern.[1]

Eine grosse Zahl von interessierten Fabrikanten unterzog sich der Aufgabe. Das Civilkabinet des Königs Wilhelm im grossen Hauptquartier, das Bundeskanzleramt in Berlin und die einflussreichen Persönlichkeiten der deutschen Diplomatie wurden mit Petitionen, Anträgen und Gutachten überschüttet.

[1] Darüber, sowie über die nächsten Ausführungen vergleiche man: Handelspolitische Aufgaben nach dem Kriege und bei der Annexion des „Generalgouvernement Elsass" von Dr. W. H. Eras. Berlin. 1871. Kortkampf.

Mit der Annexion war eine Verstärkung der deutschen Baumwollindustrie um 56 % an Spindeln, 88 % an mechanischen Webstühlen und 100 % an Druckmaschinen verknüpft, gewiss respektable Zahlen, welche eine sorgfältige Erwägung über die eventuellen Folgen einer derartigen Steigerung der Produktion im deutschen Zollgebiete vollkommen rechtfertigten.

Die vorwiegend freihändlerisch gesinnten Handelskammern von Dresden, Leipzig und Chemnitz sprachen sich für eine sofort, ohne Ergreifung von zollpolitischen Übergangsmassregeln, zu vollziehende Annexion der fraglichen Gebiete aus. Zurückhaltender benahmen sich die preussischen und noch mehr die süddeutschen Industriellen. Ein Ausschuss der letzteren erklärte sich in einer Adresse an den König Wilhelm geradezu gegen die Annexion.

Andere süddeutsche Fabrikanten stimmten ihr nur unter äusserst restriktiven Bedingungen zu. Der letztere Standpunkt wurde in einer von dem würtembergischen Spinner H. Staub (Kuchen) dem Reichstage des norddeutschen Bundes überreichten Petition süddeutscher Baumwollindustrieller vertreten.

Hienach soll aus den eroberten Gebietsteilen zunächst ein besonderes Zollgebiet geschaffen werden, das einerseits für eine gewisse Zeit seinen Absatz nach Frankreich behalten, aber andererseits auch im Zollvereine Begünstigungen zu erhalten hätte. Die von den Elsässern an Frankreich zu zahlenden Zölle werden ihnen vom deutschen Bunde vergütet, durch 10 Jahre im vollen Betrage, in den nächsten 5 zur Hälfte, in weiteren 5 zu einem Viertel und in den letzten 5 zu einem Achtel.

Dann erst werden die Zolllinien zwischen Deutschland und den annektierten Gebieten aufgehoben. Damit jedoch Deutschland die an Frankreich zu zahlenden Zölle nicht aus eigenen Mitteln zu entrichten brauche, sollen sie von vornherein berechnet und in die Kriegsentschädigung einbezogen werden.

Man gieng eben von dem Gedanken aus, dass, wenn die noch immer beträchtlichen französischen Schutzzölle sich nach der Annexion gegen die Elsässer selbst richteten, es diesen unmöglich sein würde, fernerhin die Beziehungen zu dem französischen Markte aufrecht zu erhalten.

Demnach müssten die Elsässer sich auf den deutschen Markt werfen, woraus für die deutsche Industrie sowol wie für die elsässische aus der plötzlich masslos gesteigerten Konkurrenz eine furchtbare Krise erwachsen würde.

Entgegen den extremen Staub'schen Vorschlägen entschied sich die im Dezember 1870 zu Mannheim tagende Versammlung mittelrheinischer Fabrikanten in ihrer Majorität für folgende Resolution: „Um die zu erwerbenden Landesteile von den ihnen jedenfalls in Folge einer Abschneidung von ihrem bisherigen inländischen Absatzgebiete drohenden Gefahren zu behüten, hält es die Versammlung für durchaus notwendig, dass bei dem Friedensvertrag mit Frankreich, eventuell bei Erneuerung des Handelsvertrages, eine Reziprozität — auf der Basis des Zollvereinstarifes und des Prinzipes einfacher spezifischer Zölle — gewährt, insbesondere die französischen Eingangszölle für Wollen-, Baumwollen- und Leinengarn auf die diesseitigen Sätze ermässigt werden".

Eine weiter gehende Resolution der Schutzzöllner war verworfen worden. Die in jenen Zeiten noch in Deutschland einflussreichen Freihändler suchten die Bedenken der deutschen Baumwollfabrikanten durch den Hinweis abzuschwächen, dass Frankreich, für welches der Verlust des Elsasses eine Minderung seiner Baumwollindustrie an Spindeln um 25 %, an mechanischen Webstühlen um 40,6 % bedeute, für eine geraume Zeit ja noch unbedingt seinen Bedarf aus dem Auslande zu decken haben werde.

Unter den Ausländern würden aber die Elsässer, in Folge ihrer intimen Beziehungen zu Frankreich, in Folge ihrer Kenntnis des französischen Geschmackes unbedingt den Sieg davon tragen.

Während nun auf deutscher Seite Antipathien gegen die Annexion aus wirtschaftlichen Motiven in der allgemeinen politischen Begeisterung ein starkes Gegengewicht fanden, lag auf Seiten der Elsässer die Sache wesentlich verschieden, indem hier mit der politischen Abneigung gegen eine Vereinigung mit Deutschland auch noch die Furcht vor einer ökonomischen Schädigung verknüpft war. Als die ununterbrochenen Niederlagen der französischen Armee den Elsässern keine Hoffnung mehr auf einen für Frankreich günstigen Abschluss des Kampfes liessen, und auch sie eine Abtrennung des Elsasses in Rechnung ziehen zu müssen glaubten, befürworteten sie lebhaft das Projekt, nach welchem aus dem Elsass ein neutraler Staat, ähnlich der Schweiz und Belgien, geschaffen werden sollte.[1] Es muss dahin gestellt bleiben, ob die angedeutete Lösung den wirtschaftlichen Interessen des Landes förderlich gewesen wäre. Bei der starken schutzzöllnerischen Strömung unter den französischen Fabrikanten[2] und im Hinblick auf die später sich vollziehenden Erscheinungen, ist es sogar im höchsten Grade zweifelhaft, ob sich Frankreich herbeigelassen haben würde, den elsässischen Fabrikanten die Zollschranken zu öffnen, während Deutschland naturgemäss ebensowenig Veranlassung gehabt hätte, gerade eine elsässische Republik zu begünstigen. Es wäre für das Elsass sicherlich eine ähnliche Situation daraus erwachsen, wie jene, welche es im vorigen Jahrhunderte vor Ausbruch der Revolution einnahm: die elsässer Fabrikanten wären in die Lage der schweizer Industriellen gekommen, denen man sich aber keineswegs für gewachsen hielt.

Bekanntermassen wurde aber im Präliminar-Frieden zu Versailles vom 26. Februar 1871 bereits die Abtretung des Elsasses und Deutsch-Lothringens an das Deutsche Reich ausgesprochen.

Doch war es den Bemühungen der Mülhäuser Handelskammer und einigen Industriellen[3] in Paris, Versailles und

[1] Rede Bismarcks vom 2. Mai 1871.

[2] Elsass-Lothringen. Seine Vergangenheit, seine Zukunft. 2. Aufl. Strassburg. Trübner 1877. p. 37.

[3] Für die folgende Darstellung: Notice historique et statistique sur le syndicat industriel du Haut-Rhin siégeant à Mulhouse, par M. Lazare Lautz. Mulhouse 1873.

Berlin gelungen, dass folgender Artikel in den Vertrag aufgenommen wurde:

Art. 5) „Die Interessen der Bewohner der von Frankreich abgetretenen Provinzen werden beim Abschlusse des definitiven Friedens in allem, was deren Handel und Privatrechte betrifft, so günstig als möglich geregelt werden. Zu diesem Ende wird ein Zeitraum fixiert werden, innerhalb dessen sie besondere Erleichterungen für ihren Waarenverkehr geniessen sollen".

Um dem zitierten Artikel eine möglichst ausgreifende praktische Verwirklichung zu sichern, konstituierte sich am 8. März 1871 zu Mülhausen aus dem Schoosse der Handelskammer die „Commission pour la défense des intérêts alsaciens".

Vier Delegierte begaben sich nach Paris um vor allem anderen die Abtretung Mülhausens und des umliegenden Baumwollindustriebezirkes zu hintertreiben. Im Falle, dass diese Wünsche keine Realisierung finden würden, lautete das Programm folgendermassen:

1) Alle Produkte französischen Ursprunges können aus dem Elsass nach Frankreich ohne Zoll zurückkehren.

2) Alle vor und während des Krieges geschlossenen Geschäfte können nach Massgabe der früher bestandenen Verhältnisse abgewickelt werden.

3) Die von Elsass-Lothringen erworbenen Erfindungspatente werden in Frankreich geschützt.

4) Es wird eine Übergangsperiode statuiert, während welcher noch elsässische Produkte, falls sie ihren Ursprung nachweisen, nach Frankreich und in die Kolonien ohne Zoll oder mit Zollermässigung zugelassen werden.

Die elsässische Delegation arbeitete für die französische Regierung ein Memorandum aus, welches die Mittel angab, die einen Missbrauch mit den geforderten Begünstigungen hintanhalten könnten.

Nachdem sie in Paris im Verkehre mit den Ministern, Jules Favre, Pouyer-Quertier, Lambrecht und Thiers zwar freundliche Aufnahme, aber keine bindenden Zusagen erreicht hatten, begaben sich die Delegierten auch nach Brüssel, um dort, wo die weiteren diplomatischen Verhandlungen gepflogen wurden, ihren Ansprüchen Beachtung zu verschaffen.

Noch standen die Elsässer in voller Verkehrsfreiheit mit Frankreich. Eben hatte man versucht, durch die Vermittelung der Schweizer Bahnen, da die französischen noch durch Militärtransporte in Anspruch genommen waren, einen Teil der Waarenvorräte nach Frankreich abzusetzen, als die Zolldirektion zu Bourg eine Verfügung traf, nach welcher, da das Elsass seit dem Präliminarfrieden ein integrierender Bestandteil des Deutschen Reiches geworden, auch für die elsässer Waaren der Generaltarif gelten sollte.

Die Angelegenheit fand in dem deutschen Reichstage ein Echo. Am 14. April 1871 brachten Graf Luxburg und Genossen eine Interpellation betreffend die handelspolitische Lage der Provinzen Elsass und Lothringen ein.[1] „Die Ausfuhr unterliegt schweren Zöllen und auf Grund der von der französischen Regierung an die Zollbehörden kürzlich ergangenen Weisungen teilweise völliger Prohibition. Die Ausfuhr aus Frankreich ist thatsächlich eine vollständig freie, da eine deutsche Zollgrenzbewachung gegen Frankreich noch nicht stattfindet. Aus der Schweiz gehen Waaren aller Art, sowol schweizerischen als sonstigen Ursprunges, zollfrei nach dem Elsass ein, da auch der Schweiz gegenüber eine Zollgrenzbewachung auf deutscher Seite noch nicht hergestellt ist. Elsass und Lothringen dienen somit dermalen als Entrepot für verschiedene aus fremden Zollgebieten kommende Waaren, welche bei der Einfuhr nach Deutschland zollpflichtig wären und jetzt zollfrei angesammelt werden, um nach Aufnahme der neu erworbenen Provinzen in den deutschen Zollverband zum Schaden der deutschen Industrie auf den deutschen Markt gebracht zu werden. Das Verfahren Frankreichs steht im Widerspruche mit Art. 5) des Präliminarfriedens“.

Staatsminister Delbrück konnte jedoch schon mitteilen, dass die französische Regierung bereits den freien Eingang

[1] Elsass-Lothringen im Reichstage von Dr. August Schricker. Strassburg 1873. p. 4.

der mit Ursprungszeugnissen versehenen elsässischen Waaren wieder gestattet habe.

Zur Regelung dieses Verkehres hatte sich in Mülhausen ein Ehrensyndikat am 14. April konstituiert, welches, mit der Ausstellung von Ursprungsattesten betraut, eine misbräuchliche Ausnutzung der dermaligen Lage hintanzuhalten sich bestrebte.

Unterdessen setzten die elsässischen Delegierten in Brüssel rastlos ihre Bemühungen, eine längere Übergangszeit mit Zollerleichterungen zu erringen, fort. Befreundete Abgeordnete sollten auch in der französischen Kammer Stimmung dafür machen. Allein die Erfolge waren ziemlich gering. Der Art. 9 des Frankfurter Friedens vom 10. Mai 1871 besagte, dass die Ausnahmestellung, welche den Industrieprodukten der abgetretenen Gebiete gegenwärtig zuerkannt worden, nur noch 6 Monate (vom 1. März 1871 an gerechnet) unter den mit den elsässischen Delegierten vereinbarten Bedingungen stattfinden solle.

Der angegebene Zeitraum wurde aber von den Elsässern als zu kurz angesehen, da die Transportverhältnisse noch sehr schwierig waren, und das zerrüttete Frankreich innerhalb jener Zeit noch nicht konsumtionsfähig genug erschien.

Man suchte daher durch eine lebhafte Agitation zu wirken, in welcher auch auf den Schaden, den Frankreich durch einen so jähen Abbruch der wirtschaftlichen Beziehungen erleiden würde, nachdrücklichst verwiesen wurde.

Eine Versammlung welche von den Interessenten in Strassburg am 10. Juli 1871 abgehalten worden, erklärte die Bestimmungen des Art. 9 für absolut unzulänglich.

In Paris, Versailles und Frankfurt wurden weiter eifrige Verhandlungen zwischen den beiderseitigen Regierungen und den elsässer Industriellen gepflogen, als deren Resultat die Zusatzkonvention zum Frankfurter Frieden vom 12. Oktober 1871 anzusehen ist.

In derselben wird für die mit Ursprungsattesten versehenen elsässischen Waaren noch bis 31. Dezember 1871 zollfreier Eingang, bis 31. Juni 1872 ein solcher zu einem

Viertel, bis 31. Dezember 1872 zur Hälfte des Zolles gestattet; doch soll die Menge der aus dem Elsasse eingeführten Produkte jene des Jahres 1869 nicht übersteigen.

Das Syndikat stellte deshalb eine Statistik der elsässischen Baumwollindustrie auf, welche für die durch obige Vorschrift notwendig gewordene Berechnung als Grundlage angenommen wurde.

Inzwischen waren die in der Interpellation Luxburg und Genossen hervorgehobenen Übelstände beseitigt worden. Vom 4. zum 5. Mai 1871 wurde die Grenzbewachung gegen die Schweiz aufgenommen.[1]

Schon am 20. Mai 1871 betonte Treitschke in seiner grossen Rede über die Stellung der neuerworbenen Gebiete die Notwendigkeit einer baldigen wirtschaftlichen Vereinigung derselben mit dem deutschen Zollvereine:

„Dann wünsche ich, dass in kürzester Frist, in einer Frist, die freilich nur die Verwaltung mit Sicherheit bestimmen kann, auch der deutsche Markt dem Elsasse geöffnet werde. Es ist dieses Land dank der bonapartistischen Verbildung nur allzu sehr daran gewöhnt, auf den materiellen Gewinn ein sehr hohes Gewicht zu legen. Es ist nur menschlich, dass wir es zunächst durch den materiellen Vorteil an uns binden müssen, denn erst auf diesem Grunde wird langsam die geistige Annäherung sich vollziehen".[2]

Wie ersichtlich, hat man sich in Deutschland zur Zeit der Annexion über den materialistischen Zug im Charakter der Elsässer nicht getäuscht, wenn es auch nach den Ergebnissen unserer früheren Kapitel als ebenso falsch erscheint, denselben „der bonapartistischen Verbildung" zur Last zu legen, wie sich die Hoffnung aller seit 1798 über Mülhausen ergangenen Regierungen, die dortigen Herren durch Gewährung materieller Vorteile dauernd an sich zu fesseln, als Irrtum gezeigt hat.

---

[1] Erster Verwaltungsbericht bei Schricker, Elsass-Lothringen v. d. Reichstage p. 113.

[2] Schricker l. c. p. 23.

Das Gesetz vom 17. Juli 1871 publizierte bereits den Vereinszolltarif, und vom 7. August 1871 trat der Zolldienst auch gegen Frankreich in's Leben.

Seit 1. Januar 1872 gehört Elsass-Lothringen dem deutschen Zollvereine an.

Aus den zuletzt angeführten Massregeln im Zusammenhange mit den Bestimmungen der Zusatzkonvention ergiebt sich, dass den elsässer Fabrikanten während des Jahres 1872 der französische Markt unter erleichternden Begünstigungen, der deutsche aber unbedingt zugänglich war. Letzterer wurde aber noch vernachlässigt. Der Absatz nach Deutschland soll nur 1,500,000 Fr. betragen haben.

Die deutsche Verwaltung kam den Interessen der Industriellen noch ferner dadurch entgegen, dass sie bis Ende 1872 auch die zollfreie Einfuhr von französischen Hilfsstoffen für die Baumwollindustrie, gleichfalls in dem Betrage der im Jahre 1869 aus Frankreich bezogenen, gestattete. Auch die französische Regierung verlängerte die Frist der zollfreien Einfuhr für Waaren, die, französischen Ursprunges, zur Veredelung nach dem Elsasse gesandt worden, für Gewebe bis 31. April, für Metallfabrikate bis 31. Juni 1873.

Der Wert der bis dahin durch Vermittelung des oberelsässer Syndikats nach Frankreich ausgeführten Waaren belief sich auf die ansehnliche Ziffer von 350,000,000 Fr.[1]

[1] Notice historique etc. p. 47.

II. KAPITEL.

KRISE UND ZOLLREFORM.

In der dem Reichstage vorgelegten zweiten Jahresübersicht über Gesetzgebung und Verwaltung in Elsass-Lothringen (1. April 1872 bis 31. März 1873) wird über die Verhältnisse des Handels und der Industrie berichtet: „Teils infolge der durch die Friedensverträge zugestandenen temporären Zollbegünstigungen, teils aber auch durch den allgemeinen Aufschwung der Industrie haben die gewerblichen Etablissements fast aller Branchen während des Jahres 1872 reichliche und vorteilhafte Beschäftigung gehabt. Nur die Baumwollweberei und ein Teil der Spinnerei hatte unter der Konkurrenz der im Veredelungsverkehre von Frankreich eingeführten Garne zu leiden".

„Die Optionsbewegung, verbunden mit starker Arbeiternachfrage in Frankreich, rief an manchen Orten Mangel an Arbeitern hervor".[1]

Das war die Sachlage, als die elsässer Baumwollindustrie am 1. Januar 1873 in eine der übrigen deutschen Baumwollindustrie der Hauptsache nach völlig gleiche Situation eintrat.

Deutschland befand sich in zollpolitischer Hinsicht unter einem ziemlich freihändlerischen Regimente. Garne jeder Nummer waren mit einem mässigen Satze von 12 Mk. pro 100 kg belastet.[2] Der der heimischen Produktion dadurch gewährte Schutz stellt sich sehr verschieden, je nach der

---

[1] bei Schricker l. c. p. 176.

[2] Vereinszolltarif im Gesetzblatt für Elsass-Lothringen 1872 p. 110.

Feinheit der Garne, welche man in Betracht zieht. Legen wir der Kalkulation die französische Nummerirungsweise zu Grunde (Nr. 1 = 1000 m zu 500 gr; Nr. 20 = 20000 m zu 500 gr etc.), so betrug der Schutz für die elsässer Garne

bei	Nr.	20 —	25 %	der	Fabrikationskosten[1]			
„	„	28 —	16 „	„	„	„	„	
„	„	34 —	8 „	„	„	„	„	
„	„	50 —	6 „	„	„	„	„	
„	„	80 —	3 „	„	„	„	„	
„	„	100 —	2 „	„	„	„	„	
„	„	150 —	1 „	„	„	„	„	
„	„	200 —	0,5 „	„	„	„	„	

Je feiner demnach das Garn, desto mehr verflüchtigte sich der Zollschutz.

Ähnlich verhielt es sich auch mit den Geweben. Für sie galten nur zwei Positionen; für grobe 60 Mk. pro 100 kg, für feine 96 Mk. pro 100 kg.

Der französische Tarif, den die elsässer Spinner und Weber in ihrer Majorität als einen freihändlerischen anfeindeten, war ebenfalls von einem Satze von 12 Mk. (15 Fr.) für Nr. 20 ausgegangen, stieg dann aber mit der zunehmenden Feinheit des Garnes bis auf 240 Mk. (300 Fr.) für Nr. 171 und darüber.

Während also der deutsche Tarif nur die gröberen Fabrikate schützte, dehnte der französische den Schutz bis auf die höchsten Feinheitsgrade aus. Die Folgen des Systems zeigten sich für Deutschland darin, dass seine Baumwollindustrie fast ausnahmslos sich nur der Erzeugung von gröberen Garnen widmete, während das Elsass der Sitz der französischen Feinspinnerei gewesen war.

Da die deutsche Halbseidenfabrikation, wie sie namentlich um Crefeld konzentriert ist, ferner die Möbelstoffindustrie, die Glauchauer und Meeraner Kleiderstoffweberei, die sächsische Strumpf- und Wirkwaarenfabrikation, die Türkischrotfärberei und Eisengarnfabrikation starke Kon-

[1] Ch. Grad, études statistiques sur l'industrie de l'Alsace. 1880. II. p. 156, 157.

sumenten für feinere Garne abgaben,[1] so hätte sich für die elsässische Feingarnspinnerei die Aufgabe ergeben, die genannten Konsumenten, die bislang ihren Bedarf aus England deckten, fürderhin zu versorgen.

Die altdeutsche Baumwollindustrie hatte den deutschen Bedarf bei weitem nicht befriedigt, indem im Jahre 1872 noch für 78606460 Mk. Garne und für 47066740 Mk. Baumwollgewebe[2] aus Grossbritannien eingeführt wurden. Es konnte somit, als die elsässer Baumwollindustrie zu einem Gliede der deutschen Volkswirtschaft wurde, von einer den Bedarf des deutschen Marktes übersteigenden deutschen Produktion nicht wol die Rede sein, sondern die Frage war vielmehr die, ob unter dem geltenden Zollsysteme es den elsässer Spinnern und Webern möglich sein würde, auf dem deutschen Markte an Stelle der Engländer zu treten.

Die elsässer Fabrikanten aber scheinen die Preise, welche den deutschen Konsumenten von den Engländern gewährt wurden, nicht lukrativ genug gefunden zu haben und wandten sich, ähnlich den deutschen Baumwollindustriellen, mehr der Fabrikation gröberer Garne und Gewebe zu. Dieser Umstand hatte nun allerdings eine partielle Übersetzung des deutschen Marktes für Garne niedriger Nummerirung zur Folge, welche bei der 1877 eintretenden Krise schwer ins Gewicht fiel.[3]

Wesentlich verschieden gestaltete sich die Lage der elsässer Druckerei. Wie aus den Erörterungen über die französische Zollpolitik vor 1870 (S. 114) erinnerlich sein wird, hatte gerade wenige Wochen vor dem Kriege die lebhafte Agitation der Spinner und Weber die Aufhebung der temporären Zulassungen erreicht.

Der Anschluss an den deutschen Zollverein ersetzte den Druckern das Verlorene in reichem Masse. Nicht nur, dass

[1] von Bötticher in der Sitzung des Reichstages vom 2. Juli 1879. Bei K. Grad, Die Baumwollzölle im Reichstage. Berlin 1879. p. 8.

[2] Reichs-Enquête für die Baumwoll- und Leinenindustrie. Statistische Ermittlungen. Heft IV. p. 8, 9.

[3] Grad, études etc. II. p. 159.

Gewebe aus England und der Schweiz frei eingehen konnten, wenn sie in bedrucktem Zustande wieder exportiert wurden, es gesellte sich zu diesen Vorteilen noch der durch die Zollverträge mit Österreich-Ungarn den Druckern gesicherte besondere Veredelungsverkehr. Demzufolge gehen in Österreich erzeugte Gewebe zum Bedrucken nach Deutschland zollfrei ein und können in bedrucktem Zustande nach Österreich wieder zollfrei zurückkehren.[1]

Insofern die Druckerei Exportindustrie gewesen, sah sie demnach ihre Lage sehr verbessert, da sie nun von allen zu Gunsten der Spinner und Weber von der französischen Gesetzgebung errichteten Schranken befreit war. Ihren früheren Markt in Frankreich verlor sie keineswegs völlig, da es den französischen Fabrikanten trotz aller Anstrengungen nicht möglich war, die Elsässer, die in feinen Kattunen den Pariser Platz beherrscht hatten, zu verdrängen.[2] Auch blieb es den Druckern fernerhin möglich, sich für den Absatz nach den überseeischen Ländern der Pariser Kommissionäre zu bedienen, da die französische Regierung für die in die Pariser Depots gebrachten Waaren erst den Zoll forderte,[3] wenn sie für Frankreich angekauft wurden. Mit Rücksicht auf den deutschen Markt, auf welchem mehr die billigeren Qualitäten beliebt waren, liessen die Drucker die Handdruckerei gegenüber der Maschinendruckerei zurücktreten.

Von der Krise von 1877 wurde die Druckerei insofern erfasst, als die Mode sich bedruckten Zeugen namentlich in Deutschland immer mehr abwandte. Man erinnere sich auch an das Aufkommen des sogenannten „altdeutschen" Styles bei Möbeln, welcher eine Verwertung reichbedruckter Stoffe, wie sie den Stolz Mülhausens bildeten, nahezu gänzlich ausschloss.

---

[1] Jahresbericht der Handelskammer zu Mülhausen im Elsass für 1877 p. 15, für 1880 p. 21.

[2] Die Zölle der Baumwollwaaren. Referate und Reden von Karl Grad. Berlin 1879. p. 2.

[3] Bulletin du Musée historique de Mulhouse. IX. p. 90.

Dass die Vorteile der Drucker hinsichtlich der erleichterten Versorgung mit Geweben von den elsässer Spinnern und Webern nachteilig empfunden wurden, ist natürlich. Ihr Bestreben war vor allem auf eine Änderung des Zollsystems gerichtet. Politische Parteileidenschaft spielte in der Agitation eine grosse Rolle. Weithin war die Meinung verbreitet, dass die Annexion den ökonomischen Ruin der elsässer Industrie verschuldet hätte. Hohe Schutzzölle sollten Rettung bringen. In den Ruf nach Änderung des Zolltarifes stimmten auch die deutschen Baumwollindustriellen ein, da sie sich der Konkurrenz, welche ihnen der Übergang der Elsässer von der Feinspinnerei zur Erzeugung von minder feinen Garnen bereitete, zu entledigen wünschten.

Die Reichsregierung bot gern die Hand zu Konzessionen auf ökonomischem Gebiete, in der Hoffnung die Elsässer dafür in politischer Beziehung zu gewinnen.

Am 1. Juni 1878 beschloss der Bundesrat, von Reichswegen eine Untersuchung über die gegenwärtige Lage der gesamten deutschen Baumwollindustrie, also der Spinnerei, Weberei und Druckerei zu veranstalten, „namentlich in Berücksichtigung der veränderten Sachlage, welche durch den Anschluss von Elsass-Lothringen an das deutsche Zollgebiet geschaffen worden ist."

Es war unumgänglich nötig, sich von der konkreten Lage, welche durch die wüste Agitation der politischen und ökonomischen Interessenten masslos entstellt worden war, eine genaue Vorstellung zu verschaffen, ehe man auf Massnahmen eingehen konnte, welche für einen grossen, wichtigen Teil der deutschen Industrie wesentliche Belastungen bedeuteten.

Aus den eingehenden Untersuchungen der Enquêtecommission, welche sich namentlich mit den Aussagen der elsässer Industriellen genau beschäftigte, ergeben sich ungefähr folgende sichere Punkte.[1]

Von einer durch die Annexion verschuldeten Krise konnte um so weniger die Rede sein, als in anderen Län-

[1] Reichs-Enquête über die Baumwoll- und Leinenindustrie 1878/79. Berlin. Bericht.

dern, wie Frankreich, Nordamerika und England, die Krise zum Teil noch heftiger eingetreten war. Es konnte die allgemeine Wirtschaftskrise in Deutschland also höchstens durch die Einbeziehung der elsässer Baumwollindustrie in den deutschen Zollverein einen akuteren Charakter gewonnen haben. [1]

Bei dieser Verschärfung, welche eben dem Umstande zuzuschreiben war, dass die Elsässer, anstatt mit den Engländern in hohen Garnnummern, lieber in niedrigeren mit den deutschen Fabrikanten konkurrierten, hatte aber die deutsche Baumwollindustrie weit mehr gelitten als die elsässische.

Im Elsass war die geringste Einschränkung in der Arbeitszeit vorgenommen worden; die Magazine der elsässer Spinner wiesen die geringsten unverkauften Vorräte auf. Einer von den deutschen Webern ausgehenden Anregung auf eine gemeinsame Einschränkung der Produktion waren die Elsässer allein ablehnend begegnet. Und in der That, vor der deutschen Baumwollindustrie hatte die elsässische eine weit grössere Konzentration und Kapitalkraft voraus. Viele grosse elsässische Fabrikanlagen älteren Datums arbeiteten mit bereits völlig amortisiertem Kapitale. [2]

Auch hinsichtlich der Löhne wies das Elsass die grösste Ökonomie auf. In der Erzeugung der gröberen Nummern, für welche auch das deutsche Zollsystem denselben Schutz wie das französische gewährte, befand man sich sogar noch in einer vorteilhafteren Lage als früher, indem sich der Bezug an Rohbaumwolle unter deutscher Herrschaft im ganzen um 30—33 % billiger stellte. [3] Für die deutsche Marine und die deutschen Häfen waren keine Begünstigungen vorhanden; der Einkauf und Transport der Rohbaumwolle war völlig in das Belieben der Interessenten gestellt. Auch hinsichtlich des Bezuges der deutschen Kohle, die schon in französischer Zeit 57 % des Gesamtkonsums ausmachte, genoss man nun den Vorteil, keinen

[1] l. c. p. 10.
[2] l. c. p. 21.
[3] l. c. p. 24.

Zoll (12 Centimes pro 100 kg) mehr entrichten zu müssen.[1]

Der Rückgang der Zahl der elsässer Spindeln war keineswegs bloss schlechtem Geschäftsgange zuzuschreiben, sondern 61 447 waren durch Feuer zerstört, 11 172 waren in Folge Auswanderung des Besitzers und nur 44 642 wegen der kritischen Lage der Industrie ausser Betrieb gesetzt worden. Diesen Rückgang kompensierten aber ansehnliche Vergrösserungen, die man in einzelnen Mülhäuser Etablissements vorgenommen hatte.[2] Auch vermochte der Rückgang der Spindelzahl kein zwingendes Argument zu liefern, da derselbe vielfach nur auf eine Ersetzung der zahlreichen Handmulespindeln durch eine geringere Zahl der weit leistungsfähigeren Selfacting-Mulespindeln sich gründete.

Inwieweit endlich der so oft und laut behauptete Rückgang in der Feinspinnerei der Wahrheit entsprach, liess sich nicht zur Evidenz aufklären, da mehrere Werke, die sich mit der Feinspinnerei beschäftigten,[3] die Beantwortung der Fragebogen abgelehnt hatten. Befanden sich thatsächlich einige elsässer Häuser in einer prekären Lage, so erklärte sich diese auch aus einer verfehlten Spekulation. Man hatte, um die günstigen Garnpreise zu halten, grosse Posten aufgekauft, für welche sich dann bei Ausbruch der Krise kein Absatz fand.

Auf Seite der Druckerei konstatierte die Enquête eine mit der bestehenden Zollpolitik durchaus zufriedene Stimmung.[4]

Obgleich nun, wie ersichtlich, viele gewichtige Ursachen der Krise keineswegs durch Schutzzölle behoben werden konnten, so glaubte doch die Reichsregierung dem Drängen der elsässer Industriellen nachgeben zu müssen und nahm für die anzubahnende Tarifreform das französische System der Staffelzölle an, welches durch höhere Sätze für höhere Nummern den ersehnten Schutz gewährte. Bis

---

[1] l. c. p. 27.
[2] l. c. p. 13.
[3] l. c. p. 19.
[4] l. c. p. 105—107.

Nr. 17 (engl.) wurde der früher allgemein geltende Satz von 12 Mk. pro 100 kg beibehalten, sodann aber für Nr. 17 bis 45 der Satz von 15 Mk., für Nr. 45—60 der von 24 Mk., von Nr. 60—79 der von 30 Mk., für jene über 79 der von 36 Mk. in die Kommissionsvorlage aufgenommen. Die genannten Positionen bezogen sich auf gemischtes und ungemischtes eindrähtiges rohes Baumwollgarn. Für zweidrähtiges Garn wurde unter Beibehaltung derselben Skala je 3 Mk. pro 100 kg, für ein- und zweidrähtiges gebleicht oder gefärbt je 12 Mk. mehr erhoben. In analoger Weise erfuhren die Zölle auf Gewebe eine Steigerung nach Massgabe ihres grösseren Wertes. Die Zollsätze begannen mit 80 Mk., sie stiegen auf 120, 200, 230 und 350 Mk. pro 100 kg; den früher geltenden Positionen von 60 Mk. und 96 Mk. gegenüber gewiss eine ansehnliche Erhöhung.[2]

Durch diesen Tarif hatte man einen Ausgleich zwischen den entgegengesetzten Interessen der deutschen Feingarnkonsumenten und der elsässer Feingarnproduzenten versucht. Letzteren sollte die Versorgung des deutschen Bedarfes erleichtert werden, während andererseits den Konsumenten immer noch die Möglichkeit erhalten blieb, masslosen Preissteigerungen auf Seiten der Produzenten durch Bezug aus England einen wirksamen Riegel vorzuschieben. Begreiflicherweise strebten die beiden Interessentengruppen bei den Verhandlungen im Plenum noch einige Vorteile auf ihre Seite zu ziehen.[3]

Der Standpunkt der elsässer Spinner und Weber fand in Karl Grad einen rastlosen Verteidiger, der freilich in seinem Feuereifer dem Boden der Thatsachen oft so weit entschwebte, dass es zweifelhaft bleiben muss, ob gerade die fragwürdige Beweiskraft seiner Argumente der von ihm vertretenen Sache grossen Nutzen brachte. Ihm sekundierte wol mehr aus esprit de corps, als aus innerer Überzeugung,

---

[1] l. c. p. 105—107

[2] Zolltarif und Waarenverzeichniss von Troje, Harburg a. d. Elbe. 1885 p. 2, 43, 44, 45.

[3] Sitzung des deutschen Reichstages vom 2. und 3. Juli 1879.

der uns als Freihändler und Mitglied des Cobdenklub bekannte Johannes Dollfuss; zwischen den Ausführungen beider Herren bestanden auch nicht unwesentliche Differenzen, die sich, abgesehen von der ketzerischen Vergangenheit des letzteren, wol darauf zurückführen lassen, dass Grad nur an die Spinner und Weber, Dollfuss aber auch an die Drucker dachte. Deshalb befürwortete er auch blos die Garnzölle und nicht jene auf das Gewebe, das Rohmaterial der Drucker. Grad behauptete, dass die englischen Baumwollindustriellen mindestens um 30 % vorteilhafter situiert wären, und verlangte eine dieser Angabe entsprechende Bemessung der Zölle; Dollfuss dagegen schätzte den britischen Vorsprung nur auf 7—8 %! Grad fand die Lage der Drucker noch ziemlich zufriedenstellend, da ihre schönen, hochfeinen, weltberühmten Artikel noch jetzt einen vorzüglichen Absatz im Auslande besässen. Dollfuss erklärte, dass die Kattundruckerei furchtbar seit der Annexion leide. Auch soziale Momente wurden in die Debatte gezogen. „Wir waren im Elsass immer bestrebt, die Wolfahrt unserer zahlreichen Arbeiterbevölkerung zu vermehren. Diese Wolfahrt existiert heute infolge der Arbeitslosigkeit nicht mehr. Wenn die Proteste gegen die Annexion aufhören sollen, wenn man die Liebe unserer Bevölkerung gewinnen will, darf man uns nicht ruinieren.“ Thatsächlich hatte nach den Ergebnissen der Enquête allenthalben eine Lohnsteigerung um circa 30 % stattgefunden!

In vorzüglicher Weise plaidierte Dr. Reichensperger (Crefeld) für die Interessen der Halbseidenfabrikation seines Wahlkreises, welche als wichtige 70 000 Arbeiter beschäftigende Exportindustrie vor jedem Nachteile bewahrt werden müsse. Für den Konsumentenstandpunkt sprachen auch Dr. Hammacher, Sonnemann und Löwe, (Berlin). Letztere mehr von allgemeinen freihändlerischen Gesichtspunkten ausgehend. Löwe kehrte sich vor allem gegen die Vermengung von Politik und Wirtschaftsgesetzgebung. „Es würde keiner deutschen Regierung eingefallen sein, die Baumwollzölle zu erhöhen, wenn nicht die aktuelle Regierung glaubte, den Elsässern auf wirtschaftlichem Gebiete eine Prämie bezahlen zu müssen für das, was sie ihnen in politischer Beziehung nicht gewähren will oder kann."

Die Majorität des Reichstages entschied sich für die bereits mitgeteilten Anträge der Kommission, deren Befürwortung mit vielem Geschick von Varnbüler und von Bötticher übernommen hatten. Die entgegenstehenden Anträge Löwe, Hammacher-Windhorst auf der einen und Grad-Dollfuss auf der andern Seite wurden abgelehnt.

Am 15. Juli 1879 wurde das Gesetz betreffend den neuen Zolltarif verkündet. Als sich die Gewässer der Agitation und Polemik verlaufen hatten, und die elsässer Industriellen ihre eingeheimsten Erfolge erwogen, waren sie immerhin froh, so viel erreicht zu haben, trotzdem ihre eigenen viel weiter ausgreifenden Anträge keine Unterstützung gefunden hatten. Als bald darauf der Statthalter Feldmarschall Manteuffel Mülhausen zum erstenmale besuchte, bezeichnete der Präsident der Handelskammer[1] das Reformwerk mit aller seiner Mässigung dennoch als ein heilsames. Ausserdem verlieh er auch dem gegenwärtigen zollpolitischen Programm der elsässer Baumwollindustriellen dahin Ausdruck, dass er einem Zollvereine mit Österreich-Ungarn das Wort redete, ein Bund, der sich zu einer kontinentalen Zollunion mit der Zeit erweitern sollte.

Diese Wünsche sind sehr leicht verständlich, wenn man bedenkt, dass die ober-elsässer Baumwollindustrie neben der schweizerischen zu den entwickeltsten des Kontinentes zählt und aus einer Beseitigung der französischen, österreichisch-ungarischen, russischen, italienischen, spanischen Zollschranken und gleichzeitig erfolgendem Abschlusse jener Gebiete gegen England und Amerika die unbedingtesten Vorteile zu ernten im Stande sein würde.

Ausser den zollpolitischen Verhältnissen, die wir hiemit erledigt haben, hatte auch der mangelhafte Musterschutz, welcher in Deutschland zur Zeit der Annexion be-

[1] Handelskammer zu Mülhausen im Elsass. Jahres-Bericht für 1879 p. 26.

stand, auf Seiten der Drucker die lebhaftesten Klagen hervorgerufen, da ihnen vielfach durch Nachahmungen der rheinischen Industriellen die Vorteile der von ihren kostspieligen Zeichnern neu erfundenen Muster geraubt wurden.

Schon im Jahre 1872 hatte die Mülhäuser Handelskammer an die Reichsregierung eine Eingabe, „betreffend die Notwendigkeit eines deutschen Reichsgesetzes über den Musterschutz" gerichtet, und später einen Preis für die Behandlung der einschlägigen Fragen ausgestellt. Das deutsche Musterschutzgesetz vom 1. Januar 1876 trug diesen Wünschen Rechnung.[1]

Im Übrigen zeichnet sich die Epoche der deutschen Herrschaft durch eine ausserordentliche Verbesserung des Kommunikationswesens aus. Im Interesse der von uns behandelten Industrie liegen namentlich die neu gebauten Linien der Reichseisenbahn: Colmar-Breisach, Mülhausen-Mülheim, St. Ludwig-Leopoldshöhe. Neben dem weitverzweigten Netz der Reichseisenbahnen bestehen noch schmalspurige Thal- sowie Strassenbahnen. In der That dürfte das Sekundärbahnnetz im Elsass als eines der vollkommensten in Europa bezeichnet werden. Namentlich haben die Strassenbahnen in Mülhausen, wo sie im Verein mit der von der Reichseisenbahnverwaltung gebauten Ringbahn die grössten Etablissements mit den Reichseisenbahnen verbinden, eine grosse Bedeutung gewonnen.[2]

Während die Baumwolle je nach der Platzkonjunktur von Havre oder Liverpool-London-Antwerpen per Bahn bezogen wird, zu Tarifen, die den hellen Neid der benachbarten Spinner in den französischen Vogesen erregen,[3] kommt die Kohle aus dem Saarbrücker Revier

---

[1] Handelskammer zu Mülhausen im Elsass. Jahresbericht für 1877. p. 1. — B. XLIII. p. 109—170.

[2] Handelskammer zu Mülhausen im Elsass. Bericht für 1881. p. 55.

[3] Havre-Mülhausen, früher pro Tonne 43,10 Fr.,
seit 10. März 1886 nur . . . . 33,55 „

Dagegen:

auf den Kanälen, für deren Nutzung die deutsche Regierung keine Gebühren erhebt.

Nachdem nun bereits ein Jahrzehnt verflossen ist, seitdem die Regierung die letzte eingehendere industriestatistische Aufnahme veranstaltete, wäre es in hohem Grade wünschenswert eine neue zu veranlassen, damit die stetigen Fostschritte, deren sich die elsässische Baumwollindustrie erfreut, zu einem ziffermässigen unwiderleglichen Ausdrucke gelangen.

Havre-Epinal	49,55	„
Antwerpen-Epinal	26,80	„
mit Entrepotzuschlag	56,80	„
Antwerpen-Mülhausen aber nur .	28,000	„

Petition von Spinnern aus dem Dep. des Vosges an die Kammer März 1886.

II.

DIE SOZIALE SEITE DER ENTWICKLUNG.

EINLEITUNG.

Den bisherigen Ausführungen lag geschriebenes oder gedrucktes Material zu Grund; die folgenden beruhen vorwiegend auf eigenen Eindrücken des Verfassers.

Bei Feststellung der Zustände in den Fabriken des Mülhäuser Bezirkes war von besonderem Nutzen die in der Vorrede erwähnte Enquête, welche nahezu alle grösseren Werke umfasste, d. h. mindestens 425 000 Spindeln, 4000 mechanische Webstühle, 30 Druckmaschinen und 9000 Arbeiter.

Da ich mir vor allem das Ziel gesteckt habe, dem Leser ein möglichst lebendiges und getreues Bild von den gegenwärtigen Zuständen zu entwerfen, werde ich in der Darstellung die Systematik wenigstens dort, wo sie dem angedeuteten Zwecke sich nachteilig erweisen könnte, zurücktreten lassen und in ungebundenerer Weise die Resultate meiner Beobachtungen und Erfahrungen übermitteln.

Indess zur Orientierung folgende Tabellen. Ein Vergleich derselben mit der unten im Kapitel VII ergiebt, dass von den in den Fabrikbetrieben des Ober-Elsass beschäftigten Arbeitern 86 % der Textilindustrie und 63 % der Baumwollindustrie, von der Gesamtzahl der in der Textilindustrie Beschäftigten aber 76 % der Baumwollindustrie angehören.

Anzahl, Alter und Geschlecht der in den Fabrikbetrieben des Ober-Elsasses beschäftigten Arbeiter (1. Dezember 1882).

A. nach Kreisen.

Kreise.	Zahl der Betriebe überhaupt.	Es beschäftigen davon jugendl. Arbeiter	Zahl der Arbeiter unter 16 Jahren.					Zahl der Arbeiter über 16 Jahren					Zahl der Arbeiter überhaupt.					Ortsanwesende Bevölkerung nach der Zählung vom 1. Dezember 1880.	Auf 1000 ortsanwesende Civilpersonen kommen Fabrikarbeiter.
			m.	w.	zus.	auf 100 jg. Arbeit. m.	auf 100 jg. Arbeit. w.	m.	w.	zus.	auf 100 erw. Arb. m.	auf 100 erw. Arb. w.	m.	w.	zus.	auf 100 Arbeiter. m.	auf 100 Arbeiter. w.		
Altkirch	7	6	99	106	205	48	52	813	501	1314	62	38	912	607	1519	60	40	53457	28
Colmar	50	36	439	528	967	45	55	3573	3609	7182	49	51	4012	4137	8149	49	51	80213	101
Gebweiler	49	41	617	711	1328	46	54	4105	3591	7696	53	47	4722	4302	9024	52	48	64919	139
Mülhausen	100	70	1296	1391	2687	48	52	11256	7587	18843	59	41	12552	8978	21530	58	42	135067	159
Rappoltsweiler	64	52	267	302	569	47	53	2800	2355	5155	54	46	3067	2657	5724	53	47	62990	91
Thann	96	76	776	970	1746	44	56	6710	5101	11811	57	43	7486	6071	13557	57	43	61026	222
Bezirk Ober-Elsass	366	281	3494	4008	7502	46	54	29257	22744	52001	57	44	32751	26752	59503	55	45	457672	130

Anzahl, Alter und Geschlecht der in den Fabrikbetrieben des Ober-Elsasses beschäftigten Arbeiter (1. Dezember 1882).

B. nach Industriegruppen.

Art des Betriebes.	Zahl der Betriebe.	Von diesen beschäftigen jug. Arbeiter.	Zahl der Arbeiter unter 16 Jahr.					Zahl der Arbeiter über 16 Jahre.					Zahl der Arbeiter überhaupt.				
			m.	w.	zus.	auf 100 jg. Arbeiter. m.	auf 100 jg. Arbeiter. w.	m.	w.	zus.	auf 100 erw. Arbeiter. m.	auf 100 erw. Arbeiter. w.	m.	w.	zus.	auf 100 Arbeiter. m.	auf 100 Arbeiter. w.
Spinnereien	64	62	1731	1281	3012	57	43	7728	6096	13824	56	44	9459	7377	16836	56	44
Webereien	121	100	496	1852	2348	21	79	6766	12255	19021	35	65	7262	14107	21369	34	66
Färbereien, Bleich. Druck. u. Appret.	46	37	469	384	853	55	45	5185	1588	6773	76	24	5654	1972	7626	74	26
Zwirnereien	8	6	39	117	156	25	75	90	181	271	33	67	129	298	427	30	70
Tuchfabriken	6	3	9	28	37	24	76	454	1138	1592	28	72	463	1166	1629	28	72
Seidenindustrie	13	11	125	201	326	38	62	196	893	1089	18	82	321	1094	1415	23	77
Textil - Industrie überhaupt	258	219	2869	3863	6732	42	58	20419	22151	42570	48	52	23288	26014	49302	47	53
Andere Industrien	108	62	625	145	770	81	19	8838	593	9431	93	7	9463	738	10201	93	7
Fabrikbetriebe im Ober-Elsass überhaupt	366	281	3494	4008	7502	46	54	29257	22744	52001	46	54	32751	26752	59503	55	45

Statistisches Handbuch für Elsass-Lothringen. Strassburg 1885. I. Jahrgang, p. 93. 94.

2. DIE LAGE DER ARBEITER IM OBER-ELSASS.

III. KAPITEL.

DIE ZUSTÄNDE IN MÜLHAUSEN.

Aus der kleinen Republik, die wir im ersten Buche kennen lernten, ist nun eine ansehnliche etwa 70 000 Einwohner zählende Stadt geworden, nach Strassburg die grösste im Reichslande. Sie zählt im ganzen 86 grössere Etablissements mit 23 000 Fabrikarbeitern. Neben der Baumwollindustrie ist nämlich auch im Laufe der Zeiten die Kammgarnspinnerei, die Tuchfabrikation, die chemische und Metallindustrie daselbst zu einer hohen Entwicklungsstufe gelangt. Das charakteristische Gepräge der Stadt bilden die 120 schlanken Schlote, deren Qualm Mülhausen an Werktagen in eine schwarze Wolke hüllt. Die Fabriken sind zum Teil wahre Riesenanlagen. Jene von Dollfuss-Mieg beschäftigen 2900, von Schlumberger Söhne 1460, Köchlin-Schwarz 846, Karl Mieg 869, Tournier & Glück 949 Arbeiter u. s. w. An der Spitze steht allerdings die elsässische Maschinenbaugesellschaft mit 3027 Arbeitern, die jedoch, in das Gebiet der Metallindustrie gehörig, ausserhalb des Rahmens unserer Erörterungen fallen.[1]

Betrachten wir die Zustände in diesen Fabriken.

---

[1] Beitrag zur Geschichte Mülhausens i. Els. und der Entwicklung seiner Industrie. Mülhausen 1886. p. 21, 22.

Meist wegen des billigeren Bodens und des leichteren Ringbahnanschlusses an der Peripherie der Stadt gelegen, sind die zu einer Anlage gehörigen Gebäudekomplexe von einer hohen Mauer umschlossen. Um die Bewachung zu vereinfachen dient dem Verkehre nur ein einziges grosses Thor. Hier hat der Pförtner seine Loge. Er verwehrt allen Unberufenen den Eintritt und beobachtet streng die Arbeiter beim Verlassen der Fabrik, damit nicht etwa Werkzeuge und andere Materialien veruntreut werden können. Oft besitzt er auch das Recht, Arbeiter, die ihm etwa verdächtig vorkommen, körperlich zu visitieren.

Bei neueren Fabrikanlagen werden die einfachen Parterrebauten, die sogenannten Shed-Anlagen gegenüber den in früheren Zeiten beliebten mehrstöckigen Bauten immer häufiger. Die Fenster der letzteren bestehen meist aus gewellten oder weissbestrichenen Glasscheiben, um die Arbeiter am Herausschauen, wodurch der Arbeitseifer leiden könnte, zu verhindern. Bei den Shed-Anlagen, die nur von oben Licht empfangen, fällt diese Eventualität weg.

Dank den Bemühungen der Unfallverhütungsgesellschaft sowie dem Unfallversicherungsgesetze sind heute in der Mehrzahl der Fabriken die Maschinen so aufgestellt, dass der Durchgang zwischen ihnen gefahrlos ist. Die gefahrdrohendsten Teile des Maschinensystems, die Zahnräder, die Transmissionen u. s. w. sind mit Schutzvorrichtungen versehen. Über diesen Punkt habe ich von Seiten der Arbeiter fast gar keine Klagen mehr vernommen. In Mülhausen wurde nur ein einziges Etablissement, das man auch noch in anderen Beziehungen einstimmig als das schlechteste der ganzen Gegend bezeichnete, wegen der Mangelhaftigkeit seiner Sicherheitsvorkehrungen und der zu engen Aufstellung der Maschinen hervorgehoben. Da überdies die Arbeiter in letzterer Fabrik sich veranlasst sehen, die Maschinen im Gange zu reinigen, so sind Unfälle dort ungewöhnlich häufig.

In einer andern Fabrik beschwerte man sich lebhaft darüber, dass die für die Reinigung der Maschinen gewährte Zeit nur eine Stunde betrage, während mindestens

3 Stunden erforderlich seien. Da nun einerseits das Putzen der im Gange befindlichen Maschinen mit strengen Strafen belegt ist, andererseits aber auch eine unvollkommene Reinhaltung der Maschinen die gleichen Folgen hat, so befindet sich der Arbeiter, wenn er heimlicher Weise doch die Maschinen im Gange reinigt, in beständiger Aufregung: er sieht sich öfters um, ob er noch unbeobachtet sei, und geht so leicht einem Unfalle entgegen. Allein solche Unzukömmlichkeiten wurden, wie bemerkt, nur ausnahmsweise berichtet. Vielfach aber ist der Abend des Samstags und eventuell der Sonntag Vormittag für das Putzen der Maschinen bestimmt.

Weit weniger günstig sind die Verhältnisse hinsichtlich der Temperatur und Ventilation. Besitzen auch die in den Spinnereien heute verwandten Maschinen bereits viele Vorrichtungen, welche die Verbreitung des Baumwollstaubes in der Arbeitsstätte hintanzuhalten streben, so ist trotzdem, selbst in den am besten eingerichteten Spinnereien, die Luft doch stark mit Baumwollfäserchen geschwängert, die auf Lunge und Magen einen schädlichen Einfluss auszuüben nicht verfehlen.[1] Trotzdem entbehren noch viele Fabriken besonderer Ventilationseinrichtungen gänzlich. In anderen sind sie zwar vorhanden, aber in mangelhaftem Zustande.[2]

Zur Beförderung des Spinnprozesses, für den eine warme feuchte Luft sehr vorteilhaft sein soll, wird auch Dampf in die Arbeitssäle gepumpt. Dieser Vorgang im Vereine mit den schlechten Ventilationseinrichtungen und dem Umstande, dass dem Eintritte der Sonnenstrahlen meist kein Vorhang

---

[1] A. f. ö. G. 2. Bd. p. 99, 100.

[2] l. c. p. 155. Nach den Berichten des Kreisarztes soll die hohe Sterblichkeit an Lungentuberkulose in Mülhausen (15 % der Gesamtsterblichkeit) lediglich durch die Spinnereiarbeiter bedingt werden. In anderen Bevölkerungskreisen ist diese Krankheit äusserst selten. Das Gleiche wird auch von Thann, Moosch, Rappoltsweiler, Urbeis, Markirch etc. berichtet. Vgl. Der Gesundheitszustand in Elsass-Lothringen im Jahre 1884 von Dr. Krieger. Strassburg 1886. p. 38, 53.

begegnet, hat im Sommer eine ganz enorme Steigerung der Temperatur zur Folge. Dieselbe soll in einer Fabrik selbst bis auf 45° C. gestiegen sein; 30—35° werden mehrfach angegeben.

In einer anderen Fabrik, wo die Arbeitsräume besonders feucht gehalten werden, und der Fussboden asphaltiert ist, erkranken die Arbeiter, nachdem sie einige Zeit dort arbeiten, häufig an Gicht und Rheumatismus, ja manche sollen schon ganz lahm geworden sein.

In den Druckereien sind es ausser vielen anderen Chemikalien die Anilinfarben, welche atembeklemmende Gase entwickeln, zumal beim Trocknen, wie denn überhaupt auch die Trockenkammern durch ihre enorme Hitze (50° C.) auf die in ihnen beschäftigten Arbeiter, deren Zahl glücklicherweise eine ziemlich geringe ist, gesundheitsschädlich einwirken müssen.

Zu der schlechten, überheitzten, feuchten, in Druckereien, Färbereien und Bleichereien auch von schädlichen Gasen erfüllten Luft gesellt sich noch der Lärm der Maschinen. In den mechanischen Webereien ist er durch das Auf- und Abschiessen des Schützen geradezu betäubend.

Es wird klar, dass schon der blosse Aufenthalt in der Fabrik, selbst wenn keine Arbeitsleistung hinzutreten würde, auf Körper und Geist nachteilige Einwirkungen ausübt.

Obwol in den offiziellen Berichten der Kreis- und Kantonalärzte[1] die gesundheitsschädlichen Einflüsse der Fabrikverhältnisse häufig scharf betont werden, obwol aus den genannten Kreisen der Ruf nach Einführung einer Fabrikinspektion, wie sie im übrigen Deutschland geübt wird, zu wiederholten Malen ergangen ist, immer noch bleibt die Regierung auf diesem Gebiete, welches ihre Aufmerksamkeit so sehr verdiente, absolut unthätig.

Inwieweit die in den Fabriken geforderte Arbeitsleistung an sich, indem sie ein beständiges Stehen und ununterbrochene geistige Aufmerksamkeit ver-

---

[1] A. f. ö. G. 2. Bd. p. 20—31; 4. Bd. p. 25, 27; 5. Bd. p. 124 bis 129; 7. Bd. p. 108—113; 9. Bd. p. 160.

langt, auf den menschlichen Organismus reagiert, wurde bereits im IV. Kapitel des zweiten Buches dargethan.

Nach den vorangeschickten Bemerkungen dürfte die entscheidende Bedeutung der Dauer der Arbeitszeit ohne weiteres einleuchten. Als wir die Entwicklung des Maschinenbetriebs schilderten, konstatierten wir zumeist eine 13 und 14stündige Dauer des effektiven Arbeitstages. Obwol nun seit jener Zeit die immer wachsende Schnelligkeit des Laufes der Maschinen auch deren Bedienung zu einer intensiveren Arbeit gestaltet hat, ist leider die Arbeitszeit nicht in einer der intensiveren Arbeitsleistung entsprechenden Weise verkürzt worden.

Die von mir eingeleitete Untersuchung ergab eine 12½-stündige effektive Arbeitszeit als Regel. Die Arbeit beginnt Morgens um ½6 und dauert bis Mittag. In dieser Zeit giebt es nur eine Pause von 8 Uhr bis 8 Uhr 10 Minuten, während welcher aber die Maschinen im Gange bleiben, so dass von einer eigentlichen Ruhe nicht gesprochen werden kann, vielmehr nur die Erlaubnis gegeben wird, in der genannten Zeitpause einen Imbiss einzunehmen.

Die Mittagspause dauert von 12 bis 1 Uhr. Von da an wird bis 7 Uhr Abends ohne Unterbrechung gearbeitet. Diese Einteilung kann für die überwiegende Mehrzahl der baumwollindustriellen Etablissements im Ober-Elsass als Regel gelten.

Von der Regel aber giebt es beachtenswerte Ausnahmen im guten wie im schlechten Sinne.

An Samstagen wird häufig die Arbeitszeit bis 10, ja bis Mitternacht verlängert. Dies findet namentlich in den Druckereien während der Wintersaison von Oktober bis April statt; des Sonntags wird bei gutem Geschäftsgange sogar die ganze Nacht hindurch gearbeitet und so die Sonntagsruhe durch gesteigerte Ermüdung paralysiert.

Überdies werden in solchen Fällen auch die Ruhepausen abgekürzt. Ein in grossem Ansehen stehendes

Etablissement bei Mülhausen beschränkt die Mittagspause dann selbst auf eine einzige Viertelstunde!

Die Druckereien haben im Ganzen die unregelmässigste Arbeitszeit, da hier auch wieder bedeutende Reduktionen bei flauen Zeiten vorkommen. Seltener geschieht das in den Spinnereien und Webereien. Letztere arbeiten hie und da etwas kürzer als die ersteren, nämlich nur 11½ Stunde.

Bei zahlreichen Bestellungen findet auch in vielen Spinnereien und Webereien eine Verlängerung der gewöhnlichen Arbeitszeit um 1—2 Stunden statt. Mehr noch als die dadurch herbeigeführte übermässige Anstrengung verdient der Umstand Beachtung, dass sodann viele Arbeiter und Arbeiterinnen wegen der zu weit vorgerückten Zeit den Heimweg nicht mehr antreten können, und der Arbeitssaal zur Schlafstätte eingerichtet wird.[1]

Eine regelmässige 11stündige Arbeitszeit existiert in Mülhausen und Umgebung meines Wissens nur in zwei Etablissements. In einem derselben währt auch die Mittagspause um eine Viertelstunde länger (D. M. & Co.)

Man hat auch hier die oft gemachte Erfahrung sich bestätigen sehen: die Arbeiter leisteten in 11 Stunden soviel wie ehedem in 12 Stunden.[2]

Regelmässige Nachtarbeit ist in Mülhausen nur vereinzelt zu finden. Sie schliesst sich dann natürlich eng an den Arbeitstag und währt von 7 Uhr Abends bis ½6 Uhr Morgens. Auch während der Nachtarbeit sind die Pausen karg genug bemessen. Sie variieren zwischen 15 und 45 Minuten um Mitternacht.

Wie aus den am Eingange mitgeteilten statistischen Orientierungstabellen hervorgeht, wird in den Fabriken eine grosse Zahl von Kindern zwischen 12 und 14 Jahren, von jungen Personen zwischen 14 und 16 Jahren sowie weiblichen Arbeitskräften verwendet.[3]

---

[1] La famille ouvrière en Alsace par l'Abbé H. Cetty. Rixheim 1883. p. 44.

[2] Ch. Grad, Études statist. etc. II. p. 356.

[3] In der Textilindustrie des Ober-Elsass: 12—14jährige 1626, 14—16jährige 4790; B. T. 1884 p. 39.

Mit Ausnahme der Kinder gilt für sämmtliche Arbeiter die gleiche Arbeitszeit. Junge Personen und Arbeiterinnen werden ebensogut zu Überzeit und Nachtarbeit herangezogen wie die Männer.

Die Kinder arbeiten gewöhnlich um 1—2 Stunden weniger, welche sie in der Fabrikschule verbringen.

Inwieweit die thatsächliche Arbeitszeit der Kinder und jugendlichen Personen mit den gesetzlichen in Elsass-Lothringen geltenden Bestimmungen im Widerspruche steht, und inwiefern die elsässer Verhältnisse darin von jenen des übrigen Deutschland abweichen, das wird später bei der Besprechung der sozialpolitischen Thätigkeit der deutschen Regierung noch einer genauen Untersuchung unterworfen werden.

Die strikte Einhaltung der festgesetzten Arbeitszeit wird durch ein System scharfer Geldstrafen gewährleistet. Auf eine Verspätung von 5 Minuten bestehen bereits Strafen von 12—40 Pf. In einigen Fabriken wird erst gestraft, wenn die Verspätung 15 oder 20 Minuten übersteigt, dann aber auch um so strenger, nämlich mit 60 Pf., einer Stunde Lohn, ja selbst einem halben Taglohn. Für unentschuldigtes Ausbleiben wird zumeist ausser dem Taglohn eine Strafe in dessen Betrage, in einigen Fabriken noch mehr, nämlich eine solche von 4 Mk. in Abzug gebracht.

Zufolge solcher Bestimmungen der Fabrikordnung sieht sich der Arbeiter, um nur unter jeder Bedingung rechtzeitig am Platze zu sein, natürlich gezwungen immer etwas früher, als eigentlich nötig wäre, in der Fabrik zu erscheinen.

Da viele Arbeiter bis zur Fabrik mehr als eine Stunde Weges haben, müssen sie schon vor 4 Uhr Morgens aufstehen, wenn sie rechtzeitig an der Arbeit sein wollen.

Ausser den eben besprochenen Strafen, die ein peinliches Einhalten der Arbeitszeit erzwingen, bestehen noch viele andere, welche den Arbeiter zu einer ununterbrochenen Aufmerksamkeit auf seine Arbeit anhalten sollen. In einer Fabrik begründet die Thatsache, dass zwei Arbeiter mit einander während der Arbeit sprechen, schon eine Strafe von 20—40 Pf.

Weit drückender als diese Ordnungsstrafen, welche der Arbeiter durch stramme Pünktlichkeit immer noch vermeiden kann, empfindet er aber die Strafen, die auf angeblich fehlerhafte Arbeit gesetzt sind. Durch sie soll namentlich der Akkordarbeiter verhindert werden, die Quantität der Arbeitsleistung auf Kosten ihrer Güte zu fördern. Allein in seiner Ausartung scheint das System den Charakter einer verschleierten Lohnreduktion zu besitzen. Von allen Seiten wird versichert, dass derartigen Strafen auch der beste und geschickteste Arbeiter nicht entgehen kann, da Fehler bestraft werden, deren Vermeidung überhaupt gar nicht im Bereiche seines Willens liegt. Nur zu oft sei die Mangelhaftigkeit des ihm gelieferten Rohmaterials oder die Unvollkommenheit einer Maschine die Ursache, und doch werde der Arbeiter verantwortlich gemacht. In manchen Fabriken bilde ein Lohnabzug von 4—5 Mark die Regel und zwar ohne dass dem Arbeiter über dessen Ursache eine genügende Aufklärung zu Teil werde. Verlange er eine solche, so gebe man ihm den Bescheid: „Wenn Sie glauben, dass es Ihnen anderswo besser geht, so können Sie gehen. Wir können Arbeiter haben, so viel wir wollen."

Über die Verwendung der Strafgelder behaupten die Arbeiter meist keine Ahnung zu besitzen.

Da in einer Fabrik erst vor kurzem ein Arbeiter, wegen ihm gemachter Abzüge in eine solche Verzweiflung und Wut geraten war, dass er dem Direktor einige Messerstiche in den Unterleib versetzte, sollen nun in einer anderen Fabrik, wo ebenfalls ein empörendes Strafen- und Abzugssystem herrscht, die Direktoren und Werkmeister nur mit Bleistöcken und Revolvern in die Fabrik gehen, um einem Arbeiter, der sich vergessen sollte, sofort entsprechend begegnen zu können.

Über die Behandlung, welche den Arbeitern von ihren Chefs, den Direktoren und Werkmeistern zu Teil wird, herrscht fast durchaus nur eine Stimme der tiefsten Verbitterung und Entrüstung.

Nicht nur, dass die im Interesse des Arbeitgebers abgefasste Fabrikordnung auf das rigoroseste gehandhabt und dem Arbeiter durch ein verfängliches Netz von harten Strafen auch jede Spur einer freien Bewegung geraubt werde, nicht nur, dass er sich die gröbsten Beschimpfungen ja selbst Thätlichkeiten gefallen lassen müsse, all' das werde noch übertroffen durch die Stellung, welche die Vorgesetzten den Arbeiterinnen gegenüber einzunehmen pflegten. Schon bevor der Verfasser Gelegenheit hatte mit den Arbeitern selbst zu verkehren, wurden ihm von vielen Seiten Andeutungen gemacht, wie viele der Fabrikarbeiterinnen im Ober-Elsass der Wollust ihrer Vorgesetzten zum Opfer fielen. Obschon so einigermassen vorbereitet, war er doch betroffen über die — nach den von ihm vernommenen Klagen der Arbeiter zu urteilen — nahezu allgemeine Verbreitung dieser schmachvollen Zustände. Nach jenen Klagen müssen schon jene Fabriken als günstig bezeichnet werden, in welchen die Attentate wenigstens nur von den Werkmeistern und Direktoren ausgehen, und beim Chef noch eine Klage darüber angebracht werden kann. Aber zuweilen sind es die Chefs selbst, welche die Sittlichkeit ihrer Arbeiterinnen zum Falle bringen, was ihnen bei ihren überwältigenden Machtmitteln gegenüber jenen hilflosen Geschöpfen freilich gar leicht wird. Ob ihre Opfer verheiratet oder unverheiratet sind, gilt den nach ihnen Lüsternen vollkommen gleich.

Eine Trennung der Geschlechter in den Arbeitsräumen findet nicht statt. Zuweilen sind auch die Retiraden gemeinschaftlich.

Da man so oft das herzliche Einvernehmen preisen hört, welches zwischen den Arbeitern und Arbeitgebern im Ober-Elsass bestehen soll, interessierte es mich natürlich zu erfahren, inwieweit es dem Arbeiter möglich ist, mit seinem Chef Fühlung zu gewinnen, insbesondere inwiefern er bei ihm seine Beschwerden und Klagen anbringen kann. Die Antworten lauteten wol, dass der Arbeiter meist bis zu seinem Chef vordringen könne, ohne dass dies aber je Erfolg hätte. In einigen Fabriken aber schliesse sich der Chef geradezu gegen jeden Verkehr mit den Arbeitern ab. Am merkwürdigsten war mir, dass gewisse als besonders human und arbeiterfreundlich angesehene Fabrikanten, wie Johann Dollfuss, August Dollfuss u. a. m. der Masse der Arbeiter völlig unbekannt waren.

So sind die Arbeiter in der Regel der Willkür der Beamten preisgegeben, die, um sich die Gunst ihres Herrn zu erwerben, dessen Vorteil rücksichtsloser verfolgen, als er es selbst thun würde; vielfach sind sie allerdings auch durch Tantièmenbesoldung interessiert.

Bei dem grossen Einflusse, welchen die Fabrikordnung auf die ganze Stellung des Arbeiters besitzt, bat ich auch meine Gewährsmänner, mir einige Exemplare mitzuteilen. Allein kein Arbeiter besass eine Fabrikordnung. Trotzdem setzt in derselben der Arbeitgeber die Arbeitsbedingungen fest; dass der Arbeiter hierauf ohne jede Einwirkung bleibt, ist zweifelsohne bedauerlich; nur sollte man erwarten, dass der Arbeiter wenigstens in die Lage versetzt würde, durch Einhändigung eines Exemplares der Fabrikordnung den, wenn auch einseitig festgestellten, Arbeitsvertrag genau kennen zu lernen. Das ist nicht der Fall. Die Fabrikordnung ist nur in den Arbeitsräumen angeschlagen, und da besitzt der Arbeiter wenig Musse, sie zu studieren. Er legt auch, wie wir sehen werden mit Recht, gar keinen Wert darauf. Er weiss, dass ihm die Fabrikordnung keine Spur von Berechtigung gewährt, dass ihre Bestimmungen, unklar und dehnbar, nur die Stellung des Arbeitgebers verstärken.

So heisst es in einer Fabrikordnung bezüglich der Strafen:

„Art. 13. Der Arbeiter, welcher eine Arbeit schlecht besorgt, oder fehlerhafte Arbeit abliefert, unterliegt einer Strafe im Verhältnis zu den Fehlern, welche diese darbieten wird“. Und weiter:

„Art. 17. Jeder Ungehorsam und jede Beleidigung eines Arbeiters seinen Vorgesetzten gegenüber wird, je nach der Wichtigkeit des Falles, bestraft, und kann (in besonderen Fällen) augenblickliche Entlassung zur Folge haben".

Über die Löhne bestimmt Art. 10: „Die Tarife der Akkordlöhne werden je nach den Umständen festgesetzt und in den Werkstätten angeschlagen. Jeder Arbeiter ist gehalten, sich denselben zu unterwerfen".

Es ist charakteristisch für die Macht der über Mülhausen verbreiteten Legende, dass selbst Schmoller,[1] welcher jene in Mülhausen typischen Artikel mitteilt, durch sie nicht etwa in seiner günstigen Meinung über die Haltung der elsässer Industriellen gegenüber ihren Arbeitern erschüttert wird, sondern vielmehr ausruft: „Wenn das am grünen Holze geschieht, was soll man dann vom dürren (wahrscheinlich den übrigen deutschen Fabrikanten) erwarten!" Wenn es unseren Untersuchungen gelingen sollte, die Berechtigung der Prämisse vom „grünen Holze" in Frage zu stellen, so dürfte andererseits die Konsequenz, die vermutete gradatio ad peius, ausfallen. Ein immerhin erfreuliches Resultat. Denn wohin sollten wir gelangen, wenn man auch bei folgender Mülhäuser Einrichtung die oben von Schmoller befürchtete Steigerung im übrigen Deutschland annehmen müsste: Auf der Mülhäuser Börse existiert nämlich eine Tafel. Auf derselben sind die Namen aller jener Arbeiter verzeichnet, die, gleichviel aus welchem Grunde, das Missfallen ihrer Arbeitgeber erregt haben. Sorgfältig werden die Namen von jedem Fabrikanten notiert und kein dermassen proskribierter Arbeiter findet je wieder Arbeit.

Nachdem wir all' das Ungemach vorüberziehen liessen, welches der Fabrikarbeiter über sich ergehen lassen muss, wird es Zeit zu berichten, welch' ökonomisches Entgelt ihm dafür zu Teil wird.

Am leichtesten lassen sich die Lohnverhältnisse einer Branche überblicken, wenn man einmal an dem fundamentalen Unterschiede der Akkord- und Taglöhnung festhält

[1] Schriften des Vereins für Sozialpolitik. Über die Bestrafung des Arbeitsvertragsbruches. VII. p. 85 fg.

und ferner noch innerhalb dieser Grenzen einzelne Arbeiterkategorien nach Geschlecht und Alter statuiert.

Zunächst die Löhne in den Spinnereien. Die Akkordlöhnung überwiegt entschieden.

Männliche Arbeiter:

Erwachsene Spinner .	2,70	Mk.	bis 4,00	Mk.
in der Regel	3,60	"		
Ansetzer	1,80	"	" 2,00	"
Karderiearbeiter . . .	"	"	" "	"
zwischen 14—16 Jahren	1,40	"	" 1,50	"
zwischen 12—14 Jahren	0,40	"	" 1,20	"

Weibliche Arbeiter:

Erwachsene	1,70	Mk.	bis 2,00	Mk.
zwischen 14—16 Jahren	1,00	"	" 1,20	"
zwischen 12—14 Jahren	0,30	"	" 1,00	"

In Betreff der niedrigsten Sätze von 0,30 und 0,40 Mk., welche die Kinder erhalten, sei bemerkt, dass der angegebene Verdienst nur etwa durch die ersten 3 oder 4 Monate vom Eintritte an währt. Dann steigt der Lohn, je nach der Eignung des betreffenden Kindes, ziemlich rasch zu der als Maximum bezeichneten Höhe.

Die Taglöhne sind durchaus um $^1/_4$ niedriger als die Akkordlöhne.

In den Webereien bilden, wie in der statistischen Orientierungstafel zu ersehen, die weiblichen Arbeiskräfte nahezu $^3/_4$ der Gesamtzahl.

Durchaus männliche Arbeiter sind die Schlichter mit 3,30 Mk. pro Tag im Akkord; die zahlreichste Kategorie bilden die eigentlichen Weberinnen, welche, gleichfalls im Akkord, 1,20 bis 2,00 Mk. selbst 2,40 Mk. erhalten. Die Unterschiede entspringen aus dem Umstande, ob ein Webermädchen 1, 2 oder 3 Stühle zugleich beaufsichtigen kann.

Die übrigen Hilfsarbeiterinnen verdienen 1,60 bis 1,70 Mk.

Die jugendlichen Alterskategorien stehen denen in den Spinnereien gleich.

Die Taglöhnung tritt auch in den Webereien völlig zurück.

Bei Nachtarbeit wird ungefähr das Gleiche verdient, wie durch Tagarbeit, d. h. also die Nachtarbeit wird insofern besser entlohnt, als man bei ihr, obwol sie in der Regel zwei Stunden kürzer währt als die Tagesarbeit, doch auf denselben Satz gelangt.

In den Druckereien ist die Taglöhnung wieder in weiterem Umfange vorhanden. Hier verdienen die erwachsenen männlichen Arbeiter, die „Drucker“ 2,70 bis 5,30 Mk. pro Tag. Die Höhe richtet sich nach der Anzahl der Farben, mit welchen die Maschine druckt. Die erwachsenen männlichen Hilfsarbeiter (auch jene in Färbereien, Bleichereien und Appreturen) verdienen 1,80 bis 2,00 Mk., die weiblichen 1,00 bis 1,80 Mk.; jugendliche Personen beiderlei Geschlechtes 1,00 bis 1,15 Mk.

Bei der Nachtarbeit werden 3¹/₈ Stunden so bezahlt wie 4¹/₈ Stunden Tagarbeit.

Die Akkordlöhnung ist unter den Arbeitern wenig beliebt. Auch sie ermöglicht es nicht, zu einem ausreichenden Verdienst zu gelangen. Wird durch intensivere Arbeitsleistung ein überdurchschnittlicher Satz erreicht, so werden die Tarife entsprechend herabgesetzt. Das behaupten wenigstens die Arbeiter.

Die angegebenen Lohnsätze bilden diejenigen, welche in durchaus normalen Zeiten bezahlt werden. Es kommen je nach dem Geschäftsgange Schwankungen nach aufwärts und abwärts vor.

Schwankungen nach abwärts ergeben sich, wenn in flauen Zeiten die Arbeitszeit reduziert wird, oder wenn bei gleicher Arbeitszeit die Stücke, nach welchen man den Akkordlohn bemisst, unter Beibehaltung der alten Tarife verlängert werden, was in Webereien vorkommt, oder wenn die Löhne direkt eine Herabsetzung erfahren.

Erklären dann die Arbeiter, nicht auskommen zu können, so verlängert man unter Aufrechterhaltung der ursprünglichen Löhne ab und zu die Arbeitszeit, so dass zwar nicht die absolute, wol aber die relative Höhe des Verdienstes sinkt.

Weit seltener sind die für den Arbeiter günstigen Konjunkturen. Eine solche entstand in den ersten Zeiten nach dem Krieg, als viele französische Arbeiter ausgewandert waren und auch viele elsässische sich nach dem Departement des Vosges gezogen hatten, in welchem zahlreiche neue Etablissements ins Leben gerufen wurden, um den Ausfall in der Baumwollindustrie, welche Frankreich durch den Verlust des Elsasses erlitten, wiederum zu decken.

Gegenwärtig scheinen die Lohnsätze zu stagnieren oder gar zurückzuschreiten.

Von den Arbeitern wurde ihre ungünstige Stellung im Lohnkampfe zumeist auf die noch immer nicht abgeschlossene Verdrängung der Handarbeit durch die Maschinenarbeit zurückgeführt. Ist dieser Prozess jetzt auch von ganz unvergleichlich geringerer Tragweite als ehedem, so dehnt sich doch auch die Produktion in weit geringfügigeren Dimensionen aus. Das Resultat ist im günstigsten Falle eine stationäre Höhe der Nachfrage, welche durch die natürliche Volksvermehrung aber überholt wird, sodass namentlich in Mülhausen der industriellen Reservearmee eine für die Gestaltung des Arbeitsverhältnisses massgebende Bedeutung zukommt. Die Antwort, welche dem Arbeiter auf seine Reklamationen über Löhne, Strafen und drgl. mehr zu Teil zu werden pflegt: „Wenn es Ihnen nicht gefällt, so können Sie gehen, ich kann Arbeiter haben, so viel ich will, die damit zufrieden sind“, ist in den konkreten Zuständen leider völlig begründet.

Besonders drückend wird von den in Mülhausen sesshaften Arbeitern das von den umliegenden ländlichen Kantonen ausgehende Arbeitsangebot empfunden.

Noch zählen die Arbeiter nach Tausenden, welche aus dem Umkreis von 1 — 2 Stunden nach Mülhausen in die Fabriken kommen. Infolge der Arbeiterzüge senden selbst Ensisheim, Rixheim und Habsheim Arbeiter in die Stadt. Diese vom Lande kommenden, an eine niedrigere Lebenshaltung gewöhnten, sich aber auch im heimischen Dorfe niedrigerer Lebensmittelpreise erfreuenden Leute sind stets mit allem zufrieden und werden deshalb von den Direktoren den heimischen Arbeitern vorgezogen. Letztere rächen sich dafür, indem sie ihre zuwandernden Konkurrenten mit dem Spitznamen „Spatzen" bezeichnen, ein Ausdruck, der wol auf deren geringere Ansprüche hinsichtlich der Lebenshaltung abzielt. Wir kommen später auf diese in mannigfacher Beziehung höchst bedauerliche Arbeiterkategorie noch zurück.

Durch Organisation auf die Bedingungen des Arbeitsvertrages einzuwirken ist den elsässer Arbeitern gesetzlich verboten, da im Reichslande noch das alte französische Gesetz vom 14. bis 27. Juni 1791 gilt. Dasselbe hindert jede Einigung auf berufsgenossenschaftlicher Basis. In Frankreich ist es 1884 beseitigt worden, während in Altdeutschland die Gewerbeordnung das Recht der Organisation gewährleistet.

Da bekanntermassen namentlich die Arbeiten in der Baumwollindustrie eine sehr unbedeutende Qualifikation auf Seiten der Arbeiter verlangen, so fehlt auch nach dieser Richtung den Arbeitern jede Stütze, mittelst welcher sie auf die Höhe der Löhne und eine Verbesserung ihrer Stellung Einfluss nehmen könnten.

Bis zu einem gewissen Grade war es in früheren Zeiten bei den Handdruckern der Fall, welche als gelernte qualifizierte Arbeiter über jene der Spinnereien und Webereien weit emporragten und die Elite der Mülhäuser Textilarbeiterschaft darstellten. Zur Zeit der Annexion betrug ihre Zahl noch etwa 600. „Sie waren nicht so eingesperrt wie jene auf den Spinnereien, arbeiteten 11 Stunden, litten keine Strafe, wenn sie zu spät kamen, und verdienten einen durchschnittlichen Lohn von 2,80 Mk. bis 3,60 Mk. pro Tag. In den letzten Zeiten aber hatten sie die Hälfte des Jahres keine Arbeit mehr und mussten zu Hause bleiben. Wer eben konnte, suchte sich eine andere Arbeit. Heute giebt es deren nur noch etwa 50."

So berichtete mir wenigstens ein ehemaliger Drucker.

Der Rückgang der Handdruckerei hängt mit dem Wechsel der Mode zusammen. Die reichen, grossen Möbelmuster, für welche sie noch im Gebrauche stand, werden immer seltener gesucht.

In die rechte Beleuchtung rücken die ganzen Lohnverhältnisse, um auf unseren Ausgangspunkt wieder zurückzukommen, erst dann, wenn man sie mit dem Bedarfe des Arbeiters in Zusammenhang bringt.

Aus Mülhäuser Arbeiterkreisen gieng mir folgendes Budget zu, welches den Bedarf einer Familie aus Mann, Frau und drei noch nicht arbeitsfähigen Kindern bestehend darstellt:

A. Bedarf für Nahrung.

pro Tag; a) am Morgen:			
1½ Liter Milch .	0,27 Mk.		
Kaffee und Zucker	0,12 „		
780 gr Brod . .	0,20 „		
	0,59 Mk.	0,59 Mk.	
b) am Mittag:			
500 gr Fleisch . .	0,56 „		
Mehl, Gemüse und Zuthaten . . .	0,40 „		
780 gr Brot. . .	0,20 „		
	1,16 Mk.	1,16 „	
c) am Abend:			
für Milch, Kaffee, Zucker und Brot wie am Morgen	0,59 Mk.		
dazu für Kartoffeln mit Speck . .	0,20 „		
	0,79 Mk.	0,79 „	
Summa des Tagesbedarfes		2,54 Mk.	
pro Jahr			927,10 Mk.
zu übertragen			927,10 Mk.

Übertrag 927,10 Mk.

B. Bedarf für Kleidung.

pro Jahr; a) der Mann .	100,00 Mk.	
b) die Frau .	80,00 „	
c) 3 Kinder .	150.00 „	
für die Familie	330,00 Mk.	
für Haus- u. Bettwäsche, sowie Reinigung der gesamten Wäsche	30,00 Mk.	
Summa des Gesamtbedarfes		360,00 Mk.

C. Diverses.

pro Jahr: für Heizung und Beleuchtung . .	50,00 „
zur Krankenkasse	23,00 „
Steuern und Schulgeld	40,00 „
für Getränke, Tabak und unvorhergesehene Ausgaben . .	60.00 „
für Wohnung (2 Zimmer) . . .	160.00 „
Summe des Jahreserfordernisses	1620.10 Mk.

Unsere oben mitgeteilten Lohnsätze lassen sich etwa dahin resumieren, dass ein qualifizierter männlicher Arbeiter pro Jahr 1050 Mk., ein gewöhnlicher Hilfsarbeiter 750 Mk., ein erwachsener weiblicher Arbeiter 600 Mk., männliche jugendliche Personen 420 Mk., weibliche jugendliche Personen 360 Mk. und Kinder 300 Mk. verdienen. Die Rechnung stellt sich noch etwas zu günstig dar, da auf Zeiten von Arbeitslosigkeit, auf Abzüge wegen Fehler etc. keine Rücksicht genommen wurde.

Gleichwol ergiebt sich auf den ersten Blick, dass auch die am besten bezahlten Mülhäuser Fabrikarbeiter von ihrem Lohne allein ihre Familie nicht in der Weise erhalten können, welche nach den unter den Mülhäuser Arbeitern verbreiteten Begriffen noch für erträglich gelten könnte. Danach ist obiges Budget aufgestellt worden, gegenüber welchem das Jahreseinkommen selbst der günstigst situierten Arbeiter ein Defizit von 600 Mk. aufweist.

Wie wird nun das Defizit ausgeglichen?

Aus den einzelnen Posten des Budgets wird jeder die Überzeugung gewinnen, dass bei seiner Aufstellung nur an die einfachste, billigste Art der Bedürfnisbefriedigung gedacht wurde. Todesfälle, Krankheiten der Kinder, eine Belastung des Budgets durch die Erhaltung der Eltern und ähnliche Umstände sind noch gar nicht dabei in Betracht gezogen worden, obwol sie die Arbeiterfamilien natürlich ebenso gut, ja noch häufiger treffen als die im Wolstand lebenden Bevölkerungskreise.

Für die Deckung des Defizits giebt es naturgemäss nur drei Auswege. Einmal kann das Einkommen noch durch die Arbeit der Frau und eventuell der Kinder auf die erforderliche Höhe gehoben werden; sodann sind Zuschüsse von Seiten der öffentlichen Armenunterstützung oder Privatwolthätigkeit in Erwägung zu ziehen; oder es muss, sofern sich keine Deckung auf die angegebene Weise erreichen lässt, — da illoyale Deckungsmethoden in Mülhausen nur selten vorkommen, — der Bedarf auf den Betrag des Lohnes zurückgedrängt werden. Letzterer Fall ist der häufigste, wie aus unseren Darlegungen über die thatsächliche Befriedigung des Nahrungs-, Kleidungs- und Wohnungsbedürfnisses hervorgehen wird. Zu einem ziffernmässigen Ausdrucke wird er noch in den sozialstatistischen Untersuchungen gelangen.

Wenden wir uns zunächst zu der in erster Reihe angedeuteten Lösung. Die Frau arbeitet gleich ihrem Manne in der Fabrik. Sie verdient dann, wenn wir die Zeit der Arbeitsunfähigkeit in den letzten Wochen der Schwangerschaft und nach der Entbindung keine Beachtung schenken, höchstens 600 Mk. Dadurch werden die gesamten Einnahmen der Familie in der That auf jene Summe gesteigert, welche nach unserem Budget eine erträgliche Lebensfristung erfordert. Nur stimmt dann leider unser Budget nicht. Ist die Frau von Morgens ½6 bis Abends 7 Uhr vom Hause abwesend, so ist sie weder im Stande das Mittagmahl zu bereiten, noch die Wartung der Kinder selbst zu übernehmen, sie muss an Nahrung und Kleidung höhere

Ansprüche stellen, sie muss für die Besorgung der Wäsche und übrigen Kleidung vielfach auf fremde Hilfe sich verlassen, kurz, es wird dann noch eine Person benötigt, welche sie einigermassen vertritt, und das erhöht wieder den Bedarf.

In Mülhausen hat man durch Errichtung von zahlreichen Kinderasylen, in denen die noch nicht schulpflichtigen Kleinen vom dritten Lebensjahre an aufgenommen werden, die üblen Folgen zu mildern gesucht, welche die Abwesenheit der Mutter in physischer und moralischer Hinsicht nach sich zu ziehen pflegt. Allein abgesehen davon, dass die erwähnten Anstalten keineswegs ausreichen, dass sie ferner auch die Kinder weder so zeitig am Morgen aufnehmen, noch so lange am Abend behalten, als die Arbeit der Mutter dauert, kann man sich über sie schon deshalb keiner rückhaltlosen Freude hingeben, als sie doch andererseits wieder die Frauenarbeit erleichtern, also den Ursachen eines Übels, dessen Folgen sie bekämpfen, indirekt Vorschub leisten.

Dazu tritt auch noch der Umstand, dass die Kinderasyle für die schulpflichtigen Kinder keine Wirksamkeit entfalten, denen eine strenge Überwachung in der schulfreien Zeit besonders von nöten wäre. So kann man sich nicht wundern, wenn man in den Arbeitervierteln Mülhausens Knaben in einem unbeschreiblichen Zustande der Verwahrlosung herumlungern sieht. Kopfbedeckung und Fussbekleidung sind ein unbekannter Luxus; dagegen sind sie leidenschaftliche Raucher. Ich bemerkte 10—11jährige Knaben, — die Schultaschen mit dem Wappen Mülhausens charakterisierten sie als Armenschüler — mit der Cigarrette im Munde den Heimweg aus der Schule antreten.

Doch es hiesse Wasser in den Rhein tragen, wollten wir uns mit der das Familienleben zersetzenden Wirkung der Frauenarbeit noch länger aufhalten. Jeder einsichtsvolle Mensch kann darüber nur eine Meinung hegen.

Hingegen können wir es uns nicht versagen, an der Hand einiger sozialstatistischer Daten die physiologischen Folgen der Fabrikarbeit bei Frauen nachzuweisen.

Der verderbliche Einfluss der Fabrik auf den weiblichen Organismus tritt vornehmlich in der Anzahl der Totgeburten scharf zu Tage. Die folgende Tabelle bietet über diese Verhältnisse eine Übersicht. Die Kantone der ersten Hälfte mit 3% bis 4% Totgeburten sind durchaus von einer Landwirtschaft treibenden Bevölkerung bewohnt, während die zweite Hälfte mit den erschreckend hohen Ziffern von hochindustriellen Gebieten gebildet wird. Insbesondere fallen die Ziffern der Stadt Mülhausen schwer ins Gewicht, weil dort eine grosse Zahl geschickter Hebammen vorhanden, und somit die Hilfeleistung bei der Entbindung eine bedeutend bessere ist, als in den abgelegenen Industriedörfern des Amarinthales.

Totgeburten nach St. M. 6. Heft p. 58, 59 u. A. f. ö. G. 6. Bd. p. 94.

1872—74 incl.			1875—1879 incl.		
Kreis	Kanton	auf 1000 Geburten Totgeburten	Kreis	Kanton	auf 1000 Geburten Totgeburten
Altkirch	Hirsingen	24	Altkirch	Hirsingen	31
Colmar	Neu-Breisach	37	Gebweiler	Sulz	34
"	Andolsheim	38	Mülhausen	Landser	35
Gebweiler	Sulz	39	"	Habsheim	36
"	Ensisheim	39	Colmar	Neu-Breisach	40
Mülhausen	Landser	40	Gebweiler	Rufach	40
"	Habsheim	41	Altkirch	Altkirch	41
"	Hüningen	41	"	Pfirt	42
Altkirch	Dammerkirch	43	"	Dammerkirch	43
Thann	Massmünster	45	Rappoltsweiler	Kaysersberg	43
Altkirch	Pfirt	45	Colmar	Andolsheim	45
Gebweiler	Rufach	46	"	Winzenheim	45
Colmar	Winzenheim	46	Thann	Thann	47
Rappoltsweiler	Rappoltsweiler	51	Mülhausen	Hüningen	48
Altkirch	Altkirch	54	Gebweiler	Ensisheim	49
Thann	Thann	56	Thann	Massmünster	50
Gebweiler	Gebweiler	56	"	Sennheim	52
Rappoltsweiler	Kaysersberg	57	Colmar	Colmar	54
Colmar	Colmar	58	Gebweiler	Gebweiler	55
Thann	St. Amarin	64	Rappoltsweiler	Rappoltsweiler	57
"	Sennheim	64	Mülhausen	Mülhausen	58
Rappoltsweiler	Markirch	67	Rappoltsweiler	Markirch	66
Mülhausen	Mülhausen	69	Colmar	Münster	67
Rappoltsweiler	Schnierlach	72	Thann	St. Amarin	67
Colmar	Münster	74	Rappoltsweiler	Schnierlach	81

Die Bedeutung der unehelichen Geburten, welche glücklicherweise ziemlich selten sind, für die Totgeburten erweist folgende Tabelle (nach St. M. 4. Heft p. 98, 99; 6. Heft p. 2—5; 9. Heft p. 2—5):

1872—1876 inkl.

Kreis	Auf 1000 Geborene entfallen				Es entfallen an Totgeburten auf	
	Lebend	Tot	Ehelich	Un-ehelich	1000 eheliche Geburten	1000 un-eheliche Geburten
	Geborene					
Altkirch . . .	956	44	947	53	43	62
Colmar . . .	945	55	906	94	51	67
Gebweiler . .	953	47	954	46	46	81
Mülhausen . .	943	57	905	95	55	88
Rappoltsweiler	937	63	932	68	62	86
Thann . . .	943	57	950	50	56	85

Obgleich die voranstehende Tabelle nur die Zahlen für die ganzen Kreise bietet, so zeigt sich, selbst nach Ausscheidung der unehelichen Geburten, immer noch eine höhere Totgeburtenziffer der industriellen Kreise. Über die Höhe der Totgeburtenziffern in der letzten Zeit gewährt die folgende Tabelle noch einen Überblick (Vergl. Dr. Krieger, Der Gesundheitszustand in Elsass-Lothringen, Strassburg 1886. p. 2 und oben p. 295):

Kreise	Auf 1000 Geborene entfallen Totgeborene		Auf 1000 Civilpersonen kommen Fabrikarbeiter
	1884	1878—1882	
Altkirch	34	36	28
Colmar	48	46	101
Gebweiler	54	42	139
Mülhausen	46	51	159
Rappoltsweiler	49	50	91[1]
Thann	51	51	222

[1] Die zahlreiche hausindustrielle Bevölkerung des Kreises ist in dieser Zahl selbstredend nicht inbegriffen.

In zweiter Linie kommt die Sterblichkeit der Kinder im ersten Lebensjahre in Erwägung.

Es ist ein Verdienst des bekannten Johann Dollfuss,[1] nachdrücklichst auf die hohe Sterblichkeit der Kinder von Fabrikarbeiterinnen aufmerksam gemacht und eine Abhilfe versucht zu haben. Anfangs der 60er Jahre soll die Sterblichkeit von Arbeiterkindern in Mülhausen 38—40 % der Lebendgeborenen betragen haben. Diese traurigen Zustände wurden vornehmlich dadurch erklärt, dass die Mütter einige Tage nach der Entbindung schon wieder in der Fabrik arbeiten mussten, da sie von den Krankenkassen keine Unterstützung erhielten. So waren sie nicht im Stande, die Säuglinge recht zu pflegen, ja nicht einmal sie genügend zu stillen. Dollfuss, als Chef des Hauses Dollfuss-Mieg, traf vom 1. November 1862 an die Bestimmung, dass in seiner Fabrik beschäftigte Wöchnerinnen durch 6 Wochen den vollen Lohn ausbezahlt erhalten sollten, falls sie sich in dieser Zeit nur dem Haushalte und der Pflege des Kindes widmen würden. Sofort sank die Sterblichkeit der von Fabrikarbeiterinnen des Etablissements geborenen Kinder auf 24—28 %.

Es kam späterhin ein Wöchnerinnenverein zu Stande, von welchem Arbeiterinnen gegen einen Beitrag (von 15 Centimes pro 14 Tage) nach ihrer Niederkunft 54 Fr. an Unterstützung erhalten, doch nur unter der Bedingung, dass sie erst nach Ablauf von 6 Wochen wieder die Fabrikarbeit aufnehmen. Nachdem neuerdings auch das Krankenkassengesetz den Wöchnerinnen durch 3 Wochen Unterstützung gewährt, so können Arbeiterinnen, welche überdies noch Mitglieder des Wöchnerinnenvereins sind, nunmehr gut durch 6 Wochen ihren Mutterpflichten nachkommen. Im Ganzen zeigen die folgenden Tabellen ein leises Herabgehen der Sterblichkeitsziffern.

Um das Phänomen der Kindersterblichkeit genau zu erfassen, wurde auch die Unterscheidung nach ehelicher und unehelicher Geburt berücksichtigt.

---

[1] B. XXXIV. p. 449—451.

Deutlich treten die günstigen Zustände des ackerbautreibenden Kreises Altkirch hervor. Die hohen Ziffern des Kreises Mülhausen verdienen um so mehr Beachtung, als sie doch durch die zu diesem Kreise gehörigen ländlichen Kantone Landser und Habsheim schon bedeutend gemildert sind.

Kreis	Es starben in den Jahren 1873—76 im ersten Lebensjahre von		Von 1000 Lebendgeborenen starben im 1. Lebensjahre			
	1000 ehelich lebend Geborenen	1000 unehelich lebend Geborenen	1873/76	1878/82	1883	1884
Altkirch . . .	176	270	189	191	208	184
Colmar . . .	176	251	234	225	213	221
Gebweiler . .	215	400	245	229	222	219
Mülhausen . .	227	324	250	247	227	241
Rappoltsweiler	204	397	190	236	223	223
Thann . . .	192	378	214	215	198	216

(Nach St. M. 6. Heft p. 2—5; 9. Heft p. 2—5; und Krieger, Gesundheitszustand in Elsass-Lothringen 1886 p. 2.)

Für die Stadt Mülhausen allein gab C. Hack, Statistische Mitteilungen über die Stadt Mülhausen, Mülhausen 1873 p. 47 folgende Ziffern, welche zum Teil das Maximum der überhaupt bekannten Kindersterblichkeit erreichen:

Mülhausen:	1863	1864	1865	1866	1867	1868	1869	1870	1871	1872	1873
Von 1000 lebend Geborenen starben im 1. Lebensjahre . .	325	324	321	274	336	372	302	402	482	312	271
Von 1000 Geburten waren unehelich	229	237	212	193	185	176	193	190	190	155	153
Auf 1000 Geburten entfielen Totgeburten .	85	67	80	66	78	72	68	71	81	69	83

Ein anderer, namentlich vor der Annexion viel gebrauchter Ausweg, das Einkommen zur Höhe des Bedarfes zu erheben, bestand darin, die Kinder im zartesten Alter bereits in die Fabrik zu schicken. Gegenwärtig ist durch das deutsche Unterrichtsgesetz wenigstens eine Beschäftigung von Kindern unter 12 Jahren unstatthaft geworden. Gegen die früheren Zustände ein ansehnlicher Fortschritt.

Wie aus dem Budget ersichtlich, wurde auch für die ideale Befriedigung des Nahrungsbedürfnisses die einfachste Kost angegeben. Des Morgens Milch-Kaffee, Mittags ein klein wenig Fleisch, sodann Kartoffeln oder anderes Gemüse, des Abends wieder Milch-Kaffee, wozu sich noch Kartoffeln gesellen. Brod spielt bei allen Mahlzeiten eine grosse Rolle.

Qualitativ lässt sich an diesem Speisezettel wenig mehr ändern. Es kann höchstens noch das Pfund Rindfleisch, übrigens von der geringsten Sorte, welches für das Mittagsmahl in Ansatz gebracht worden, abgestrichen und durch Pferdefleisch, Wurst, etwas Speck, oder aber durch Brod und Kartoffeln ersetzt werden. Das Abendessen muss ebenso wie das Frühstück qualitativ unverändert bleiben. Eine Minderung des Postens kann daher nur hinsichtlich der Menge erfolgen.

Und allerdings giebt es ein sehr billiges Mittel, um über die Qualen des Hungers und jene, welche schwerverdauliche Nahrung bereitet, hinwegzutäuschen: den Branntwein. Zu den vielen Klagen, welche die Elsässer über die deutsche Annexion erheben, gehört auch der Jammer über die um sich greifende Branntweinpest. Man weist auf die Thatsache, dass zur Zeit der Annexion auf den Kopf der Einwohnerschaft Mülhausens nur 1 Liter, heute (1885) dagegen 5 Liter Alkohol entfallen,[1] und erklärt dieses Phaenomen einseitig mit der durch den Import des norddeutschen Branntweines erfolgten Verbilligung des fraglichen Getränkes. Andererseits betont man auch die wegen des Weinzolles

[1] B. XLVIII p. 687–721. cf. auch A. f. ö. G. 5 Bd. p. 69–72; p. 125, und Beitrag zur Geschichte Mülhausens im Elsass und der Entwicklung seiner Industrie. Mülhausen 1886. p. 26.

gegen Frankreich stattgefundene Erhöhung der Weinpreise.

Nun ist es zunächst thöricht, das Steigen des Preises der billigen Weinsorten mit dem Weinzoll in Verbindung zu bringen, da der elsässer Arbeiter auch vor dessen Erhöhung gewiss keine ausländischen Weine getrunken hat. Die Preiserhöhung des elsässer Landweins aber hängt mit dem grösseren Absatz an altdeutsche Kunden zusammen, der ihm in Folge der Annexion geworden ist. Indess ganz abgesehen hievon ist zu erinnern, dass selbst der Landwein auch ehedem nicht zu den regelmässigen Getränken des gewöhnlichen Fabrikarbeiters gehörte, dass dagegen seit der deutschen Herrschaft der Konsum von Bier sich beträchtlich vergrössert hat.

Ferner ist darauf aufmerksam zu machen, dass eingehende Untersuchungen nachgewiesen haben, dass die Zunahme des Branntweingenusses ein Korrelat trauriger Lohn- respektive Ernährungsverhältnisse bildet.[1] Wäre der Mülhäuser Arbeiter in der Lage, sich Bier zu kaufen, oder eine Kost zu wählen, welche der alkoholischen Reizmittel weniger bedürfte als Brod und Kartoffeln, er würde sicherlich nicht zur Branntweinflasche greifen. Diese Erklärung wird noch bestätigt durch die Thatsache, dass der Branntweingenuss keineswegs in Mülhausen, wo ja noch die relativ besten Löhne gezahlt werden, sondern unter den Arbeitern einiger Vogesenthäler mit ihren Hungerlöhnen die verheerendsten Wirkungen ausübt. Dort hat der Alkoholismus bereits die Kinder erfasst. Ein Glas Branntwein gehört auch für sie bereits so gut zum Frühstück wie früher der Kaffee.[2]

Von den im Budget angegebenen Bestandteilen des Frühstückes wird ein Teil in einer Blechflasche mit in die Fabrik genommen und gegen 8 Uhr verzehrt. Der in Mülhausen wohnhafte verheiratete Arbeiter geht Mittags in der Regel heim. Für ledige Personen giebt es Pensionen, und

[1] Singer, Untersuchungen über die sozialen Zustände in den Fabrikbezirken des nordöstlichen Böhmen. Leipzig 1885. p. 165—166.

[2] Mitteilung des Herrn Abbé H. Cetty.

in der Cité auch ein besonderes von J. Dollfuss errichtetes Arbeiterrestaurant, in dem 80—100 Personen zu essen pflegen, und wo für etwa 40 Pfennige schon ein leidliches Mittagessen zu erhalten ist. Den Arbeitern aus der näheren Umgebung wird in der Regel das Essen von ihrer Frau oder den Kindern nach der Fabrik gebracht. Sofern dort kein Raum vorhanden ist, wo dasselbe eingenommen werden könnte, wird eben auf der Strasse irgend ein stilles Plätzchen dazu gesucht. Wer Mittags Mülhausen durchwandert, wird das namentlich hinter dem Museum, unter den stolzen Hallen der Börse, auf den Bänken in der Sinnenstrasse und an anderen Orten mehr beobachten können.

Es bleiben uns noch die aus stundenweiter Ferne kommenden Arbeiter übrig. Diese bringen sich sowol Frühstück wie Mittagessen in grösseren Blechkrügen in die Fabrik mit. In mehreren Fabriken sind Fabrikküchen vorhanden, in welchen das mitgebrachte Essen warm gestellt werden kann. In einigen wenigen ist eine besondere Frau angestellt, welche den Arbeitern die mitgebrachten Viktualien kocht. In der Küche wird dann meist auch gegessen. Durchaus vereinzelt stehen die Einrichtungen besonderer Fabrikspeisesäle und Fabrikrestaurants. Sofern in der gedachten Weise nicht vorgesehen ist, begnügt sich der auswärtige, meist den geringer bezahlten Kategorien angehörige Arbeiter Mittags oft auch mit einem kalten Essen, — Brod, ein Stückchen Wurst oder Käse — und hält die Hauptmahlzeit erst, nachdem er Abends heimgekehrt.

Arbeiter, die so weit von Mülhausen wohnen, etwa in Altkirch, dass sie unmöglich jeden Tag heimkehren können, verschaffen sich eine Schlafstelle und bleiben während der Woche in der Stadt. Dahin werden ihnen alle zwei, drei Tage von ihren Angehörigen die nötigen Lebensmittel gebracht.

Untersuchen wir, wie sich der Bezug der Viktualien bei den Mülhäuser Fabrikarbeitern stellt, so ergiebt sich das betrübende Resultat, dass sie an die kleinen Epiciers, welche fast alle Bedarfsartikel führen, tief verschuldet und somit ganz von ihnen abhängig sind. Alles wird auf ein

Buch geholt, am Zahltage wird etwas abgezahlt, immer aber bleibt eine Schuld von 35—40 Mk. stehen. Das Abhängigkeitsverhältnis hat zur Folge, dass der Arbeiter an Güte, Gewicht, Mass und Preis der gekauften Artikel keine allzu strengen Ansprüche stellen darf; muss er ja froh sein, wenn ihm überhaupt etwas auf Borg gegeben wird. Viel mögen zu diesen Missständen die im Elsasse noch üblichen langen Zahlungsfristen von zwei, ja nicht selten vier Wochen, beitragen. Tritt der Arbeiter in das Arbeitsverhältnis ein, so muss er also seinem Arbeitgeber eine zwei- bis vierwöchentliche Arbeitsleistung vorschiessen. Meist besitzlos, ist er dazu ausser Stande, wenn es ihm nicht gelingt, selbst Vorschüsse zu erhalten. So ergiebt sich gleich vom Beginne ein Schuldverhältnis, das er nur schwer sich wieder vom Halse schafft. Dazu kommt noch eine andere Erwägung. Wie die meisten Arbeiter einmal sind, ist eine genaue Voraussicht ihrer Bedürfnisse und eine strenge Einteilung des erhaltenen Lohnes auf dieselben nicht ihre Sache. Ist der Verdienst auch noch so gering, nach 14 Tagen, am Zahltage, beträgt er doch ein Goldstück. Mit diesem in der Tasche, eine Woche voll harter Arbeit hinter sich, einen freien Tag vor sich, zieht er in die Schenke, um durch einige Stunden sein trübes Schicksal zu vergessen. Kaum bleibt ihm noch so viel übrig, seine Gläubiger so weit zu befriedigen, dass sie ihm den Kredit nicht versagen.

Um eine Reform in der Ausgabewirtschaft zu erreichen, haben sich in den letzten Jahren in Mülhausen sowol als in der Umgebung mehrere Konsumvereine gebildet, deren Geschäftsergebnisse sich äusserst befriedigend gestalteten. Einige zählen bis zu 200 Mitgliedern, die freilich meist dem Arbeiterstande der Handwerker angehören, und geben eine 12—17%ige Verzinsung der Einlage. Letztere beträgt 40 Mk. und hierin liegt der Grund, warum von Seiten der Fabrikarbeiter den Konsumvereinen nur eine schwache Beteiligung entgegengebracht wird. Die Einlage übersteigt eben ihre pekuniären Kräfte.

Bei Erörterungen über die Kleidung ist die Scheidung zwischen Arbeitskleidung, Werktagskleidung und Sonntagskleidung im Auge zu behalten. Der Unterschied wird mit grosser Zähigkeit festgehalten.

Naturgemäss sind die Arbeitsgewänder die einfachsten. Sie bestehen bei beiden Geschlechtern in der Regel aus ganz blauen, weiss und blau gestreiften oder karrierten Baumwollzeugen. Für die Männer ist der hemdartige Kittel, die Blouse, charakteristisch. Die Fussbekleidung bilden Holzschuhe oder Holzpantoffel.

Die beschriebene Kleidung gilt aber eben nur für die Arbeit in der Fabrik und vor dem Verlassen derselben wird sie abgelegt, beziehungsweise bei den weiblichen Personen eine andere übergezogen.

Die Werktagskleidung für die Strasse besteht heute bei den Männern vorwiegend aus Wollstoffen, wenn gleich ordinären. Ab und zu werden wol auch schwarze oder braune Baumwollsammte gewählt. An Stelle der Holzschuhe treten Lederstiefel. Zur Kopfbedeckung dient eine Ballonmütze. Die weiblichen Personen ziehen über ihre Baumwollblouse ein in der Regel graufarbenes einfaches Jäckchen und binden eine saubere, grosse, blaue Schürze vor. Auch sie tragen jetzt Lederschuhe. Eine besondere Kopfbedeckung besitzen sie bei guter Jahreszeit nicht. Bei schlechtem Wetter sucht man sich allenfalls durch ein Umhängetuch, das mit über den Kopf gezogen wird, zu schützen.

Überröcke bei Männern, und Überjacken bei den Frauenzimmern gelten als Luxusartikel und werden nur Sonntags getragen, und zwar selbst dann noch, wenn die Temperatur sie längst schon entbehrlich erscheinen lässt.

Im übrigen unterscheidet sich beim Manne die Sonntagskleidung meist nur insofern von der Wochentagskleidung, als sie die letztere in einem noch minder abgetragenen Zustande aufweist. Höchstens noch, dass anstatt des bunten Hemdes ein weisses, an Stelle der Mütze ein Filzhut tritt.

Grösser ist der Unterschied bei dem anderen Geschlechte. Da besitzt das Kleid eine lebhaftere Farbe, sogar etwas Aufputz; den Hals schmückt ein Band oder eine

Kravatte. Den Sonntagsstaat vollendet der runde Hut. Im grossen und ganzen bietet der Sonntagsanzug der Frauenzimmer aber keinen erfreulichen Anblick. Aus einem Bazar fertig gekauft, einer vergangenen Modeperiode entstammend, sitzt er schlecht und ruft gerade durch den Kontrast, der zwischen der objektiven Erscheinung und der beabsichtigten besteht, eine peinliche Empfindung wach.

Fügen wir, um das Bild zu vervollständigen, noch einige Bemerkungen über das Aussehen der Fabrikbevölkerung im Allgemeinen hinzu, so muss gleich von vornherein darauf verwiesen werden, dass von den lebhaften gesunden Gesichtsfarben, welche die elsässische Landbevölkerung auszeichnen, von deren kräftigem, oft herkulischem Körperbau, ihrem Embonpoint u. s. w. bei den Fabrikarbeitern in Stadt und Land nichts zu entdecken ist. Ein bleicher krankhafter Teint, eine eingefallene Brust, magere Extremitäten finden sich schon bei jungen Männern.

Nur zu häufig sind noch die entsetzlichen Verkrümmungen der Beine und Plattfüsse, die Folgen der langen Fabrikarbeit, zu beobachten. Die physische Entartung der Fabrikbevölkerung gewinnt einen sprechenden, ziffernmässigen Ausdruck in den Resultaten des Ersatzgeschäftes, welche die nachstehende Tabelle vorführt.

Resultate der Musterung und Aushebung (nach B. T. 1877—1884).

Kreis.	Gesamtheit der			Auf 1000 Stellungen entfielen	
	Stellungen	Aushebungen incl. Freiwillige	Ausmusterungen	Aushebungen incl. Freiwillige	Ausmusterungen
Altkirch	7726	1778	771	230	100
Colmar	11360	2460	1379	216	121
Gebweiler	10048	2131	1265	212	126
Mülhausen	18866	3913	2372	207	128
Rappoltsweiler	8970	1815	1224	206	136
Thann	9858	1654	1294	168	131

In ganz Elsass-Lothringen wurden während der Jahre 1877—1883 von 1000, welche zur Stellung kamen, incl. der Freiwilligen ausgehoben: 225, ausgemustert: 126. Vgl. Stat. Handb. f. Els.-Lothr. 1885. p. 188.

Die Unterschiede zwischen dem ländlichen Kreise Altkirch, in dem auf 1000 Civilpersonen 28 Fabrikarbeiter treffen, und dem Kreise Thann, wo deren 222 auf die gleiche Zahl Civilpersonen entfallen, springen sofort in die Augen.

Die Berichte der Kreis- und Kantonalärzte strotzen von Klagen über die Degeneration der Fabrikbevölkerung. Nicht nur, dass Skrophulose und Phtisis allgemein unter ihr verbreitet sind, dass diese Leiden geradezu die „Geisel der Fabrikbevölkerung" genannt werden, auch die kontagiösen Krankheiten wie Typhus, Scharlach, Masern, Keuchhusten, Diphteritis richten unter ihr die grössten Verheerungen an. Die Kreis- und Kantonalärzte des Ober-Elsasses verdienen wegen ihrer unerschrockenen und unermüdlichen Darlegung dieser traurigen Verhältnisse die vollste Anerkennung.

Während bei den jungen Burschen die Spuren des Lasters den Gesammteindruck zuweilen noch tiefer herabstimmen, sind es bei den älteren Männern Kummer, Sorge, Not und Entbehrungen, welche das Antlitz durchfurchen.

Weitaus am besten sehen die Fabrikmädchen aus. Sie sind durchwegs mit einer peinlichen Sauberkeit gekleidet. Eine ausnehmende Sorgfalt wird auf die Frisur verwendet. Ein kokett aufgestülptes Häubchen schützt sie während der Arbeit vor den herumfliegenden Baumwollfasern.

Es wäre durchaus unrichtig, die Mädchen sich als hässliche, nach Öl duftende, zerlumpte Geschöpfe vorzustellen. Bei denen, deren Familien schon längere Zeit dem städtischen Fabrikarbeiterstande angehören, machen sich wol Zeichen der allgemeinen physischen Entartung bemerkbar. Nicht so aber bei solchen, die noch ihre Jugend in der frischen Landluft verlebt haben, deren Eltern noch hinter dem Pfluge geschritten sind. Ihnen hat die Fabrikluft noch keine krankhafte Blässe, sondern nur einen zarten Teint verliehen, ihre körperliche Entwicklung ist noch nicht entartet, sondern hat sich nur in schlankeren, zierlicheren Formen vollzogen.

Freilich kann man in ihren Gesichtern leicht schon die Züge entdecken, welche durch Entbehrungen und Leiden accentuiert, ihre Reize bald entschwinden lassen werden. Die Fabrikarbeit und das Wochenbett sorgen dafür.

Einen bedauernswürdigen Anblick gewähren die Kinder. Ihre gelb-grün-gräuliche Gesichtsfarbe, ihr ungeordnetes Haar, in dem die kleinen schwarzen Finger sich unheimlich viel zu schaffen machen, die abgewaschene, über und über geflickte, oft auch nicht geflickte und schmutzige Baumwollgewandung wären schon hinreichend, einen mitleiderregenden Eindruck zu bedingen. Schlimmer als all' das erscheint aber die geistige Verwahrlosung, in die sie durch den Mangel jeder Aufsicht geraten. So springen sie stumpf in dem Staube und Schmutz der Strassen herum. Das Kleinste liegt im Korbwagen und wird von einem Schwesterchen besorgt, das selbst erst vielleicht seit einem Jahre ordentlich laufen gelernt hat. In den vorwiegend von Arbeitern bewohnten Strassen wimmelt es von Kindern. Als ich das Waisenhaus besuchte, war ich erstaunt, wie vorteilhaft die hier untergebrachten elternlosen Geschöpfe in ihrem ganzen körperlichen und geistigen Aussehen sich von der Mehrzahl jener unterschied, deren Eltern zwar noch leben, aber nicht für ihre Kinder, sondern für die Fabrik.

Auch bietet Mülhausen seiner Arbeiterbevölkerung nur wenig Gelegenheit, um die durch die Monotonie langdauernder Arbeitsstunden in der Fabrik herbeigeführte Abspannung der Körperkraft durch gesunde körperliche Übungen und Spiele im Freien wieder wettzumachen. Mülhausen besitzt nur eine einzige öffentliche Anlage, den sogenannten „Tannwald". Wegen seiner grossen Entfernung (3—4 Km) von den Arbeitervierteln kommt der Arbeiter selten dahin. Höchstens am Sonntag Nachmittag sieht man die Bewohner der Proletarierstadt durch das Villenquartier des Rebberges zu ihm hinan pilgern. Halbreife Bursche mit ihrem „Schätzle", Ehepaare, bei welchen man den Mann lieber für den Sohn als den Gatten seiner Begleiterin ansehen möchte; er ein Kind auf dem Arme, sie eins unter dem Herzen, ein anderes im Korbwagen, so ziehen sie aus, sich einmal menschlich zu fühlen und ihr Elend für einige Stunden zu vergessen.

IV. KAPITEL.

DIE WIRKLICHEN ARBEITERWOHNUNGSVERHÄLTNISSE MÜLHAUSENS.

Wenn ich während des Zeitraumes, in dem ich dem Studium der ober-elsässischen Industrie und ihrer Arbeiterverhältnisse oblag, Freunden und Bekannten aus den gewonnenen Ergebnissen Mitteilung machte, stiess ich ganz regelmässig auf das grösste Befremden. Im Gegensatze zu den Arbeiterverhältnissen anderer Industriedistrikte hielt man besonders die Mülhäuser für ganz ideale. Aus dem Munde von Hoch- und Niederstehenden wurden die Mülhäuser Arbeitgeber als die grossen Bürger gepriesen, die es verstanden, durch weise Wolfahrtseinrichtungen einen sozialen Gegensatz zwischen Arbeitgeber und Arbeiter nicht zum Ausdrucke gelangen zu lassen. Und forscht man etwas näher nach der Begründung der vorteilhaften Meinung, so stösst man alsbald auf den Weltruhm der Mülhäuser Cités ouvrières, einer „Neuerung, welche eine Glanzepoche in der Geschichte der arbeitenden Klassen und der Humanität im Allgemeinen bildet, welche die Nachwelt höher stellen wird, als die Siege, die die Alexander und Napoleone aller Zeiten erfochten haben".[2]

Und doch giebt es kaum irgend eine Fabrikstadt, in

[2] Oesterreichischer Bericht über die Pariser Ausstellung von 1867. — XI. Heft. p. 377.

welcher gerade in der Art des Wohnens der soziale Gegensatz zwischen Reich und Arm, zwischen Arbeitgeber und Arbeiter anschaulicher wäre; sicher keine Stadt, in welcher der Widerspruch zwischen dem Ideale der Arbeiterwohnung und der Wirklichkeit dem näher Zuschauenden schroffer entgegentritt; wenige, in denen die Masse der Arbeiter thatsächlich schlechter wohnte.

Die Stadt Mülhausen soll etliche 60 Millionäre zählen und dient einer Arbeiterbevölkerung von etwa 40 000 Köpfen zum Wohnort.

Die Stadt wird durch den Bahnkörper in einen nordwestlichen und einen südöstlichen Teil geschieden.

Wenden wir uns zunächst nach dem letzteren. Wir übersetzen den Bahnkörper und steigen auf der Berggasse oder Brübachgasse zum Rebberge hinan. Hier liegen, von ausgedehnten Parks umgeben, die oft schloss- und palastähnlichen Wohnsitze der Fabrikanten. Die Gärten, mit ihren exotischen Gewächsen atmen einen balsamischen Duft aus, dessen bestrickende Wirkung noch erhöht wird durch die schattige Kühle, welche die mächtigen Tannen, Eichen und Buchen allenthalben verbreiten. Indess sagen uns sehr hohe Mauern und zahlreiche Tafeln mit der Aufschrift „Chemin defendu“, dass wir uns diesem Genusse nicht hinzugeben vermögen, ohne an etwas teilzunehmen, was das reservierte Eigentum einiger Weniger ist. Die in den Strassen herrschende Ruhe verleiht dem Ganzen ein Gepräge von Vornehmheit, das ab und zu durch das leichte Rollen eines von Rassepferden gezogenen eleganten Coupé noch erhöht wird. Von diesem Rebberg schweift der Blick des Bewohners weit hin über die gesegneten Gefilde des Sundgaus bis zu den Bergeshäuptern der Vogesen. Allein um diese lachende Landschaft zu erreichen, muss das Auge hinwegblicken über eine schwarze Wolke, in welcher verhüllt der nordwestliche Teil von Mülhausen vor ihm liegt. Steigen wir hinab in die Wolke. Wir finden ein Gewirre enger, schmutziger, schlecht gepflasterter Strassen mit bis unter das Dach dicht bewohnten, oft verwitterten und baufälligen Häusern. Zu dem Staube und der Hitze, sowie dem unerträglichen Geruche gesellt sich ein beständiger Russregen, den die Schlote der benachbarten Fabriken herabrieseln lassen. Während der Arbeitsstunden sind allein die Schaaren unbeaufsichtigter Kinder auf der Gasse zu erblicken. Nur dort wäscht eine abgehärmte Arbeiterfrau armselige Lumpen in dem schmutzigen Strassengraben, in welchen heisses Wasser aus der Fabrik abfliesst. Ein Korbwagen mit mehreren Kleinen steht neben ihr. Ein düsteres „Estaminet", eine fast alle Bedarfsartikel der Arbeiter führende „Epicerie" und ein Trödelkram sind die einzigen Geschäfte, die hier florieren können. Ab und zu jagt ein Kohlenzug oder die Trambahn nach Dornach vorbei.

Aber die Cité ouvrière, wird man einwendend ausrufen, mit ihren reizenden Häuschen, die man auf so manchen Ausstellungen zu bewundern hatte! Ja, wenn diese Cité, so wie auf ihren Abbildungen auch in Wirklichkeit aussähe; wenn das ideale Postulat der Arbeiterwohnung, das mit diesen Abbildungen und den zahlreichen sie erläuternden Schriften gestellt ist, in Mülhausen zur Thatsache geworden wäre!

In dem XII. Kapitel des zweiten Buches wurde der Cité ouvrière ihr Platz in der geschichtlichen Entwicklung der Mülhäuser Verhältnisse angewiesen und ihre Entstehungsursachen blosszulegen versucht. Treten wir nun näher; sehen wir 1) in welcher Weise man das aufgestellte Ideal der Arbeiterwohnung zu verwirklichen versucht hat; 2) ob von vornherein zu erwarten war, dass dieses Ideal verwirklicht werden könnte; 3) wie der Mülhäuser Arbeiter heute thatsächlich wohnt.

Wie noch erinnerlich, war die Cité vorwiegend einer Stimmung entsprungen, welche die Ereignisse des Jahres 1848 unter allen einsichtsvollen Elementen des Fabrikantenstandes erweckt hatte. Es musste etwas geschehen. Die Wohnungsnot Mülhausens spottete jeder Beschreibung und beschwor bereits ernstliche Gefahren herauf. Arbeiter-Kasernen zu errichten, das war nichts Neues. Solche gab es bereits hie und da in den Thälern. Auch hatte die Zusammenpferchung so vieler Menschen in ein Gebäude wenig gute Früchte getragen.

Da kam man auf den Gedanken, es mit dem entgegengesetzten Extrem zu versuchen. Das Programm war[1]: Jede Familie sollte ihr Häuschen haben; aber nicht nur mietweise: der Arbeiter sollte es vielmehr käuflich erwerben können. Gelang es den besitzlosen Proletarier zum Hausbesitzer aufsteigen zu lassen, so schien das grosse Rätsel unserer Zeit gelöst.

Um aus dem Stadium des Wunsches in das der Erfüllung zu treten, musste es technisch möglich gemacht werden, unter äusserster Raumersparnis in einem nur eine Wohnung enthaltenden Häuschen alles, was die Arbeiterfamilie zur Wohnung bedarf, zu vereinen, und — was noch wichtiger war — es musste das Häuschen so billig hergestellt werden, dass es ein Arbeiter ankaufen konnte. Das technische Problem wurde von dem Architekten Müller gelöst.

Man entschloss sich die Häuschen zu Gruppen zu verbinden.

Entweder wurden mehrere der mit dem Rücken aneinanderstossenden Häuschenpaare unmittelbar nebeneinander gebaut, so dass nur die Flankenhäuser von zwei Seiten Luft und Licht erhalten, oder, und das erwies sich als das Zweckmässigere, man vereinigte nur immer zwei Häuschenpaare, so dass jedes Häuschen die Vorteile eines Flankenhäuschens geniesst, da jede Gruppe von der nächsten durch ein kleines Gärtchen getrennt wird.

Wählen wir das letztere System als das am häufigsten vertretene zum Ausgangspunkte unserer Betrachtung.

Äusserlich erscheinen die vier aneinandergesetzten Häuschen wie ein Haus; nur die vier Thüren und die vier

---

[1] Die wichtigste Litteratur: B. XXVI, p. 412—414 und besonders B. XXXV, p. 386—415, sodann E. Véron, Les institutions ouvrières de Mulhouse et des environs. Paris 1866. p. 196—253 und der schon zitierte österreichische Ausstellungsbericht p. 375—378; 392—397. — Neuerdings Dr. Kestner, Das Arbeiterquartier in Mülhausen; A. f. ö. G. 2. Bd. p. 7—18.

Abteilungen des die Gruppe umgebenden Gärtchens deuten darauf, dass wir es hier der inneren Einrichtung nach mit vier Häusern zu thun haben. Das einzelne Haus besteht aus einem Kellerraum, der, unter dem ganzen Parterregeschosse sich ausdehnend, dasselbe vor Feuchtigkeit bewahrt. Das Parterre enthält zunächst eine Küche, welche zugleich den Hausflur bildet. Aus dem Gärtchen führen vier steinerne Treppen und die Hausthüre unmittelbar in den genannten Raum, welcher durch ein über der Thüre angebrachtes Oberlicht und ein Fensterchen neben der Thüre gleichwol nur spärlich beleuchtet wird. Links von der Hausthüre befindet sich der Kochherd, rechts führt eine Thüre in das ebenerdige Zimmer. Der Tiefe des Hauses zuschreitend kommt man zu einer engen, ungemein steilen Wendeltreppe, auf welcher man in das erste Stockwerk gelangt. Dasselbe ist in zwei Räume geteilt, Zimmer und Kammer. Die Treppe setzt sich noch fort und leitet auf einen Dachboden, der nur ein kleines Fensterchen besitzt. Das erste Stockwerk wird durch drei Fenster, zwei an der Hauptfront, eines an der Seite, das Erdgeschoss nur durch zwei, auf jeder Seite je eines, erhellt. Erdgeschoss und erstes Stockwerk haben eine Höhe von 2,7 m. Die Breite des ebenerdigen Zimmers beträgt 3,46 m, die Tiefe 5 m; jenes im ersten Stockwerk besitzt eine Tiefe von 2,86 m und eine Breite von 5,6 m, die anstossende Kammer 2,24 m und 3,46 m. Nach diesen Zahlen ergiebt sich ungefähr ein Kubikinhalt der bewohnbaren Räume von 46,7 Kbm + 43,2 Kbm + 16,3 Kbm = 106,2 Kbm. Der Abort, dessen Unterbringung bei dem Baue von kleinen Häusern den schwierigsten Punkt ausmacht, ist meistens isoliert neben dem Hause errichtet. Alle diese Einrichtungen sind rein technisch betrachtet so gut, wie sie für den Gebrauch einer Arbeiterfamilie nur gedacht werden können. Selbst heute, mehr als dreissig Jahre seit der Erbauung des ersten Citéhauses, hat die Technik noch kaum eine bessere Lösung des Problemes zu Wege gebracht.

Weit schwieriger als die technische, zeigte sich die ökonomische Lösung der Aufgabe. Die ganze Anlage kostete mit Einschluss des Gärtchens, des zum Hause gehörigen Stückes Trottoir, sowie der Intabulationskosten etwa 3000 bis 3100 Franken. Wie sollte der schlecht gelohnte Mülhäuser Arbeiter dazu gelangen, diese Summe aufzubringen und damit die Verwirklichung des für ihn geplanten Ideales zu erreichen?

Auch dieses Problem däuchte den Gründern des Unternehmens sehr einfach. Für eine Wohnung, wie sie das Citéhaus bot, wurden in Mülhausen mindestens 25 Franken pro Monat bezahlt. Man rechnete nun aus, dass der Arbeiter, wenn er zunächst nur eine Anzahlung von 300 Franken mache, und dann monatlich jene 25 Franken entrichte, welche er sonst an Miete gezahlt, so könne er damit nach Ablauf von 13 Jahren und 5 Monaten den Kaufpreis abzahlen und Eigentümer des Häuschens werden. Bei der Berechnung legte man eine 5%ige Verzinsung von Seiten der Arbeiter, sowie eine gleiche Verzinsung der bereits gezahlten Raten von Seiten der Baugesellschaft zu Grunde. Man sagte dem Arbeiter: Sieh, wenn du 13 Jahre und 5 Monate irgendwo zur Miete wohnst, hast du am Ende der Periode das Gleiche ausgegeben, was dich, falls du ein Citéhäuschen übernimmst, zum Eigentümer desselben macht.

Diese Argumentation besass in der That etwas Faszinierendes.

Aber liess sich ernsthaft erwarten, dass die Arbeiterfamilien von Mülhausen auf diese Weise zu einem Häuschen gelangen würden?

Zur Beantwortung dieser Frage müssen wir vor Allem die weitere aufwerfen, wem eigentlich durch die Wohnungsreform geholfen werden sollte.

Glaubt man den Schriften des Mülhäuser Gewerbevereines, so neigt man zu der Auffassung, es sei in der Cité das Mittel entdeckt worden, auch das tiefstehende Proletariat aus der modernen Gesellschaft verschwinden zu lassen.

Wenn es auch richtig ist, dass man für Wohnungen, wie sie nun die Cité bot, 25 Fr. bezahlte, so muss andererseits scharf betont werden, dass solche Wohnungen von den Durchschnittsarbeitern gar nicht bewohnt wurden. Diese begnügten sich mit einem Loche für 10—15 Fr. Wie hätten auch sie, die im besten Falle einige fünfzig Franken im Monat verdienten, davon 25 Fr. auf die Befriedigung des Wohnungsbedürfnisses verwenden sollen. Das vermochten höchstens die Werkmeister, die gutbezahlten Rouleauxstecher, und gewisse Kategorien der Metallarbeiter, nicht aber die Masse der Arbeiter, welchen die Hilfe am nötigsten war.

Und wirklich, die ersten Bewohner der Cité bildeten eine sorgfältig von der Baugesellschaft ausgesuchte Arbeiterelite. Nur deren Angehörige besassen ungefähr jene ökonomischen Kräfte, welche die Erwerbung eines Häuschens zumutete. Hatten sie für ihre frühere Wohnung auch nicht gerade 25 Fr. ausgegeben, so waren es doch vielleicht 20 Fr., und waren mit den Ratenzahlungen per 25 Fr. pro Monat auch noch nicht alle Kosten für die Nutzung des Hauses erschöpft, da ja doch Steuern, Assekuranzen und Reparaturen bestritten sein wollten, Kosten, die ihnen früher als Mieter nicht zufielen, so schloss die Aussicht, Hauseigentümer zu werden, für sie doch einen so mächtigen Reiz in sich, dass sie in der That ihre ganzen wirtschaftlichen Kräfte zusammen nahmen, ihre Sparsamkeit auf das Äusserste anspannten und glückliche Besitzer wurden. Würden in der Cité wirklich nur die bestgestellten Arbeiter wohnen, so wäre damit die oben aufgeworfene Frage völlig beantwortet.

Indessen, so einfach liegen die Verhältnisse doch nicht. Die Statistik giebt an, dass im Jahre 1876 auch 55 gewöhnliche Fabrikarbeiter und 205 Taglöhner in der neuen Cité Eigentümer waren,[1] also Leute, deren Lohnsätze zwischen 2,00 Fr. und 2,50 Fr. pro Tag schwankten. Noch bleibt daher die Frage zu beantworten: Wie gelang es diesen nahezu die Hälfte ihres Einkommens für den Ankauf eines Häuschens disponibel zu machen.

Nach Herrn Engel-Dollfuss[2] durch die angeblich einzige

[1] Bulletin spécial publié à l'occasion du 50me anniversaire de la fondation de la société. Mulhouse et Paris 1876. p. 213.

[2] l. c. p. 234.

Möglichkeit des Kapitalerwerbes, durch Sparsamkeit. All' die Summen, welche im Laufe der Zeiten von den Arbeitern für den Hausankauf entrichtet wurden, stellen ein Ersparnis aus dem Lohneinkommen dar, welches ohne die Cité nimmermehr realisiert worden wäre. Die Cité ist eine grosse Arbeitersparkasse, eine Anstalt, der es allein gelungen, die sonst so leichtsinnigen Arbeiter zu Sparsamkeit und Kapitalerwerb zu erziehen. Für den Kapital besitzenden Arbeiter gibt es aber keine soziale Frage mehr zu lösen. Für ihn ist sie gelöst.

Dies, wie bemerkt, die Ansicht des genannten Grossindustriellen. Wie die gerühmten Ersparnisse bei dem kärglichen Einkommen des Arbeiters überhaupt möglich waren, das ist ein Geheimnis, auf dessen Klärung man sich angesichts der überwältigenden Thatsachen nicht weiter einlässt.

Soweit unsere thatsächlichen Kenntnisse es erlauben, wollen wir doch versuchen den Schleier des Geheimnisses etwas zu lüften.

Wollte ein Arbeiter ein Häuschen erwerben, so war das erste und, wie wir sehen werden, das einzige Erfordernis, dass er über die zur Anzahlung nötigen 300 Fr. verfügte. Für deren Beschaffung gab es zwei Wege. Einmal den der Aufnahme eines Darlehens. Manchen Arbeitern wurden solche Darlehen von den Fabrikanten,[1] die sie an sich zu fesseln suchten, gewährt. In zweiter Linie kamen aber folgende Verhältnisse in Betracht.[2]

Wir erinnern uns, dass in den 50er und 60er Jahren ein grosser Prozentsatz der Mülhäuser Arbeiter gar nicht in der Stadt, sondern in der Umgebung, auf dem Lande wohnte. Hielt schon einmal die Freude am Besitze eines kleinen Häuschens und eines Stückes Acker die Leute auf dem Lande fest, so war es in noch höherem Masse die Wohnungsnot, welche sie von dem Gedanken, nach der

[1] B. XXXVII. p. 117.

[2] La famille ouvrière en Alsace par l'Abbé H. Cetty. Rixheim 1883. p. 81.

Stadt zu ziehen, abschreckte. Die Lage änderte sich als die Cité erbaut wurde. Nun konnte man in der Stadt wohnen und doch Grund- und Hausbesitzer bleiben. Es ist bekannt, dass gerade die Elsässer von einer oft unsinnigen Leidenschaft für Grund- und Bodenbesitz beseelt sind. Der auf dem Lande wohnende Arbeiter sagte sich nun: Verkaufe ich hier meinen Besitz, so beträgt der Erlös doch mindestens so viel, als zur Anzahlung in der Stadt erfordert wird. Die drei Wohnräume eines Citéhauses übersteigen meine Bedürfnisse. Ich behalte ein Zimmer; das andere wird vermietet. Die Mietpreise in Mülhausen sind so hoch, dass ich aus der Vermietung des ersten Stockwerkes — der Dachboden konnte schliesslich ja auch noch nutzbar gemacht werden — so viel herausschlage, dass ich die monatlichen Raten leicht entrichten kann.

Und das geschah.

Kontraktmässig war zwar das Vermieten den Käufern untersagt, aber um die Leute in Stand zu setzen, ihren Verpflichtungen rascher nachzukommen, drückte man nach eigenem Geständnis ein Auge, thatsächlich wahrscheinlich zwei zu. Waren also, gleichviel auf welche Weise, die 300 Fr. zur Anzahlung aufgetrieben, so trug dann alles übrige das Häuschen selbst. Mit diesem Kapital hatte man das Mittel in der Hand, aus der bestehenden Wohnungsnot auch einen Vorteil zu ziehen, einen Vorteil, der mit der Zeit zum vollen Eigentum an dem Häuschen verhalf.

Die Wohnungsnot nahm eben keineswegs ab. Schuf die Cité auch eine gewisse Zahl neuer Wohnungen, so rief sie auch wieder eine starke Einwanderung hervor. Überdies nahm in den geschäftlich so glanzvollen Zeiten der 50er Jahre die Einwohnerschaft Mülhausens rapid zu, so dass stets die Wohnungsnachfrage das Angebot weit überholte. Die Preise blieben ungemein hohe. Die Lage der Durchschnittsarbeiter änderte sich nicht. Der grösste Teil verblieb in seinem Elend. Und konnte es für jene, welche als Mieter in die Cité zogen, einen Trost bilden, wenn sie die hohe Miete nicht einem Bourgeois, sondern einem nur um wenig besser als sie selbst gestellten Arbeiter entrichteten?

Wäre man von den konkreten Arbeiterverhältnissen ausgegangen, und nicht von Vorstellungen, welche nicht zur Arbeiterklasse gehörige Personen von dieser sich machen, so hätte man schon von vornherein von der Cité keine Besserung der Wohnungsverhältnisse erwarten dürfen. Sie bot nur einer beschränkten Zahl solcher Arbeiter, die schon vorher nicht ohne jeden Besitz waren, eine Handhabe, in den traurigen Wohnungsverhältnissen die Rolle des Hammers statt der des Amboses zu übernehmen.

Denn — und nun kommen wir zur dritten, am Anfange des Kapitels aufgeworfenen Frage, wie wohnt heute thatsächlich der Mülhäuser Arbeiter innerhalb und ausserhalb der Cité?

Zuerst von den Arbeiterwohnungen innerhalb der Cité. Die Zustände lassen sich am kürzesten in dem Satze zusammenfassen: das als Arbeiterfamilienhaus geplante Citéhaus ist durch die Macht der konkreten wirtschaftlichen Verhältnisse Mülhausens zu einem Zinshause und zwar zu einem recht schlechten geworden. Das Miniaturhäuschen, dessen Zeichnung so sehr Auge und Herz erfreut, wird heute nur zu häufig statt von einer von drei Parteien bewohnt.

Spricht man sich gegen eine Lösung der Arbeiterwohnungsfrage durch Mietkasernen aus, so geschieht es doch nur, weil man befürchtet, dass die vielen zum Gebrauch mehrerer Parteien zugleich bestimmten Räume (Flur, Treppen, Höfe, Böden etc.) mannigfache Gelegenheit zu Zank und Streit geben, dass, wie Sax[1] sich ausdrückt, „die Einflüsse der gesunden Wohnung durch die Einflüsse des grossen Hauses zu nichte gemacht werden".

In den grossen Häusern wird aber bei der Anlage darauf Rücksicht genommen, dass das gemeinschaftlich zu benutzende Gebiet möglichst geräumig sei, und dadurch

[1] Die Wohnungszustände der arbeitenden Klassen und ihre Reform von Dr. E. Sax. Wien 1869. p. 75.

weniger Berührungs- und Reibungspunkte für die Parteien sich ergeben. Ein solches neutrales Gebiet fehlt den Parteien des Citéhauses dagegen gänzlich.

Ein Hausflur ist ja überhaupt nicht vorhanden.

Die in dem ersten Stocke und der Mansarde wohnenden Parteien müssen die Küche der im Erdgeschoss wohnenden Partei zum Durchgang benutzen. Man erkundige sich aber nur bei Hausfrauen, wie sie über diesen Punkt denken!

In vielen Citéhäusern hat man daher die Benutzung der Hausflur als Küche überhaupt aufgegeben und kocht im Zimmer, was die übrigen Parteien ja auch thun müssen. Es geschieht dies um so mehr, als die Anordnung, nach welcher Küche und Hausflur vereint sind, noch zu vielen anderen Unzukömmlichkeiten Anlass bietet.

Nach der in minder wolhabenden Kreisen herrschenden Gepflogenheit wird die Küche in der kalten Jahreszeit auch gern als Wohnraum benutzt, um eben nicht noch einen zweiten Raum heizen zu müssen, während die Küche durch das zum Kochen benötigte Heerdfeuer erwärmt worden. Eine derartige Ökonomie ist bei der Einrichtung des Citéhauses nicht möglich. Die Küche ist viel zu eng und düster, als dass sie etwa noch als Wohnraum dienen könnte; auch kann sie von Aussen nur durch die Hausthüre getrennt, unmöglich warm gehalten werden.

Wichtiger ist noch der Umstand, dass ein Raum, welcher vom Architekten durchaus nicht als Wohnraum gedacht wurde, doch hierzu fast regelmässig benutzt wird. Es ist der Dachboden. Als Wohnung umgewandelt stellt er einen Raum dar, der etwa 3,46 m in der Länge, 2,24 m in der Breite und eine mittlere Höhe von 2,15 m besitzt, somit 15,05 cbm enthält. Die darauf entfallende Fensterfläche beträgt nach der ursprünglichen Anlage etwa 32 qdm. — Ein solches Gemach könnte also höchstens einer Person zum Aufenthalte dienen. Thatsächlich werden, nach den Angaben des Abbé Cetty, [1] von 160 Mansarden 26 von einer

[1] Le mariage dans les classes ouvrières par l'Abbé H. Cetty. Rixheim 1886. p. 131.

einzigen Person, 49 von zwei und 85 von ganzen Familien bewohnt, deren Kopfzahl in der Regel 4—5 beträgt. Und für solch' einen Raum von 15 cbm unmittelbar unter dem Dache werden 5—7 Mk. pro Monat gezahlt.!

Bei der Untersuchung,[1] die gelegentlich der Massnahmen gegen die Cholera im Jahre 1884 in dem Arbeiterquartiere vorgenommen wurde, fand man in einem einzigen Hause 6 Familien und einen einzelnen Arbeiter, der die Mansarde bewohnte, im Ganzen 42 Personen. Auch gewährte der Eigentümer dieses Hauses, ein Mann von dem schmutzigsten Geize, 58 Personen gegen eine kleine Vergütung auf stinkendem Stroh ein Lager. Bei der letzten Volkszählung ergab sich, dass in einem Citéhause 28 Personen, in anderen einige 20 sich aufhielten. Im Durchschnitte ist ein Citéhaus mindestens mit 10 Personen besetzt, also um zwei mehr, als nach Massgabe des Rauminhaltes etwa noch statthaft wäre.

Herr Engel-Dollfuss besitzt freilich einen anderen Massstab. Er berechnet, dass in der Cité auf einen Hektar Boden 310 Bewohner entfallen, d. i. um wenig mehr als in dem schönsten Teil von Paris, in den Champs-Elysées, wo auf die gleiche Fläche 270—295 Personen gezählt werden. Entzückt ruft er aus: „Liegt nicht für uns eine grosse Genugthuung in der Thatsache, dass die Bevölkerung unserer Cité ebensoviel Luft und Sonne geniesst, als jene der prächtigsten Quartiere von Paris?"[2] Als ob es nur auf die Luft vor den Häusern und nicht auf jene in denselben ankäme! Aber auch mit der Beschaffenheit der Luft in der Cité hat es seine eigene Bewandtnis. Die in unmittelbarer Nähe befindliche Gasanstalt und die vielen Fabriken schaffen eine ganz abscheuliche Atmosphäre. Die kleinen, oft schlecht gehaltenen Gärtchen und die schon im Juli entlaubte Lindenallee der Strassburger Strasse können daran wenig ändern.

Während das von mehreren Parteien bewohnte Citéhaus (vulgo Sittehüsle) in moralischer Hinsicht die Nach-

[1] Cetty l. c. p. 130.
[2] Bulletin spécial etc. p. 217.

teile der Kaserne in verstärktem Masse an sich trägt, entbehrt es jedoch — und das ist der bedeutsamste Einwurf — in ökonomischer Richtung alle ihre Vorteile.

Die beim Bau mehrerer ausgedehnten Stockwerke erfolgende intensive Ausnutzung des Bodens und der Fundamentierung, der Fluren und Treppen, gestattet eine grosse Verbilligung des Mietzinses. Das einstöckige Citéhaus, wo auf 4 kleine Wohnräume schon besondere Fundamentierung, Hausthüre und Treppenanlage entfallen, steht darin weit zurück.

Diese Thatsache ist in den letzten Jahren zu einem eklatanten Ausdrucke gelangt.

Kontraktmässig war den Käufern innerhalb 10 Jahren jede bauliche Veränderung verboten. Diese Frist ist nun für die grosse Mehrzahl verstrichen.

Wer heute die neue Cité, namentlich den nordwestlich gelegenen Teil derselben, (zwischen Asyldurchgang, Vogelstrasse, Wollstrasse, Julienstrasse, Ablaufstrasse und Forststaden), in welchem die Fabrikbevölkerung als Mietpartei vorherrscht, besucht, wird in Erstaunen geraten, dass er das ihm aus Abbildungen bekannte Citéhäuschen kaum entdecken kann.

Das eine Haus der Gruppe hat einen seitlichen Anbau erhalten; das andere ist mit einem zweiten Stockwerk sowie einer gehörigen Dachwohnung versehen worden, und ragt einem Turme ähnlich über seine Nachbarn empor. Der Eigentümer des dritten hat mindestens das Dach durchbrochen und die Mansarde vergrössert. Vielfach sind selbst die zwischen den einzelnen Häusergruppen bestehenden Zwischenräume völlig ausgebaut worden. Je nach den ökonomischen Machtmitteln, welche dem betreffenden unternehmenden Hauseigentümer zu Gebote standen, hat sich das Bestreben nach einer intensiveren Ausnutzung des Bodens, als ihn die ursprüngliche Anlage gewährte, in der mannigfachsten Weise verwirklicht.

Insofern hierbei eine Vergrösserung und Verbesserung der Wohnungen erzielt wurde, wird man sich über das vermehrte Wohnungsangebot freuen und nur bedauern, dass nicht gleich von Anfang an ein den konkreten Bedürfnissen entsprechender Bau aufgeführt wurde. Allein nur zu oft haben die beschränkten wirtschaftlichen Kräfte der Hausbesitzer die räumliche Quantität auf Kosten der Qualität gefördert. Es sind Räume entstanden, die man höchstens als Schuppen, nicht aber als menschliche Wohnungen benutzt zu sehen wünscht.

Andererseits sind auch die ursprünglichen Zimmer durch die Zubauten häufig geschädigt worden, indem ihnen dieselben Luft und Licht entzogen haben.

Von der Ausdehnung, welche die Umgestaltung des Citéhauses erfahren hat, dürfte die Thatsache einen Begriff geben, dass von den nordwestlich vom Asyldurchgang gelegenen 698 Citéhäuschen nach meiner Zählung an 270 derselben Um- oder Zubauten erfolgt sind, also an 38 %.

Mit dem stetig zunehmenden Werte des Grund und Bodens, der eine intensivere Nutzung gebieterisch verlangt, werden natürlich immer mehr Häuschen einer Umwandlung zum Opfer fallen. Unangetastet ist das Citéhaus vorläufig nur an zwei Stellen geblieben. Erstens: in den dem Centrum der Stadt am nächsten liegenden Teilen. Hier bewohnen es aber auch keine Fabrikarbeiter, sondern kleine Bourgeois, die sich den Luxus eines mit Garten umgebenen Wohnhäuschens schon gestatten können. Das zweite Gebiet wird von den an der Peripherie liegenden Häuschen gebildet.

Diese sind später gebaut worden und ihre Besitzer geniessen noch nicht die volle Verfügungsfreiheit.

Bevor zur Darlegung der Arbeiterwohnungsverhältnisse ausserhalb der Cité übergegangen wird, sei uns an dieser Stelle gestattet von dem Schicksale zu reden, das einer grossen Zahl von glücklichen Eigentümern widerfahren ist.

Wahrscheinlich wird noch mancher Leser der vorstehenden Schilderung den Einwurf erheben, dass die Cité doch dazu geführt habe, wenigstens eine beschränkte Anzahl von Arbeitern zu bleibenden Eigentümern zu machen und sie teils durch Vermietung, teils durch das Steigen der Grundrente Gewinnste realisieren zu lassen.

Leider hat sich nur ein Teil dieser Glücklichen oder

ihrer Familien in dem Besitze ihres Häuschens zu behaupten verstanden. Aus dem Hausbesitze entstand für viele Arbeiter eine Schuldknechtschaft. Der Anlass war mannigfacher Art. Eine Gelegenheit bildete die ökonomische Unsicherheit, die mit dem Leben des modernen Arbeiters verknüpft ist. In dem Häuschen sind etwaige Ersparnisse zwar ziemlich sicher, aber sehr wenig realisierbar angelegt. Nun erleidet der Arbeiter in dem Bezuge seines Lohnes durch eine Krise, durch Krankheit oder Invalidität eine Störung. Die Rente, welche er aus der Vermietung einiger Räume bezieht, reicht zu seinem Unterhalte nicht hin. Soll er das Haus verkaufen? Nur schwer entschliesst er sich fürs erste dazu, namentlich wenn die Störung von ihm nur als eine vorübergehende angesehen wird. Bietet ihm doch das Haus noch ein anderes Hilfsmittel: er belastet es mit Hypotheken in dem Betrage der benötigten Summe. Da ein rationelles Grundbuchsystem, wie es in Alt-Deutschland und Österreich besteht, in Elsass-Lothringen immer noch nicht durchgeführt ist, so entziehen sich die Belastungsverhältnisse des Immobiliarbesitzes einer exakten Kenntnis. Gleichwol wurde mir von Personen, die sich über Mülhäuser Arbeiterverhältnisse gut unterrichtet erwiesen, oft erzählt, dass die meisten Citéhäuser arg verschuldet seien.[1] Ein Licht auf diese Verhältnisse wirft auch die Thatsache, dass viele Gastwirte und Epiciers, bei welchen die arbeitslosen Hausbesitzer zu borgen genötigt sind, heute eine grössere Zahl von Citéhäusern ihr eigen nennen.

Einen zweiten Anlass zur Verschuldung bilden die Netze, mit denen gewissenlose Wucherer die Eigentümer der Citéhäuschen zu umstellen verstehen.

So soll gegenwärtig ein Konsortium jüdischer Spekulanten ganz systematisch die Arbeiter aus ihrem Besitze zu verdrängen wissen. In der Nähe der Cité, gegen die Dornacher Strasse zu, sind viele sehr hübsche Häuser, ein bis zwei Stockwerke und geräumige Dachwohnung enthaltend, gebaut worden. Sie kommen auf 14—15 000 Mk. zu stehen. Der Spekulant geht nun zu einem Arbeiter,

[1] Vgl. auch La famille ouvrière en Alsace par l'Abbé H. Cetty. p. 84.

dessen Häuschen durch das Steigen des Bodenwertes bereits 6000 Mk. oder mehr gelten kann. Er bietet sich ihm an, das Citéhäuschen zu übernehmen und ihm eines jener eleganten Häuser dafür zu verschaffen. Für die zu begleichende Differenz wird das neue Haus hypothekarisch verpfändet. Der Arbeiter, in welchem die Gewinnsucht durch das Glück, das er mit dem Citéhäuschen gehabt, rege geworden, geht auf die Vorspiegelungen ein. Für den restierenden Kaufschilling wird freilich ein hoher Zinsfuss festgesetzt. Das neue Haus soll ja auch hohe Mieten tragen. Freilich; aber der Zins, den sich der Spekulant bedungen, ist doch noch höher. Der Arbeiter kann seinen Verpflichtungen nicht nachkommen. Sofort wird der Zwangsverkauf von seinem Gläubiger eingeleitet, dessen Machinationen aber auch dafür sorgen, dass der Arbeiter keinen Pfennig mehr aus dem Kaufe erhält. Auch die plötzliche Kündigung des geliehenen Kapitales führt leicht zu demselben Resultate.

Einen dritten Anlass zur Verschuldung bietet eine bauliche Umgestaltung des Hauses, welche, wie wir bereits hervorhoben, so überaus häufig eingetreten ist.

Schliesslich kommt noch der Todesfall des Besitzers in Betracht. Wir befinden uns in Mülhausen im Gebiete des französischen Rechtes mit Zwangserbteilung.

Die Kosten derselben waren unter dem französischen Regime so hoch, dass sie leicht die ganze Erbschaft überhaupt verschlangen.

Diesem Übelstande hat ein deutsches Gesetz abgeholfen. Aber nur in den seltensten Fällen ist ein Kind des Arbeiters im Stande, nach dem Tode des Vaters das Haus ohne weiteres zu übernehmen. Entweder bleiben nun die erbenden Kinder im gemeinschaftlichen Besitze und in gemeinschaftlicher Nutzung im Hause wohnen. Dann tritt unter normalen Umständen eine Übersetzung ein. Übernimmt aber ein Erbe das Haus allein und muss an die übrigen die Erbteile herauszahlen, so ist wieder für unheilvolle Verschuldung eine Ursache gegeben. In der Regel aber wurden die Häuser beim Todesfalle des Besitzers von den Erben verkauft.

Im günstigsten Falle verkauft der Arbeiter oder seine Erben das Haus, dessen Wert im Laufe der Zeit gestiegen, mit Gewinn und zieht sich weiter an die Peripherie, um das Wohnungsbedürfnis billiger zu befriedigen, als es in Anbetracht des lucrum cessans beim Nichtverkaufe des Hauses möglich wäre.

So ist denn auch in dem ältesten Teile der Cité heute der Arbeiter kaum noch zu finden. Das Citéhaus ist ein Gegenstand des Handels und der Spekulation geworden.

Verlassen wir jetzt die Cité, um zu sehen, wie die Mülhäuser Arbeiter ausserhalb derselben wohnen. Noch heute sind die Wohnungsverhältnisse der Mülhäuser Arbeiter äusserst traurige. Trotz der in den letzten Jahren ziemlich lebhaft gewesenen Bauthätigkeit behalten die Mietpreise eine exorbitante Höhe. Kleine, schlecht gelegene einzelne Zimmer sind kaum unter 10 Mk. pro Monat zu erhalten.

Hiebei ist allenthalben die Erscheinung zu konstatieren, dass der absolut niedrigste Mietpreis der relativ höchste ist. Beginnen wir mit der niedrigsten Stufe der Befriedigung des Wohnungsbedürfnisses, der Schlafstelle. Solche werden von den Arbeitern, deren Wohnort zu weit von Mülhausen entfernt, als dass sie täglich dahin zurückkehren könnten, die Woche hindurch benuzt. Für die Hälfte eines Bettes, es schlafen immer zwei zusammen, werden 4 bis 4,50 Mk. pro Monat bezahlt. Das Dachzimmer geringster Qualität kommt auf 5—6 oder 7 Mk. zu stehen. Ein Zimmer ist für 10 Mk., zwei sind schon für 12 und 13 Mk., drei für 14 und 15 Mk. zu erlangen.

Die schlechten, scheinbar billigen Wohnungen werden eben am meisten gesucht. Trifft man irgend eine Anzeige mit „Logement à louer“ so ist es immer schon eine bessere Wohnung.

Die Folge der hohen Miete ist natürlich die, dass man das Wohnungsbedürfnis auf die unzulänglichste Weise befriedigt. Hierzu kommt noch die Neigung des Arbeiters, über den hohen sanitären Wert einer guten Wohnung wenig aufgeklärt, gerade an diesem Posten in seinem Budget die bedeutendsten Abstriche zu machen. Früh die Wohnung verlassend, Abends spät in sie zurückkehrend legt er wenig Gewicht auf sie. So arbeitet des Tags über die schlechte Luft der Arbeitsstätte und während der Nacht die schlechte Luft der Wohnung an seinem physischen Ruine.

Meist dient nur ein Zimmer der ganzen Familie zur Wohnung. Und wie ist das Zimmer beschaffen![1] Oft nur ein Verschlag auf einem stinkigen Hofe, eine feuchte und kalte Höhle, oder hoch oben auf dem Speicher eine Mansarde. Im Jahre 1885 machte der „Express de Mulhouse" auf folgende Thatsache aufmerksam.[2] In der Adlergasse hatte ein Hauseigentümer einen früheren Eselstall in eine Wohnung verwandelt, die aber nicht gelüftet werden konnte. Alle Glieder der Familie, welche den Verschlag gemietet, erkrankten und mussten ihn in dem traurigsten Zustande verlassen. Eine amtliche Untersuchung bestätigte die Notiz. — Auch kommt es noch vor, dass ein Zimmer von zwei Familien bewohnt wird.

Treten wir in ein beliebiges Haus der Arbeiterreviere ein. Schon das baufällige Äussere lässt Übles ahnen.[3] Der Hausflur ist bis auf einen engen, zur Passage unbedingt notwendigen Gang durch Verschläge mannigfachster Art verbaut. Sie dienen den Parteien in der Regel zur Aufbewahrung von Holz und Kohlen. Sie sind im Hause selbst untergebracht, da der Hofraum, wenn überhaupt einer vorhanden war, längst schon zur Aufführung eines Hofgebäudes benutzt worden. Die Treppen sind steil, um möglichst wenig Platz einzunehmen. Alles starrt von Schmutz. Dringen wir in das Innere eines Zimmers vor, so gähnen uns kahle, einstmals weiss getünchte Wände ent-

[1] Man vergleiche auch: La famille ouvrière en Alsace par l'Abbé H. Cetty. Rixheim 1883. p. 87 u. fgd.

[2] Cetty, Le mariage etc. p. 129.

[3] In der Diedenheimerstrasse stürzte im Frühjahr 1886 ein noch bewohntes Haus ein; im Uhrenhof brach im Oktober 1886 der Fussboden einer gleichfalls bewohnten Stube durch.

gegen, an die als einziger Schmuck einige rohe Farbendruckbilder, Christus, Maria oder Heilige darstellend, angeklebt worden. Ein Schrank, einige wurmstichige wacklige Stühle, ein mit den gleichen Eigenschaften behafteter kleiner Tisch, einige der unentbehrlichsten Geschirre, ein eisernes Öfchen und vor allem ein grosses breites Bett bilden den gesammten Hausrat. Hat die Familie an Zahl bereits so zugenommen, dass sie in einem Bette nicht mehr gut untergebracht werden kann, so zeigt sich wol auch noch ein Korbwagen, der des Tages über dem jeweilig Kleinsten zum Aufenthalte, während der Nacht aber den Grösseren als Lager dient. Thüren und Fenster sind morsch und schliessen schlecht.

Das stellt etwa den tiefsten Stand dar.

In den meisten Wohnungen, auch in den besseren, als die eben geschilderte, herrscht ein abschreckender Geruch. Allgemein ist die Abneigung gegen das Lüften. Selten wird man in den Arbeitervierteln ein offenes Fenster erblicken. Die Aufzählung der für die Beschaffenheit der Luft konstitutiven Elemente wird ungefähr eine Vorstellung geben. Schon durch den Atmungsprozess mehrerer Personen, die während der Nacht in einem kleinen Raume vereinigt waren, würde die Luft übermässig verschlechtert sein. Dazu kommt aber noch der Duft der über dem Ofen getrockneten Windeln und jener nicht entleerter Nachtgeschirre.

In der schlechten Jahreszeit wird man die Abneigung gegen das Lüften leicht auf eine zum Excess getriebene Sparsamkeit an Heizmaterial zurückführen können. Allein auch im Sommer wird nicht gelüftet. Ich erinnere mich, in Ure's Philosophy of Mannfacture gelesen zu haben, dass die Arbeiter einer Fabrik die Ventilationseinrichtungen zerstörten mit der Motivierung, sie bekämen bei frischer Luft zu viel Hunger. Immerhin möglich, dass, wenn auch unbewusst, ein ähnliches Moment bei der Haltung der Wohnungen mitspielt.

Im Grossen und Ganzen gilt das eben Vorbrachte auch für die Wohnungen in den Cités ouvrières. Natürlich giebt es aber auch, namentlich in der Strassburger Strasse, einige von der Arbeiterelite bewohnte Häuschen, deren Mobiliar fast luxuriös zu nennen ist, in denen die peinlichste Sauberkeit allenthalben entgegenlacht. In diese werden die hohen Besucher der Cité geführt, welche dann gern die Behauptung Karl Grads unterschreiben: „Die Wohnungsfrage ist jetzt in diesem grossen industriellen Centrum gelöst.“ [1] Und von den hier paradierenden Plüschmöbeln datiert das schon am Eingang dieses Kapitels erwähnte und von interessierter Seite sorgfältig genährte Märchen,

[1] Ch. Grad, Études statistiques sur l'industrie d'Alsace 1880. II. p. 284. Um Missverständnissen vorzubeugen, müssen wir noch erklären, dass wir weder das Cottagesystem der Cité ganz verwerfen, noch als Anhänger der Mietkasernen gelten möchten.

Wir glauben, dass die Wohnungsfrage ihre volle Lösung weder in diesem noch in jenem Extreme finden kann, sondern dass man sorgfältig die Verschiedenheit der ökonomischen Lage der Arbeiterkategorien beachten muss. Für die am besten bezahlten Elemente mit 5 bis 6 Mark per Tag, die freilich weniger unter der textilindustriellen als unter der Metallarbeiterschaft zu finden sind, mag das Citéhaus mit der Möglichkeit des Eigentumserwerbes in manchen Fällen am Platze sein.

Für diesen Zweck aber Staatsunterstützung zu gewähren, das halten wir nicht für ausreichend motiviert.

Wir bedauern nicht so sehr, dass Cottages erbaut, als vielmehr, dass nur Cottages erbaut wurden.

Dem Durchschnittsarbeiter wird eine über seine ökonomischen Kräfte gehende Befriedigung des Wohnungsbedürfnisses zugemutet, wenn er mit seiner Familie allein das Citéhaus bewohnen soll. Für den Gebrauch mehrerer Parteien ist es aber absolut unzweckmässig.

Für die eben bezeichneten Kreise werden Mietwohnungen in zweistöckigen Häusern, deren Etagen etwa 3 - 4 Wohnungen enthalten, für lange Zeit noch immer am besten entsprechen. Von der Spekulation werden in neuerer Zeit derartige Bauten in grosser Zahl aufgeführt; viele Citéhäuser sind bereits in solche umgewandelt worden. Der klarste Beweis für die den konkreten Verhältnissen sich anschmiegende Konstruktion jener Häuser.

Für die allerärmsten Schichten dürfte aber auch die Kaserne in Betracht gezogen werden müssen. Sie allein ist im Stande, doch immerhin noch menschenwürdige Räume zu Preisen zu bieten, welche auch den Ärmsten unter den Armen noch erschwinglich sind.

in Mülhausen sei der Gegensatz zwischen Kapital und Arbeit durch Verwandlung des Arbeiters in einen Kapitalisten beseitigt.

Wer aber gleich dem Verfasser nicht blos ein oder zwei Musterhäuser, sondern eine grössere Anzahl von Citéhäusern und die Denk- und Anschauungsweise der darin Wohnenden kennen gelernt hat, wird mit Schiller rufen: „Mit diesem Häuslein wollt Ihr Uri zwingen"?!

V. KAPITEL.

DIE LAGE DER BAUMWOLLINDUSTRIELLEN ARBEITER IN DEN ÜBRIGEN TEILEN DES OBER-ELSASSES.

Allgemein hört man die Ansicht aussprechen, dass in Mülhausen die Lage der Arbeiterschaft noch als die günstigste im Ober-Elsass betrachtet werden muss. Unsere eigenen Erfahrungen bestätigen das durchaus. Man brauchte in dem über die Mülhäuser Verhältnisse entworfenen Bilde nur die Schatten zu verstärken, um es für die übrigen Teile des Ober-Elsass zutreffend zu gestalten.

Es sind hauptsächlich die Kreise Thann, Gebweiler und Colmar, in welchen die baumwoll- oder überhaupt textilindustrielle Arbeiterschaft ansehnliche Bruchteile der Gesammtbevölkerung ausmacht.

In den Thälern sind die Fabriken meist noch älterer Konstruktion und lassen hinsichtlich Temperatur, Ventilation, Aufstellung der Maschinen etc. weit mehr als in Mülhausen zu wünschen übrig. Die Arbeitszeit ist im allgemeinen eine längere. Selbst K. Grad berichtet von 13—14 Stunden.[1] Da die Wasserkräfte, welche da noch vielfach verwertet werden, in ihrer Nutzbarkeit grossen Unregelmässigkeiten ausgesetzt sind, so übertragen sich letztere natürlich auch auf die Bestimmung der Arbeitsdauer. Die Verluste, welche man in der trockenen Jahreszeit durch die Schwächung der hydraulischen Kräfte erleidet, werden durch Nachtarbeit bei günstigem Stande des Wassers wieder-

[1] Reichs-Enquête über die Baumwoll- u. Leinenindustrie 1878/79. Stenographische Protokolle. p. 375.

um eingebracht. Zu derselben werden Personen zwischen 14—16 Jahren ebenso gut wie Erwachsene verwendet. Die Kinder bis 14 Jahren geniessen höchstens zwei Stunden Fabrikschule und arbeiten im übrigen so lange wie die Erwachsenen.

Die jugendlichen Arbeiterinnen sind in sittlicher Hinsicht den gleichen Angriffen ausgesetzt, wie jene in Mülhausen. Das Strafensystem und die Lohnabzüge herrschen ebenfalls überall. Häufig erfahren sie durch die erhöhte Abhängigkeit des Arbeiters noch eine Verschärfung. In den meisten Ortschaften des industriellen Rayons ist eben die da befindliche Fabrik die einzige Arbeitsgelegenheit; so in Altkirch, Wesserling, Lutterbach, Bollweiler, Bühl, Issenheim, Münster, Kaysersberg, Urbeis; selbst in Städten wie Thann, Gebweiler und Colmar giebt es nur 2—3 Fabriken, zwischen denen der Arbeiter allenfalls die Wahl hat.

Hiezu tritt noch der Umstand, dass der Arbeiter auf dem Lande gewöhnlich durch den Besitz eines kleinen Anwesens, (vielfach auch sogen. „Krüter") das von der Frau oder den Eltern besorgt wird, an die Scholle gefesselt erscheint. Von einer Einflussnahme des Arbeiters auf das Arbeitsverhältnis ist keine Rede.

Die Löhne sind im Durchschnitte um $^1/_3$ geringer, als jene in Mülhausen, eine Differenz, welche die zwischen den Preisen der Bedarfsartikel bestehende, übertrifft, so dass die Lebenshaltung in der That noch tiefer herabsinkt.

Dies zeigt sich in Bezug auf die Kleidung in dem Vorherrschen der Holzschuhe und der Baumwollstoffe auch bei den Männern.

In der Nahrung dominieren Kartoffeln und Brod; Fleisch giebt es im besten Falle an Sonntagen. Der Genuss des Branntweines hat viel grössere Dimensionen angenommen als in Mülhausen. Es soll in den Vogesen ein Industriedorf geben, in welchem 800 Einwohner 300 Hektoliter pro Jahr konsumieren![1]

---

[1] Le Mariage dans les classes ouvrières par l'Abbé Henry Cetty. Rixheim 1886. p. 233.

In einigen Gegenden, in Kaysersberg, in Walbach (Münsterthal) u. s. w. findet sich sogar noch das Trucksystem. Der Fabrikant hält einen Laden, aus welchem die Arbeiter ihren Bedarf zu decken haben, sofern sie sich nicht Chikanen und schliesslich der Entlassung aussetzen wollen. Die Preise der Waaren übersteigen um $^1/_8$—$^1/_{10}$ die ortsüblichen. Auch wird über schlechte Qualität und schlechtes Mass geklagt. Am Zahltage wird der Betrag der im Laufe der zwei Wochen entnommenen Waaren am Lohne in Abzug gebracht, selbst wenn kein Pfennig zur baaren Auszahlung übrig bleiben sollte. Reicht der Lohn des Mannes nicht aus, so wird auch jener der Frau oder des Kindes in Anspruch genommen.

Besonders fühlte sich aber mein Gewährsmann dadurch verletzt, dass die Arbeiter an Festtagen nicht einmal jene Geschenke erhalten, wie sie von andern Krämern an ihre Kunden ausgeteilt zu werden pflegen.

Da die in den Fabriken arbeitenden Leute meist aus den umliegenden Dorfschaften kommen, wohin zurückzukehren die Mittagspause nicht ausreicht, so wird ihnen das Essen in einem Körbchen von ihrer Frau oder den Kindern nach der Fabrik gebracht. Mit dem Herannahen der Mittagstunde erblickt man ganze Karavanen von Weibern und Kindern, letztere oft noch im zartesten Alter, das Körbchen auf dem Kopfe, nach der Fabrik pilgern.

Der schlechteren Lebenshaltung entspricht auch eine noch weiter gehende physische Entartung.

Im Kreise Thann erwiesen sich (1881) von den in Spinnereien arbeitenden jungen Burschen nur 5 %, von den in Webereien arbeitenden 12 % tauglich; von den Stellungspflichtigen der ländlichen Berufsarten waren es 52 %![1] Der Kreisarzt berichtet: „In Fabrikdörfern, wo alles von Jugend auf in den Fabriken arbeitet, waren fast alle Stellungspflichtigen untauglich, und wir glauben, wenn das so weiter geht, braucht man bald keine Aushebungskommission mehr in diese Orte zu schicken“.[2]

[1] A. f. ö. G. 7. Bd. p. 107.

[2] l. c.

Doch bei der Besprechung der sozialstatistischen Tabellen haben wir schon früher sowol auf die Resultate des Ersatzgeschäftes, als den ziffernmässigen Ausdruck, den die Degeneration der Bevölkerung in den sozialstatistischen Thatsachen findet, die gebührende Rücksicht genommen.

Trotz der geringen physischen Mittel ist die Bevölkerung äusserst arbeitsam. Die Arbeiterinnen pflegen fast überall, beim Wege von der Fabrik nach Hause oder umgekehrt, während des Gehens noch zu stricken.

Auch in der einstündigen Mittagspause, das Essen nimmt ja nur wenige Minuten in Anspruch, wird eifrigst gestrickt. Die alten nicht mehr in der Fabrik arbeitenden Leute geben sich noch mit der Bestellung des kleinen Ackers ab, die in Anbetracht der hohen und steilen Lage der „Krüter", mit grossen Anstrengungen verknüpft ist.

Die Wohnungszustände sind durchaus unbefriedigend. Ist an den Wohnungen auch, wenigstens in den Dörfern, weniger eine zu dichte Besetzung zu beklagen, so spricht doch ihre Qualität selbst den primitivsten Gesundheitsrücksichten geradezu Hohn. Die Wohnungen in der Vorstadt Kattenbach bei Thann, sowie jene in Moosch und Bitschweiler sind berüchtigt.

Typhus, Scharlach und Masern sind in jenen Gegenden, einmal eingedrungen, fast unausrottbar.[1]

Welche Begriffe man überhaupt in Thann von Hygiene zu hegen scheint, beleuchtet der Umstand, dass das Erdgeschoss der dortigen Knabenschule als Schlachthaus diente. Auch das Waisenhaus wies 1881 die traurigsten Zustände auf. „In dem Thanner Waisenhaus", berichtet der Kreisarzt, „erkrankten binnen einiger Tage 10 Kinder am Typhus. Direkt unter dem Spielsaal der Knaben, in welchem sich ein auffallender Modergeruch zeigte, war statt eines gewölbten Kellers ein ungepflasterter Stall, in welchem Schafe, Ziegen, Kaninchen schon Jahre lang ihre Foeces entleerten. Diese faulenden Substanzen hatten seit längerer Zeit die

---

[1] A. f. ö. G. 4. Bd. p. 25—27.

Erde imprägniert und dadurch einen Modergeruch veranlasst, der in den direkt oberhalb gelegenen Tagraum der Knaben hinaufströmte. Der Boden dieses Kinderspielsaales bestand aus einfachen Brettern und bildete zugleich die Decke des Stalles". [1]

Die von dem Mülhäuser Gewerbeverein eingeleitete Enquête über die Einrichtungen zur Wolfahrt der Arbeiter besagt dagegen von dem Waisenhause: „Die Gebäude sind in sehr gutem Zustande. Die Kinder erfreuen sich einer vollständigen Gesundheit". [2]

Speziell wird die Beschaffenheit der Arbeiterwohnungen im Kreise Thann von dem offiziellen Bericht über den Gesundheitszustand des Jahres 1878 berührt.

„Bezüglich der Armen- und Arbeiterwohnungen kehren in den Berichten des Arztes des Kreises immer dieselben Klagen wieder: die Wohnräume seien meistens im Vergleich zur Zahl der Bewohner zu wenig geräumig, sie beständen oft nur aus zwei, ja selbst nur einem Raume, welcher zugleich als Küche, Schlaf-, Ess- und Wohnzimmer und nur zu oft auch als Krankenzimmer dient. Die Kreishauptstadt Thann kann sich durchaus nicht rühmen in Betreff der Wohnungen der Armen und Arbeiter von den oben geschilderten abweichende Verhältnisse darzubieten, dürfte vielmehr in Teilen der Vorstadt Kattenbach, in der Storchengasse und in dem „la Rochelle" benannten Gebäudekomplexe Wohnungen besitzen, welche in Bezug auf Überfüllung, schlechte Ventilation, mangelhafte Beleuchtung, Anhäufung von Schmutz- und Infektionsstoffen Ungewöhnliches leisten. Dass solche Wohnstätten für die Entstehung und Ausbildung zahlreicher chronischer und auch akuter Krankheiten die günstigsten Grundlagen bieten, braucht wol nicht des Näheren begründet zu werden". [3]

An anderer Stelle:

„Mehrere von ihnen (Wohnungen in der Vorstadt

[1] Der Gesundheitszustand in Elsass-Lothringen während des Jahres 1881. Von Dr. Wasserfuhr. Strassburg 1882. p. 72, 73.

[2] B. XLVIII, p. 450.

[3] A. f. ö. G. 4. Bd. p. 27.

Kattenbach) sind von der Strasse durch einen über 1 m tiefen Graben getrennt, der zum grossen Teile von Düngerhaufen ausgefüllt wird; zu anderen gelangt man über höchst wackelige Treppen an Schweineställen vorbei, die ihre Dünste direkt in die darüber befindlichen Wohn- und Schlafräume der menschlichen (meist überfüllten) Wohnungen solcher Quartiere steigen lassen".[1]

Von Bühl wird mitgeteilt:

„Es entstand eine auf drei Häuser sich erstreckende Typhus-Epidemie von 7 Krankheits- und 4 Todesfällen. Das mittlere der 3 Häuser enthält 6 Mietwohnungen, von denen 5 in Ermangelung von Aborten genötigt sind, die Fäkalien und sonstige Abfälle einfach auf den Boden zu schütten".[2]

Über die Verhältnisse in Altkirch belehrt folgender Bericht:[3]

„Nachdem der Typhus 1882 in Altkirch gewütet hatte, wurde vom Kreisgesundheitsrat eine Kommission zur Prüfung der gesundheitlichen Verhältnisse der Stadt eingesetzt. Es liegt ein Bericht vor, welcher geradezu Haarsträubendes mitteilt. Ein Abort, selbst einfachster Konstruktion wird in vielen Häusern vermisst, und es nehmen einfach Kübel die Stoffe auf. Auch ein derartiger Kübel wird von einigen Bewohnern als Luxusartikel betrachtet, und die Fäkalien werden einfach in der Nähe des Hauses oder in dem vorbeifliessenden Mutschenbache ausgeleert. In dem Keller eines Hauses befindet sich ein Schweinestall; die tierischen und menschlichen Fäkalien sind auf dem Kellerboden aufgehäuft. In der Kellerdecke befindet sich ein Loch, durch welches die Bewohner des Hauses ihre Entleerungen in den Keller schütten".

Diese Blütenlese aus offiziellen Berichten liesse sich leicht noch vermehren.

In Colmar ist es nicht besser. Man dürfte schwer eine Strasse finden können, die an entsetzlich schmutzigen,

---

[1] l. c. 2. Bd. p. 89.

[2] l. c. 3. Bd. p. 15.

[3] l. c. 9. Bd. p. 214.

windschiefen, halb zerfallenen und verwitterten, feuchten Hütten Ähnliches bietet, wie die Haslingerstrasse. Auch entlang der Lauch gibt es Partien, die zwar sehr malerisch sind, die wir aber doch noch lieber der Aufmerksamkeit der Sanitätspolizei als jener Motive suchender Künstler empfehlen möchten.

In Gebweiler wie in Colmar ist mit einer Wohnungsreform im Sinne der Mülhäuser Cité ein Versuch gemacht worden. Da dieselbe einmal nicht der Unterstützung aus öffentlichen Mitteln teilhaftig wurde, andererseits in eine Zeit grosser Bauthätigkeit fiel, in welcher die Kosten sehr gestiegen waren, so ist der Preis der Häuser um mehr als 800 Mk. höher wie in Mülhausen. Bringt man noch die an den genannten Orten üblichen geringeren Lohnsätze, sowie die daselbst wegen geringerer Wohnungsnot niedrigeren Mietpreise in Anschlag, welche einen Hauserwerb durch Aftervermietung wenig begünstigen, so wird man es sehr begreiflich finden, dass in Colmar nicht ein einziges Haus an Fabrikarbeiter verkauft wurde, und auch in Gebweiler vorwiegend nur Direktoren, Bureauangestellte und Werkmeister zu Hauseigentume gelangten.[1]

In Colmar befindet sich die Cité im Eigentume des Hauses Herzog und Comp. und die Wohnungen werden an Arbeiter des Etablissements vermietet. In Sennheim, Sentheim, Bühl, Münster werden von den Unternehmern ihren Arbeitern Wohnungen vermietet. Die Häuser sind nur zum Teil nach dem Mülhäuser Typus gebaut. Auch alte Fabriken werden zuweilen in Mietkasernen verwandelt.

Sind die Arbeitgeber die Vermieter, so wird im Allgemeinen wol die zu dichte Besetzung, die Verwahrlosung und gesundheitsschädliche Verbauung der Häuser hintangehalten, welche wir zum Teil bei den im Eigentume von Arbeitern befindlichen Häusern antrafen.

Freilich muss auch betont werden, dass die Abhängigkeit des Arbeiters zunimmt, wenn der Arbeitgeber zu seinem Hausherrn wird.

[1] Grad, Études statistiques sur l'industrie de l'Alsace. 1880. II. p. 280.

Es bleibt nur der, allerdings traurige, Trost übrig, dass das aus anderen Ursachen bereits so mächtig ausgebildete Abhängigkeitsverhältnis durch den angedeuteten Umstand kaum noch wachsen kann.

Um noch ein Wort über die Physiognomie jener Industriedörfer und Städtchen hinzuzufügen, so wiederholt sich eben hier im Kleinen, was wir im Grossen in Mülhausen bereits kennen lernten: In einem prächtigen ausgedehnten Parke steht das Herrenhaus; dem Orte zugewendet erstrecken sich gewaltige Fabrikanlagen; im Orte selbst heben sich etwa die Kirche, das Pfarrhaus, das Wirtshaus und die Häuser einiger Fabrikbeamten von den ärmlichen Hütten des Fabrikproletariates ab.

3. DIE SOZIALPOLITISCHEN FAKTOREN.

VI. KAPITEL.

DIE ARBEITGEBER.

Im zweiten Buche sprachen wir bereits von der Entstehung der Gesellschaft zur Vermeidung von Unfällen. Sie war ganz das Werk des H. Engel-Dollfuss. Ihre Aufgabe bestand, wie erinnerlich, darin, in den Fabriken die Verbreitung von Schutzvorrichtungen zu befördern, ein Ziel, welches man durch Anstellung eines besonderen Inspektors zur Prüfung der Etablissements sowie durch Verbreitung von diesbezüglichen Publikationen zu erreichen suchte. Im Beginne repräsentierte die Gesellschaft $^1/_4$ der elsässer Spindeln. Herr Engel-Dollfuss entfaltete stets eine grosse Rührigkeit für das Bestehen und Wachstum des Vereines. Die Unfall-Versicherungs-Gesellschaften gewährten jenen Arbeitgebern, die Mitglieder des Vereins waren, einen Nachlass bei der Entrichtung der Prämie, der ungefähr der Beitragsleistung zu dem Unfallverhütungsvereine gleichkam. Besonders erstarkte letzterer noch nach Erlass des Unfallversicherungsgesetzes, so dass im Jahre 1883 bereits $^3/_4$ der ober-elsässer Spindeln in ihm vertreten waren.[1] Auch wurde von dem Vereine eine Unfallstatistik angebahnt, die jedoch wenig Zuverlässigkeit besitzt, da von dem Inspektor und dem Präsidenten des Vereins beständig darüber Klage er-

[1] B. XXXVIII—LII. (Die Jahresberichte.) — B. T. für 1883. p. 34.

hoben wird, dass die Mitglieder die Anzeige der Unfälle vielfach verabsäumen.

Was die Lage der Arbeiter bei Unfällen selbst anbetrifft, so wurde sie durch den Verein, der ja nur die Vermeidung von Unfällen bezweckte, selbstverständlich nicht berührt. In Elsass-Lothringen war auch das bekannte Reichshaftpflichtgesetz (durch Gesetz vom 21. Januar 1873) publiziert worden. Seine Folgen waren hier dieselben wie im übrigen Deutschland.

Der Arbeitgeber stellte dem Arbeiter die Wahl zwischen einer äusserst niedrig bemessenen, aber ohne weiteres fälligen Abfertigungssumme oder der gerichtlichen Klage. In letzterem Falle kam dem Arbeiter die schwierige Beweislast zu. Der Unternehmer pflegte alle Hebel in Bewegung zu setzen, um dem Beschädigten den Beweis seiner Nichtverschuldung unmöglich zu machen. So wurde meist der erstere Ausweg gewählt. Daran änderte sich auch nichts, wenn der Arbeitgeber seine Arbeiter bei einer Unfallversicherungsgesellschaft versichert hatte. Auch diese stellte in der Regel die Alternative zwischen einer sofort zahlbaren Minimalsumme oder der richterlichen Feststellung der Ersatzverpflichtung. Soweit durch den Unfall nur eine vorübergehende Arbeitsunfähigkeit begründet wurde, kamen ebenso, wie noch heute, die Krankenkassen dafür auf.

Abgesehen davon, bedeutete die Einführung des Unfallversicherungsgesetzes auch für den Elsässer eine ansehnliche Verbesserung.

Ausser der „Gesellschaft zur Vermeidung von Unfällen“ ist seit 1870 wenig mehr aus den Kreisen der Unternehmer hervorgegangen, was auf eine allgemeinere Bedeutung Anspruch erheben könnte. Herr Engel-Dollfuss[1] schreibt diesen Stillstand hauptsächlich der Thatsache zu, dass die zunehmende Konzentration der Industrie in wenige grosse Etablissements auch eine Änderung der Unternehmungsform aus der offenen Gesellschaft in die Aktiengesellschaft zur

---

[1] B. LII. p. 227—238.

Folge hatte. Bei etwa 14 der grössten Firmen hat sich diese Umwandlung vollzogen.

Diese Erklärung knüpft an die oft gehörte Behauptung an, dass die Arbeiter der Aktiengesellschaften schlechter als die der persönlichen Unternehmer gestellt seien. Die Behauptung findet indess in der Praxis keineswegs eine so ausnahmslose Bestätigung, dass ihre Anziehung als allgemeine Wahrheit gestattet sein könnte. Wie dem aber auch sein mag, jedenfalls kann sie nicht erklären, was hier erklärt werden soll. Denn nach den eigenen Mitteilungen von Engel-Dollfuss sind nach wie vor sowol die leitenden Persönlichkeiten, als auch die Eigentümer der Fabriken dieselben wie früher. Durch die Umwandlung drangen keine fremden Aktionäre ein. Die Einteilung des Geschäftsvermögens in Aktien erfolgte nur, um bei der grossen und wachsenden Zahl der Familienglieder, die zur Firma gehörten, die Erbteilung und Geschäftsführung zu vereinfachen und zu erleichtern.

Vielleicht hat aber ein Leser von der Gewinnbeteiligung vernommen, die Herr August Lalance nach seinen eigenen Mitteilungen in der Fabrik von Schaeffer, Lalance und Comp. (vormals H. Haeffely und Comp.) in Pfastadt eingeführt hat,[1] und ist geneigt, dieselbe für eine neue „soziale That“ der ober-elsässer Arbeitgeber zu halten. Indess schon Frommer[2] hat es mit Recht abgelehnt, die hier getroffene Einrichtung als Gewinnbeteiligung zu bezeichnen, und wir würden bei derselben nicht länger verweilen, handelte es sich nicht um ein typisches Beispiel für die Sozialpolitik des industriellen Magnatentums im Ober-Elsass.

Das Kapital, sagt Herr Lalance, hat seine Quelle, seine einzige Quelle in der Sparsamkeit. Die Gewinnbeteiligung soll ein Mittel sein, den Arbeiter zum Kapitalisten zu machen.

In allen Fabriken nämlich, besonders in den grossen, wo das Auge des Herrn nicht überall hindringt, sind noch

[1] Bulletin spécial etc. Mulhouse et Paris 1876. p. 265—278.

[2] Frommer, Die Gewinnbeteiligung. Leipzig 1886. p. 57.

beträchtliche Ersparnisse möglich, wenn es gelingt, den Arbeiter hiefür zu interessieren. Dies geschieht, wenn die derartig realisierten Ersparnisse dem Arbeiter zu Gute kommen.

Dadurch gelingt es den Arbeiter zum Kapitalisten zu machen; der Arbeitgeber aber verliert nichts von seinem legitimen Gewinne, denn jene Ersparnisse bilden einen Überschuss, der eben nur zu erreichen ist, wenn er den Arbeitern zufällt.

Nicht nur aber, dass diese Verbesserung dem Arbeitgeber nichts kostet, er hat davon noch einen erheblichen Vorteil. Herr Lalance hat nämlich ausgerechnet, dass in dem von ihm geleiteten Etablissement welches 997 Arbeiter zählt, im Durchschnitte 263 weniger als ein Jahr lang,

230	1— 2	Jahre,
170	2— 3	„
89	3— 5	„
141	5—10	„
79	10—15	„
21	15—20	„
5	20—25	„
2	25—30	„
2	30—35	„

in Arbeit stehen. Die Arbeiter sollen nach seiner Angabe aus den „leichtfertigsten Motiven“ die Fabrik wechseln.

Daher beginnt auch Artikel 1 des Reglements mit einer Liebeserklärung.

„Um ihren besten Werkmeistern und Arbeitern einen Beweis ihrer Zuneigung zu geben, und um sie mehr an die Fabrik zu fesseln“, heisst es in Artikel 1 des Reglements, „haben sich die Herren H. Haeffely & Comp. entschlossen, jedes Jahr einen Teil des Reingewinnes zu verteilen“.

Im Artikel 2 werden wir belehrt, welche Personen unter den besten Werkmeistern und Arbeitern, oder, wie sie auch heissen, die Werkmeister und Arbeiter der ersten Klasse, zu verstehen sind. Es gehört dazu ein Alter von mindestens 25 Jahren und eine beständig gute Aufführung.

Ausserdem muss man sich noch durch seinen Eifer und seinen Fleiss auszeichnen und schon durch drei auf einander folgende Jahre in der Fabrik gearbeitet haben. Von letzterer Forderung kann man jedoch von den Chefs dispensiert werden, wenn man durch „gute Aufführung“ und „Eifer“ es verdient.

„Artikel 4. Jedes Jahr wird von den Chefs eine Liste über die der ersten Klasse angehörigen Personen aufgestellt. Sie behalten sich vor nach Belieben die Zahl zu vergrössern oder von der Liste solche, die bereits in die erste Klasse aufgenommen waren, wieder auszustreichen, wenn sie es nicht verdienen, darauf zu figurieren, oder wenn sie auch nur einen Moment ihre Arbeit ohne Genehmigung verlassen haben“.

Die gleiche Bestimmungsfreiheit besteht nach Art. 5 für die Chefs auch in der Festsetzung des zu verteilenden Betrages. Die Verteilung erfolgt nach Massgabe der Lohnsätze, welche die Arbeiter „erster Klasse“ verdienen. Die auf jeden entfallende Quote zerfällt in drei Teile: ein Drittel wird sofort baar ausgezahlt, das zweite Drittel wird in ein dem Arbeiter ausgehändigtes Sparkassenbuch mit 5 % Verzinsung eingetragen, das dritte Drittel wird ihm einfach gut geschrieben und im nächsten Jahre, vermehrt um die Zinsen, zu dem zu verteilenden Betrage geschlagen. Verlässt der Arbeiter aber im Laufe des Jahres die Fabrik, oder wird er nicht mehr für würdig erachtet in der ersten Klasse zu bleiben, so verliert er den ihm gut geschriebenen Betrag und derselbe fliesst der im nächsten Jahre zur Verteilung gelangenden Summe zu. Für den Fall, dass der Arbeiter entlassen wird, gleichviel aus welchem Grunde, entscheidet ein Beratungskomité, das aus sieben der ersten Klasse Angehörigen besteht, ob er den ihm gut geschriebenen Betrag verlieren soll oder nicht.

Aus Artikel 13 geht ferner hervor, dass dem Beratungskomité eben die Frage in der Regel nur dann vorgelegt wird, wenn die Chefs die zuletzt angedeutete Lösung wünschen. Sie behalten sich nämlich vor, zeitweise Entlassungen vorzunehmen. Bei diesen verliert der Arbeiter, wenn er innerhalb der vereinbarten Frist wieder eintritt, seine Ansprüche nicht.

Die von den Spareinlagen, wie dem einfach gut geschriebenen Betrage gebildete Summe ist erst fällig, wenn die Liquidation der Rechnung des Arbeiters erfolgt.

Und zwar tritt diese ein:

a) beim Tode des Berechtigten;

b) wenn durch drei vom Hause bezeichnete Ärzte die Arbeitsunfähigkeit des Berechtigten konstatiert wird;

c) nach 20 Jahren ununterbrochener Arbeit in der Fabrik;

d) wenn der Berechtigte das Alter von 60 Jahren erreicht.

Im Schlussartikel (17) behält sich die Firma noch vor, das mitgeteilte Reglement beliebig abzuändern, falls sie es für notwendig befinden würde, doch erteilt sie die tröstliche Zusicherung, dass die Spareinlagen den Berechtigten auf jeden Fall verbleiben sollen.

Betrachten wir diese „Wolfahrtseinrichtung" nun etwas genauer.

Nach den von uns vernommenen Aussagen der Arbeiter, ist die in Rede stehende Fabrik eine der verhasstesten der ganzen Gegend und zwar wegen der niedrigen Löhne, grosser Unregelmässigkeit in der Arbeitszeit, willkürlicher Bestrafungen, schlechter Behandlung u. s. w. Auch haften ihr aus der Zeit des Herrn Haeffely Erinnerungen an, die hier nicht weiter dargelegt werden können.

Danach möchten wir die Motive, warum die Arbeiter die Fabrik so oft wechseln, doch nicht „leichtfertig" nennen. Um diesen Wechsel abzustellen nun eine Einrichtung, die von der Gewinnbeteiligung nur die Maske borgt, um die Arbeiter der völligen Willkür der Arbeitgeber zu überantworten.

Allgemein erkennt man[1] als zum Wesen der Gewinnbeteiligung gehörig, dass 1. die Summe, welche den berechtigten Arbeitern oder Angestellten alljährlich zugewiesen wird, einen objektiv feststehenden Prozentsatz des Rein-

[1] Vergl. Frommer, p. 54.

gewinnes, der übrigens auch nach gleichen, bestimmten Grundsätzen zu ermitteln ist, darstelle, und 2. diese Summe nach feststehenden Prinzipien unter die einzelnen Berechtigten verteilt werde.

Bei der Einrichtung des Herrn Lalance steht nichts fest, als das völlig freie Ermessen des Arbeitgebers. Kein Arbeiter kann durch objektive Leistungen irgend welcher Art einen Anspruch auf Gewinnbeteiligung erwerben; nach Artikel 2 und 4 steht es durchaus im subjektiven Ermessen der Arbeitgeber, den einzelnen Arbeitern Anteil am Gewinne zu gewähren oder zu entziehen. Dieselbe Willkür besteht nach Artikel 5 hinsichtlich des Prozentsatzes des Reingewinnes, der zur Verteilung bestimmt wird; dieselbe nach Artikel 13 hinsichtlich der Frage, ob dem entlassenen Arbeiter die ihm gutgeschriebenen Summen ausgezahlt werden oder nicht; dieselbe nach Artikel 17 hinsichtlich des ganzen Fortbestandes der Einrichtung.

Thatsächlich wurde etwa ein Zehntel der Arbeiterschaft als der Gewinnbeteiligung wert befunden. Es waren die „besten, ältesten und ordentlichsten" Arbeiter.

Um diese trefflichen Elemente nun vor einem unüberlegten Austritte aus der Fabrik zu bewahren, der ihnen angeblich keinen Nutzen, der Firma aber grossen Schaden brächte, ist die angeführte schlaue Dreiteilung der Gewinnbeteiligungsquote ersonnen worden.

Jenes nur gut geschriebene dritte Drittel, welches der Arbeiter bei Lösung des Arbeitsverhältnisses von seiner Seite aus verliert, beträgt thatsächlich 34—70 Fr., eine Summe, die, wie Herr Lalance hinzufügt, nicht gross genug ist „um eine Art Sklaverei zu statuieren".

Die ganze Einrichtung bildet nach seiner Ansicht einen neuen wahrhaft demokratischen Fortschritt in der gewerblichen Ökonomie.

Von allem Phrasenwerk entkleidet ist sie nichts anderes als eine mit Raffinement ersonnene Methode, durch die vermöge ihrer hohen Qualifikation unabhängigeren Arbeiter die Mittel aufbringen zu lassen, um sie in völlige Abhängigkeit von der Firma zu setzen. Es würde uns danach nicht wundern, wenn in Folge dieser Sozialpolitik des Vicepräsidenten des Mülhäuser Gewerbevereines und der ähnlichen „Wolfahrtseinrichtungen" der übrigen Mülhäuser „Herren" die Stimmen der so sinnreich jeder freien Bewegung beraubten Arbeiter bei den bevorstehenden Wahlen zu Gunsten des Kandidaten der Mülhäuser Grossindustriellen, wer dieses auch sein mag, den Ausschlag gäben. Voraussichtlich wird bei diesen ein kleines Plus entscheiden und wurden doch schon früher, als es sich um die Wahl von J. Dollfuss handelte, von den Werkmeistern (jedenfalls solchen „erster Klasse"), den Arbeitern Stimmzettel in die Hand gedrückt.

Die Zustände des Krankenkassenwesens sind in neuester Zeit durch das Krankenversicherungsgesetz vom 15. Juni 1883 etwas modifiziert worden. Darüber wird in dem Kapitel über die sozialpolitische Thätigkeit der deutschen Regierung noch gehandelt werden.

Hinsichtlich der Alterskassen bleiben jene Ausführungen aufrecht erhalten, welche wir im zweiten Buche, Kapitel XII D, machten.

Es erübrigt nun, nachdem wir das Thatsächliche in der Sozialpolitik der Arbeitgeber kennen gelernt, noch mit einigen Worten auf ihre sozialpolitische Theorie zu verweisen, wie sie Engel-Dollfuss, zweifellos die edelste Erscheinung unter den ober-elsässer Fabrikanten in neuerer Zeit, ausgebildet hat.[1]

Die Doktrin des „laissez faire" ist ihm ein unumstössliches Dogma.

Eine soziale Frage kennt er nicht. Er sieht nur einzelne aus verschiedenen Quellen fliessende Misstände, von denen jeder auch einzeln behoben werden kann.

In erster Reihe glaubt er die Unternehmer dazu berufen; aber bemerkenswerter Weise nur jene, welche bereits zu Vermögen gelangt sind. Für diese besteht eine moralische Verpflichtung den Arbeiter, welcher durch Alter, Krankheit, Unfälle arbeitsunfähig und brodlos geworden, zu unterstützen, ihm zu geben, so viel man kann.

---

[1] Besonders B. LII. p. 227—232.

In jedem Eingriffe des Staates zum Schutze der Arbeiter, wäre es auch nur die Bestellung eines Fabrikinspektors, erblickt er einerseits eine schwere Verirrung, andererseits eine gerechte Strafe für jene Fabrikanten, welche ihren moralischen Verpflichtungen nicht so nachkommen, wie die elsässischen.

Daher bereitet ihm die Ankündigung der sozialpolitischen Aktion des deutschen Reiches schwere Stunden. Ob die übrigen deutschen Fabrikanten sie als Strafe verdienen, darüber spricht er sich nicht aus, möchte jedenfalls aber die Elsässer davon ausgenommen wissen, und zwar deshalb, weil die elsässische Industrie, ohne ruiniert zu werden, nicht zweimal zahlen könne. Sie habe durch die grosse Zahl der Wohlfahrtseinrichtungen, die die Unternehmer aus eigener Initiative geschaffen, ihren Tribut schon gezahlt.[1]

Dass der Arbeiter noch durch etwas anderes als Sparsamkeit und Fleiss zur Besserung seiner Lage beitragen könnte, liegt ausser dem Bereiche jeder Möglichkeit. Die englischen Zustände mit ihren Strikes sind ihm ein Gräuel, und er legt seinen Standesgenossen eifrigst ans Herz, doch ja auch in Zukunft auf philanthropischen Pfaden zu wandeln, damit nicht auch einst ins Elsass die englischen Zustände, „der Kampf“ oder „der bewaffnete Friede“, ihren Einzug halten.[2]

Darin besteht, nach der Meinung von Engel-Dollfuss, das Glaubensbekenntnis der elsässer Fabrikanten, ihr ganzer sozialer Katechismus, ein alter, guter, elsässischer Katechismus, nicht sonderlich gelehrt noch verwickelt, vielleicht etwas verjährt und aus der Mode gekommen, nachdem er schon durch ein halbes Jahrhundert in Anwendung steht, aber doch von allen der beste, weil er vor allem verlangt, dass mehr gethan als gesprochen wird.

Und ganz ähnlich die Äusserungen des Fabrikanten Steinheil, die nur noch durch einen pietistischen Aufputz verbrämt sind. Ganz ähnlich ferner K. Grad.

---

[1] B. LII. p. 243.

[2] Bulletin spécial etc. p. 236.

Wie bei allen Vertretern der elsässischen Industrie auch bei ihm als Erstes die Betonung, dass der Arbeiter zur Besserung seiner Lage wenig berufen sei, da er dieselbe gewöhnlich nur in einer Lohnerhöhung erblicke.[1] Wie alle warnt auch er die deutsche Regierung dringend davor, durch neue gesetzliche Bestimmungen, deren Haltbarkeit in der Praxis zweifelhaft sei, die bewährten elsässischen Institutionen zu bedrohen. Die Einmischung der Polizei in diese Fragen dürfte leicht den sozialpolitischen Eifer der Fabrikanten erkalten lassen, die dann, in ihrer freien Bewegung gehemmt, nicht mehr das Gute nach ihrem Ermessen (à leur gré) thun könnten.[2] Wie die übrigen vertröstet auch Grad die Arbeiter auf Ersatz in einem besseren Jenseits.[3]

Nach den Thatsachen, die im Laufe dieser Untersuchung über die Lage der ober-elsässer Arbeiter, über die Geschichte der von ihnen und Anderen zur Hebung derselben gemachten Bestrebungen und namentlich über den Charakter und die Wirkungen der von dem Gutdünken der Fabrikanten zu ihren Gunsten getroffenen Wolfahrtseinrichtungen mitgeteilt worden sind, bedarf es kaum mehr eines Wortes zur Charakterisierung dieser bezeichnenden Redeweisen.

Wie der Leser gesehen hat, ist die Lage der Arbeiter im Ober-Elsass heute mindestens ebenso schlecht, in sehr vielen Beziehungen sogar unzweifelhaft schlechter als die der analogen Arbeiterkategorien in Alt-Deutschland. Die berühmten Einrichtungen der Fabrikanten haben keine andere Tendenz und Wirkung, als die Arbeiter trotz dieser Jämmerlichkeit ihrer Lage in vollendetster wirtschaftlicher, moralischer und politischer Abhängigkeit vom Arbeitgeber zu halten. Nur vor zwei Dingen hat der ober-elsässer Fabrikant Furcht. Das Eine ist, der Arbeiter könne wie anderswo selbst die Initiative zu seiner wirtschaftlichen,

---

[1] Grad, Études statistiques sur l'industrie de l'Alsace. 1880 II. p. 226.

[2] Grad, Les assurances ouvrières en Allemagne. Mulhouse 1882. p. 220, 221.

[3] Grad, Études statistiques. p. 360.

moralischen und politischen Emanzipation ergreifen; und daher die selbst in den radikalsten Programmen der Arbeitgeber nicht fehlenden Abmahnungen vor Arbeitseinstellungen und Gewerkvereinen. Das Andere ist, der Staat möge sich zu Gunsten der Arbeiter einmischen, das Eingreifen des Staates möge das Unterwürfigkeitsverhältnis ihrer Hörigen lösen, und indem er zum Schutz ihrer wirtschaftlichen, moralischen, sozialen und politischen Persönlichkeit seine Souveränität auch gegenüber diesen an die feudalen Zeiten erinnernden, modernen Abhängigkeitsverhältnissen zur Geltung bringt, die Herzen der von ihm Emanzipierten der zu ihrem Schutze eingreifenden Verwaltung zuwenden.

VII. KAPITEL.

DIE REGIERUNG.

A. FABRIKGESETZGEBUNG.

Eine der frühesten, aber auch dringendsten und in ihrem weiteren Verlaufe segensreichsten Massregel, welche die deutsche Verwaltung in Elsass-Lothringen getroffen, war die Verordnung des Generalgouverneurs vom 18. April 1871 über das Schulwesen.[1] Von unserem Standpunkte aus haben wir die Bedeutung jenes Aktes nicht nach seinen Wirkungen auf intellektuellem und nationalem Gebiete zu würdigen, für uns ist das deutsche Unterrichtsgesetz das wichtigste Fabrikgesetz der Reichslande. Die Verordnung spricht das Prinzip des obligatorischen Unterrichtes aus. Und zwar ist der Unterricht so lange fortzusetzen, bis das Kind als entlassungsreif erklärt worden. Zu der Entlassungsprüfung werden Knaben nicht vor vollendetem 14., Mädchen nicht vor vollendetem 13. Lebensjahre zugelassen. Sodann besagt der § 3:

„Zu einer regelmässigen Beschäftigung in den Fabriken oder ähnlichen Dienstverhältnissen dürfen schulpflichtige Kinder nur unter Genehmigung der Schulbehörden verwandt werden".

Eine gesetzliche Richtschnur ist also hinsichtlich der Kinderarbeit nicht gezogen, sondern die ganze Angelegenheit dem Ermessen der Schulbehörden anheimgestellt worden.

---

[1] Sammlung der in Elsass-Lothringen geltenden Gesetze. 1880/81. III. Bd. Deutsche Einzelgesetze. p. 16.

Seit August 1884 hat aber noch ein Bezirkspräsidialerlass denselben die bestimmte Weisung erteilt, Kindern unter 12 Jahren die Erlaubnis zur Fabrikarbeit zu versagen.[1]

Eine eingehende Beurteilung der Aktion der Regierung müsste eine aktenmässige Kenntnis der Schulverwaltung zur Voraussetzung haben. Uns stehen nur einige wenige Notizen aus dem alljährlich vom Bezirkspräsidenten publizierten Verwaltungsberichte zur Verfügung. Jener über das Jahr 1872 meldet:[2]

„Eine bedeutende Vermehrung der Schulkinder machte sich besonders in grösseren Orten wie Mülhausen, und in den Fabrikgegenden bemerklich. Hier traten auch von Anfang an der Regelmässigkeit des Schulbesuches die meisten Hindernisse entgegen. Im Übrigen kann der Schulbesuch als befriedigend angesehen werden. Nur an einigen Orten lässt er noch zu wünschen übrig, nämlich da, wo es die Bürgermeister an der nötigen Thatkraft fehlen lassen, um die hinsichtlich der Aufzeichnung und Bestrafung der Schulversäumnisse ergangenen Bestimmungen durchzuführen. Es existieren noch 53 Fabrikschulen, welche von 1567 Knaben und 748 Mädchen, also zusammen 2315 Kindern besucht werden. Die Zahl der in den Fabriken arbeitenden Kinder ist indess damit nicht erschöpft, da noch weitere 1406 Knaben und 701 Mädchen, also 2107 an der Fabrikarbeit teilnehmen. Diese Kinder empfangen ihren Unterricht in den öffentlichen Schulen".

Die Gesamtzahl der Schüler und Schülerinnen an den öffentlichen Schulen betrug am 1. Januar 1873:[3]

im Kreise Colmar	12 294
„ „ Rappoltsweiler	10 269
„ „ Gebweiler	9 292
„ „ Mülhausen	16 220
„ „ Thann	9 859
„ „ Altkirch	8 828
	66 762

[1] B. T. f. 1884. p. 37.

[2] Nr. 39 p. 1—3.

[3] B. T. f. 1873. Nr. 31. p. 2, 3.

Auf diese Schüler und Schülerinnen entfielen im Jahre 1873 an Versäumnistagen:

im Kreise	Colmar	78 949
„ „	Rappoltsweiler	93 742 ½
„ „	Gebweiler	107 341
„ „	Mülhausen	179 536
„ „	Thann	119 681
„ „	Altkirch	10 931 ½
		590 181

Nichts kann charakteristischer als diese Ziffern sein.

Während in dem ackerbautreibenden Kreise Altkirch auf einen Schüler 1,23 Versäumnistage entfallen, kommen auf einen Schüler des industriellen Kreises Thann deren 12,14!

Und doch haben wir es hier nur mit den öffentliche Schulen besuchenden Kindern zu thun.

Nach dem oben zitierten Berichte besucht aber die Mehrzahl der Fabrikkinder nicht öffentliche, sondern die Fabrikschulen. In den Ausführungen über die Kinderarbeit während des zweiten Kaiserreiches hatten wir Gelegenheit, die Herren Johann Dollfuss und Abbé Simonis mit ihren Ansichten über den Wert der Fabrikschulen zum Worte kommen zu lassen. J. Dollfuss nahm keinen Anstand die Aufhebung der Fabrikschulen geradezu zu fordern.

Wir haben keine Veranlassung, eine plötzliche, wesentliche Verbesserung der Organisation dieser Fabrikschulen anzunehmen.

Wenn wir den offiziellen statistischen Mitteilungen Glauben schenken dürfen, so waren in der Textilindustrie des Ober-Elsasses 1875 63, 1882 nur 28 Kinder unter 12 Jahren beschäftigt.[1] Danach hätten die Schulbehörden in der Regel die Erlaubnis zur Fabrikarbeit vor zurückgelegtem 12. Jahre verweigert. Wie wir wissen, ist seit August 1884 die Verweigerung durch den Bezirkspräsidenten vorgeschrieben worden.

---

[1] B. T. f. 1877 p. 46. B. T. f. 1882 p. 34.

Es dürften somit gegenwärtig keine Kinder unter 12 Jahren mehr in Fabriken arbeiten. Bezüglich des Minimalalters wäre der im Reichsland bestehende Zustand mit dem im übrigen Deutschland völlig übereinstimmend.

Das ist immerhin ein Fortschritt, dessen wir uns aufrichtig freuen.

Kinder von 13 und 14 Jahren sollen nach der geltenden Gesetzgebung täglich mindestens 3 Stunden Unterricht erhalten.[1]

Nach den mir aus Arbeiterkreisen zugegangenen Mitteilungen ist das nicht der Fall. Die betreffenden Altersklassen bringen täglich nur 1, höchstens 2 Stunden in der Fabrikschule zu; abgesehen hievon arbeiten sie ebenso lange als die Erwachsenen.

Die Arbeitszeit der letzteren dauert im Durchschnitte 12 ½ Stunden. Wir sind deshalb zur Annahme gezwungen, dass die 13- und 14jährigen 10 ½ oder 11 ½ Stunden pro Tag arbeiten, während bekanntlich im übrigen Deutschland dieselben nur eine 6stündige Arbeit leisten dürfen. In der Textilindustrie des Ober-Elsasses sind nach den letzten Ausweisen 1626 Kinder von 13 und 14 Jahren beschäftigt, die also pro Tag um 4 ½ oder 5 ½ Stunden länger als ihre altdeutschen Altersgenossen arbeiten müssen.

Es kommen nun die jugendlichen Personen von 15 und 16 Jahren in Betracht. Für sie gelten noch ganz die Bestimmungen des Gesetzes vom 22. März 1841.

Nach unseren Mitteilungen über die Arbeitszeit im III. Kapitel ergab sich, dass diese jugendlichen Personen in allen Beziehungen sich in einer mit den Erwachsenen völlig gleichen Stellung befinden; dass sie unter Umständen Nachtarbeit, Überzeit, immer aber die 12 ½ stündige Arbeit leisten.

Dem gegenüber gestattete die für das übrige Deutschland geltende Gewerbeordnung von 1869 den jugendlichen Personen nur eine 10stündige effektive Arbeit; also um 2 Stunden weniger, als das im Reichsland geltende Gesetz,

[1] B. T. f. 1876. p. 57.

aber um 2 1/2 Stunden weniger, als die im Reichsland thatsächliche Arbeitsdauer der Angehörigen jener Altersklassen betrug und noch beträgt.

Es wäre nur ein einfacher Akt der Gerechtigkeit gewesen, die elsässer Fabrikanten denselben Vorschriften zu unterwerfen, welche für die altdeutschen, überdies von der elsässer Konkurrenz bedrängten Fabrikanten galten.

Da nun die deutsche Regierung zu diesem Schritte sich nicht entschliessen konnte, so würde man aber doch zu der Erwartung berechtigt sein, dass sie wenigstens dem geltenden Gesetze zur strengen Durchführung verholfen habe.

Der Leser weiss bereits, dass das leider nicht der Fall ist.

Wir wollen übrigens über diesen Punkt der Verwaltung selbst das Wort gönnen; wir erinnern nur noch daran, dass gegen Ende der napoleonischen Regierung die Fabrikinspektion dem mit der Bergwerks- und Dampfkesselpolizei schon ohnehin überbürdeten „ingenieur des mines“, (in der deutschen Verwaltungssprache „Bergmeister“) übertragen worden war. In seinem Berichte über das Jahr 1873 schreibt er:[1]

„Wie im vorigen Jahre schon erwähnt, hat der Bergmeister seine in Bezug auf die Inspektion der Fabriken früher obliegende Thätigkeit nicht aufnehmen können. Im Art. 16 des Gesetzes vom 22. März 1841 ist die Bildung von Inspektionskommissionen vorgeschrieben, zur Beaufsichtigung der in den Fabriken arbeitenden Kinder. Solche Kommissionen fanden sich indess im Bezirke teils gar nicht vor, teils hatten dieselben ihre Thätigkeit eingestellt“.

„Bereits im Jahre 1871 wurde die allgemeine Bildung solcher Inspektionskommissionen ins Auge gefasst und im Beginne des Jahres 1872 in der Weise bewerkstelligt, dass abgesehen vom Kreise Mülhausen, wo nur in der Stadt selbst eine Kommission gebildet wurde, für jeden der industriellen Kantone eine Kommission von 3—4 Mitglieder geschaffen wurde“.

---

[1] B. T. f. 1873. Nr. 37. p. 4, 5.

„Die Thätigkeit ist mit wenigen Ausnahmen keine sehr lebendige geworden. Dieser Versuch kann daher aus mannigfachen, zusammenwirkenden Umständen nicht als gelungen bezeichnet werden. Eine wirksame Einrichtung und Aufsicht wird voraussichtlich der Reichsgesetzgebung zu verdanken sein, die zur Zeit mit eingehenden Vorarbeiten über den Gegenstand behufs Ausarbeitung einer Gesetzes-Vorlage beschäftigt ist".

Sei es nun, dass die Regierung in der Meinung, durch die Unterrichtsgesetzgebung einflussreiche Kreise der Bevölkerung schon tief verletzt zu haben, sich nicht neue Schwierigkeiten schaffen wollte, oder dass die manchesterlichen Anschauungen des damaligen Oberpräsidenten hindernd in den Weg traten, jedenfalls erfolgten die in Aussicht gestellten Massnahmen nicht. Erst im Verwaltungsberichte pro 1875 wird die Beaufsichtigung der Fabriken wieder, leider nur negativ, erwähnt.[1]

„Die vielen der Bergbehörde im Bergbau erwachsenen Geschäfte machten bisher noch eine regelmässige Beaufsichtigung der Beschäftigung jugendlicher Arbeiter in den Fabriken nicht möglich. Gelegentlich erfolgte dieselbe bei Vornahme von Dampfkesselrevisionen in einigen Fabriken. Erst im laufenden Jahre (1876) wird die Beaufsichtigung jugendlicher Arbeiter in Fabriken in grösserem Umfange stattfinden können".

Im Jahre 1876 nun wird die Inspektion, natürlich wieder nur gelegentlich der Kesselrevisionen, in einer angeblich grösseren Zahl von Fabriken vorgenommen. In zwei Fällen entdeckt man eine unstatthafte nächtliche Beschäftigung von Kindern in Spinnereien. Im Weiteren wird neuerdings eine wirksamere Inspektion für's nächste Jahr in Aussicht gestellt. Und mit demselben Troste schliesst auch der Bericht des nächsten Jahres, in welchem sich gleichwol in einigen Baumwollspinnereien eine für jugendliche Personen unstatthafte Verlängerung der effektiven Arbeitszeit auf 12 ½ Stunden konstatiert findet.[2]

---

[1] B. T. f. 1875. p. 53.

[2] B. T. f. 1876. p. 56; f. 1877. p. 44.

Dieses, allerdings wenig anmutende, bureaukratische Stillleben wurde durch den Antrag Stumm im deutschen Reichstage einigermassen gestört. Bekanntlich beschäftigte sich der deutsche Reichstag im Jahre 1878 mit einer Reform der Gewerbeordnung, besonders des die Fabrikgesetzgebung enthaltenden Titels VII. Schon in den Kommissionsberatungen hatte der Industrielle Stumm (Neunkirchen) die Einführung jenes Titels in Elsass-Lothringen angeregt, freilich ohne ein Entgegenkommen der Regierung gefunden zu haben. Bei der Beratung im Plenum stellte er daher seinen Antrag noch einmal, nämlich den Reichskanzler zu ersuchen „eine auf die Einführung der Titel VII der Gewerbeordnung in Elsass-Lothringen gerichtete Vorlage dem Reichstage thunlichst bald zugehen zu lassen“.[1]

Während Stumm die Reform der deutschen Fabrikgesetzgebung befürwortete und nur wünschte, dass dieselbe auch auf das Reichsland ausgedehnt werde, hatte vor ihm in der Debatte schon Dr. Völk umgekehrt eine Ausdehnung der für die Fabrikanten günstigeren Bestimmungen des Elsasses auf das Reich gefordert. Er sagte:[2]

„Bekanntlich finden unsere gewerbepolizeilichen Bestimmungen auf Elsass-Lothringen keine Anwendung. In Elsass-Lothringen werden die Spinnereien also nach wie vor eine längere Arbeitszeit in Beziehung auf junge Leute von 14—16 Jahren haben. Ich halte es nun, nachdem ohnehin durch die hinzutretende Konkurrenz unsere rheinischen Etablissements hinreichend in Mitleidenschaft gezogen sind, nicht für zulässig und für gerecht, noch eine weitere Konkurrenz und einen weiteren Nachteil für sie darin zu schaffen, dass sie innerhalb desselben Zollgebietes eine längere Arbeitszeit für junge Leute von 14—16 Jahren geben, nämlich da, wo die Spinnerei am meisten entwickelt ist, wie in Elsass-Lothringen, und das den Spinnern des diesrheinischen Deutschlands versagen“.

---

[1] Drucksachen des deutschen Reichstages. 3. Legislaturperiode. 2. Session. 1878. IV. Nr. 190.

[2] Stenographische Berichte des deutschen Reichstages. 3. Legislaturperiode. 2. Session. 1878. II. p. 1168.

Der Abgeordnete Stumm[1] dagegen konstatierte bei der Begründung seines oben mitgeteilten Antrages zunächst, dass eine Fabrikgesetzgebung für jugendliche Arbeiter und Frauen im Sinne aller modernen Kulturstaaten in Elsass-Lothringen überhaupt nicht besteht. Man dürfe sich von der Einführung derselben im Reichslande nicht dadurch abhalten lassen, dass dort eine Anzahl humaner Arbeitgeber existiere, da es auch andere Fabrikanten gebe, welche sich über humane Bestrebungen hinwegsetzten und Kinder bis in das jüngste Alter herab beschäftigten. Indem er wünscht, dass Licht und Sonne unter den Konkurrenten gleich verteilt werde, glaubt er, dass die Einführung der Titel VII überhaupt nicht in Frage stehen könne. Es handele sich nur um das früher oder später.

In der Kommissionsberatung war Stumm bemerkt worden, dass es erst 7 Jahre seien, seitdem Elsass-Lothringen sich daran gewöhnt habe, den deutschen Markt aufzusuchen, und dass diese kurze Zeit ihm die Konkurrenz in Deutschland so erschwere, dass jetzt die Zeit noch nicht gekommen sei, mit Beschränkungen der Gewerbe-Ordnung vorzugehen. Stumm weist diese Argumente mit Rücksicht auf die so rasch erfolgte Einführung der Gewerbeordnung in Süddeutschland und den doch schon beträchtlichen Zeitraum von 7 Jahren zurück.

Der Antrag Stumm wurde im Plenum von dem Unterstaatssekretär für Elsass-Lothringen im Reichskanzleramte, Herzog, bekämpft.[2]

Er rühmt dem Gesetze von 1841 nach, dass es die gesammte Kinderarbeit einer strengen Aufsicht, die von Fabrikinspektoren gehandhabt wird, unterstellt, eine Behauptung, die sich mit den andern offiziellen Berichten des Bergmeisters schwer in Einklang bringen lässt. Im weiteren Verlaufe seiner Rede, giebt er dann allerdings wieder zu, dass die deutsche Gesetzgebung tiefer greife. „Es kann keinem Zweifel unterliegen, dass eine Industrie von solcher

[1] l. c. p. 1199.
[2] l. c. p. 1200.

Ausdehnung und Bedeutung, wie sie die Industrie in Elsass-Lothringen aufweist, auf das eingreifendste beeinträchtigt wird von einer Beschränkung in der Verwendbarkeit ihrer Arbeitskräfte, wie das vorliegende Gesetz sie enthält; das kann nicht plötzlich geändert werden, nicht im Handumdrehen. Das ist die im Reichsland allgemein auf das entschiedenste ausgesprochene Meinung, und zwar nicht bloss der beteiligten Industriellen, sondern auch der Verwaltungsbehörden, welche mit der Frage seit Jahren sich beschäftigen". (Wir wissen wie!)

„Ist das aber richtig, so wird man dem Wunsche dieser Industriellen und Behörden nicht entgegentreten können, welcher dahin geht, dass zunächst die Verhältnisse, wie sie sachlich liegen, durch eine Enquête in gleicher Weise klar gestellt werden möchten, wie es in den übrigen Teilen des Reiches auf Grund des Bundesratsbeschlusses vom Jahre 1873 geschehen ist. Das Ergebnis dieser Enquête wird bestimmen, ob es möglich sein wird die Bestimmungen des Abschnittes VII der Gewerbeordnung, wie sie sich jetzt nach Ihren Beschlüssen stellen, in Elsass-Lothringen alsbald in ihrem ganzen Umfange oder nur mit gewissen, den Übergang erleichternden Modifikationen einzuführen. Die Untersuchung soll sofort vorgenommen werden".

„Ernstere Misstände sind nach der gegenwärtigen Sachlage in Elsass-Lothringen nach der Versicherung der Verwaltungsbehörden nicht hervorgetreten".

Wie ersichtlich, giebt auch der Unterstaatssekretär zu, dass die Einführung der deutschen Gewerbeordnung nur eine Frage des Wie und Wann sei.

Herr Grad[1] der noch das Wort ergriff, bat allerdings geradezu die Gewerbeordnung nicht einzuführen. „Einerseits sind die wesentlichsten Vorschriften über die Arbeit in den Fabriken schon längst bei uns aus eigener Initiative in Ausführung gekommen, bevor sie in die Gesetzgebung übergiengen. Andererseits aber knüpfen sich auch an die ganze Gewerbeordnung, wie sie jetzt gefasst ist, für den

[1] l. c.

industriellen Betrieb Schwierigkeiten und Nachteile, welche durch dringende Massregeln zur Wahrung der reichsländischen und der ganzen deutschen Industrie im allgemeinen ausgeglichen werden sollen".

„Jedenfalls finde ich es zweckmässig an der im Elsass bestehenden Gewerbegesetzgebung nichts zu ändern, ohne zuvor an Ort und Stelle zu prüfen, wie dieselbe in den einzelnen Etablissements gehandhabt wird, jedenfalls aber nur mit Annahme von Massregeln welche die Existenz unserer Industrie sichern". Auch Herr Bergmann erklärt die in Rede stehende Massregel für eine in die Verhältnisse tief eingreifende.

Sonderbar! Herr Grad behauptet, dass „die wesentlichsten Vorschriften in den Fabriken schon längst bei ihnen aus eigener Initiative eingeführt worden, bevor sie in die Gesetzgebung übergiengen". Hiebei verrät er aber vorsichtigerweise: weder welche Vorschriften seinem Ermessen nach die wesentlichsten sind, noch in welche Gesetzgebung sie übergegangen sein sollen.

Jedenfalls will Herr Grad andeuten, dass im Elsass schon so befriedigende Verhältnisse obwalten, die eine Übertragung der deutschen Fabrikgesetze nicht erheischen. Im grellen Widerspruche damit befindet er sich aber dann, wenn er behauptet, dass sich an die Einführung der Gewerbeordnung „Schwierigkeiten und Nachteile für die industriellen Betriebe knüpfen würden", was doch unmöglich ein Gesetz verursachen kann, dem seinem „wesentlichen" Inhalte nach bereits die thatsächlichen Zustände entsprechen. Ja, Herr Grad glaubt sogar die „Existenz der Industrie gefährdet, wenn nicht weitgehendere Übergangsbestimmungen getroffen werden".

Freilich scheint Herr Grad wenig Zuversicht in die Aufrechterhaltung der bestehenden Ausnahmestellung des Reichslandes zu besitzen, denn er giebt sofort den Preis an, für welchen die Elsässer sich allenfalls jener Massregel fügen würden, nämlich die Gewährung der ersehnten Schutzzölle.

Darauf weisen entschieden „die dringenden Massregeln, welche die Schwierigkeiten und Nachteile der Gewerbeordnung ausgleichen sollen“, hin.

Je nun, die Lage gestaltete sich weit besser, als Herr Grad zu hoffen gewagt hatte: die Schutzzölle wurden ein Jahr später gewährt, und die reichsländische Industrie blieb dennoch vor jenen gefürchteten, aus der Gewerbeordnung entspringenden „Schwierigkeiten und Nachteilen“ verschont.

Wir können aber nicht umhin, noch nachdrücklichst auf die vom Unterstaatssekretär Herzog ausgehende Argumentation aufmerksam zu machen. Sie stellt sich als die überhaupt in den Regierungskreisen massgebende hin. Danach muss also den elsässer Fabrikanten zur Entschädigung für den teilweisen Verlust des französischen Absatzgebietes eine Entschädigungsprämie auf Kosten der Kinder und jugendlichen Hilfsarbeiter gewährt werden!

Von den der Regierung nahestehenden reichsländischen Blättern wurde der Antrag Stumm abfällig beurteilt. Als äusserst klug muss die Stellung bezeichnet werden, welche die Handelskammern[1] in der Frage einnahmen. Etwas bedächtiger und überlegter als Herr Grad wussten sie wol das Dilemma, in welches er im Reichstag geraten war, zu vermeiden.

Man erhob gegen die Berechtigung der Massregel keinerlei Einwendungen. Hätte man das gethan, so würde sich ja eben die Opposition der altdeutschen industriellen Kreise in demselben Grade gestärkt haben, da diese dann die Überzeugung gewonnen hätten, dass den Elsässern durch die Nichteinführung des Titel VII ganz wesentliche Vorteile erblüten. Man stellte sich demnach ganz auf den Boden der Regierung und kam deren Ersuchen, für die einzuleitende Enquête ein Programm aufzustellen, mit grosser Bereitwilligkeit nach.

Nach der Ansicht der für diese Aufgabe vereinigten Handelskammern sollten durch Fragebogen zunächst einige

[1] Handelskammer zu Mülhausen im Elsass. Bericht für 1878. p. 37—41.

statistische Ermittelungen vorgenommen, sodann aber unter Beteiligung der Handelskammer eine mündliche Enquête eröffnet werden, bei welcher jedoch die zu stellenden Fragen „sehr allgemein" gefasst sein sollten. Etwa: „Was für Bemerkungen in Betreff der Einführung des Titel VII der Gewerbeordnung haben Sie vorzutragen?"

In dem Entwurfe des statistischen Fragebogens sind zwar Fragen in Bezug auf die Zahl und die Alterskategorien der Arbeiter sowie deren Löhne enthalten, jedoch der Kernpunkt, die Dauer der Beschäftigung der jugendlichen Personen ist bezeichnender Weise auf das sorgfältigste vermieden.

Der Verwaltungsbericht des Bezirkspräsidenten des Ober-Elsasses pro 1878 [1] gesteht die „exceptionelle und hinsichtlich der Verwendung der jugendlichen Arbeiter im Fabrikbetriebe um Vieles günstigere Lage, in welcher die elsässischen Industriellen unter der Herrschaft des Gesetzes vom 22. März 1841 über die Kinderarbeit gegenüber den Fabrikanten in den altdeutschen Staaten sich befinden" ohne Rückhalt zu und teilt mit, dass die Vorarbeiten zu der Untersuchung, nach deren Ergebnissen sodann ein Gesetzentwurf über die Art und Weise der Einführung des Titel VII festgestellt werden würde, — also die Vorarbeiten zu den Vorarbeiten des Übergangsgesetzes — stattgefunden hätten!

Der Bericht schliesst selbstredend auch mit dem typischen Troste, dass im laufenden Jahre (1879) die Fabrikinspektionen in grösserem Umfange vorgenommen werden würden, da die geschehene Zuordnung eines Assistenten für den Bergmeister hiezu die Möglichkeit bietet.

Trotz alledem befinden sich nach dem Berichte des folgenden Jahres die Angelegenheiten noch genau in demselben embryonalen Zustande, nämlich nur die Vorarbeiten zu den Vorarbeiten sind erledigt.

Da andererseits auch verraten wird, dass der Bergmeister es angesichts der bevorstehenden Änderung in der

[1] B. T. f. 1878. p. 44.

Gesetzgebung mit der alten nicht mehr so genau genommen habe, hält er es doch für angemessen, um den nihilistischen Charakter seiner diesbezüglichen Thätigkeit etwas zu verhüllen, rühmend die Thatsache hervorzuheben, dass die Verwendung von Kindern unter 12 Jahren zur Fabrikarbeit immer mehr in Abnahme begriffen sei.

Am 1. Oktober 1879 hatte Feldmarschall von Manteuffel als Statthalter die Regierung des Reichslandes übernommen. An Stelle des Bureaukratenregimentes trat jenes der „Notabeln". Damit war jede Aussicht auf eine gedeihliche Lösung der Frage vernichtet. Am 9. Juni 1880 wurde eine Versammlung[1] der Hauptindustriellen Elsass-Lothringens nach Strassburg berufen. Von derselben wurden „mannigfache Einwürfe gegen die Einführung des Titel VII der Gewerbeordnung in seiner jetzigen Gestalt" erhoben, und das genügte. Um wenigstens die famosen Vorarbeiten zu den Vorarbeiten nicht vergeblich unternommen zu haben, wurde eine Statistik über die Verwendung der Kinder und jugendlichen Arbeiter aufgestellt.

Der Bergmeister sieht nun, da keine Änderung der Gesetzgebung mehr in Aussicht steht, angeblich wieder strikt auf die Beachtung der formellen Vorschriften des Gesetzes von 1841.

Die Berichte konstatieren regelmässig, dass in dem Berichtsjahre die Nachtarbeit jugendlicher Personen, die immer noch hie und da vorgekommen sei, nunmehr völlig beseitigt worden. Wenn derartige Versicherungen in aufeinander folgenden Berichten sich finden, so wirft sonder Zweifel der letzte auf die Zuverlässigkeit des vorhergehenden immer ein sehr schiefes Licht. In ähnlicher Weise wird auch jedes Jahr behauptet, dass „von nun" an keine Kinder unter 12 Jahren mehr zur Fabrikarbeit herangezogen werden.[2]

Während nach dem deutschen Gesetze selbst für nur 10 Stunden arbeitende jugendliche Personen im Ganzen 2

[1] B. T. f. 1880. p. 39.

[2] B. T. f. 1881. p. 39; f. 1882. p. 34; f. 1883. p. 32, 33; f. 1884. p. 36, 37.

Stunden für Pausen vorgeschrieben sind, betragen dieselben im Elsass bei 12 1/2 stündiger effektiver Arbeit nur 1 Stunde und 10, oder höchstens 1 Stunde und 25 Minuten.

Auch über diesen Nachteil der elsässischen jugendlichen Arbeiter weiss sich der Bergmeister hinwegzusetzen. Die Beschäftigung ist, seiner Ansicht nach, an sich keine anstrengende und wird durch öftere schon durch den Betrieb gebotene kleine Pausen unterbrochen; als ob etwa in Altdeutschland das anders wäre!

Wir können diese Erörterungen nicht schliessen, ohne die Verhältnisse Elsass-Lothringen's auf dem Gebiete der Fabrikgesetzgebung mit jenen einiger anderen Staaten zu vergleichen, wie sie sich nach den letzten legislatorischen Akten gestaltet haben.

Zunächst fordern selbstredend die im übrigen Deutschland geltenden Bestimmungen zu einem Vergleiche heraus. Sie sind enthalten in dem Gesetz vom 17. Juli 1878 und der Verordnung des Bundesrates vom 20. Mai 1879. Danach dürfen die Kinder von 12—14 Jahren nur 6, die jugendlichen Personen im Alter von 15 und 16 Jahren im allgemeinen nur 10 Stunden des Tages innerhalb 5 1/2 Morgens und 8 1/2 Abends beschäftigt werden. Für die Zeit dieser Beschäftigung ist, wie eben angedeutet wurde, Mittags eine Pause von je einer, Vormittags und Nachmittags je einer halben Stunde vorgeschrieben. Durch Bundesratsverordnung ist dagegen für die jugendlichen Arbeiter in Spinnereien eine 11-stündige Arbeitszeit zulässig erklärt worden. Allein diese Erweiterung gilt nur für die jugendlichen Arbeiter, welche ausschliesslich zur Hilfeleistung bei dem Betriebe der Spinnmaschinen verwendet werden. In Hechelsälen und in Räumen, in welchen Reisswölfe im Betriebe sind, ist jugendlichen Arbeitern während der Dauer des Betriebes sowol Aufenthalt wie Arbeit untersagt.

Für die Durchführung der Vorschriften sind bekanntlich besondere besoldete Beamte bestellt, die in ausführlichen Berichten über ihre Thätigkeit und ihre Beobachtungen hinsichtlich der Arbeiterverhältnisse Rechenschaft zu erstatten haben.

Dem gegenüber können im Reichslande die Kinder 9, die jugendlichen Personen 12 Stunden arbeiten. Schenken wir dem einsichtsvollen Verbote, jugendliche Arbeiter in den Hechelsälen und jenen mit Reisswölfen zu beschäftigen, sowie den Bestimmungen über die Ruhepausen keine weitere Beachtung, so ergibt sich immer noch die hochbedeutsame Differenz zwischen dem Reich und dem Reichsland, dass in letzterem die Kinder thatsächlich 4 ½—5 ½, die jugendlichen Personen aber 2 ½, in den Spinnereien 1 ½ Stunden länger arbeiten, als in ersterem. Nehmen wir an (man vergleiche die umstehenden Tabellen), dass die Zahl der in den Spinnereien des Ober-Elsasses beschäftigten Kinder 960, die der jugendlichen Personen rund 2000, und die Zahl der Arbeitstage jährlich 300 beträgt, so ergeben sich zum Vorteil der ober-elsässer Spinner jährlich 2 240 000 Arbeitsstunden mehr, als das deutsche Gesetz gestatten würde. Die Zahl der in den übrigen Branchen der ober-elsässischen Textilindustrie verwendeten Kinder beträgt 666, die der jugendlichen Arbeiter etwa 2800. In diesen Etablissements soll der Mehrzahl nach die Arbeitszeit im Durchschnitte nur 11 ½ Stunden betragen. Da in Alt-Deutschland aber für Kinder nur 6, für jugendliche Personen nur 10 Stunden erlaubt sind, ergiebt sich auch für die in Webereien, Druckereien, Bleichereien u. s. w. beschäftigten Kinder und jugendlichen Arbeiter des Ober-Elsasses ein Plus von 3 ½ und 1 ½ Stunden pro Tag; in Summa geniessen wieder die ober-elsässer Textilfabrikanten 1 959 300 Stunden mehr als ihre altdeutschen Konkurrenten. Die 2 240 000 und 1 959 300 Stunden addirt geben **4 199 300 Stunden**, als die jährliche Prämie der ober-elsässer Textilindustrie. Bei der angestellten Berechnung ist die in Mülhausen geltende Arbeitszeit zur Grundlage gewählt worden, welche, wie wir wissen, noch die kürzeste Dauer besitzt.

Ausser den Bestimmungen über die Arbeitszeit enthält aber der Titel VII auch noch welche gegen das Trucksystem und ein Verbot, Wöchnerinnen in den ersten drei auf die Niederkunft folgenden Wochen zu beschäftigen,

Die in der Baumwollindustrie des Ober-Elsasses beschäftigten jugendlichen Arbeiter.[1] 1. Dezember 1882.

Zahl der Betriebe	Art des Betriebes	Arbeiter über 16 Jahren	Arbeiter zwischen 15—16 Jahren				Arbeiter zwischen 14—15 Jahren				Arbeiter zwischen 13—14 Jahren				Arbeiter zwischen 12—13 Jahren				Arbeiter unter 12 Jahren		Summe der Arbeiter überhaupt	Summe der jugendl. Arbeiter	Auf 100 Arbeiter entfallen jugendl. Arbeiter
			m.	w.	zus.	Auf 00 jgdl. Arbeit. entf.	m.	w.	zus.	Auf 100 jgdl. Arbeit. entf.	m.	w.	zus.	Auf 100 jgdl. Arbeit. entf	m.	w.	zus.	Auf 100 jgdl. Arbeit. entf.		Auf 100 jgdl. Arbeit. entf.			
54	Baumwoll-spinnereien	8893	423	393	816	37,50	375	260	635	29,20	302	181	483	22,21	172	68	240	11,04	1	0,05	11068	2175	19,65
96	Baumwoll-webereien .	15860	248	699	947	42,41	117	597	714	34,66	46	407	453	20,29	14	45	59	2,64	—	—	18093	2233	12,38
6	Zwirnereien	919	12	49	61	36,10	9	40	49	31,41	14	22	36	23,03	4	6	10	6,41	—	—	1175	156	13,27
8 13 11 5	Bleichereien, Färbereien, Druckereien u. Appret. .	6485	228	157	385	45,14	190	125	315	36,93	33	96	129	15,12	14	6	20	2,34	4	0,47	7348	853	11,60
193		32157	911	1298	2209	41	691	1022	1713	33	395	706	1101	20	204	125	329	6	5	0	37684	5417	14,4

[1] B. T. f. 1882. p. 32—34.

Die in der Textilindustrie des Ober-Elsasses beschäftigten jugendlichen Arbeiter (1. Oktober 1884).[1]

Zahl und Art der Betriebe.	Zahl der Arbeiter	Zahl der jugendlichen Arbeiter	Auf 100 Arbeiter entfallen jugendliche Arbeiter	jugendl. Arbeiter von 14—16 Jahren				jugendl. Arbeiter von 12—14 Jahren			
				m.	w.	zus.	auf 100 jugdl. Arbeiter	m.	w.	zus.	auf 100 jugdl. Arbeiter
68 Spinnereien	17802	2951	16,55	1023	963	1986	67,2	552	408	960	32,8
121 Webereien	21358	2456	11,49	501	1441	1942	79,0	94	420	514	21,0
47 Bleichereien, Färbereien, Druckereien u. Appreturen .	7131	742	10,40	362	283	645	86,9	39	56	95	13,1
10 Zwirnereien	1559	235	15,07	41	142	183	77,8	23	29	52	22,2
6 Tuchfabriken	325	39	12,07	7	27	34	87,2	—	5	5	12,8
	48175	6423	13,32	1934	2856	4790	74,5	708	918	1626	25,5

[1] B. T. f. 1884. p. 37.

welche im Elsass auch fehlen. Ferner muss auch der Mangel der Fabrikinspektoren schwer empfunden werden. Während immerhin eine gewisse Zahl der deutschen Inspektoren höchst instruktive Berichte über die Zustände der arbeitenden Klasse liefert, fehlen in Folge dessen solche über die Verhältnisse der so bedeutenden ober-elsässer Baumwollindustrie gänzlich.

Da ferner die Gewerbeordnung im Elsass nicht gilt, bleibt es prinzipiell auch von allen Enquêten unberührt, welche mit Rücksicht auf eine Änderung ihrer Bestimmungen vorgenommen wurden. So von jener über Kinderarbeit und Frauenarbeit, Wolfahrtseinrichtungen etc.

Noch greller, als der Gegensatz zwischen der deutschen und reichsländischen Fabrikgesetzgebung sich herausstellte, ist er zwischen der reichsländischen und jener der benachbarten Schweiz.[1]

Dort dürfen 14 und 15jährige nur mit Einschluss des Schul- und Religionsunterrichtes 11 Stunden pro Tag arbeiten, und erst mit zurückgelegtem 15. Lebensjahre tritt die 11stündige Arbeitszeit, die den gesetzlichen Maximalarbeitstag auch für alle übrigen Arbeiterkategorien bildet, ein. Kinder von 13 und 14 Jahren dürfen überhaupt nicht herangezogen werden, während sie in Deutschland 6, im Elsass mindestens 9 Stunden arbeiten.

Auch in Cis-Österreich[2] stehen Vorschriften in Kraft, die mit den schweizerischen nahezu übereinstimmen. Es gilt eine 11stündige Maximalarbeitszeit allgemein. Jugendliche Arbeiter von 14—16, — unter diesem Alter ist überhaupt die Aufnahme in die Fabrik verboten — können aber nur zu Fabrikarbeiten zugelassen werden, welche die Gesundheit nicht schädlich beeinflussen. In der Schweiz werden Wöchnerinnen durch 8, in Österreich durch 4 Wochen von der Fabrikarbeit ausgeschlossen. In beiden Staaten ist Nachtarbeit von jugendlichen Personen und Frauen untersagt.

---

[1] Bundesgesetz betreffend die Arbeit in den Fabriken vom 23. März 1877. Art. 6.

[2] Gesetz vom 8. März 1885. § 96b, § 94.

In England,[1] dem klassischen Lande der Fabrikgesetzgebung, geht man in der unteren Altersgrenze bis auf 10 Jahre herab, also zwei Jahre tiefer wie in Deutschland und dem Elsass, gestattet ferner für die 10—13jährigen auch pro Woche nur eine 28stündige Arbeit, während sie in Deutschland und Elsass schon 36 resp. 54 Stunden für die 13 und 14jährigen beträgt. Sodann dürfen die jungen Personen von 14—18 Jahren und alle weiblichen Arbeiter in der Textilindustrie wöchentlich nur 56—56 1/2 Stunden arbeiten, also in Spinnereien um 19 Stunden, in anderen Branchen um 13 Stunden weniger als im Elsass.

Schon diese rohe Vergleichung, bei der wir nur die Bestimmungen über die Arbeitszeit hervorgehoben haben, ohne eine Menge anderer äusserst segensreicher Vorschriften in der englischen, schweizerischen und österreichischen Fabrikgesetzgebung irgendwie zu gedenken, zeigt zur Genüge den tiefen Stand, welchen das wegen seiner Einrichtungen zu Gunsten der Arbeiter vielgepriesene Elsass auf diesem wichtigen Gebiete einnimmt. Von den industriell entwickelten Ländern teilt Elsass diese Zustände nur noch mit Frankreich, wo das Gesetz vom 2. Juni 1874 allerdings auch für die Personen von 12—15 Jahren eine 12stündige Arbeitsdauer gestattet, während es sich im Gegensatze zu den elsässischen Bestimmungen noch zu einem Verbote der Nachtarbeit für weibliche Personen unter 21 Jahren aufschwingt.

Belgien hat bekanntlich den traurigen Ruhm, noch durch keine legislative Massregel die angebliche Freiheit der Arbeit verletzt haben. Ihm steht Elsass-Lothringen am nächsten.

Und wann soll diesem beschämenden Zustande endlich ein Ziel gesetzt werden?

Von Jahr zu Jahr werden im deutschen Reichstage Anläufe unternommen, eine weitere Ausbildung der deutschen Arbeiterschutzgesetzgebung herbeizuführen. Es steht zu

---

[1] v. Bojanowski, Das englische Fabrik- und Werkstättengesetz von 1878. Jena 1881.

erwarten, dass diese Bemühungen erfolgreich sein werden. Wie soll es dann mit dem Reichslande werden? Wie will man eine schärfere deutsche Fabirkgesetzgebung in Elsass-Lothringen einführen, wenn man die jetzt geltende, vergleichsweise noch laxe, nicht zu übertragen wagt?

Alle Reformversuche zu einer Weiterbildung der deutschen Fabrikgesetze müssen zunächst sich darauf richten, dass wenigstens innerhalb des deutschen Reiches eine gleichmässige, einheitliche Regelung der Verhältnisse erfolgt. Erst dann ist der Boden für eine Weiterentwicklung geebnet.

Seit jener Fabrikanten-Versammlung in Strassburg ist aber die Angelegenheit von der Tagesordnung abgesetzt worden. Unter dem Regimente des Feldmarschalls von Manteuffel gehörte die Verschonung der elsässer Grossindustrie mit der deutschen Gewerbeordnung zu den Hauptmaximen der Regierungspolitik.

Seit dem 15. Oktober 1885 ist ein neuer Statthalter in's Reichsland eingezogen. Seitdem auf den verschiedensten Gebieten bereits energische Massnahmen, welche zeigen, dass der deutsche Beamte nun nicht mehr genöthigt wird, im Elsass aufzutreten wie Jemand, der fortwährend wegen seiner Anwesenheit um Entschuldigung bittet. Es steht zuversichtlich zu hoffen, dass nunmehr die deutsche Regierung mit Energie auch auf diesem Gebiete *ihre eigene* Gesetzgebung zur Geltung bringen wird.

Dabei läuft sie freilich Gefahr, die Freundschaft auch derjenigen Fabrikanten zu verlieren, die aus Rücksicht auf das Interesse der Grossindustriellen sich bisher einigermassen mit ihr zu stellen versuchten. Indess dürfte es nicht schwer sein, den Zorn derselben zurückzuweisen. Denn nicht nur, dass ihre Opposition gegen die deutsche Gewerbeordnung in grellem Widerspruch steht mit der sonst so selbstgefällig zur Schau getragenen humanen Gesinnung. Wie sollten die Herren ihrem Lande die Wolthaten der bisherigen deutschen Arbeiterschutzgesetzgebung noch länger vorenthalten wollen, nachdem sich ihre Abgeordneten zum Reichstag mit solchem Eifer bemüht haben, den Arbeitern Altdeutschlands diese Wolthaten noch zu erweitern! Haben doch die Anträge der Centrumspartei auf weitere Ausbildung der deutschen Fabrikgesetzgebung die bereitwilligste Unterstützung der elsässer Reichstagsabgeordneten — sogar des Herrn Karl Grad gefunden![1]

Oder sollte diese Unterstützung etwa nur bedeuten, dass man die Gesetze, die man für sich selbst verabscheut, für wünschenswert für den Konkurrenten in Altdeutschland hält?! Wahrlich, es ist bezeichnend für die vergleichsweise harmlose Naivität der altdeutschen Baumwollindustriellen, dass sie die 4 199 300 Stunden Kinderarbeit, welche der Textilindustrie des Ober-Elsasses in Folge der Nichteinführung der deutschen Gewerbeordnung mehr als ihnen zur Verfügung stehen, bisher so gutmütig ertragen haben!

Ferner ist noch Eines zu beachten. Seitdem das deutsche Blatt, die „Strassburger Post" wiederholt für die Einführung der deutschen Arbeiterschutzgesetzgebung in Elsass-Lothringen eingetreten ist[2], hat auch der Abbé Winterer im Landesausschusse der Regierung Vorwürfe wegen des Fehlens solcher Gesetze gemacht. Freilich hat er sich gehütet, Anträge auf Einführung derselben zu stellen. Er hat die Sache nur so ganz flüchtig gestreift, nur um einmal später, wenn die Einführung erfolgt ist, scheinbar auch sie bei den Arbeitern als sein und des Klerus Verdienst in Anspruch nehmen zu können. Damit hat er Zeugnis abgelegt für die Vorteile, welche die Regie-

---

[1] Stenographische Berichte über die Verhandlungen des Reichstages. 6. Legislaturperiode. I. Session 1884/85. V. Beilagen. Berlin 1885. Nr. 19. p. 80. Antrag: Dr. Freiherr v Hertling, Dr. Freiherr v. Schorlemer-Alst und Dr. Lieber. Der Reichstag wolle beschliessen: Die verbündeten Regierungen aufzufordern, womöglich noch in dieser Session dem Reichstage einen Gesetzentwurf, betreffend die weitere Ausbildung der Arbeiterschutzgesetzgebung vorzulegen, in welchen 1) die Arbeit an Sonn- und Feiertagen, vorbehaltlich genau zu bestimmender Ausnahmen verboten, 2) die Kinder- und Frauenarbeit in den Fabriken eingeschränkt, 3) die Maximalarbeitszeit erwachsener männlicher Personen geregelt wird. Berlin den 20. November 1884. Unterstützt, ausser vom Centrum, von Grad, Guerber, Kablé, Lang, Mühleisen, Winterer.

[2] Vgl. z. B. „Strassburger Post" Nr. 15 vom 15. Januar 1885.

rung erhoffen darf, wenn sie diese Einführung energisch selbst in die Hand nimmt.

B. UNTERSTÜTZUNGS- UND VERSICHERUNGSWESEN.

Welchen Einfluss die deutsche Regierung auf die Regelung der Unfallversicherung genommen hat, wurde bereits oben Seite 358 dargethan, so dass nun in Bezug auf das Versicherungswesen blos eine Erörterung der Umgestaltung erübrigt, welche durch das Krankenversicherungsgesetz vom 15. Juni 1883 herbeigeführt wurde. [1]

Obwol man im Reichstage gerade die elsässischen Fabrikkrankenkassen vielfach für die neue Gesetzgebung sich zum Vorbilde erwählte, muss doch nachdrücklichst betont werden, dass das elsässische Fabrikkrankenkassenwesen in vielen und wesentlichen Punkten durch die deutsche Gesetzgebung reformirt wurde.

Eine Gegenüberstellung der eingreifendsten Bestimmungen wird das ohne weiteres lehren.

1. Die alten elsässer Fabrikkrankenkassen [2] waren in der Regel Zwangskassen; jeder Arbeiter, der in die Fabrik eintrat, war auf jeden Fall zur Beitragsleistung verbunden. Einer Entwickelung des freien Hilfskassenwesens unter den Fabrikarbeitern war dadurch jede Grundlage von vornherein entzogen. Dem gegenüber lässt die deutsche Gesetzgebung nur einen Kassenzwang gelten; der Arbeiter ist gezwungen sich zu versichern, besitzt aber eine Wahl der Kassen.

2. Als Beitragsleistung wurden früher 2 % des Lohnes erhoben; die Zuschüsse des Unternehmers, sofern solche überhaupt bestanden, waren durchaus willkürlich.

Heute muss der Arbeitgeber die Hälfte des Betrages der Beitragsleistungen der Arbeiter einzahlen; die Maximalleistung der Arbeiter besteht in 3 % Prämien; thatsächlich

---

[1] Vgl. Das Reichsgesetz betreffend die Krankenversicherung der Arbeiter, vom 15. Juni 1883. Von E. v. Woedtke. Berlin u. Leipzig bei Guttentag, und: Schmollers Jahrbuch. VIII. Das Gesetz vom 15. Juni 1883 etc. von Dr. Julius Petersen. p. 95—118.

[2] Kassen-Statut bei Grad, Études statistiques sur l'industrie de l'Alsace. 1880. II. p. 418—427.

werden nur 1 ¾ % erhoben. Soweit durch die Maximalleistungen der Arbeiter und die regelmässigen Zuschüsse der Arbeitgeber die Ausgaben nicht gedeckt werden können, sind die Arbeitgeber zur Tragung der Kosten verpflichtet. Diese eventuell unbeschränkte Beitragspflicht der Arbeitgeber fand in einem von einem hervorragenden ober-elsässer Industriellen gehaltenen Vortrage eine scharfe Rüge, der jedoch eine thatsächliche Begründung mit Rücksicht auf die Oberaufsicht der Behörden und die bestehenden Reservefonds nicht zuerkannt werden kann.

3. Die Minimalleistungen der Fabrikkrankenkasse bestehen heute in einem dem halben Taglohne entsprechenden Krankengelde, das durch 13 Wochen gewährt wird. Wöchnerinnen erhalten die gleiche Unterstützung, auch ohne Hinzutritt einer besonderen Krankheit, durch 3 Wochen von ihrer Entbindung an gerechnet. Überdies werden ärztliche Behandlung und Arzneien zugestanden. Das Sterbegeld beläuft sich auf das Zwanzigfache des ordentlichen Taglohnes.

Nach Beschluss des Kassenvorstandes können die Leistungen erheblich gesteigert werden.

Dem gegenüber boten die früheren Kassen ein Krankengeld im Betrage von nur 40 % des Taglohnes, aber in der Regel durch 6 Monate. Andererseits waren die Wöchnerinnen vielfach von der Unterstützungsberechtigung ausgeschlossen, Unverheiratete sogar in der Regel. Die unvollkommene, oft sogar fehlende Unterstützung der Wöchnerinnen von Seiten der Krankenkassen rief in Mülhausen eine Institution in's Leben, deren Wirksamkeit bereits in dem socialstatistischen Teile unserer Untersuchungen gelegentlich der Kindersterblichkeit beleuchtet wurde.

4. Die Leistungen in Betreff der ärztlichen Behandlung der Arzneien waren früher ungefähr die gleichen wie heute.

In Arbeiterkreisen herrscht gegen die letzterwähnte Leistung ein gewisses Misstrauen. Die Fabrikärzte dürfen angeblich keine teuren Arzneien, die dem Arbeiter wirklich helfen, verordnen, sonst würden sie entlassen.

5. Das Sterbegeld war ehemals um etwa ⅓ höher bemessen als jetzt.

6. Wichtiger als die eben mitgeteilten Differenzen ist der durch das deutsche Gesetz herbeigeführte Wegfall einer Karenzfrist. Dieselbe erstreckte sich ehedem selbst bis auf 10 Wochen, ein Umstand, der bei dem starken Wechsel des Arbeitsverhältnisses namentlich in Mülhausen stark in's Gewicht fällt und den wir schon früher zu rügen Gelegenheit nahmen.

7. Dazu gesellt sich jetzt auch noch die Möglichkeit, selbst nach Lösung des Arbeitsverhältnisses seine Kassenansprüche aufrecht zu erhalten, sofern eben die festgesetzten Beiträge gezahlt werden.

Im Falle der Erwerbslosigkeit behält auch der aus Kassen ausgetretene Arbeiter 3 Wochen hindurch, von der Lösung des Arbeitsverhältnisses gerechnet, noch seine Ansprüche, wogegen früher sofort mit dem Verlassen des Etablissements jede Berechtigung erlosch.

8. Nach den jetzt geltenden Bestimmungen darf ein Reservefonds nur im Höchstbetrage des Doppelten der durchschnittlichen Jahresausgabe der Kasse angesammelt werden. Ergeben sich noch weitere Überschüsse, so sind die Leistungen der Kasse zu erhöhen oder die der Arbeiter zu mindern.

9. Gerade in diesem Punkte möchten wir den grössten Fortschritt gegenüber den früheren Verhältnissen zu erblicken geneigt sein. Wie im zweiten Buch Seite 214 ff. dargethan wurde, pflegten die jährlichen Überschüsse der Krankenkassen in prinzipiell völlig unstatthafter Weise zur Speisung eines Pensionsfonds verwendet zu werden, aus welchem der Arbeitgeber mit mehr oder weniger Willkür Alters- und Invalidenunterstützungen zu gewähren pflegte. Diese Verquickung von Kranken- und Alterskassen ist durch das neue Gesetz vollkommen beseitigt worden. Damit ist nun vollkommen klar geworden, was schon früher wirklich, aber verschleiert, der Fall war, dass nämlich die Pensionen, wo solche gewährt werden, nichts anderes sind als Prämien für Arbeiter, die dem Etablissement durch 20 oder 30 Jahre bereits angehört haben.

10. Hinsichtlich der Verwaltung der Kasse hat das neue Gesetz wol auch einige Änderungen getroffen, indem nun der Firma $^1/_3$, dem Arbeiter $^2/_3$ der Stimmen zukommen.

Obwol dieser Reform mit Rücksicht auf das Abhängigkeitsverhältnis, in dem die Arbeiter zu dem Arbeitgeber stehen, nur ein formaler Wert zukommt, wurde von den Industriellen dagegen Widerspruch erhoben. Nach der früheren Gepflogenheit ernannte die Firma alle für die Verwaltung entscheidenden Posten nach freiem Ermessen, und den Mitgliedern der Kasse stand nur eine gewisse Kontrole über die Vermögensgebahrung zu.

Von Arbeitern kamen uns Klagen zu Ohren, denen zu Folge sie auch heute noch einer klaren Einsicht über den letzterwähnten Punkt entbehren.

Mit Ausnahme des Kranken- und Unfallversicherungsgesetzes hat der auf das Unterstützungswesen sich beziehende gesetzliche Zustand unter der deutschen Herrschaft keine nennenswerte Änderung erfahren. Das Reichsgesetz über den Unterstützungswohnsitz, obwol seine Einführung von der Verwaltung anfangs der 70ger Jahre in Aussicht genommen worden war,[1] ist im Reichslande noch nicht zur Geltung gelangt, ohne dass hierfür zureichende Gründe angegeben wurden. In der Sitzung des Reichstages vom 17. Mai 1886 wurde durch eine Petition des Kreises Mohrungen (Regierungsbezirk Königsberg) die Einführung des fraglichen Gesetzes neuerdings angeregt und der Antrag der Petitionskommission angenommen, die Petition dem Reichskanzler als Material bei einer in Aussicht genommenen Prüfung der einschlägigen Gesetzgebung zu überweisen. Die Elsässer traten freilich dagegen auf, ohne indess mehr als äusserst selbstgefällige Äusserungen über die Überlegenheit des Elsasses dagegen vorzubringen.

So besteht denn nach dieser Richtung noch die mangelhafte französische Gesetzgebung, deren Inhalt wir im zweiten Buche, Kapitel IX, mitteilten, vollständig in Kraft.

[1] Zweiter Verwaltungsbericht; bei Schricker, Elsass-Lothringen im Reichstage. Strassburg 1873. p. 172.

In der Verpflegung der vom Bezirke unterstützten Pflege- und Waisenkinder soll insofern eine Besserung eingetreten sein, als grössere Summen für diese Zwecke gegenwärtig ausgeworfen sind, und die Kinder nach der Entlassung aus der Schule nicht mehr in Fabriken geschickt, sondern zu einem Handwerker in die Lehre gegeben werden.[1]

[1] B. T f. 1872 Nr 29; f. 1873 Nr. 15.

VIII. KAPITEL.

DER KATHOLISCHE KLERUS.[1]

In den konfessionellen Machtverhältnissen ist namentlich in neuester Zeit in Mülhausen ein völliger Umschwung eingetreten. Wie aus dem ersten Buche vielleicht noch erinnerlich, war der ehemalige Freistaat Mühlhausen ganz der evangelischen Sache zugethan. Bekenner anderer Konfessionen mussten ledig sein, falls sie sich in der Stadt aufhalten wollten. So war namentlich der Zuzug aus der katholischen Umgebung streng hintangehalten worden. Als Mülhausen 1798 der französischen Republik einverleibt wurde, fielen natürlich jene Beschränkungen, und die Einwanderung von Katholiken begann. Da dieselben zumeist dem Arbeiterstande angehörten, also auf der sozial niedrigsten Stufe standen, erlitt anfänglich die Physiognomie der Stadt in konfessioneller Hinsicht noch wenig Veränderungen. Erst während des zweiten Kaiserreiches, das dem Klerus ja vielfach günstig war, erstarkten die katholischen Vereinsorganisationen, und die Geistlichkeit gewann einen auch social bedeutsamen Einfluss. In einem in Rixheim, bei Mülhausen, erscheinenden Blatte („der Volksbote") zog sie gegen die freimaurerischen, protestantischen Fabrikanten im Interesse der ihrer Seelsorge anvertrauten katholischen Arbeiter oft scharf zu Felde.[2]

---

[1] Man vergleiche die beiden, soweit sie Thatsächliches enthalten, vortrefflichen Schriften des Mülhäuser Abbé Cetty: „La famille ouvrière en Alsace". Rixheim 1883. Und: „Le mariage dans les classes ouvrières". Rixheim 1886.

[2] Vergl. eine die Lage scharf beleuchtende Korrespondenz der Kreuzzeitung, 23. September 1878. Neue Mülhäuser Zeitung 1878. Nr. 226.

Es kam die Annexion. Der katholische Klerus stellte sich, wie überall im Reichslande, auch in Mülhausen entschieden auf die Seite der französisch gesinnten Partei, wodurch sein Ansehen nicht wenig stieg. Die Fabrikanten, welche die schwerwiegende Bedeutung des klerikalen Einflusses auf die Stimmung ihrer Arbeiter wol erkannten, machten manche Konzessionen, und auf dem gemeinsamen Boden der Opposition gegen die deutsche Regierung fand bald eine Verständigung zwischen ihnen und der Geistlichkeit statt.

Bekanntlich gieng um diese Zeit durch die ganze katholische Welt ein frischer Zug und die Kirche strebte durch sozialpolitische Aktionen ihre Stellung zu festigen.

Während die deutsche katholische Geistlichkeit feurig gegen den ökonomischen Liberalismus Sturm lief und die zünftige Organisation des Mittelalters als Ideal der Zukunft auf den Schild erhob, blieb der französische Klerus, sowie der ihm durch den Gang seiner Bildung nahestehende elsässische, den Grundlagen der heutigen Wirtschaftsordnung gegenüber etwas toleranter.

Er erblickt die Ursachen des heutigen sozialen Elendes ausser in der Proklamation der Gewerbefreiheit, besonders in der durch das Zurücktreten der Religion bedingten Zunahme der menschlichen Sündhaftigkeit.

Die Lösung der sozialen Frage liegt für ihn mehr auf dem Gebiete der Moral als der Ökonomie. Nach seinem Willen soll das ganze politische Programm der Arbeiter in der Forderung einer unbeschränkten Freiheit für die Kirche bestehen. Dabei hat man besonders das Erziehungswesen im Auge. Man geht davon aus, dass, wenn alle Menschen durch eine klerikale Erziehung für den Geist der christlichen Nächstenliebe gewonnen seien, der Kampf der sozialen Klassen sich in Wolgefallen auflösen müsse. Natürlich ist damit noch nicht die Armut und das Elend aus der Welt geschafft. Das wird auch nicht erstrebt. Vielmehr sieht man in ihnen von Gott gesandte Prüfungen, welche die von ihnen Betroffenen dem Himmel erziehen sollen, und andererseits den mit irdischem Glück Gesegneten Gelegenheit geben, sich durch Werke der Liebe gleichfalls Verdienste für die Ewigkeit zu erwerben.

Die Aufgabe der Geistlichkeit ist naturgemäss eine zweifache. Einmal der Kampf gegen alle Elemente, welche ihrer Thätigkeit im Wege stehen: also gegen den bösen modernen Staat, in Bezug auf die Arbeiter aber speziell gegen den atheistisch-materialistischen Sozialismus. Sodann positiv der Aufbau und die Forderung aller jener Institutionen, von welchen die für das Verschwinden der sozialen Gegensätze erforderliche Gesinnung zu erwarten steht.

Dazu gilt für die Kinder die konfessionelle Schule, für die Erwachsenen ein System von Vereinsorganisationen als berufen. Die Schule selbst zerfällt in die Kleinkinderschulen oder die sogenannten Salles d'asyle, in welchen die Kinder vom 3. Lebensjahr aufwärts bis zum 6., den grössten Teil des Tages über in ihren Spielen von Nonnen beaufsichtigt und geleitet, aber auch schon in den Anfangsgründen der Religion, der biblischen Geschichte, im Singen religiöser Lieder, sowie durch Erzählung moralischer Geschichtchen unterrichtet werden. Was die im Ober-Elsass bestehenden Kleinkinderschulen anbetrifft, so ist deren Leitung heute nur bei der kleineren Hälfte in den Händen katholischer geistlicher Lehrerinnen.

Die Zahl der die genannten Anstalten besuchenden Kinder betrug (1884) 12 770 mit 89 weltlichen und 75 geistlichen Lehrerinnen.[1] Das Zurücktreten des specifisch katholischen Elementes ist noch darauf zurückzuführen, dass die in Rede stehenden Anstalten vielfach den Gemahlinnen der protestantischen Fabrikanten, teilweise auch, besonders in Mülhausen, dem Eingreifen des früheren durchaus protestantischen Stadtrates zu danken ist.

Auf die Kleinkinderschule folgt der allgemeine Volksunterricht. Die öffentlichen Volksschulen des Ober-Elsasses wurden 1884 von 69 393 Kindern besucht; die Zahl der weltlichen zu den geistlichen Lehrkräften verhielt sich wie 946 (706 männl. + 240 weibl.) : 476 (10 männl. + 466 weibl.)

[1] B. T. f. 1884. p. 94, 95.

In den Privatschulen dagegen überwiegt das geistliche Element ganz entschieden; hier werden 2467 Schüler von nur 26 (21 männl. + 5 weibl.) weltlichen und 48 (5 männl. + 45 weibl.) geistlichen Lehrkräften unterrichtet.[1] Wie aus den mitgeteilten Zahlen hervorgeht, liegt der Mädchenunterricht in den Privatschulen nahezu gänzlich, in den Volksschulen zu $^2/_3$ in geistlichen Händen, eine Thatsache, deren Folgen wir später noch zu beachten haben werden.

Hinsichtlich des Knabenunterrichtes ist man von dem klerikalen Ideale noch ziemlich weit entfernt.

Für die der Schule Entwachsenen steht nun, für die Knaben der Jünglingsverein, für die Mädchen der Verein der Marienkinder offen.

Beide Organisationen sind in Mülhausen zu einem grossen Aufschwunge gelangt und zählen ihre Mitglieder vorwiegend in den Kreisen der Arbeiterschaft.

Während der Jünglingsverein 1872 erst 150 Mitglieder zählte, hatte er es 1883 schon auf mehr als 600 gebracht; seit 1880 besitzt er ein schönes grosses Vereinshaus und auf dem Rebberg einen Sommergarten.

Er teilt sich in mehrere Sektionen für Turnen, für Vokal- und Instrumental-Musik u. s. w. Auch Abendkurse für Buchhaltung, Englisch u. s. w. werden gehalten.

Vor allen sind es aber die theatralischen Aufführungen desselben, welche überhaupt den Sammelpunkt für die gesamten katholischen Vereine bilden. In neuerer Zeit wird fast alle zwei Wochen des Sonntags gespielt, wobei sich der Zuschauerraum bis auf den letzten Platz füllt.

Einen mehr kirchlichen Charakter trägt der Verein der Marienkinder, der zwischen 1500—1600 Mitglieder besitzt.

Hat der Jüngling mit dem Marienkind den Bund fürs Leben geschlossen, ein Ereignis, zu dessen Erleichterung wol die Theater-Abende im Vereinshause das Ihre beitragen mögen, so tritt er der Männer-, sie der Frauencongregation bei, deren Walten gleichfalls nur ein religiöses ist.

[1] l. c.

Und zwar geschieht dies angeblich, um das Familienleben, welches die lange Arbeitszeit ohnedies schon schwer genug bedroht, möglichst innig zu gestalten.

Gegen die Beteiligung der Arbeiter an anderen, nicht spezifisch religiösen Vereinen macht die Geistlichkeit energisch Front.

Nur den lediglich auf eine Reform in der Ausgabenwirtschaft gerichteten Konsumvereinen gegenüber verhält sie sich gegenwärtig neutral, wittert in ihnen aber bereits, freilich mit Unrecht, einen Keim sozialdemokratischer Organisation und bewacht sie scharf.

Die katholische Armenpflege hat ihr Zentrum in dem St. Vincenz - Verein. Derselbe hat im Jahre 1885 für 11058.95 Fr. Unterstützungen meist in Naturalien gewährt.

Auch besitzt er eine Leih-Bibliothek, welche dem Bedürfnis nach Erbauungs- und Unterhaltungslektüre Rechnung trägt. Der Jünglingsverein, wie jener der Marienkinder besitzt neuerdings auch eine besondere Sparkasse.

Die Einwirkung auf die genannten Vereine erfolgt vorwiegend durch den Beichtstuhl und die Predigt.

In Mülhausen sollen jährlich 80000 Kommunionen gespendet werden, was immerhin einen Begriff von der Macht des ersteren Mittels geben kann, da ja in der Regel dem Empfang der Kommunion eine Beichte vorausgeht.

An Samstagen hört der Klerus von 2 Uhr Nachmittags bis 8 Uhr Abends Beichte; an Sonntagen schon von 4 Uhr Morgens; überdies durch kürzere Zeit auch noch an allen übrigen Tagen. In der Fastenzeit werden in der Stadtpfarrkirche wol 5, in der Citépfarrkirche 3 Predigten gehalten.

Der Inhalt derselben bezieht sich zumeist auf die Erklärung eines Glaubenssatzes, legt die strenge Befolgung der christlichen Moral ans Herz, enthält Warnungen vor der Trunksucht, dem Fluchen und anderen Lastern mehr. Andererseits wird aber auch das gerade für die Armen und Enterbten so Tröstliche der katholischen Religion scharf betont und vor falschen Arbeiterfreunden gewarnt, die angeblich nur auf den Schultern der Arbeiter emporkommen wollen. Ferner giebt man deutlich zu verstehen, dass der Arbeiter ausser dem Klerus keine Stützen besitzt.

Ein mehr politisches Gepräge tragen die Predigten des bekannten „Abbé" Winterer, des Stadtpfarrers von Mülhausen und eifrigen Bekämpfers des Sozialismus.

Die Kirchen, prächtige, stylvolle Gebäude, sind mit allen von der modernen christlichen Kunst zu Gebote gestellten Mitteln ausgeschmückt.

Es ist leicht begreiflich, dass die Pracht des Gotteshauses sowie jene des katholischen Kultus überhaupt auf den die ganze Woche hindurch in einer Fabrik eingesperrten Arbeiter einen mächtigen, bestrickenden Eindruck üben muss. Sonntags sind die Kirchen sämtlich überfüllt.

Hiezu tritt noch der Umstand, dass, wie die Verhältnisse heute einmal liegen, der aus dem Volke selbst hervorgegangene Geistliche der einzige mit höherer Bildung ausgestattete Mensch ist, der mit den Arbeitern in näheren freundschaftlichen Verkehr tritt und der, was vor allem zu beachten, das geliebte „Ditsch" mit ihnen spricht.

So sehr auch äusserlich das kirchliche Leben im Oher-Elsass den französischen Aufputz sich bewahrt hat, thatsächlich ist es, wenigstens soweit es sich auf die Arbeiter bezieht, durchaus deutsch, resp. ditsch. Freilich ist das Ansehen der Geistlichkeit bei dem weiblichen Teile der Bevölkerung bei weitem stärker, als bei dem männlichen, was zum Teil auf die Organisation des Unterrichtswesens, zum Teil auch auf den weiblichen Charakter überhaupt zurückgehen mag.

Der Sozialpolitik der Fabrikanten steht der Klerus prinzipiell keineswegs entgegen. Auch er wünscht die Abhängigkeit des Arbeiters, freilich nicht wie der Fabrikant aus ökonomischen, sondern aus religiösen Gründen.

Wären die ober-elsässer Fabrikanten katholisch gesinnt, so würde der Klerus die bestehenden, zweifelhaften Institutionen geradezu als Ideal preisen; denn die Schöpfungen des H. Harmel in Val-des-Bois, welche von klerikaler Seite nicht hoch genug gerühmt werden können, besitzen mit den elsässischen eine grosse Familienähnlichkeit, nur dass eben

Harmel als strenger Katholik seinen Einfluss über die Arbeiter vornehmlich in religiöser Richtung geltend macht.

In wie weit man von klerikaler Seite den Unternehmungen der Fabrikanten entgegen tritt, hängt ganz von der Stellung ab, welche diese eben gegen die kirchliche Propaganda einnehmen.

Heute besteht im Allgemeinen noch eine wolwollende Neutralität gegen die beiderseitigen Aktionen.

Allein es kann unmöglich verkannt werden, dass die klerikale Macht in kontinuirlichem Aufsteigen begriffen ist.

Was übrigens in Mülhausen von der katholischen Geistlichkeit zum Teil noch zu erkämpfen steht, ist im übrigen Ober-Elsass (Thann, Gebweiler) bereits völlig erreicht. Dort ist unter den ärmeren Klassen einfach kein moralischer Einfluss zu finden, dessen Bedeutung mit dem klerikalen verglichen werden könnte.

IX. KAPITEL.

DIE ARBEITER.

Um die politische Lage des Arbeiters im Reichslande richtig zu beurteilen, muss man sich vor allem gegenwärtig halten, dass das engherzige französische Press-, Vereins-, Versammlungs- und Koalitionsrecht, so wie es sich Napoleon nach dem Staatsstreich zurecht gestutzt, im Wesentlichen bis auf den heutigen Tag in Geltung steht. Danach ist selbst der Gründung des harmlosesten Fach- oder Gewerkvereines die legale Basis entzogen.

Dagegen hat die dritte Republik die gesetzlichen Hemmnisse einer Vertretung der Arbeiterinteressen nahezu völlig beseitigt, nachdem nun auch durch das Gesetz vom 21. März 1884 die „syndicats professionels", die französischen Gewerkvereine, die gesetzliche Anerkennung errungen haben, während sie früher nur von der Verwaltung geduldet wurden. Andererseits hat aber auch das Gesetz vom 2. Juni 1874 die so dringend notwendige Reform der Fabrikgesetzgebung, vor Allem besondere Inspektoren gebracht. Im Elsass ist alles beim Alten geblieben. Es unterliegt keinem Zweifel, dass dieser Umstand viel zur Bewahrung der Sympathien für Frankreich daselbst beigetragen hat.

Die deutsche Regierung brachte dem Arbeiter im Elsass nicht die ihm günstige deutsche Gewerbeordnung, wol aber das den Arbeitern feindliche Sozialistengesetz und den Diktaturparagraphen. Die Anwendung desselben, nach welchem jede beliebige im Reichslande lebende Person ausgewiesen werden kann, ist bekanntlich eine auf wenige Fälle beschränkte gewesen, gegen Geistliche und deutsche Arbeiter, die einen Fachverein zu gründen versuchten.

Allein es wäre unrichtig, wollte man das Fehlen einer organisirten Arbeiterpartei nur aus der entgegenstehenden Gesetzgebung erklären.

In erster Linie ist auch der einer Arbeiterorganisation im Wege stehende klerikale Einfluss in moralischer, und die Macht der Fabrikanten in ökonomischer Hinsicht nicht hoch genug anzuschlagen. Sodann ist die bis zum Jahre 1870 herrschende Zweisprachigkeit zu beachten. Der elsässische Arbeiter war deutsch und dadurch der französischen sozialistischen Propaganda im Allgemeinen unzugänglich geblieben. Von der deutschen Arbeiterbewegung trennte ihn dagegen die politische Grenze. Als diese nach dem Jahre 1870 gefallen war, fand aber ebenso wenig ein Anschluss der elsässer Arbeiter an die deutschen statt, als sich z. B. der elsässische Klerus mit dem deutschen verband. Allgemein herrschte ja die von der Protestpartei, welcher fast alle ober-elsässer Fabrikanten angehören, ausgegebene Parole, dass die Zustände einen nur provisorischen Charakter trügen.

„Übers Jahr kommen wir wieder zu Frankreich und dann können wir machen was wir wollen."

Das war lange Zeit hindurch die ausschliesslich herrschende Meinung, die auch heute, von Fabrikanten und Klerus unter den Arbeitern genährt, noch häufig genug angetroffen werden soll.

Die deutsche Arbeiterpartei, im eigenen Heim genugsam beschäftigt, fand ebenfalls wenig Veranlassung, sich mit den Elsässern in Verbindung zu setzen. Da Mülhausen einen Abgeordneten der Protestpartei in den Reichstag entsandte, zu welcher die Sozialdemokratie eine gewisse innere Verwandtschaft fühlte, dachte man um so weniger daran, den Angriff gegen eine so schwer zu erobernde Position, wie es Mülhausen ist, zu richten.

Dem Einflusse der deutschen Arbeiterpresse stand die geringe, unter den älteren Leuten fast gänzlich fehlende Schulbildung entgegen.

Auch in Folge einer Einwanderung deutscher Arbeiter konnte keine Reaktion erfolgen, da solche in den elsässer Etablissements nicht aufgenommen werden.

So blieb der elsässer Arbeiter völlig isolirt, ein Spielball der klerikalen und der Protestpartei.

Der grösste Teil der Arbeiterschaft war überhaupt stumpf gegen das politische Leben.

Er begnügte sich, die Fabrikanten im Stillen fanatisch zu hassen.

Die Wahlbeteiligung war eine äusserst geringe.

Es war im Jahre 1878 in der denkwürdigen Debatte über das Sozialistengesetz, als der sonst fast nie im Reichstage erscheinende Mülhäuser Protestler Johann Dollfuss[1] sich erhob und gelassen das stolze Wort aussprach: „Bei uns gibt es keine Sozialdemokratie. Die Humanität der oberelsässer Arbeitgeber hat die Arbeiter zufrieden gestellt. Die wirksamste Bekämpfung des Sozialismus liegt in der Nachahmung der Mülhäuser Institutionen".

Der Abbé Winterer[2] jedoch beeilte sich schon, die Dollfuss'sche Rede zu korrigieren. Er wies darauf hin, dass in Mülhausen eine Sektion der Internationalen existiere und Liebknecht 1874 388 Stimmen erhalten hätte. Die Erfolglosigkeit ihrer Propaganda findet er keineswegs allein in dem humanen Sinn der Arbeitgeber begründet, sondern in dem christlichen Gefühle der elsässer Arbeiter. „Unsere Arbeiterpopulation ist eine christliche, eine sehr religiöse, und ein christlich gesinnter Arbeiter wird nie Sozialist sein."

Auch in der reichsländischen deutschen Presse waren die Ausführungen des Johann Dollfuss vielfach auf Widerspruch gestossen.

Bald sollte Dollfuss durch die Thatsachen widerlegt werden.

Bei den Wahlen des Jahres 1881 erhielt Liebknecht 462 Stimmen. Das Jahr 1884 brachte der Welt die Über-

---

[1] Stenographische Berichte über die Verhandlungen des deutschen Reichstages. 4. Legislaturperiode. 1. Session. 1878. I. p. 83, 84.

[2] l. c. p. 162—164.

raschung, dass in dem Gebiete der gelösten sozialen Frage 3111 sozialdemokratische Stimmen abgegeben worden waren. Von denselben waren 2939 auf den Arbeiterkandidaten Ignaz Schmidt aus Dornach, der gegen Dollfuss aufgestellt worden, und 172 auf Bebel, der in Rappoltsweiler gegen Abbé Simonis den Zählkandidat bildete, entfallen.[1]

Die Bedeutung der 3111 Stimmen ist um so höher zu veranschlagen, als die Agitation der Arbeiter auf polizeilichen Widerstand gestossen und nur wenige Tage gewährt hatte.

Um sich gegen die Rache der Arbeitgeber zu sichern, war von den Arbeitern die Vorsicht gebraucht worden, Stimmzettel zu verteilen, welche äusserlich genau denen für Dollfuss glichen.

Wenn nicht alle Anzeichen trügen, wird der Ausfall der nächsten Reichstagswahlen wesentlich von zwei Umständen abhängen: ob einerseits der Glaube an einen baldigen Revanchekrieg Frankreichs den Klerus und die Fabrikanten zu einem neuen Bündnis zusammenführt, und andererseits die deutsche Verwaltung durch Hindernisse, welche sie der Wahlagitation der Arbeiter bereitet, den Druck, welchen Geistlichkeit und Fabrikanten auf den Arbeiter ausüben, unterstützt. Ist Beides der Fall, so kann der mit klerikaler Unterstützung gewählte Kandidat der protestlerischen Fabrikanten nochmals alle übrigen Kandidaten um ganz Beträchtliches hinter sich lassen. Anderenfalls dürfte ein äusserst heftiger und interessanter Kampf sich entfachen zwischen den Männern der Vergangenheit, den protestlerischen Fabrikanten, den Männern der Gegenwart, den Klerikalen und den Männern der Zukunft, den Arbeitern.

---

[1] Neue Mülhäuser Zeitung. 1884. Nr. 256.

SCHLUSSBETRACHTUNGEN.

Wir kommen zum Schlusse. In den vorhergehenden Kapiteln wurde nichts vorgebracht, wofür ich nicht mit Belegen aus Akten, zuverlässigen Veröffentlichungen, den Aussagen vertrauenswürdiger Gewährsmänner oder kraft eigener Anschauung streng einstehen kann. Nunmehr scheint angezeigt, den Gesamteindruck wieder zu geben, den das Studium dessen, was ich eben dargelegt habe, in mir selbst hervorrufen musste.

Vor unserem Auge liegt eine durch mehr denn hundert Jahre sich hinziehende Entwicklung. Wir haben gesehen, wie in dem ältesten deutschen Kulturlande, zu einer Zeit, da es teils unter Fremdherrschaft stand, teils dem Schweizer Bund angehörte, von eingeborenen und aus der deutschen Schweiz stammenden Männern, also durchaus von Männern deutschen Ursprunges, eine Industrie begründet worden ist, die unter ihres Gleichen in der Welt eine der ersten Stellen, wenn nicht die erste, einnimmt.

Sowol was industriellen Unternehmungsgeist, als auch was politisches Geschick im Wahrnehmen der eigenen Interessen, was Herrscherklugheit und Herrscherkraft angeht, stehen wir vor der neuesten Entfaltung des in den mittelalterlichen Städterepubliken herrschenden Geistes. Indess manche Züge der Schlauheit, Härte und Rücksichtslosigkeit, mit der jeder im politischen Leben auftauchende konkrete Faktor dem eigenen Vorteil dienstbar gemacht wurde, und die unglaubliche Geschicklichkeit, mit welcher man es verstanden hat, da, wo geschickt der eigene Vorteil verfolgt wurde, sich von der gesamten zivilisirten Welt als Ausbund der Humanität bewundern zu lassen, erinnern noch mehr an die Städterepubliken Italiens als Deutschlands. Es liegt etwas Venezianisches in dem Gebahren der Mülhäuser Kauf- und Fabrikherrn, sowol, wo sie die Grossen der Erde ausnützen, als auch wo sie der Kirche zur Festigung der eigenen Stellung Einräumungen machen, die unteren Klassen in die strengste Abhängigkeit bringen und darin erhalten, und der Welt Sand in die Augen streuen.

Als Mülhausen in Frankreich einverleibt wurde, wären die Mülhäuser am liebsten Schweizer geblieben. Dieser schweizer republikanischen Gesinnung blieben sie während der ganzen Zeit der französischen Herrschaft im innersten Herzen treu, und auch heute erblicken sie bekanntlich in der Verwandlung Elsass-Lothringens in eine schweizerische Republik die ideale Lösung dessen, was sie die „elsasslothringische Frage" nennen.

Da sie aber ihren Herzenswünschen gegen die Übermacht der Verhältnisse keine Geltung verschaffen konnten, verstanden sie es meisterhaft, aus der Liebebedürftigkeit, mit welcher die sie abwechselnd Beherrschenden sie umwarben, wenigstens pekuniären Vorteil zu ziehen, und mit grossem Geschick sehen wir sie abwechselnd ihre Sprödigkeit gegen die verschiedenen Machthaber hervorkehren, damit man ihnen das, was sie begehren, als Liebesgabe in den Schoos werfe.

So sehen wir sie die grossen Bestellungen und Staatsvorschüsse Napoleons I. zwar entgegen nehmen, aber ohne ihrerseits etwas dafür zu geben; wir sehen sie die Liebeswerbungen der Restauration durch Beeinflussung der Zoll- und Handelspolitik geschickt ausnutzen, ohne deshalb mehr für Ludwig XVIII. und Karl X. gewonnen zu werden, als nachher durch die ähnlichen Bemühungen der folgenden Regierungen. Trotz der dreissig Millionen Staatsvorschüsse, mit der die ihnen innerlich noch dazu so nahestehende Juliusmonarchie ihre Gunst zu erkaufen sucht, wird der zweiten

Republik zugejubelt, trotz der von dieser gewährten Verdoppelung der Exportprämien dem Gesellschaftsretter Napoleon. Ja, wir haben (S. 264) den äusserst bezeichnenden Vorgang kennen gelernt, wie einige durch die Massnahmen des zweiten Kaiserreiches verdrossene Fabrikanten im Jahre des Ausbruchs des deutsch-französischen Krieges sich in einem Aufrufe an die ungebrochene deutsche Nationalität der Arbeiter wenden, und zum Widerstande gegen die zeitige französische Regierung auffordern!

Und mit gleichem Geschicke, und leider mit gleichem Erfolge sehen wir sie unmittelbar darauf gegenüber der deutschen Regierung die umgekehrten Seiten hervorkehren. Wir haben gesehen, wie sie die Hoffnung, dem deutschen Reiche die Sympathieen der ober-elsässer Fabrikanten zu gewinnen, zu einer ihren Interessen entsprechenden Umgestaltung der Zoll- und Handelspolitik zu benutzen verstanden, und — worin ein wirkliches Unglück zu sehen ist — sogar das Reich vermocht haben, zu ihren Gunsten den ober-elsässischen Arbeitern den Schutz vorzuenthalten, den es in seinem gesamten übrigen Gebiete den Arbeitern zukommen lässt.

Nur mit einem Faktor haben diese staatsklugen Patrizier, echt venezianisch, einen festen Frieden geschlossen: mit der katholischen Kirche. Denn, während die bisher wechselnden weltlichen Regierungen, um sich zu halten, vor Allem bemüht sein mussten, sie zu gewinnen, stand ihnen hier etwas gegenüber, was länger als sie sowol bestanden hat, als auch zu bestehen verspricht. Ungleich gefährlicher als sie der Kirche konnte diese ihnen werden, wenn sie die Arbeiter nicht zur Unterwürfigkeit gegen sie anhielt. Bei dem für südwestdeutsche Verhältnisse ganz ungewöhnlichen Mangel an Schulbildung ist die Macht des Klerus über die Arbeiter, besonders über die Arbeiterfrauen, noch viel grösser, als selbst die der Brodherren. Besonders aber seitdem die Annexion stattgefunden hat, vereint den Klerus des Abbé Winterer mit den Fabrikanten ein gleicher Hass gegen die Deutschen. Und so wurde ein Kompromiss leicht, vermöge dessen der protestantische und freimaurerische

Fabrikant dem katholischen Klerus die unumschränkte Herrschaft über die Seelen der Arbeiter einräumt, wogegen dieser die Arbeiter willig erhält, ihre Arbeitskraft den Fabrikanten zur Ausbeutung zu überlassen. Der Gegner aber, gegen welchen beide gleichmässig die über die Arbeiter gewonnene Gewalt ausnutzen, ist das deutsche Reich.

Ich selbst bin Österreicher, aber auch Deutscher, und als solcher kann ich nicht umhin, die Wirkungen zu beklagen, welche hier die Regierung durch Begünstigung der „Notabeln" hervorgerufen hat. Mit Staunen erfüllt mich das Verkennen der konkreten Faktoren, welches sich in der Auslieferung der in ihrem innersten Wesen deutschen Arbeiterbevölkerung an die unversöhnlichsten Gegner Deutschlands kundgiebt. Musste nicht schon die Thatsache, dass das Deutschtum selbst in Lothringen bemerkenswerte Fortschritte aufzuweisen hat, das kerndeutsche Oberelsass dagegen Deutschland noch durchweg feindlich gegenüber steht, Allen die Augen öffnen?!

Aber freilich über die Nachteile, dass man die Herrschaft der französelnden Notare über die elsässische Bauernbevölkerung durch rücksichtslose Reform des Grundbuchwesens und Gründung ländlicher Darlehenskassen noch nicht ernstlich zu brechen versucht hat, habe ich vielfach reden hören, und hier beginnt es auch endlich besser zu werden. Allein dafür, dass es viel dringlicher und dabei weit einfacher wäre, der unbedingten Herrschaft der ober-elsässer Fabrikanten über ihre Arbeiter entgegen zu treten, habe ich nur erst bei den Wenigsten Verständnis gefunden.

Und doch! Gehen wir in die ober-elsässer Thäler, in denen der Grossindustrielle unumschränkter Herr ist. Da ist das Münsterthal. In demselben gehören nicht nur fast alle Werke, sondern ebenso ein grosser Teil der ländlichen Grundstücke einer bekannten Firma. Da die von ihr beschäftigten Arbeiter ausser bei ihr keinen Verdienst finden, so sind sie ihrer unbedingten Herrschaft preisgegeben. Die Inhaber der Firma wohnen in Paris; zu ihren Teilhabern soll in Folge von Verheiratung sogar ein aktiver Offizier der französischen Armee gehören. Es ist doch gewiss nicht zu erwarten, dass diese Firma ihre Gewalt über die Bewohner des Münsterthales, wie sie durch Nichteinführung der deutschen Gewerbeordnung in voller Unumschränktheit erhalten wird, im Interesse des deutschen Reiches nutzbar mache!

Oder wenden wir uns nach Thann. Dort steht die Fabrik eines bekannten französischen Senators, dessen Schwiegersohn als französischer Ministerpräsident noch unlängst eine nicht unerhebliche Rolle gespielt hat. Gewiss kann es nicht zweifelhaft sein, in welchem politischen Interesse die Macht der Arbeitgeber über die Arbeiter dort zur Geltung gebracht wird.[1]

Ganz ebenso ist es in den anderen Thälern, ist es in Mülhausen. Allenthalben sind die Fabrikanten französisch gesinnt; ihre Töchter verheiraten sie nach Frankreich; ihre Söhne nehmen ihre Frauen von dort; und auch da, wo die Väter aus Klugheit mit den Deutschen sich stellen, sind die Kinder französischer als ihre Väter. In den wenigen Fällen aber, in denen die Inhaber grosser Firmen mit der deutschen Regierung freundliche Beziehungen pflegen, wird dies geschickt im Interesse auch der grossen Anzahl der durchaus deutsch-feindlichen Fabrikanten verwertet.

Das sind die Arbeitgeber, zu deren Gunsten das deutsche Reich auf seine Rolle, der Schutz der Schwachen zu sein, verzichtet hat, gleich als wäre die deutsche Regierung nur eine schwache, ähnlich denen, die in Frankreich sich ablösten, als hätte sie gleich diesen nötig, die Liebe der

---

[1] Eine lustige Illustration hiezu bietet folgende Geschichte, die häufig erzählt wird. Es war die Zeit der Statthalterschaft des Freiherrn von Manteuffel. Dieser kam auf einer seiner Rundreisen nach Thann. Es hatte sich ein Empfangskomité gebildet. Die Arbeiter, welche einer Musikgesellschaft „Fanfare“ angehörten, sollten ihn mit Musik begrüssen. Da kam jener Schwiegersohn des Chefs der Firma in die Ausschusssitzung und den Arbeitern wurde unter Androhung der Entlassung die Teilnahme am Empfange verboten. Selbstverständlich mit vollem Erfolge.

Starken durch Verzicht auf die Geltendmachung des zum Schutze der Schwachen erlassenen Rechtes zu gewinnen.

Hören wir, wie ein schlichter, zuverlässiger und einsichtsvoller Arbeiter aus Mülhausen sich über diese Politik äussert.

Aus derselben, so sagte er mir, erwachsen für die Fabrikanten zwei grosse Vorteile. Ein ökonomischer: denn die Arbeiter werden an der Betonung ihrer Interessen verhindert und das schlägt natürlich zum Nutzen der Arbeitgeber aus. Ein politischer: die unzufriedenen Arbeiter erwarten von der französischen Republik eine Besserung ihrer Lage und gewähren insofern dem Proteste der Fabrikanten einen Rückhalt im Volke.

Fürwahr, ich kann mich als ein in Bewunderung des deutschen Reiches aufgewachsener Reichsfremder eines eigentümlichen Gefühles des Erstaunens nicht erwehren. In den rechtsrheinischen Gebieten des Reiches hörte ich von allen Lippen die frohe Botschaft verkünden von dem neuen Schutzherrn, welcher den deutschen Arbeitern in dem deutschen Kaiser erstanden sei. Ich hörte daran erinnern, wie die Hohenzollern seit den Tagen des grossen Kurfürsten ihre Aufgabe darin erblickt hätten, der Autorität des Gesetzes gegenüber den Übermächtigen zur Geltung zu verhelfen. Wiederholt las ich den Hinweis auf das „Debellare superbos“, im Wahlspruche des Krönungs-Schlosses zu Königsberg, und oft hörte ich betonen, wie Friedrich der Grosse mit Stolz sich einen „roi des gueux“ genannt habe, wie aus der strammen Unterwerfung semifeudaler Machthaber unter die Herrschaft des Gesetzes und des Staates, der preussische Staat und das deutsche Reich hervorgegangen seien. Hier aber im Reichslande giebt die deutsche Regierung diese Politik auf zu Gunsten der erbittertsten Feinde des Reiches!

Nur wenn das Reich dem elsässer Arbeiter zum Bewusstsein bringt, dass es der Schutz ist seines Rechtes, darf es darauf hoffen, mit der Herrschaft, die Fabrikant und Klerus in deutschfeindlicher Weise über den Arbeiter ausüben, erfolgreich zu konkurrieren.

Übernimmt es diese Rolle nicht, so verbleibt die Herrschaft über die elsässer Arbeiter aber nicht etwa jenen Faktoren, sondern vor der Thüre harrt bereits die Sozialdemokratie, um an ihre Stelle zu treten.

Möge diese Schrift dazu beitragen, dass eine Wandlung erfolge, damit nicht wieder die Männer des Krieges gut machen müssen, was die des Friedens versäumt haben!

FSC
www.fsc.org
MIX
Papier | Fördert
gute Waldnutzung
FSC® C083411

Kolibri 360 GmbH
Ferdinand-Jühlke-Straße 7
99095 Erfurt, Deutschland
produktsicherheit@kolibri360.de